Truth In Fantasy

武器屋

Truth In Fantasy 編集部

新紀元社

正面玄関 -ENTRANCE HALL-

いらっしゃいませ　武器屋でございます

ようこそ「武器屋」へお越しくださいました。わたくしが当店の主《あるじ》でございます。道中つつがなくお運びいただけましたでしょうか？　当店はみなさまがたのお国からだいぶ離れておりますし、道もわかりにくかったことと思います。近頃はトロルやゴブリンどもも、ひどい悪さをしたりしますから、ひと戦をされてきたばかりのかたもいらっしゃるでしょう。しかしながら、決してそうしたご苦労を無駄にさせるようなことはいたしません。ここまで足を運んだだけのことはあったと、お帰りの際には、きっとご満足いただけるものと自負しております。とりあえずは、さあさあ、まずあちらのＶＩＰルームへ。ひと休みされたあとで、わたくしが当店のことを少々ご説明申し上げましょう。

VIP ROOM

いかがでしょうか、おくつろぎいただけましたか？　それではご案内いたします前に少々当店についてご説明させていただきたいと思います。

当店は名は「武器屋」ではございますが、武器だけでなく防具も取り揃えております。また、取り揃えましたる品物は、すべて〝歴史〟という世界に基づいて作られたものばかりです。雷雨を呼ぶ剣や魔法に守られた鎧といったマジック・アイテムは取り扱っておりません。そのへんを誤解されませんよう。

店内のディスプレイについてもお話しておいたほうがよろしいでしょう。店内はいくつかの〝職業別〟フロアに分かれております。戦士のかたならフロア1、騎士の方ならフロア3といったようにです。これは、それぞれの職業のかたに必要なもの、あるいは装備するとお似合いになるものを、流れをもってご覧いただきたいためです。ただし、職業にかかわりなくお使いになる品物は、建物のスペースの関係上、ひとつのフロアに集めるようにしております。例えば剣は、主にフロア1においてございますが、一応はほかの職業のフロアもご覧になることをおすすめいたします。

フロアは、テーマをもったコーナーに分かれております。また、スペシャル・ルームといった部屋もございます。ですから、必要なものを探すだけでなく、流行のテーマパークのようにご覧いただけることでしょう。

ではわたくしが店内をご案内いたします。さあ、どうぞこちらへ。前へとお進みください。

なお、品物のお値段は表示しておりません。なぜならお客さまが来られた国や世界によって品物の価値が変わってしまうからです。そこで、すべて時価と申しましょうか、ご相談をさせていただくということでご了承ください。

(店主)

◉ご注意

取り揃えましたる品々の横には円が描かれております。この円は単なる飾りではございません。品物の大きさをはっきりと表すためのスケールで、直径が二十センチメートルとなっております。この大きさは、人の手の指先から手のひらのおわりまでのおおよそのサイズです。品物を検討される際のご参考としてください。

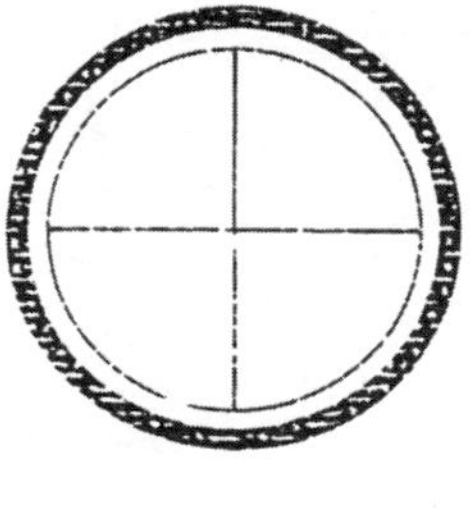

案内図
（目次）

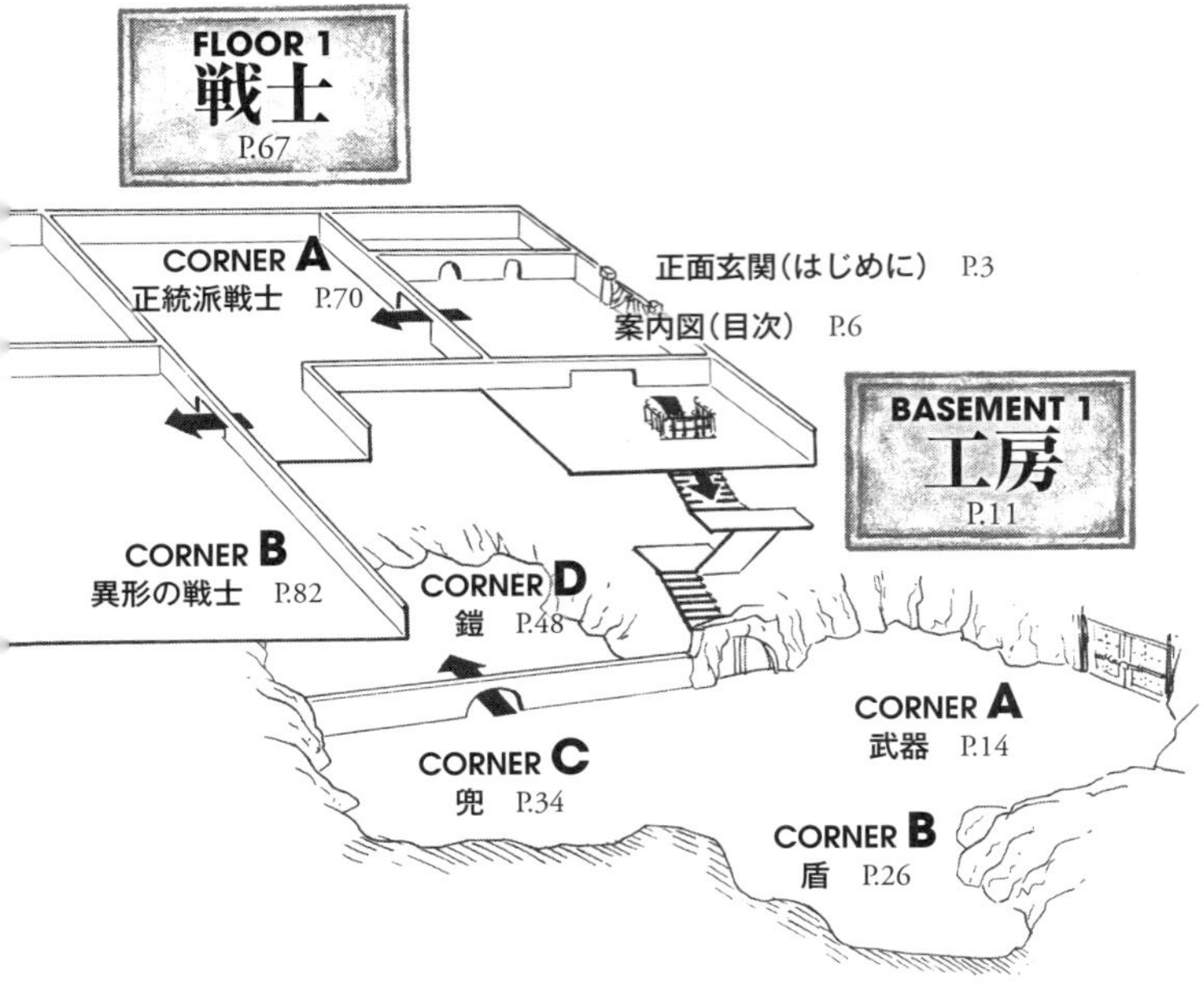
FLOOR 1
戦士
P.67
CORNER A
正統派戦士 P.70
CORNER B
異形の戦士 P.82
正面玄関（はじめに） P.3
案内図（目次） P.6
BASEMENT 1
工房
P.11
CORNER A
武器 P.14
CORNER B
盾 P.26
CORNER C
兜 P.34
CORNER D
鎧 P.48

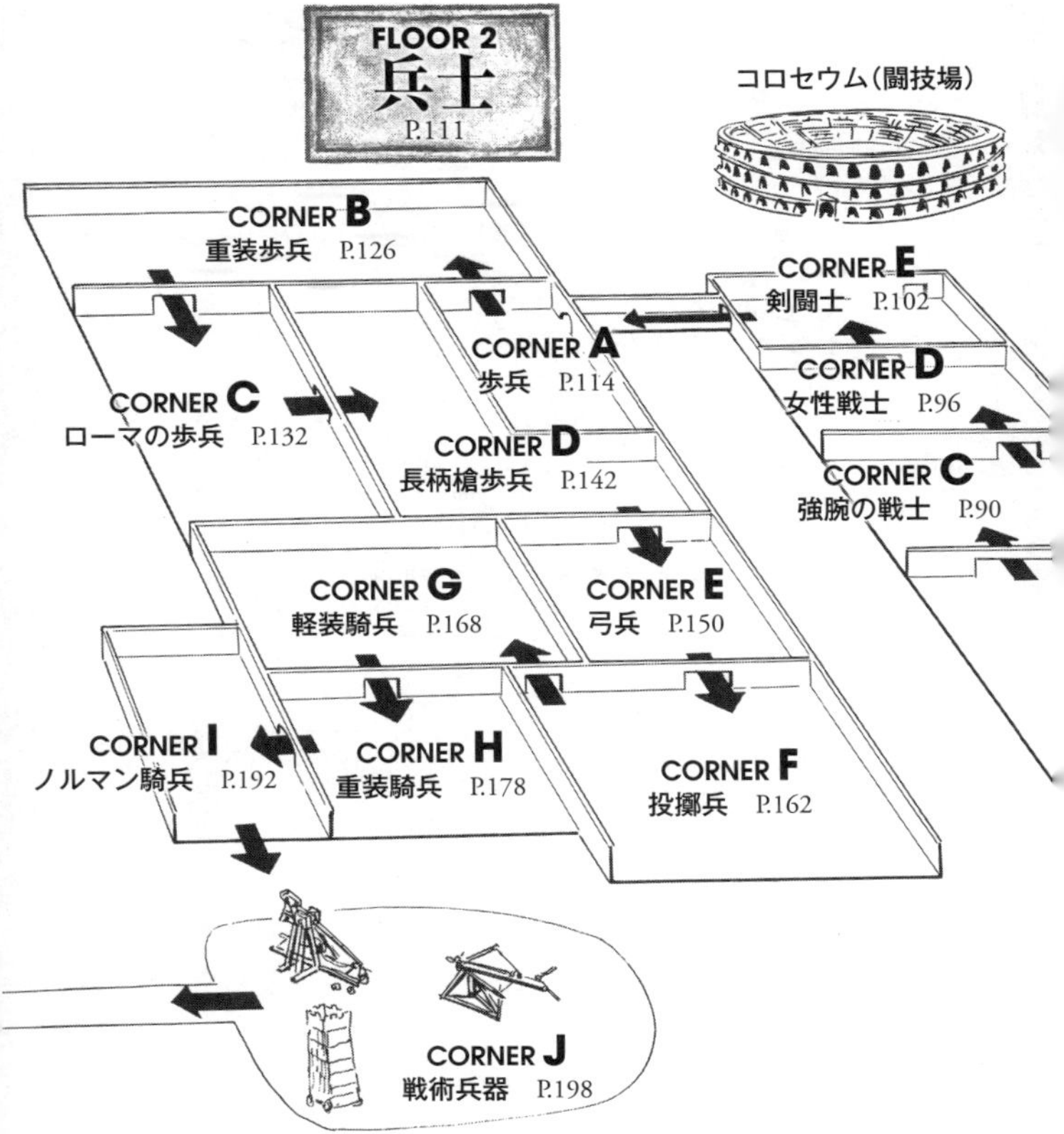
FLOOR 2
兵士
P.111
コロセウム（闘技場）
CORNER B
重装歩兵　P.126
CORNER E
剣闘士　P.102
CORNER A
歩兵　P.114
CORNER D
女性戦士　P.96
CORNER C
ローマの歩兵　P.132
CORNER D
長柄槍歩兵　P.142
CORNER C
強腕の戦士　P.90
CORNER G
軽装騎兵　P.168
CORNER E
弓兵　P.150
CORNER I
ノルマン騎兵　P.192
CORNER H
重装騎兵　P.178
CORNER F
投擲兵　P.162
CORNER J
戦術兵器　P.198

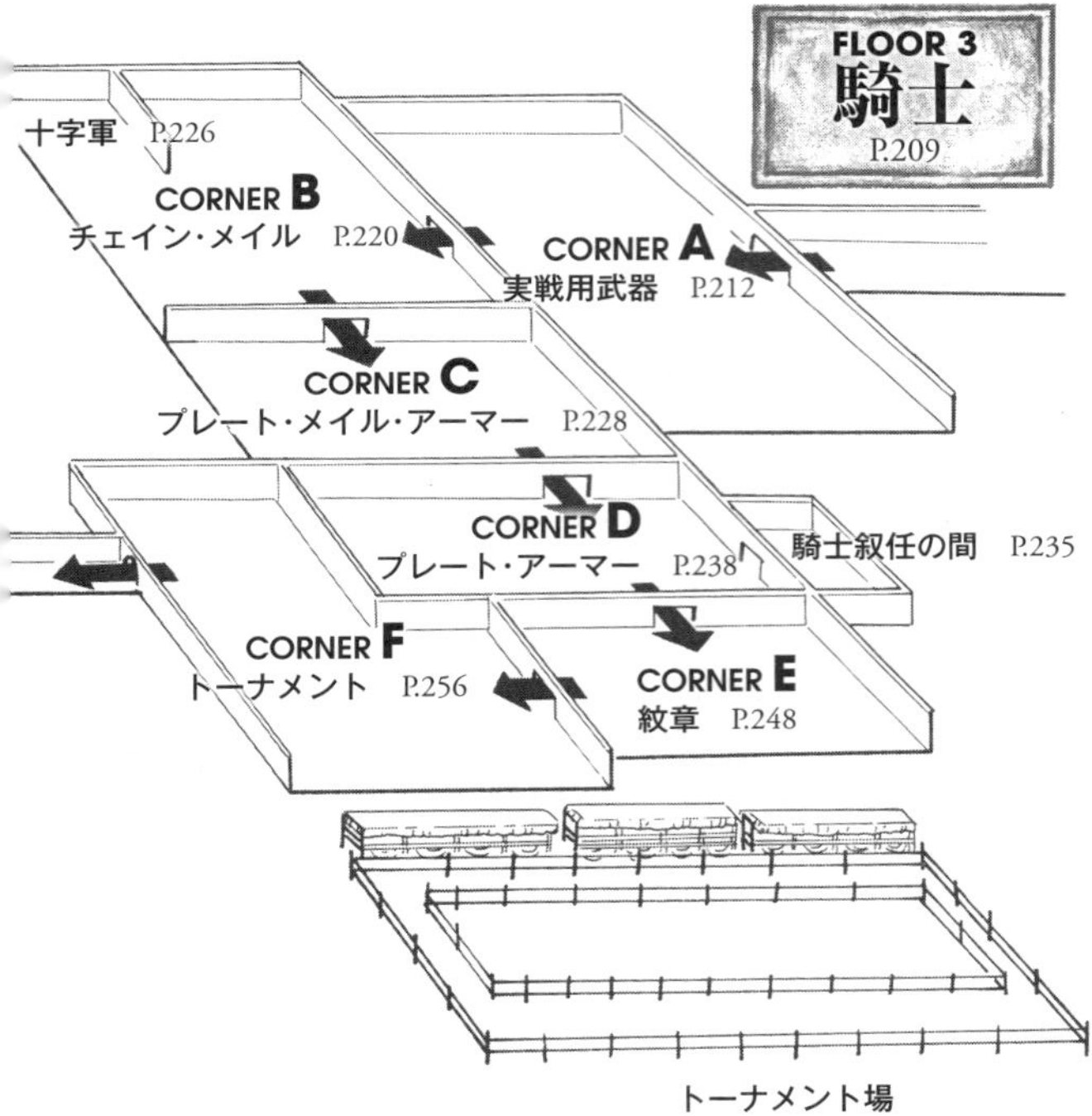
FLOOR 3
騎士
P.209
十字軍 P.226
CORNER B
チェイン・メイル P.220
CORNER A
実戦用武器 P.212
CORNER C
プレート・メイル・アーマー P.228
CORNER D
プレート・アーマー P.238
騎士叙任の間 P.235
CORNER F
トーナメント P.256
CORNER E
紋章 P.248
トーナメント場

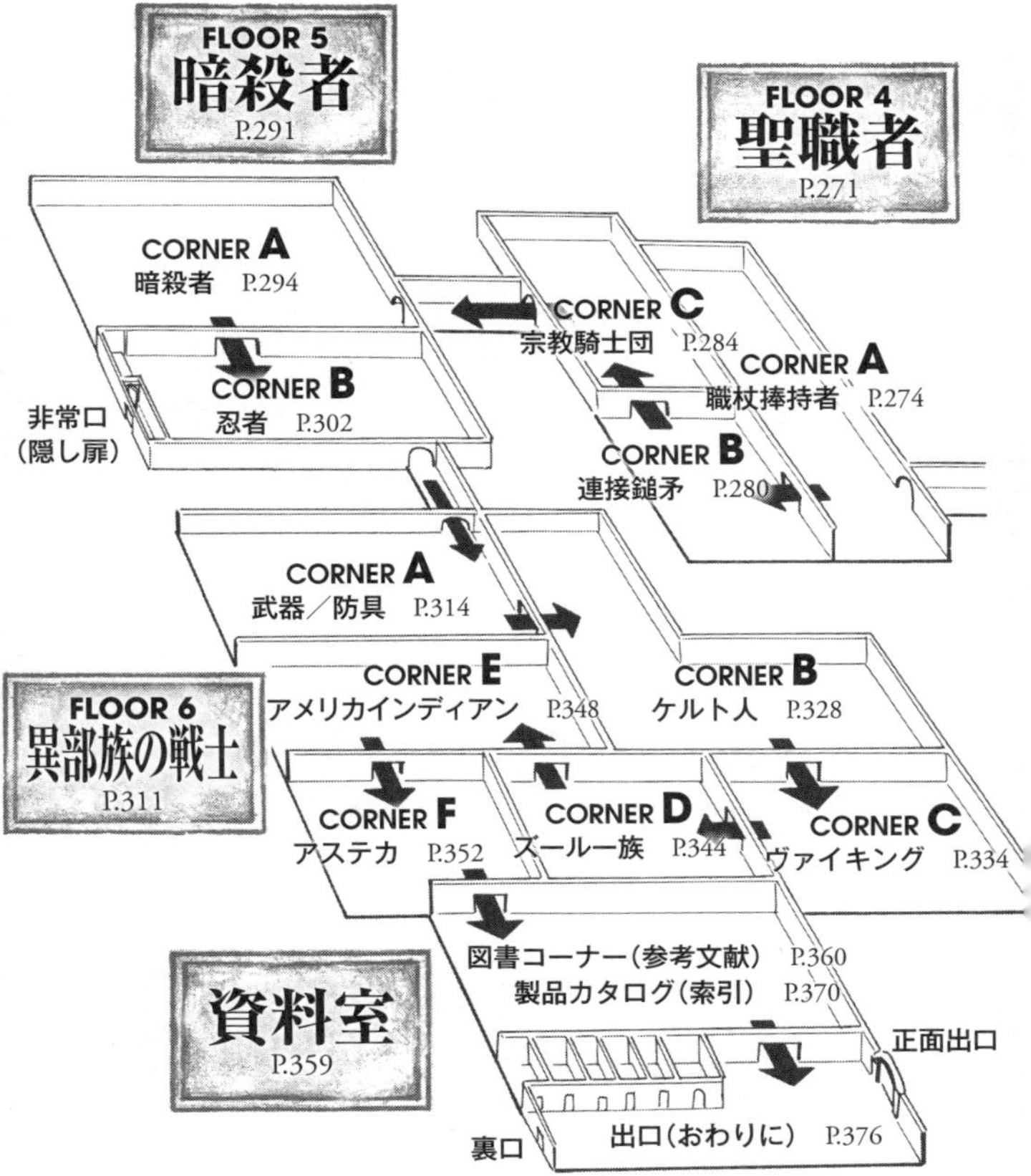
FLOOR 5
暗殺者
P.291
CORNER A
暗殺者 P.294
CORNER B
忍者 P.302
非常口
（隠し扉）
FLOOR 4
聖職者
P.271
CORNER C
宗教騎士団 P.284
CORNER A
職杖捧持者 P.274
CORNER B
連接鎚矛 P.280
FLOOR 6
異部族の戦士
P.311
CORNER A
武器／防具 P.314
CORNER E
アメリカインディアン P.348
CORNER B
ケルト人 P.328
CORNER F
アステカ P.352
CORNER D
ズールー族 P.344
CORNER C
ヴァイキング P.334
資料室
P.359
図書コーナー（参考文献） P.360
製品カタログ（索引） P.370
正面出口
裏口
出口（おわりに） P.376

BASEMENT 1

工房

WORKS

みなさまようこそおいでくださいました。
「武器屋」では、ご来店されたお客さまには、
まず当店自慢の工房をご見学いただいております。
腕に自慢の鍛冶職人どもが、額に汗して
腕によりをかけて武器や防具を作っております。
どうぞご見学ください。
当店の製品への信頼が増すこと請けあいでございます。
また、鎧や兜などのことをあまりご存じないお客さまからは、基礎の知識が、
よくわかるとご好評をいただいております。
では、足元にお気をつけて、乱雑で熱気が充満しておりますが、
そのへんのところはご勘弁を…。
ご案内いたしますのは偏屈が玉に傷のドワーフ親方でございます。（店主）

Basement 1-Corner A

Arms
武器

当店には、いろいろな世界からのお客がお見えになります。なかには石のお金で石の武器を買っていくお客もおります。切れ味鋭い鋼《はがね》や、美しい宝石で飾られた武器があるのに、何を好き好んで石などほしがるのか、わしには皆目わかりません。しかし当店では店の主人の方針で、石でできた武器から鋼のものまですべて作っております。もっとも、わしは銀や鋼の武器しか作りませんがね…。

まあ、とりあえずは、石器あたりから、武器の材質と機能がどう変わっていったか見てくだされ。それと武器の部分の呼び名も、ひととおりは説明しておきましょうかな。(親方)

◆大石は持ち上げるのもたいへんだが、その重さだけでも十分威力がある。

骨・石・木

自然界に存在する骨や石、木切れが、そのままで武器となることは、わしも認めざるを得ませんな。また最初の武器がそこから現れたのも確かでありましょう。

　武器はもともとは、動物相手に使われた狩猟道具でありました。やがて人に対して使われ始め、武器となっていったわけです。不幸なことであります…といいつつわしは武器を作っておるわけですが…。

　狩猟道具が道具としての進歩を始めたのは、人類が身近にあるものを無造作に握ることをやめたときからだと考えております。つまり大きさや重さが手頃で使いやすいものを、慎重に選ぶようになったときであります。さらに、加工することを知って、ほぼ道具としての体裁が整うことになります。その頃には打製石器、磨製石器も登場したのです。（親方）

◆砕いたり削ったりといった加工技術を知った人類は、握りやすいように石を加工し始めた。10万年前頃には、こうして作られた武器（狩猟道具）が登場している。

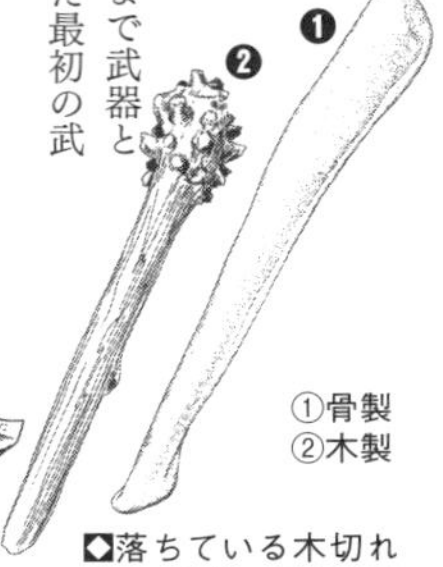

①骨製
②木製

◆火打ち石としても使われるフリント（燧石＝すいせき）もまた、剥離（はくり）する性質をもち、硬さもあったため、斧を始めとして多くの武器に加工された。

◆落ちている木切れは、いらない枝をはらった時点で棍棒という武器になった。木や骨は、石のナイフでも削ったり、彫刻することができたため、槍や弓矢の先を削って尖らせたり、抜けないように逆刺をつけることもできた。

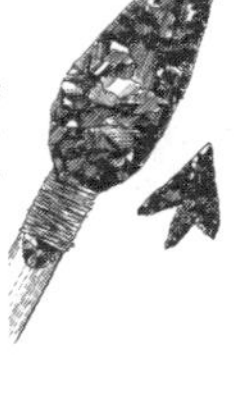

◆ガラス質の黒曜石は、薄く剥がれる性質をもっている。そのため鋭い刃先に加工することができ、また自然界に多くあることから武器の材料に選ばれた。ただし、もろさが難点だった。

◘柄つきのフリント製斧。

◘槍は穂先を柄につけただけの簡単な構造なので作りやすい。また青銅器時代になると、鋳型に青銅を流し込み大量生産も可能となった。

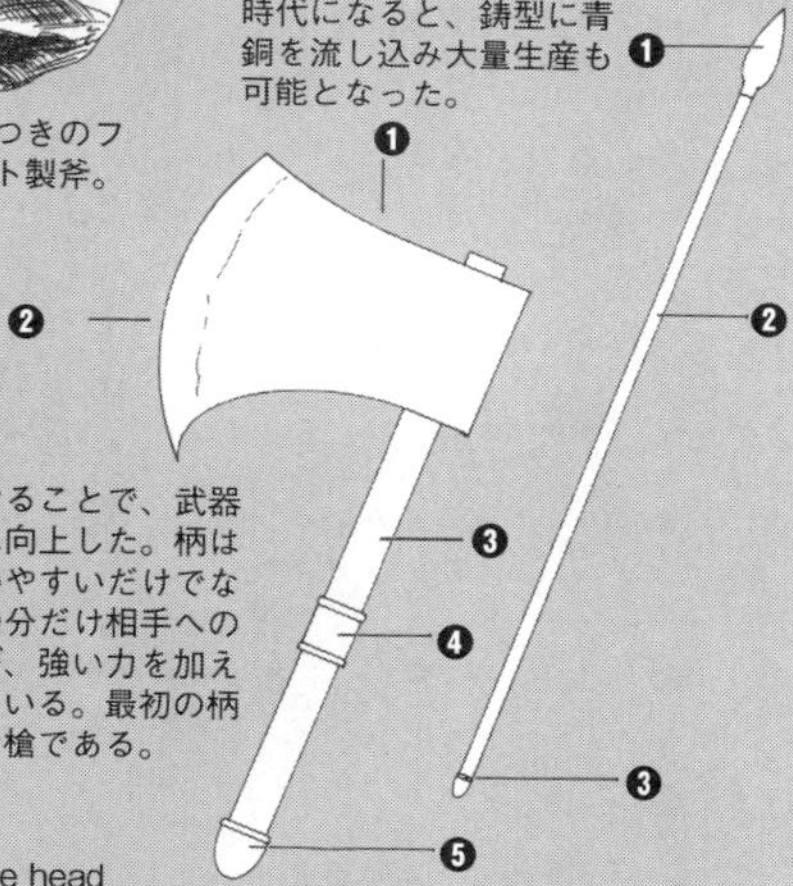

◘木の柄をつけることで、武器の機能は大幅に向上した。柄は握りやすく扱いやすいだけでなく、柄の長さの分だけ相手への到達距離が伸び、強い力を加えるのに役立っている。最初の柄つき武器は斧や槍である。

斧の名称

①斧頭（ふとう）／axe head
②刃先（はさき）／axe blade
③柄（え）／pole
④責金（せめがね）／ferrule
⑤石突き（いしつき）／butt

槍の名称

①穂先（ほさき）／spearhead
②柄（え）／pole, shaft
③石突き（いしつき）／butt

◘磨製石器の作り方。

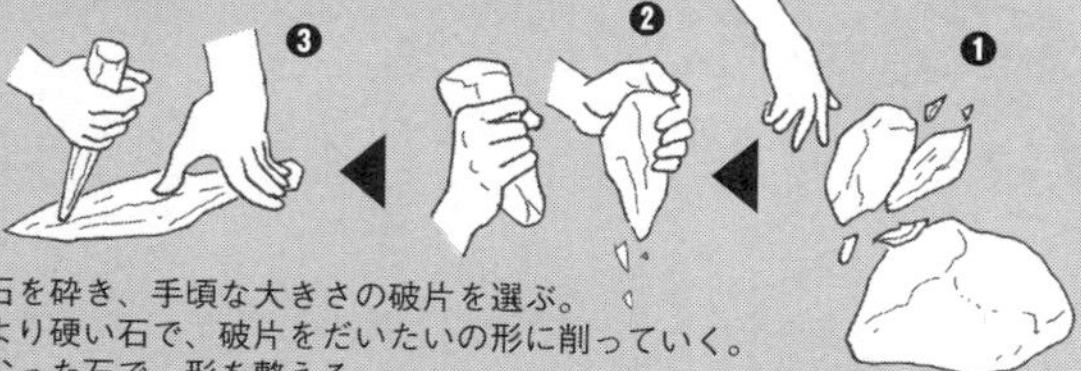

①石を砕き、手頃な大きさの破片を選ぶ。
②より硬い石で、破片をだいたいの形に削っていく。
③尖った石で、形を整える。

◆細かな加工を施した石製ナイフ。ここまで加工されるようになったのは前1700〜1600年頃と新しい。細心の注意と熟練が要求されたと思われる。

◆平らな木の板に黒曜石をはめ込んだ、アステカの棍棒のような剣（16世紀）。

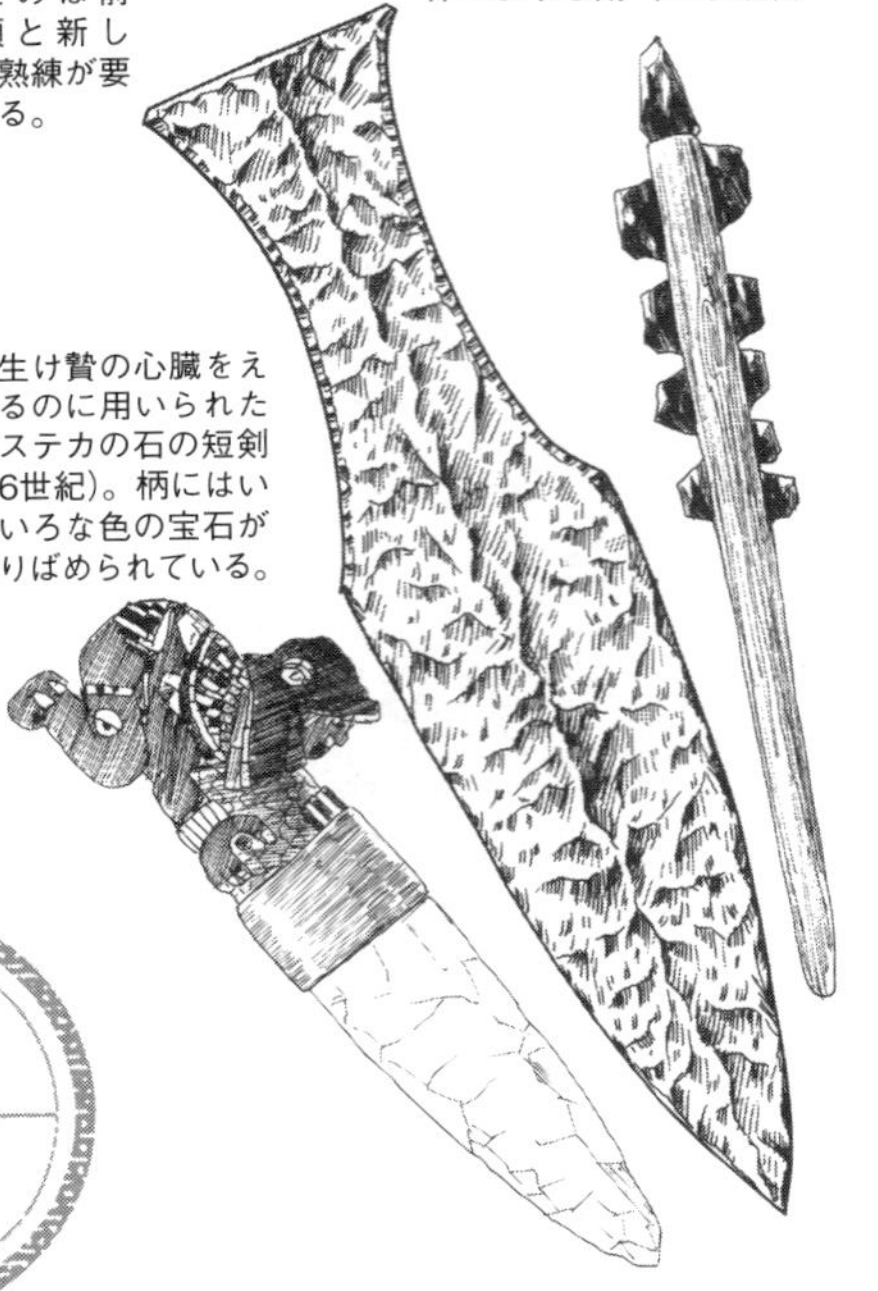

◆生け贄の心臓をえぐるのに用いられたアステカの石の短剣（16世紀）。柄にはいろいろな色の宝石が散りばめられている。

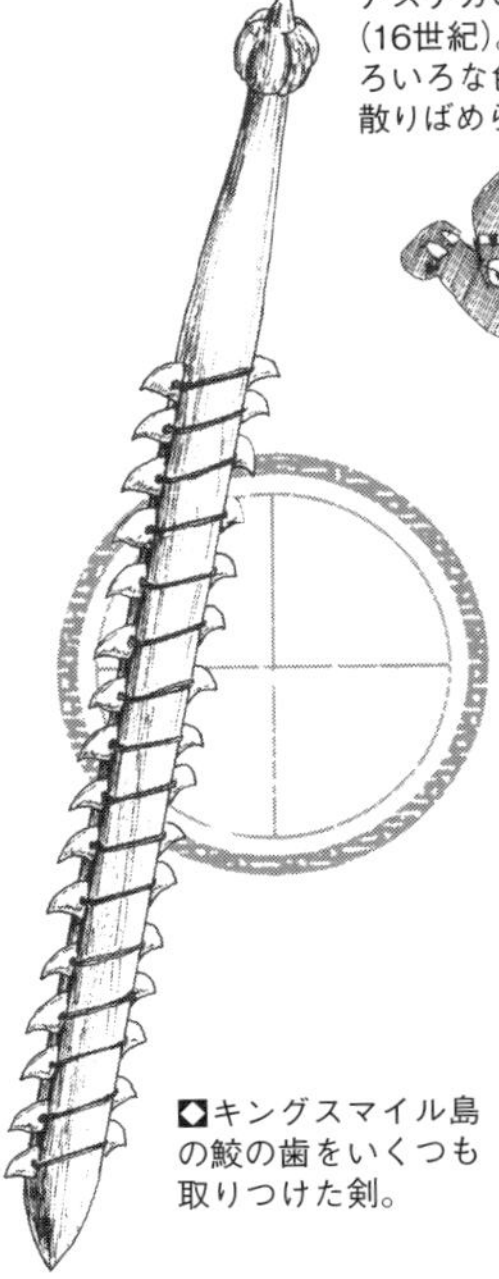

◆キングスマイル島の鮫の歯をいくつも取りつけた剣。

石や骨の武器は、石器時代だけに限られているわけではありません。金属の武器をもたなかった地域では石や骨が重要な部品として長い間武器に使われました。（親方）

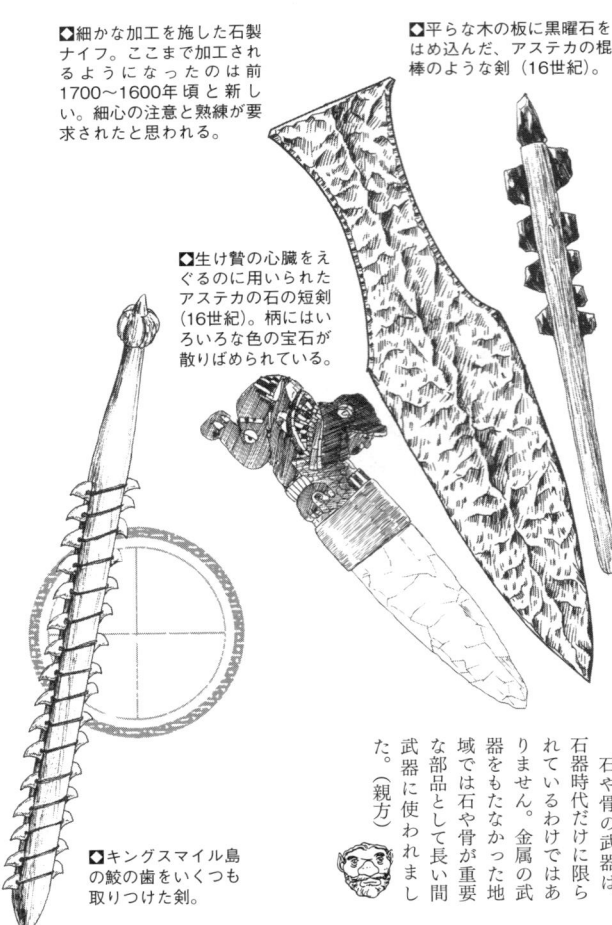

銅

時が移り、石器時代の終わり頃になると（紀元前四〇〇〇年頃）、やっと銅で作られた短剣が登場してきました。ただし、当時は材料を入手するのが難しく、作るのにも手間がかかったことから、王や族長などの人々が権威の象徴としてもっていた程度であります。

石器に鋭い刃先をもたせるためには、欠けたりしないように細心の注意が必要です。実戦でも、しばしば刃こぼれが起こります。その点金属なら、鋭い刃先でありながら欠けたり砕けたりしにくい丈夫な剣を作ることができます。

銅は柔らかく叩いて薄く加工することができます。また叩けばある程度は硬くなる性質をもっています。とはいうものの、決して実戦向きではありません。柔らかいために盾などに当たれば曲がってしまうので、命の惜しいかたは、くれぐれも長さのある銅剣など持たないように…。つば競りあいでもしようものなら簡単に曲がってしまいます。（親方）

◘銅製のアフリカの短剣。石ではここまで刃を薄くするのは難しい。刀身が柄に向かって大きく張り出しているのは、柔らかい銅を曲がりにくくする構造上の工夫と考えられる。

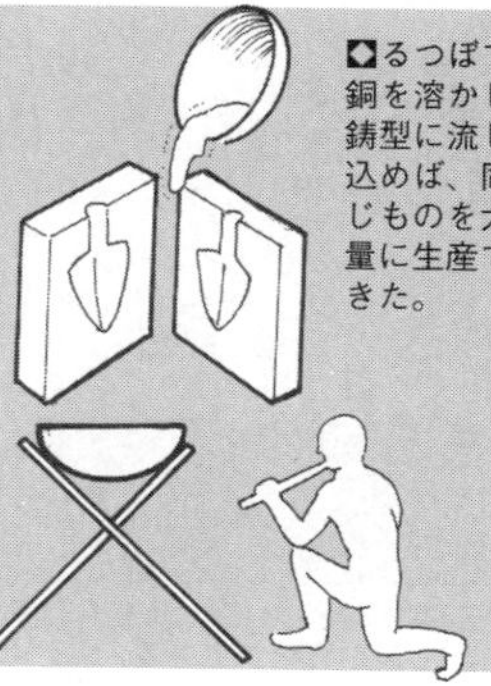

◘るつぼで銅を溶かし鋳型に流し込めば、同じものを大量に生産できた。

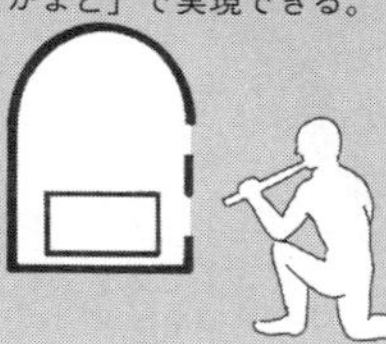

◘銅は自然銅という形でそのまま存在することもあるが、量を確保するためにはほかの金属や物質と混ざった鉱石から抽出（製錬）しなければならない。銅は約1100度で溶ける。この温度はふつうの「かまど」で実現できる。

青銅

柔らかい金属である銅と錫《すず》を混ぜると、不思議なことに硬い金属となります。これが青銅であります。どこぞの世界でいう「超合金」といったものにあたりますな。青銅が登場してから（紀元前二五〇〇年頃）、やっと長くても曲がらない剣ができるようになりました。（親方）

しかし、材料の入手はさらに難しくなったともいえます。錫はどこででも掘り出されるわけではないので、直営鉱山（産出地）か仕入れルート（輸入ルート）をもっていなければならないのです。それをもっているからこそ当店（当時の強国）は盛んになったわけです。（店主）

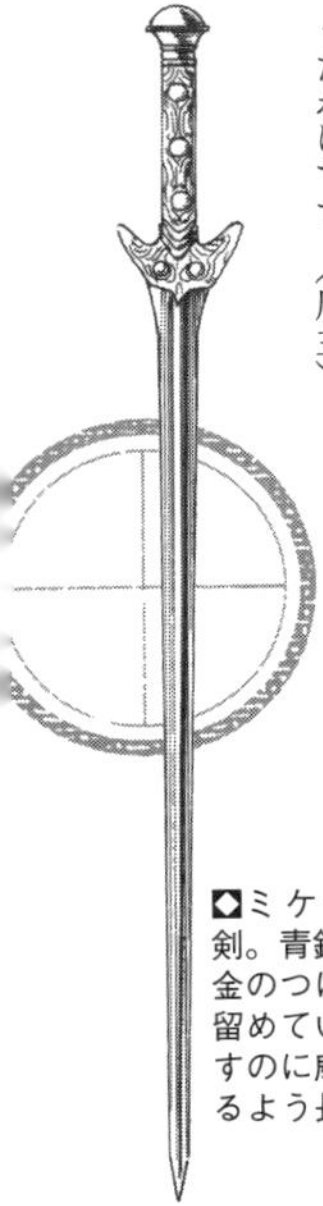

◘ミケーネの青銅剣。青銅製の刀身に金のつばと柄を鋲で留めている。突き刺すのに威力を発揮するよう長く細い。

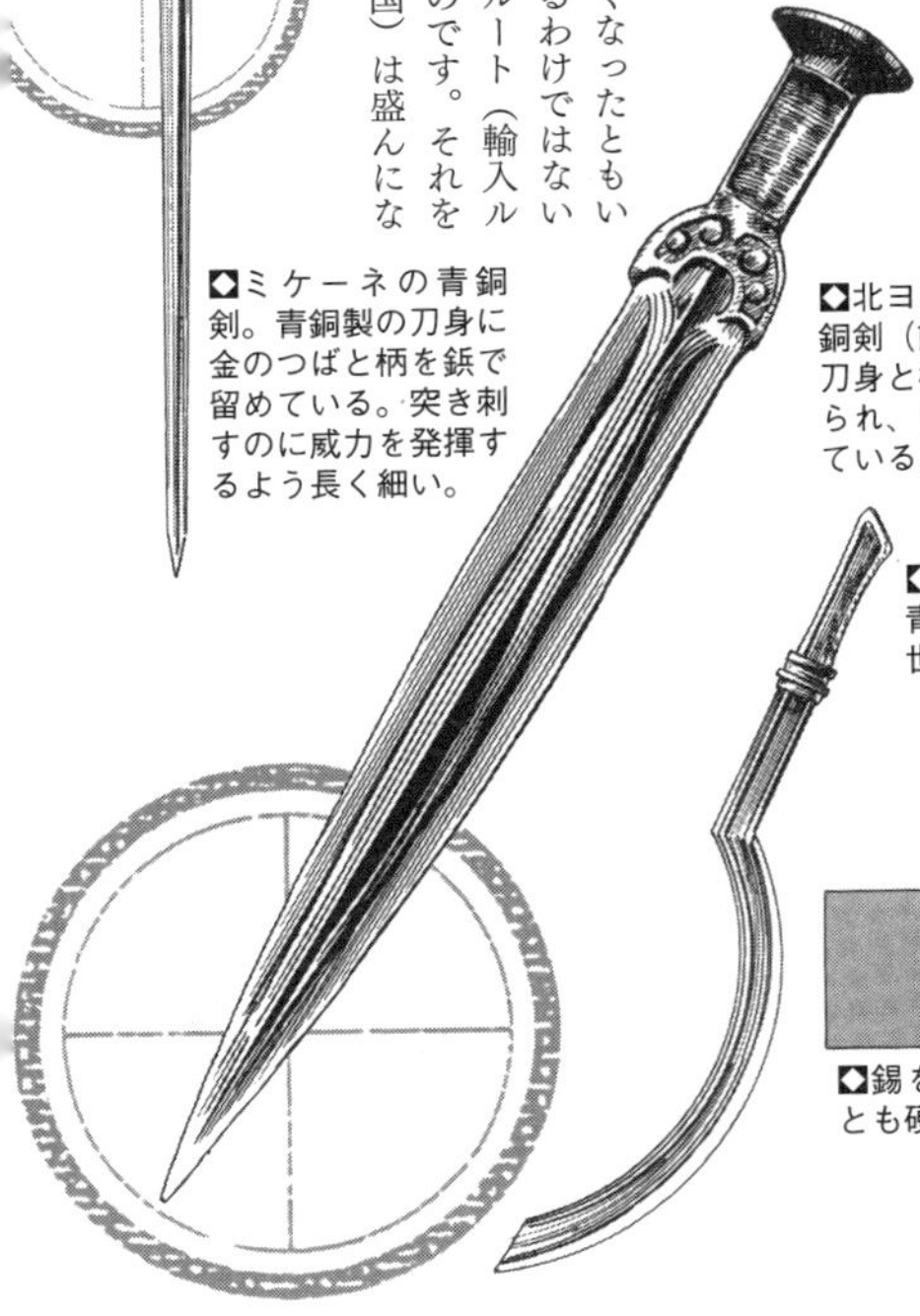

◘北ヨーロッパの青銅剣（前13世紀頃）。刀身と柄は別々に作られ、鋲で留められている。

◘エジプトの青銅剣（前15世紀頃）。

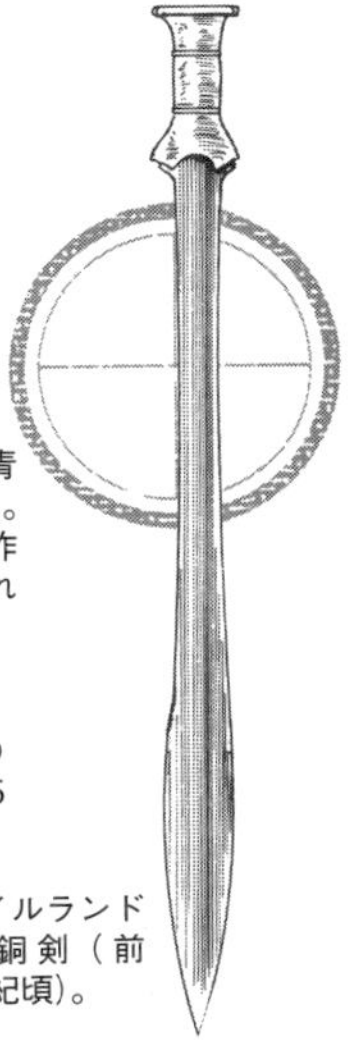

◘アイルランドの青銅剣（前12世紀頃）。

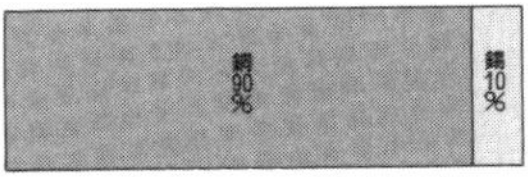

◘錫を全体の10%混ぜればもっとも硬い青銅ができる。

◘メソポタミアの青銅剣。切ることを重視するために刀身が湾曲している。柄と刀身が一体成形されている（前1300年頃）。

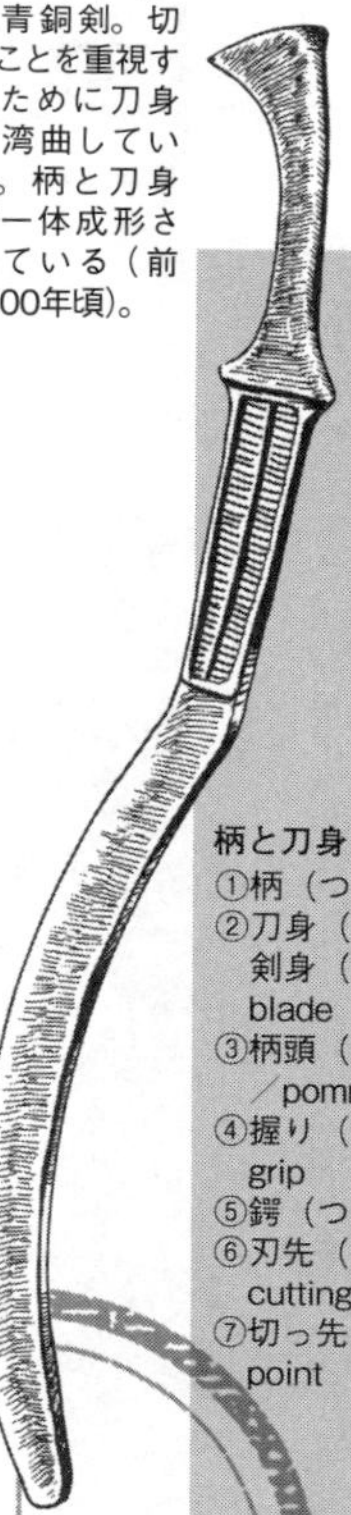

◘一体成形された長い剣では、剣が長くなった分だけ剣の重さと、刀身に加わる力がつばのある位置にかかり、そのまま握っている手首に伝わる。材料の節約もあったが、やがて剣と手首を守るために柄と刀身が別々になった剣が登場した。

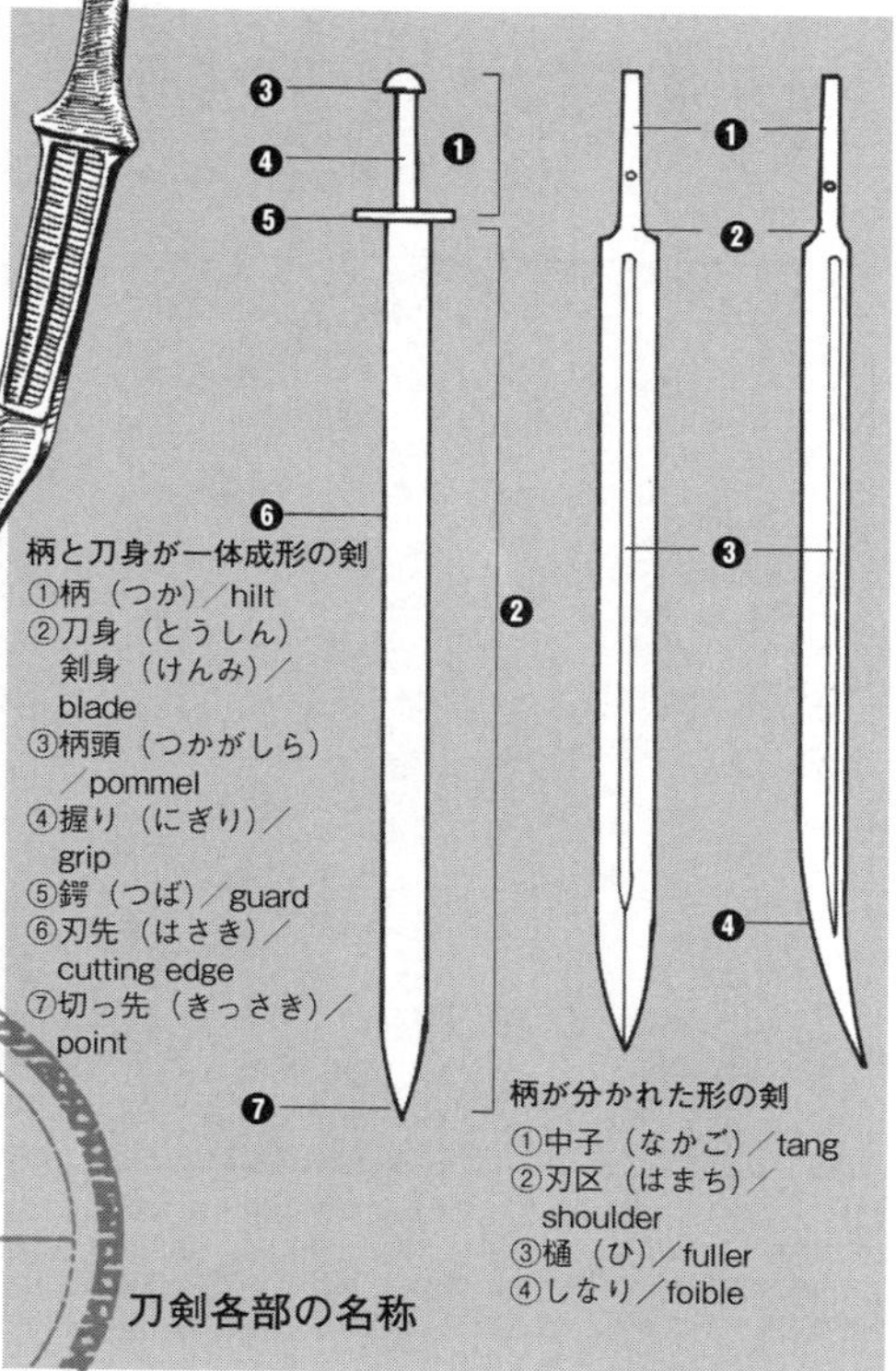

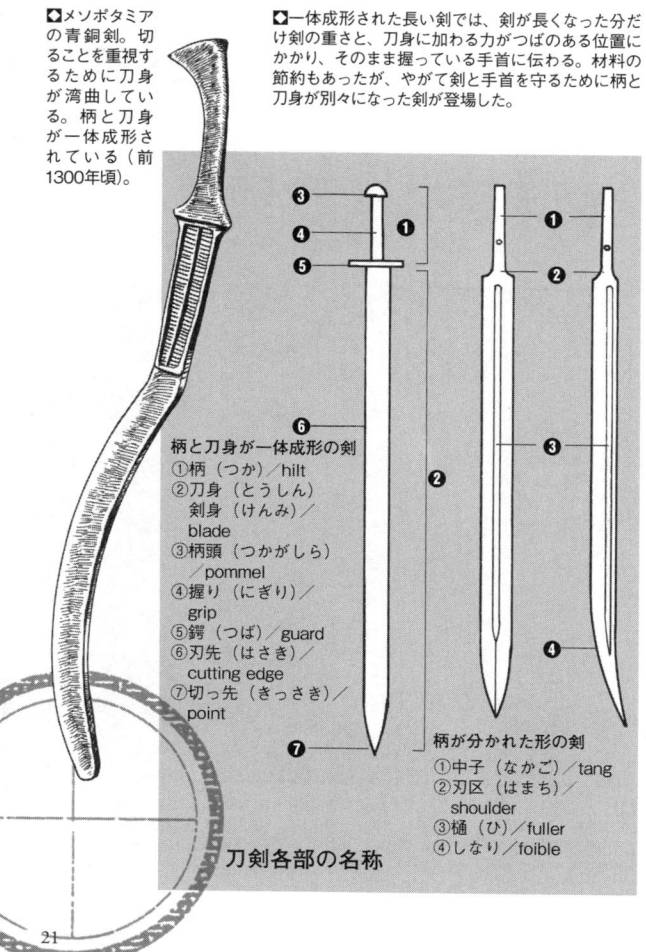

鉄

鉄こそはもっとも武器に適した金属でありましょう。豊富にあることから製造加工技術さえしっかりとしていれば、大量に優れた武器を作り出すことができます。しかし、技術をもたない工房（時代や地域）では青銅よりも劣った剣しかできません。鉄製であればよいというものではないのです。当工房ではヒッタイトの末裔が中心となって、優れた鉄製武器を作っております。（親方）

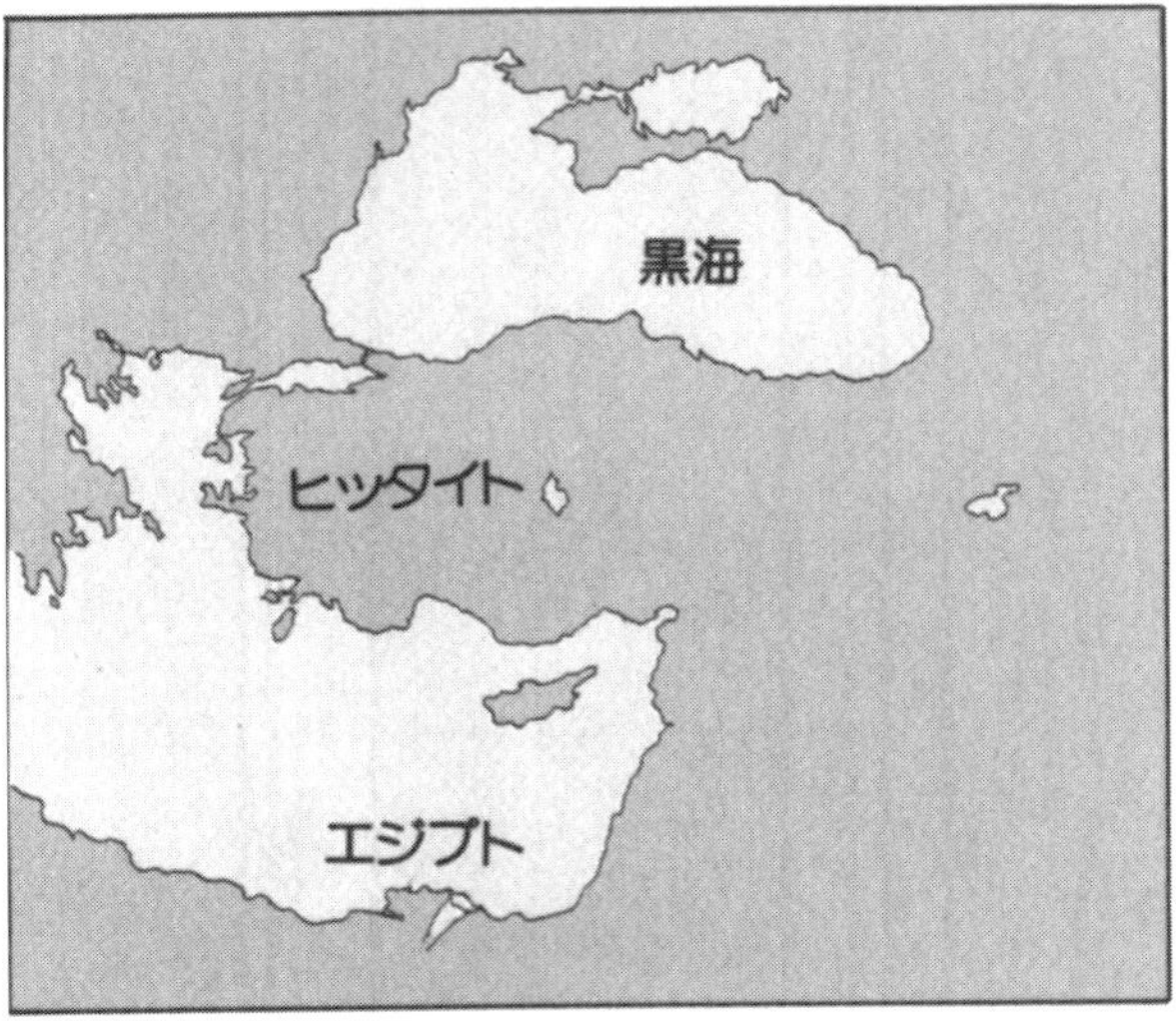

◆ヒッタイトは前15世紀頃、アナトリア（現トルコ領）に現れた強力な帝国で、彼らは鉄の製錬法を保持し、鉄の武器によって周囲の国々を攻略していった。前12世紀初めに滅亡し、秘密とされていた鉄の製錬法は、メソポタミア地方全域へと広がり、鉄器時代が到来した。さらにヨーロッパへと伝わるのに、さほどの時間はかからなかった。

◘7世紀頃にトルコからヨーロッパにもち込まれたダマスカス剣は、その切れ味のよさから驚嘆の目で迎えられた。材質は鋼だが、当時どのような方法で作られたのかは歴史上の謎となっている。

◘人類が最初に材料として使った鉄は「いん鉄」である。「いん鉄」とは、宇宙から降ってくるいん石から採取される鉄のこと。鉄は、金や銀、銅と違い、見分けにくく鉄そのものの姿で存在することもほとんどない。

職人ではなくお客であるあなたがたは、鉄の武器は、作り方から見て次の三種類に分かれると理解しておればよいのではないですかな。作り方の違いは鉄の硬さの違いにほかなりません。（親方）

熱して叩いた剣

◘鉄鉱石を1100度程度まで加熱すると不純物を含んだ鉄塊ができる。これをさらに熱して叩く作業を繰り返し、表面に表れた不純物を取り除くことである程度は純度が高く硬い鉄を作り出せる。こうして作られる鉄は青銅よりも柔らかいが、量が豊富であるため、広く用いられるようになった。

1. 鉄鉱石を熱する。
2. 管で息を吹き込みできるだけ高温になるようにする。
3. 熱しては叩く作業を繰り返して不純物を取り除く。

鋼の剣

◘鉄は普通、鉄（Fe）と炭素（C）という2つの元素から構成されているが、炭素が全体の2%だけ溶かし込まれたとき、もっとも硬い鉄ができあがる。これが鋼（はがね）である。ただし鋼の生成には、鉄を溶かすだけの温度（1500度以上）を得る技術が必要なため、アジアでは5世紀頃まで、ヨーロッパでは「ふいご」が登場する15世紀頃まで作ることができなかった。

1. 純度の高い鉄塊と木炭を「かまど」に入れ火をつける。
2. そのままでは炭素が多すぎるので、再加熱して余分な炭素を抜いていく。

焼き入れした剣

◘鉄は熱せられた温度によって硬さが変化する。灼熱した鉄を水などに入れて急速に冷却すると、常温でも硬い状態のままとなる。温度を次第に上げながら、この作業を繰り返せば硬い剣ができあがる。ただし、やり過ぎはかえってもろくするだけとなる。

1. 剣を熱する。このときの温度は高すぎてもだめで、その温度は秘伝とされた。
2. ハンマーで形を整える。
3. 冷却する。冷却には油や樹液、蜜、血などが使われ、これもまた秘伝とされた。

Shield

盾

盾は早くから登場した防具であります。幸い腕は二本、片手に武器、片手に防御するものを持つという発想は自然なものだったのではありますまいか。

鎧に比べて盾は人気がないようですが、防御性を考えるなら鎧以上の効果があります。鎧を着ていても剣が当たれば、骨折したり打ち身を作ったりしますが、盾ならそういうことはありません。

盾は、材質、構造、大きさ、形状ともさまざまであります。それぞれに機能を考えて作られております。とくとご見学くだされ。(親方)

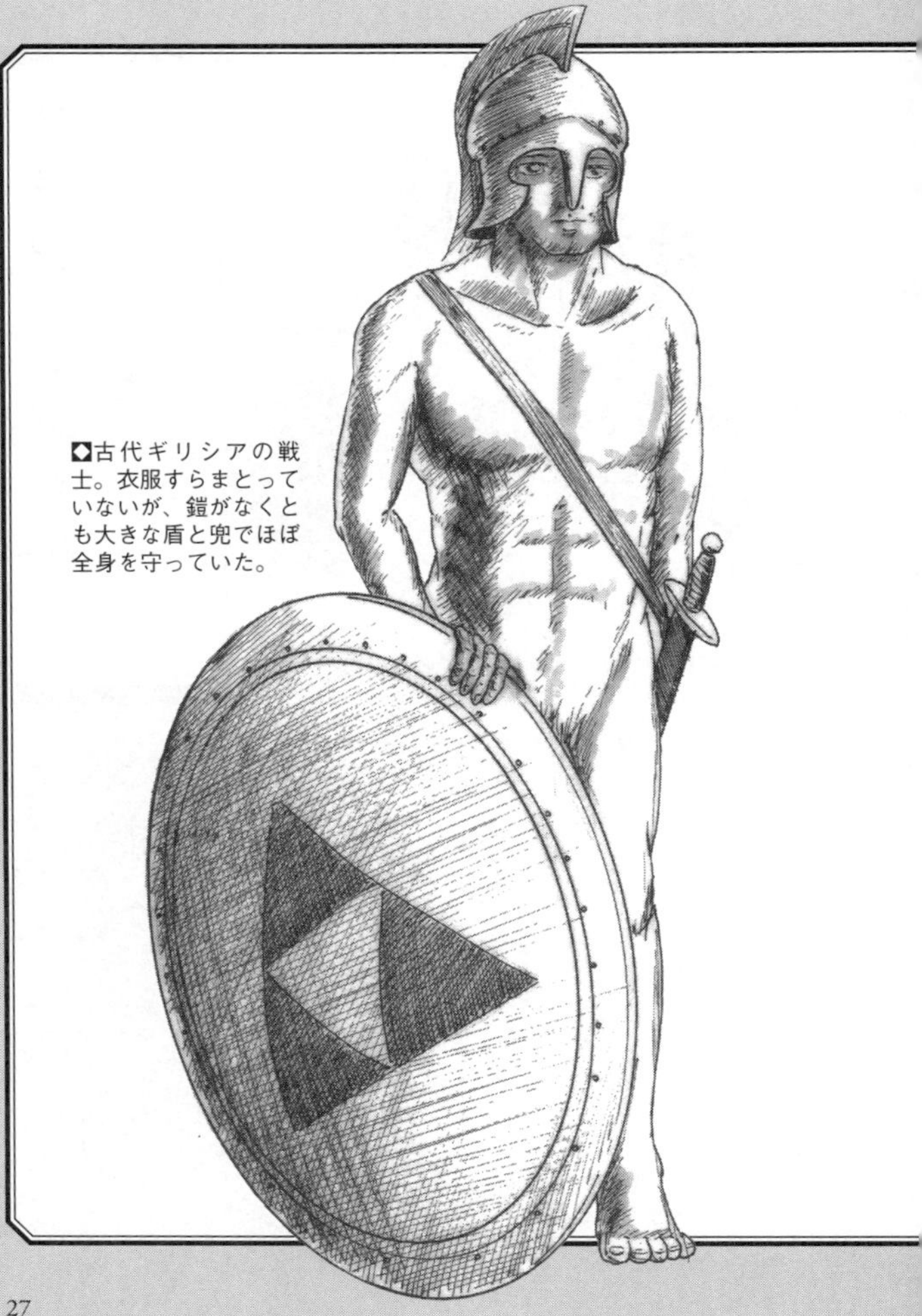

◆古代ギリシアの戦士。衣服すらまとっていないが、鎧がなくとも大きな盾と兜でほぼ全身を守っていた。

ラウンド・シールド【円盾】ROUND SHIELD

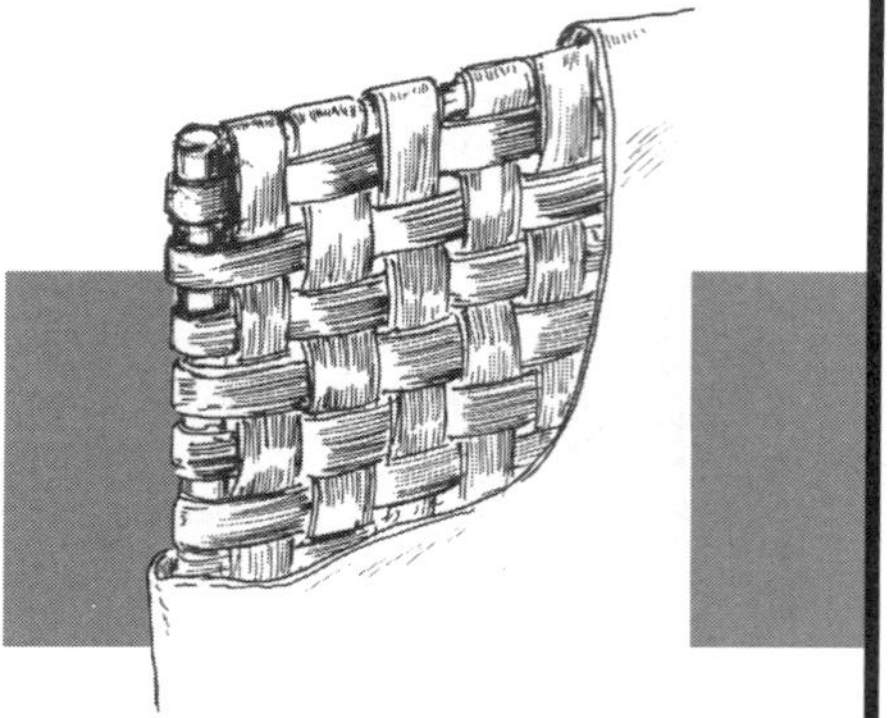

◆籐製の盾。籐を編み、表面に動物の皮をかぶせたもの。

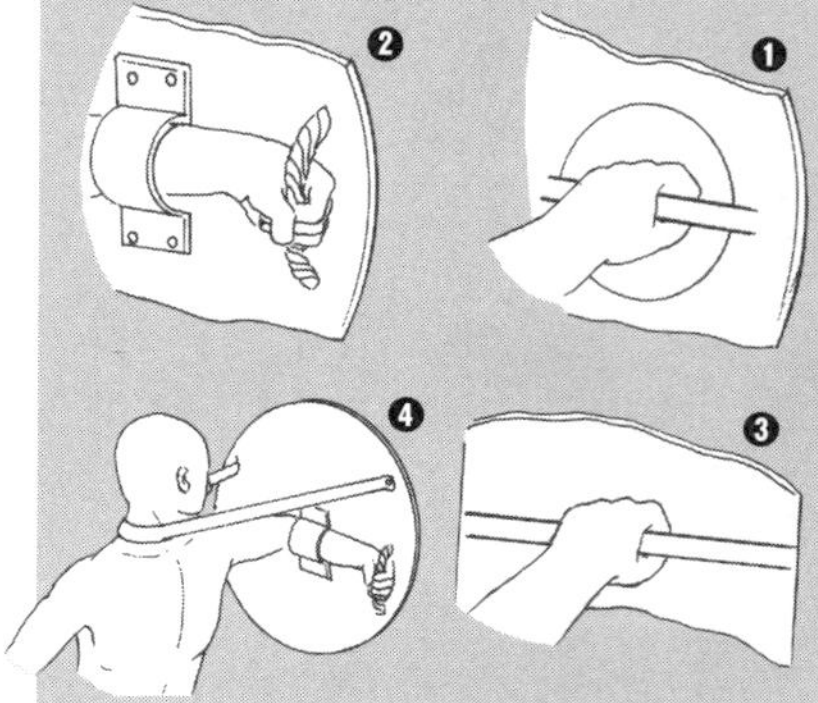

◆さまざまな盾の取っ手。
①中央の取っ手を握るタイプ。平らな盾では中央に穴をあけ、穴の表側はお椀形をした金属でふさぐ。
②腕をベルトに通し、棒またはもう1つのベルトを握るタイプ。
③湾曲した盾を横切っている棒を握るタイプ。
④取っ手のほかに肩ひものついたものもある。ひもを肩にかけ盾を力の限り突き出すようにすれば、強い打撃力にも耐えられる。

円形をした盾（円盾＝まるたて）は、歩くときひざにぶつからないので邪魔にならず、歩兵向きである。突撃の際にも全力で走ることができる。世界的には木製が多い。

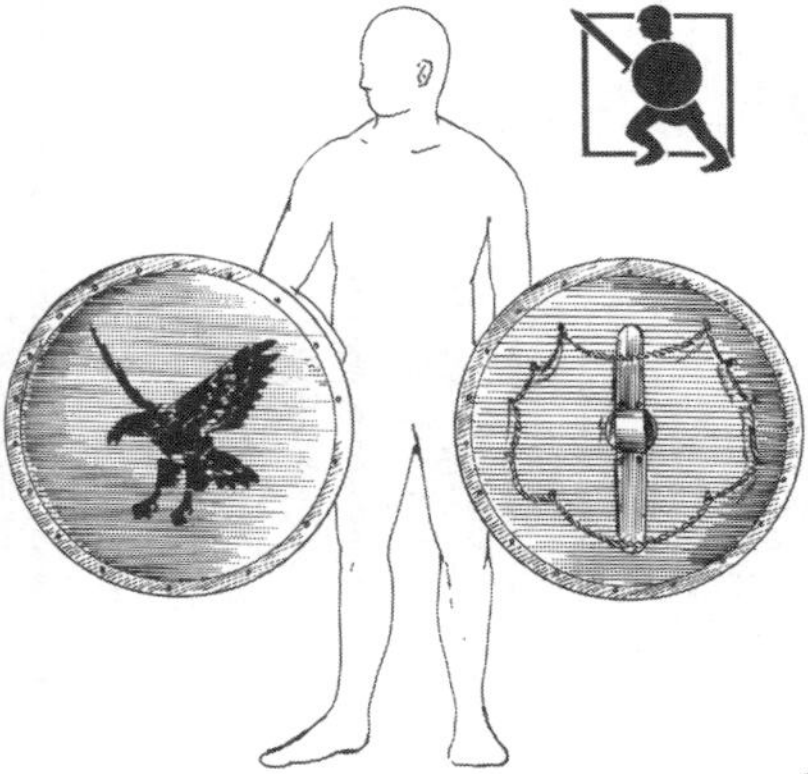

◘ホプロンまたはアスピスと呼ばれる古代ギリシアで用いられた円盾（前4世紀頃）。青銅製のものが多く、直径が1mほどもあったために非常に重い。防御効果は高いが、機動力を必要としない重装歩兵戦術でしか使えない。

◘ヴァイキングの円盾（7世紀頃）。彼らはこの円盾に身を隠しながら、斧をかかげて突進した。大きさは略奪品を載せて運ぶのにもちょうどよかった。

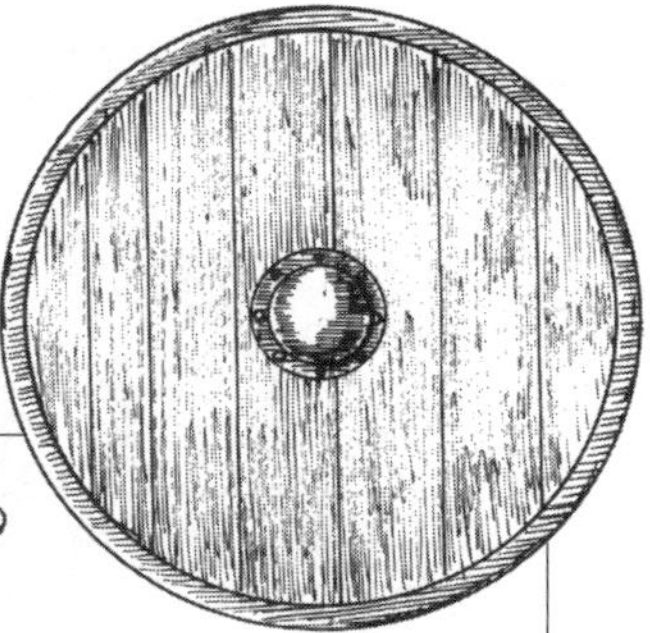

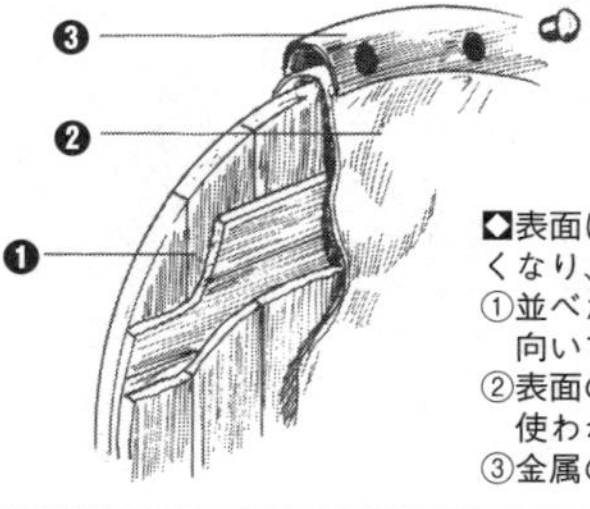

◘表面には皮が張られている。燃えにくくなり、模様を描くにも最適である。
①並べた木の板。板の木目が同じ方向を向いていると割れやすい。
②表面の覆い。なめした皮、青銅などが使われた。
③金属の縁。

タワー・シールド【長盾】

TOWER SHIELD

古代ローマの軍団兵が用いたものとして有名。鎧が発達していなかった時代には、しばしば全身を隠せるような大きな盾が用いられた。主に長方形の形をしたものがこう呼ばれ、身体を十分に隠しながら投げ槍を使うことができる。

①ケルトの盾（前1世紀頃）。ほかに卵形、長方形などがある。
②ケルトの盾を起源とするローマのスクトゥムと呼ばれる卵形の盾（前2世紀頃）。幅75cm、長さ1.2m、全体は、凸状に緩やかにカーブしている。2枚の薄い木板を張り合わせて布や皮で覆った。
③裏の中心部には鉄製の握りがある。ゆがみを防ぐ役割もあった。

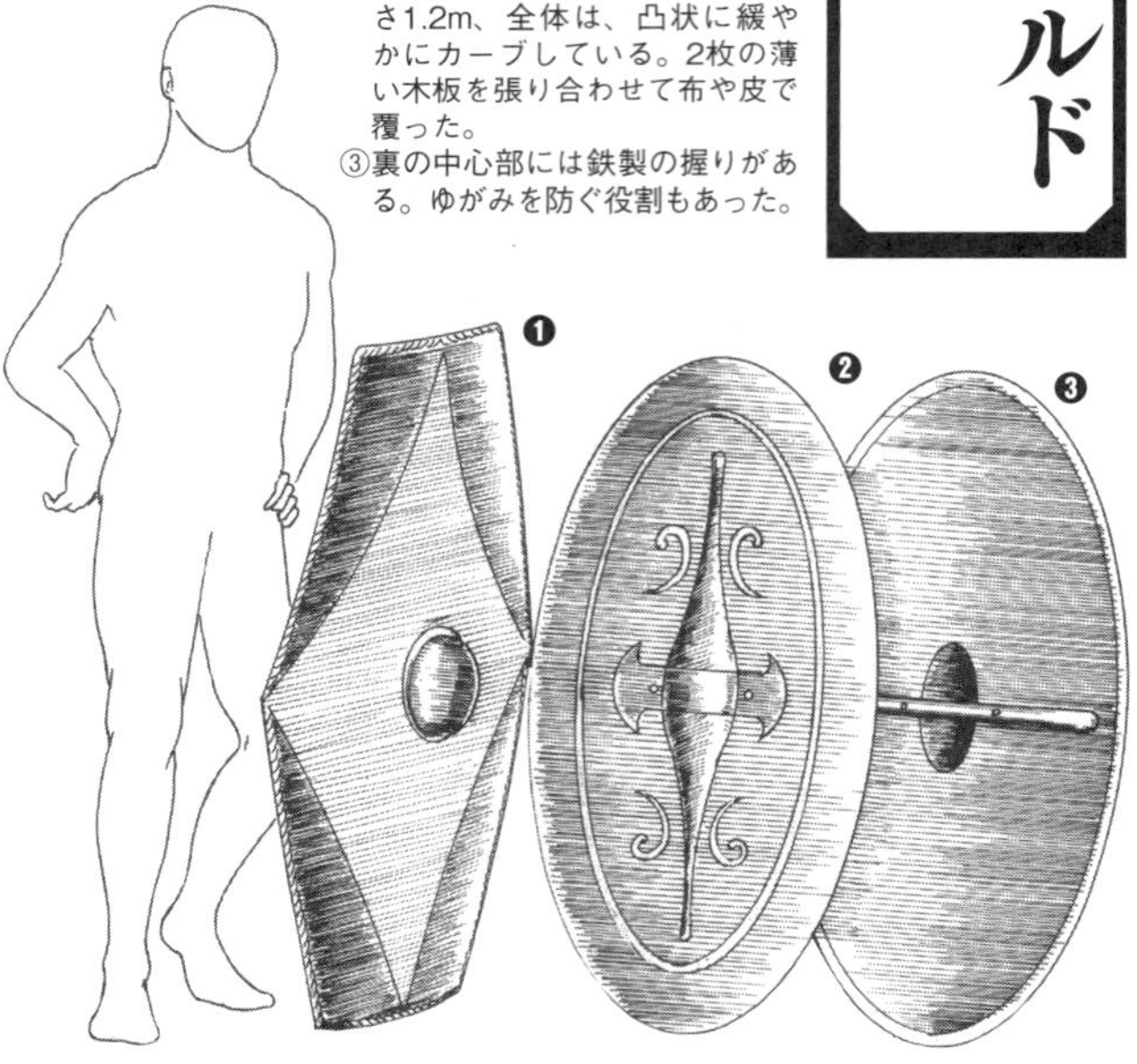

カイト・シールド

KITE-SHAPED SHIELD

ノルマン人が用いた盾。凧のような形をしていることからカイト（凧）の名がついている。逆三角形状の盾なので、大型ではあるが騎乗の際に下部が鞍に引っかかることなく左右に動かせる。

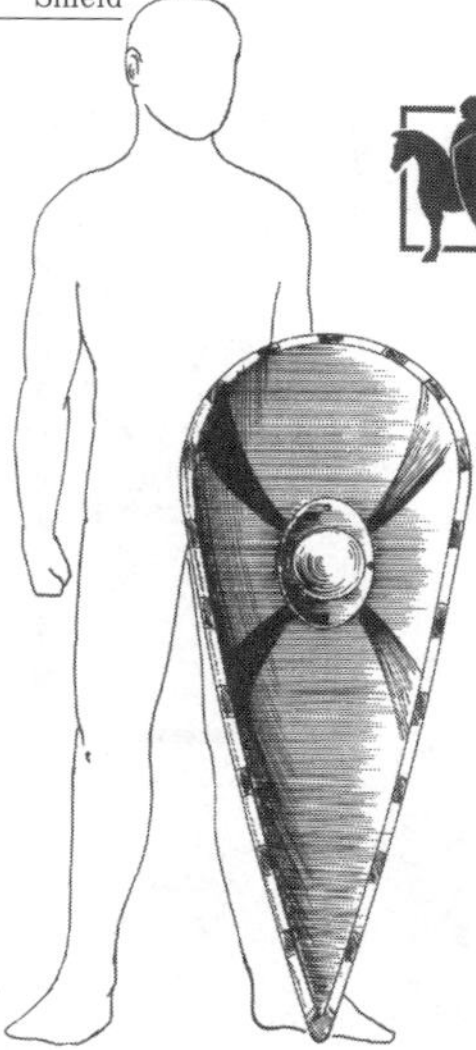

◆平らなタイプのカイト・シールド（11世紀頃）。湾曲したものもある。

◆直径60cmほどの円盾。

騎乗盾

騎士や騎兵の持つ盾は歩兵よりも小型で、馬の上でも扱いやすいものになっている。

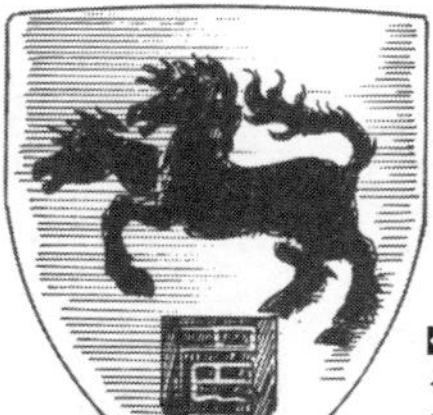

◆ヒーター・シールドと呼ばれる中世のヨーロッパ騎士が持った盾。盾の表面には盾紋と呼ばれる個人の識別用の模様が描かれている。

バックラー【小型盾】BUCKLER

直径30cmほどの小さな盾。なかにはもっと小さいものもあった。剣の攻撃を受け止めるだけのもので、剣による攻撃なら十分に防ぐことができる。

◇バックラーとファルカタを手にした前2世紀頃のヒスパニア（スペイン）の戦士。

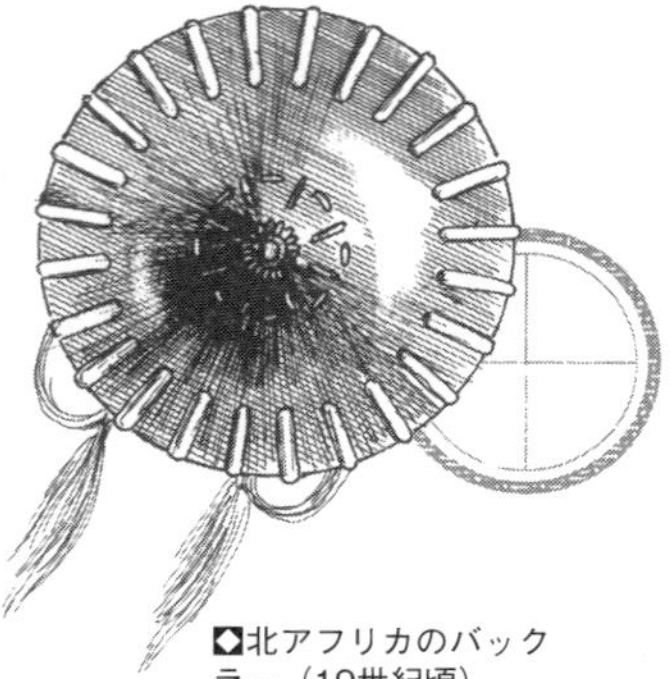

◇北アフリカのバックラー（19世紀頃）。

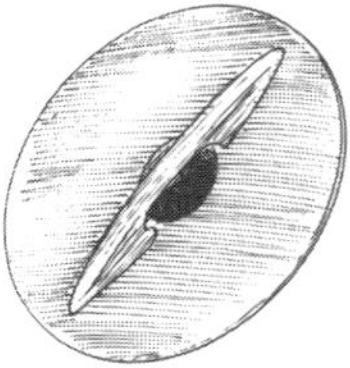

◇バックラーの裏面。握りが太く持ちやすい。肩にかけられるよう皮ベルトのついたものもある。

くびれや切れめのある盾

左右にくびれや切れめのある盾は、体を盾からはみ出させることなく槍を突き出すことができる。

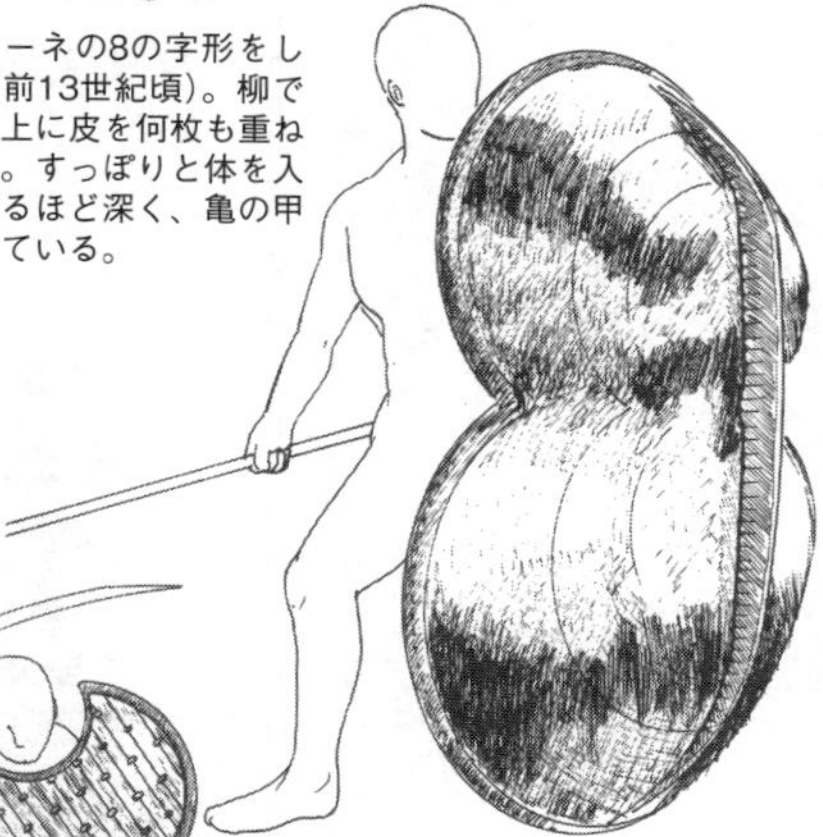

◘ミケーネの8の字形をした盾（前13世紀頃）。柳で編んだ上に皮を何枚も重ねている。すっぽりと体を入れられるほど深く、亀の甲羅に似ている。

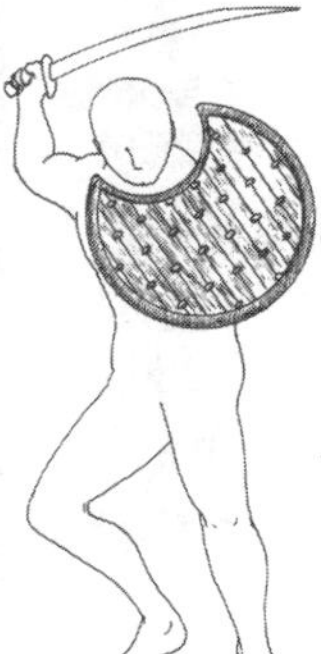

◘スキタイの三日月形をした盾。盾の表面には鉄片をつけて強化している。視界を広げるために肩の上部を欠いたものと思われる。

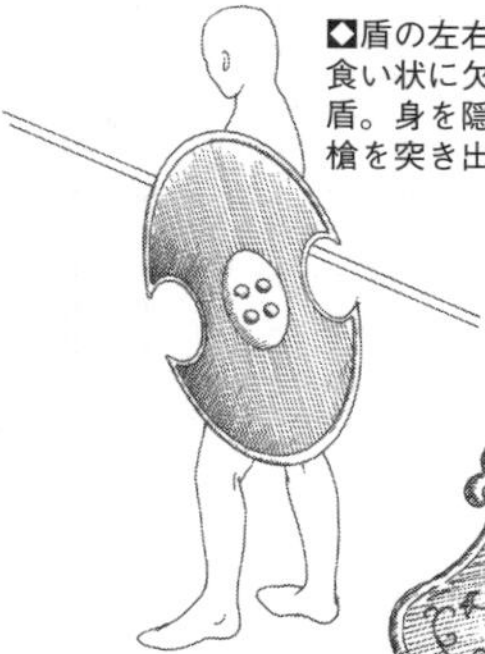

◘盾の左右の端が虫食い状に欠けている盾。身を隠しながら槍を突き出せる。

◘ペルシアの半月形の盾。

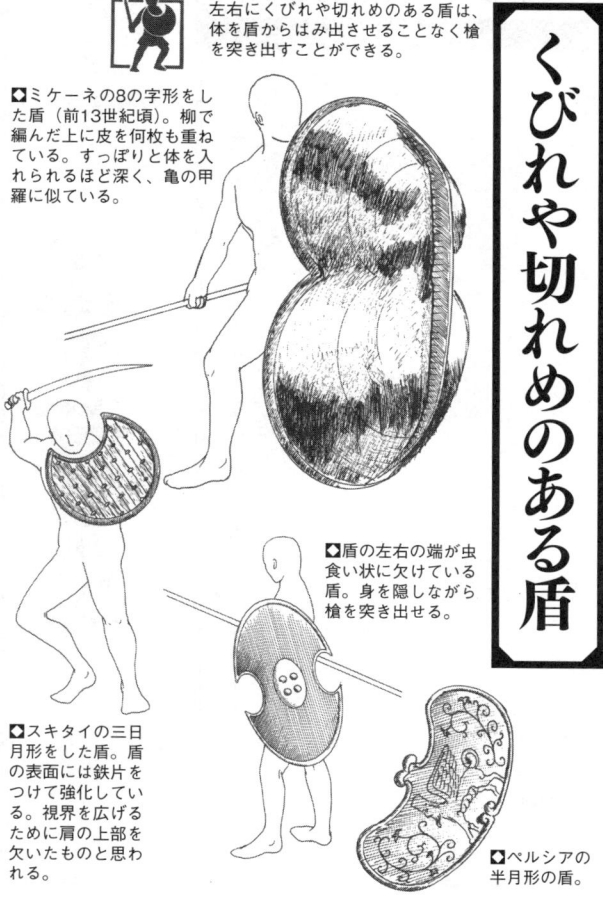

Basement 1-Corner C

Helmet

兜

体のなかでもっとも大切なのは、頭であります。もともと人は、自然の兜、すなわち頭骨によって脳を守っておったのですが、武器が使われるようになると、このもともとの兜も役には立たなくなってしまいました。大切な頭を守るのですから、装飾ばかりにとらわれず、どこを保護しているか、材質は頑丈か、それでいて首を折るほど重くないか、そういった点を考えながらご覧ください。（親方）

◘ギリシアのトラキア人傭兵（前5世紀頃）。ソフト・レザーの頭巾をかぶっている。頭巾は兜ではないが、皮や厚手の布を使えば防御効果がないわけではない。当時の軽装歩兵は柳（ペルタ）で編んだ盾を持ったことからペルタスタイと呼ばれた。

◇猪の牙を集めて作ったミケーネ時代の兜（前15世紀頃）。皮の帯で内部構造を作り、薄くした猪の牙を縫いつけている。

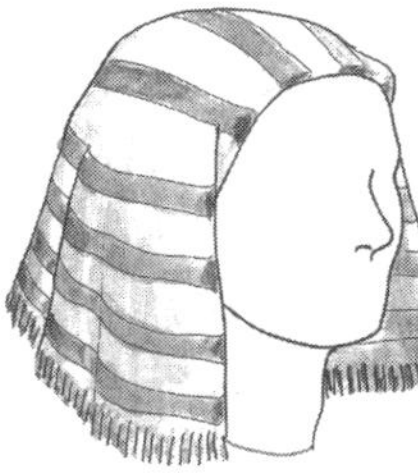

◇エジプト兵がかぶった布製頭巾（前25世紀頃）。厚手の布をキルティングして布や綿などを詰め込めば、さらに防御効果は上がる。

◇兜の上に熊の毛皮をかぶっているローマ軍の旗手（1世紀〜2世紀頃）。金属が兜の材料とされる以前は、ライオンや狼、熊などの動物の毛皮を兜代わりにしたこともある。防御の効果は低いが威嚇効果は高い。

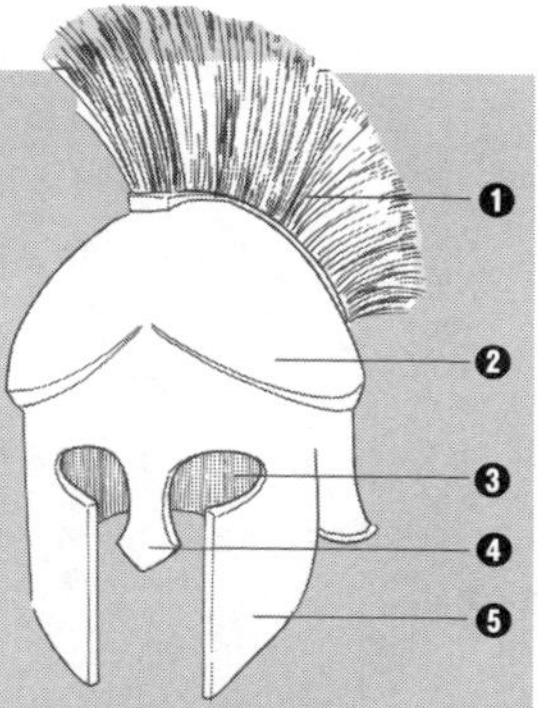

①羽飾り／crest
②鉢（はち）／skull
③目窓（めまど）／eye holes
④鼻あて／nose guard
⑤頬あて／cheek plates

兜は、やがて部分的に伸びたり、別の部品を取りつけたりするようになりました。つまり頭だけでなく、顔や首も守れるように改良されていったわけですな。兜には、首の後ろ、鼻、耳や頬、顔面などを守るためにさまざまな工夫がなされていきます。それぞれの工夫をご紹介しましょう。（親方）

◘中世ヨーロッパの兜（15世紀頃）。

①鉢（はち）／skull
②眉庇（まびさし）／visor
③面頬（めんぼお）／ventail
④のどあて／jugular
⑤首甲（くびよろい）／gorget

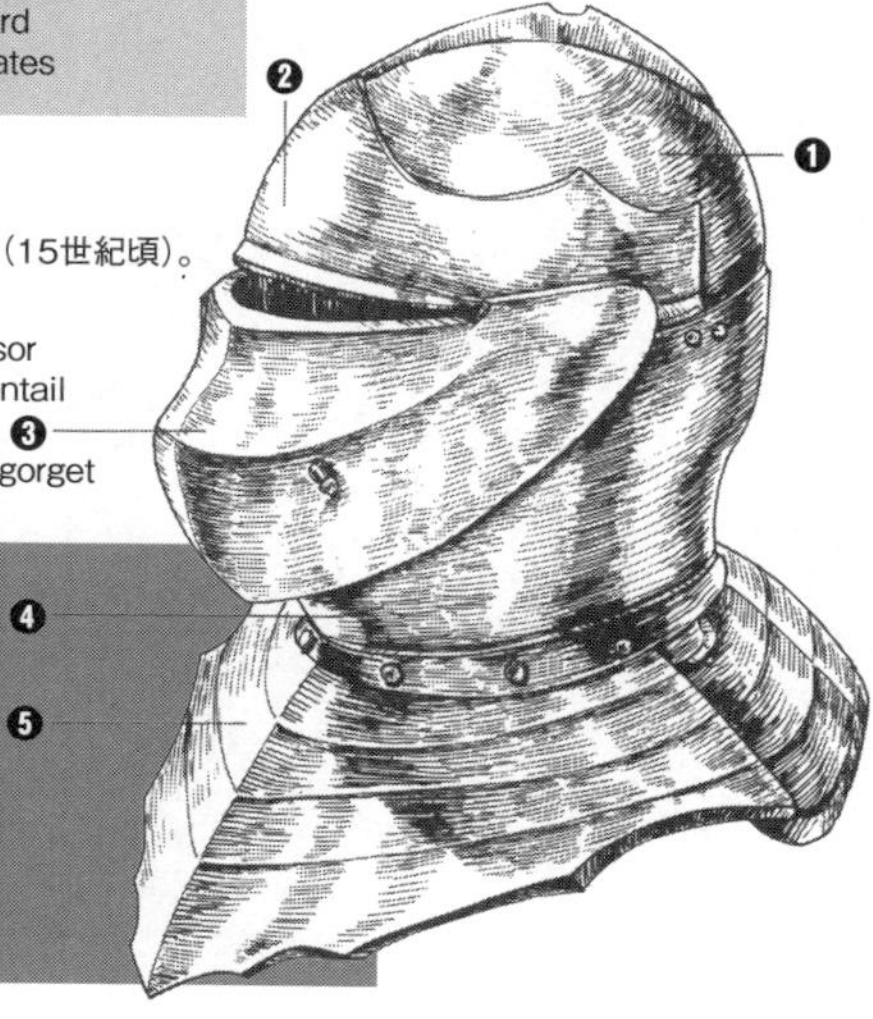

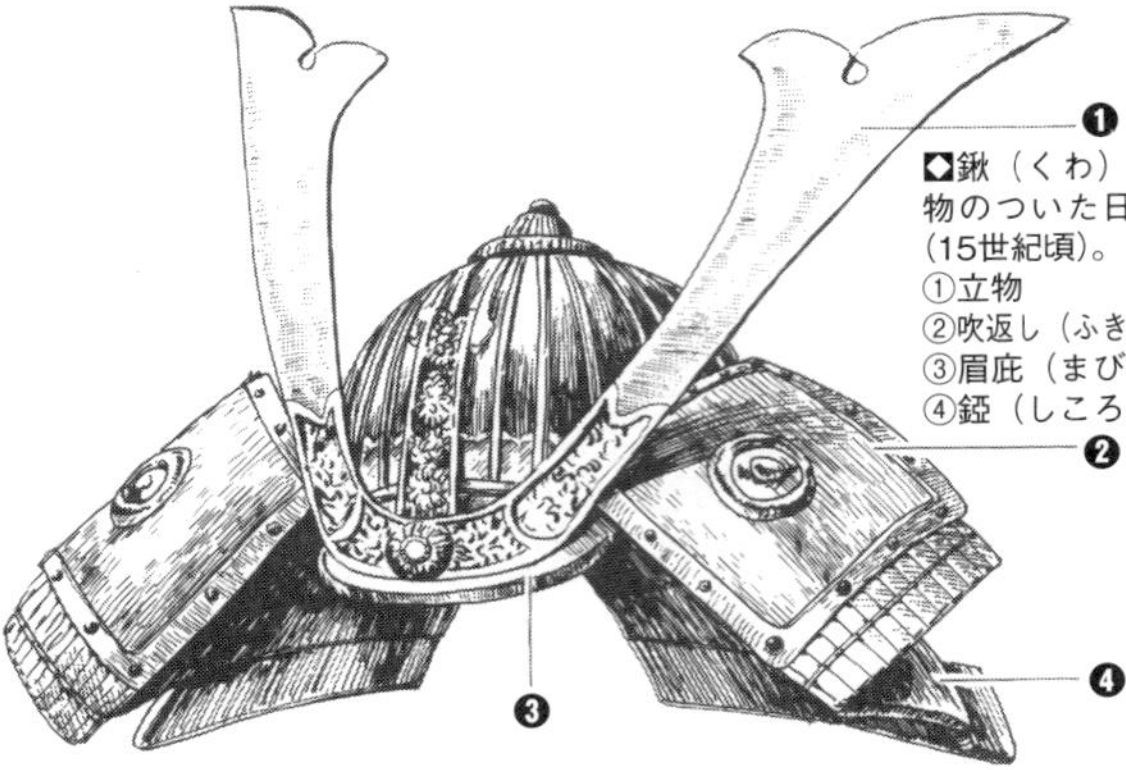

◘鍬（くわ）形の立物のついた日本の兜（15世紀頃）。
①立物
②吹返し（ふきかえし）
③眉庇（まびさし）
④錏（しころ）

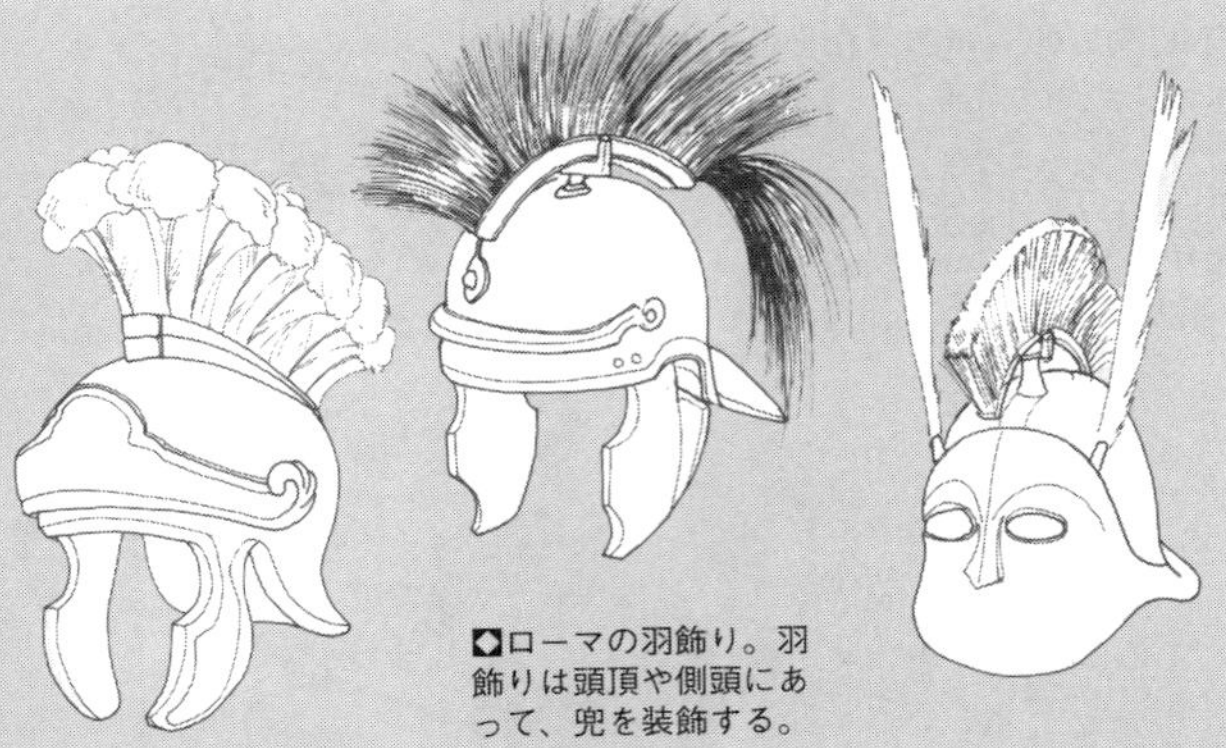

◘ローマの羽飾り。羽飾りは頭頂や側頭にあって、兜を装飾する。

錏 NAPE GUARD

◘ガリア人の青銅製兜（前1世紀頃)。帽子のつばのように見えるほうが後ろで、首を守るためにある。

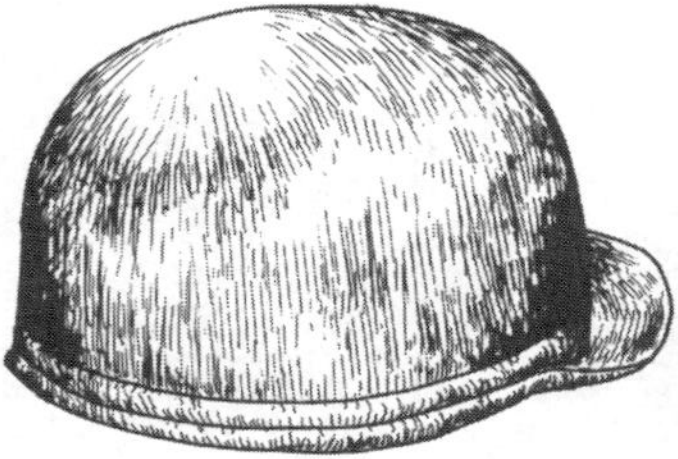

首を守る工夫

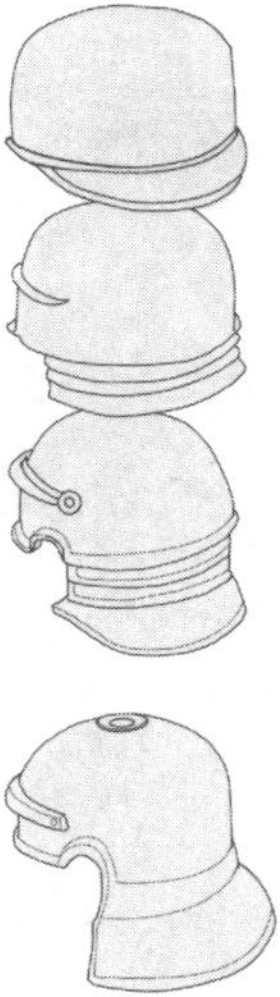

◘前1世紀から2世紀までに登場したローマの兜を見ると、首の後ろを守る工夫の変化がわかる。

ナップ・ガード（錏＝しころ）は、首の後ろを守るもの。

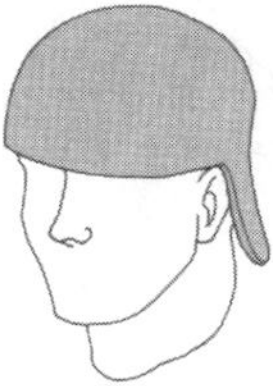

頬あて
CHEEK PLATES

頬あては顔の側面を守るためにつけられる。取り外し可能のものも多い。

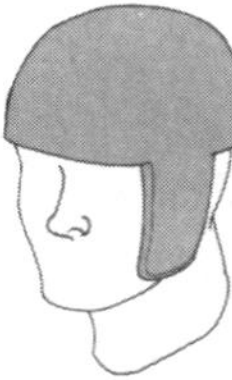

◆ローマ軍団兵の兜（1世紀頃）。頬あてはピンで留められ、外すことができた。

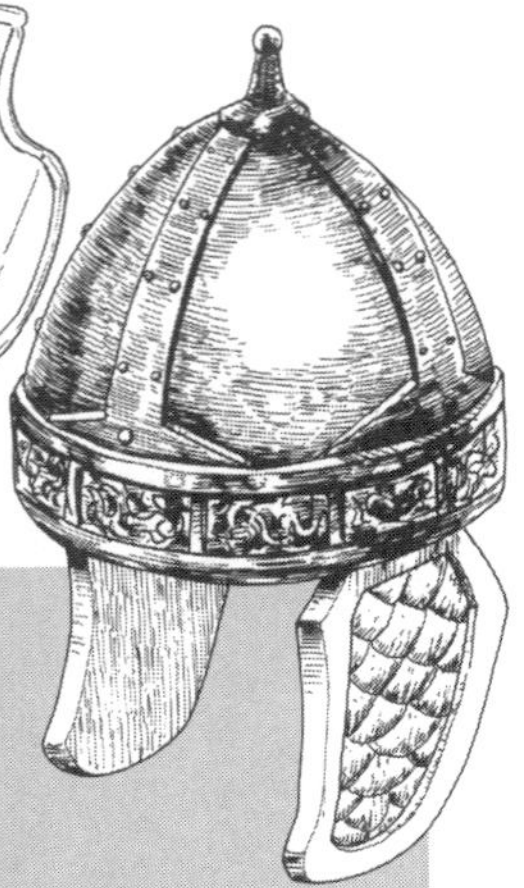

◆フランクのスパンゲンヘルム（星兜）。7世紀頃のもの。

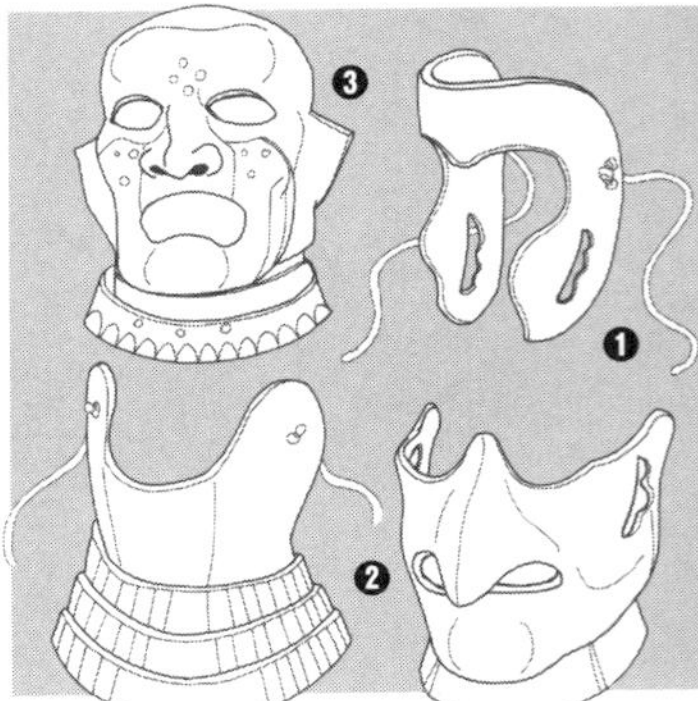

◆日本の面具は兜とは分かれているが、緒と呼ばれるひもによって顔や兜に取りつけられる。
①半首（はっぷり）
②頬あて
③面頬

面頬 FACE GUARD

フェイス・ガードには鼻や目を守るものと顔全体を守るものがある。

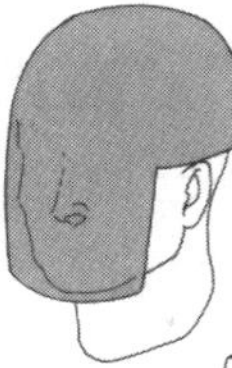

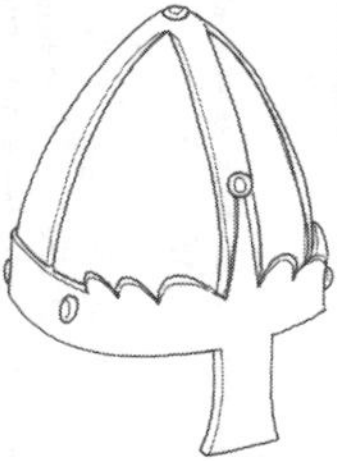

◘ノルマンの兜（11世紀頃）。もっともシンプルなフェイス・ガード、鼻あてがついている。顔の中心に鉄板を延ばすだけでも、顔への致命傷を受けにくくなる。

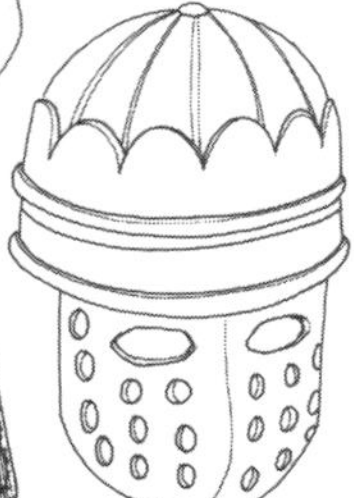

◘フェイス・マスクをつけた中世ヨーロッパの兜（13世紀初め頃）。顔面用の保護板を兜に取りつけている。呼吸穴と目穴があいている。

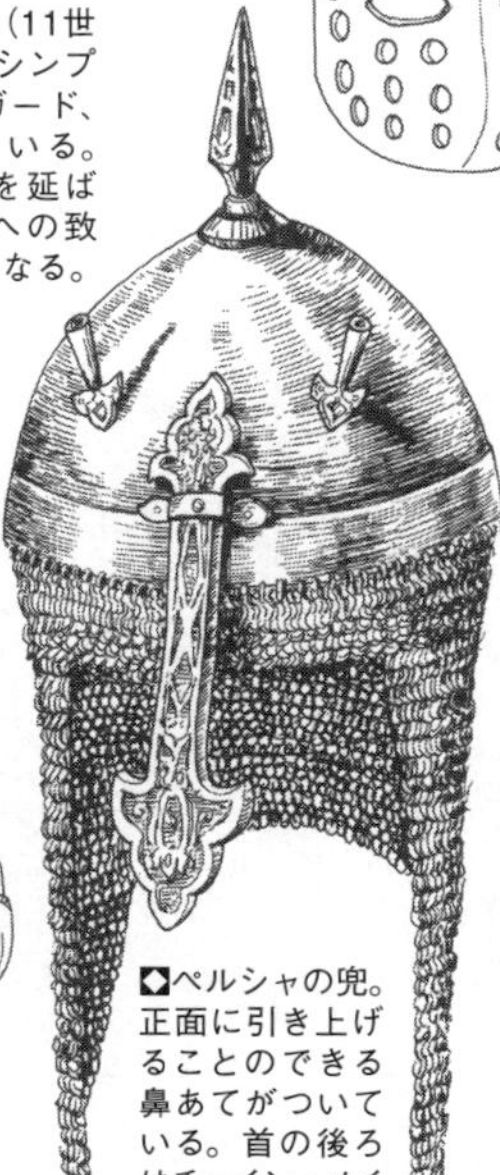

◘ペルシャの兜。正面に引き上げることのできる鼻あてがついている。首の後ろはチェイン・メイルで守られる。

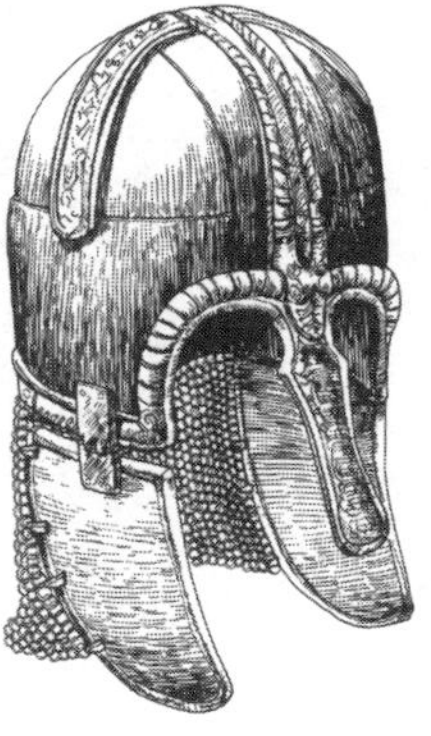

◘アングロ・サクソンの兜（8世紀半ば頃）。大きな鼻あてと頬あてがついている。兜の後ろにはチェイン・メイルがリングによって取りつけられ、首の後ろを守る。

◘目あてがついたバイキングの兜（8世紀頃）。

帽子型兜
HAT SHAPES

これは日常かぶっている帽子を、そのまま兜にしたものです。（親方）

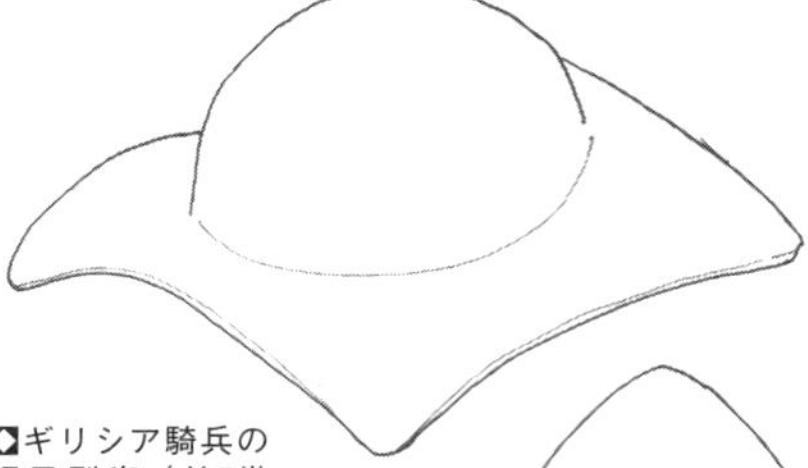

◆ギリシア騎兵の帽子型兜（前5世紀頃）。前後のひさしが長い。

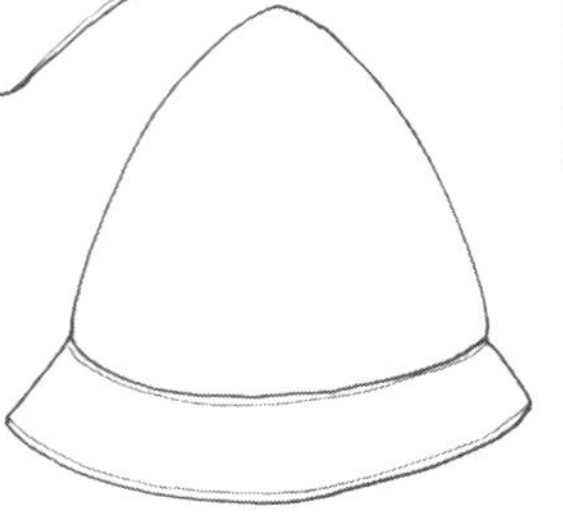

◆ギリシアのピロスと呼ばれる兜（前5世紀頃）。ペロポネソス戦争の頃のホプリタイ（重装歩兵）がかぶった。

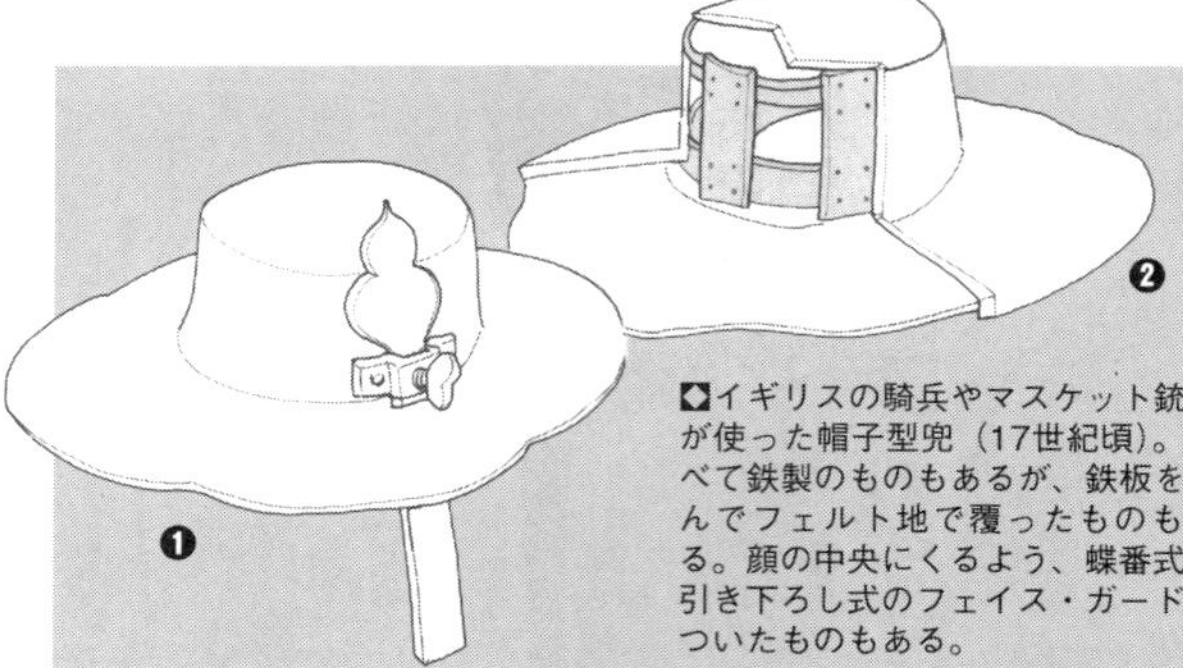

◆イギリスの騎兵やマスケット銃兵が使った帽子型兜（17世紀頃）。すべて鉄製のものもあるが、鉄板を組んでフェルト地で覆ったものもある。顔の中央にくるよう、蝶番式や引き下ろし式のフェイス・ガードのついたものもある。

①鉄板製。
②フェルトで覆ったもの。構造図。

中世以後の兜

ヨーロッパでは、中世に入ってからさまざまな形の兜が登場してきました。より高い機能をもち、より洗練された形へと変わっていき、最後には実用そのものという形になります。（親方）

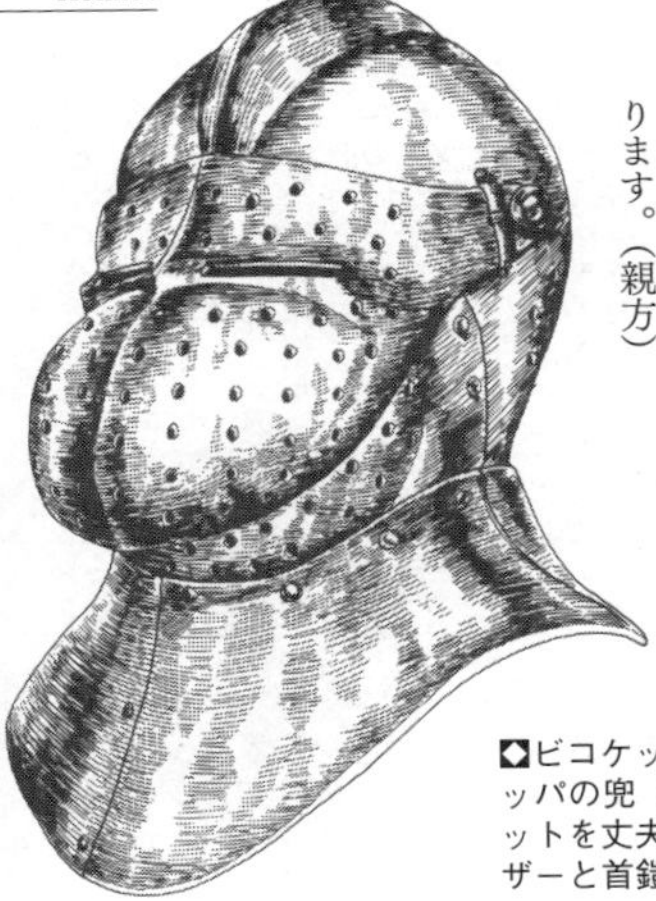

◆ビコケットと呼ばれるヨーロッパの兜（15世紀頃）。バシネットを丈夫にしたもので、バイザーと首鎧をつけている。

◆アーメットと呼ばれるヨーロッパの兜（15世紀半ば頃）。軽量化され、頭骨に合った形状をしている。首鎧の上に乗せるので、バケツ型兜やバシネットなどと違って兜の重みを肩で支えることができる。頬あてが左右に開くよう蝶番がついており、首の後ろには円盤（ロンデル）がついている。重さは3.5kgほど。

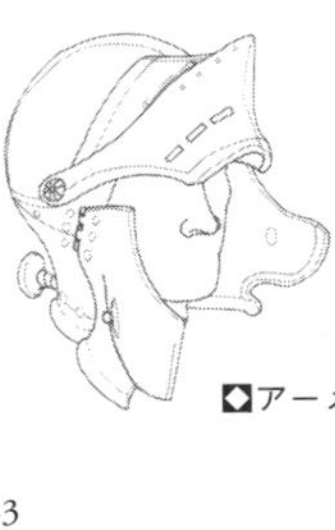

◆アーメットの顔面を開いたところ。

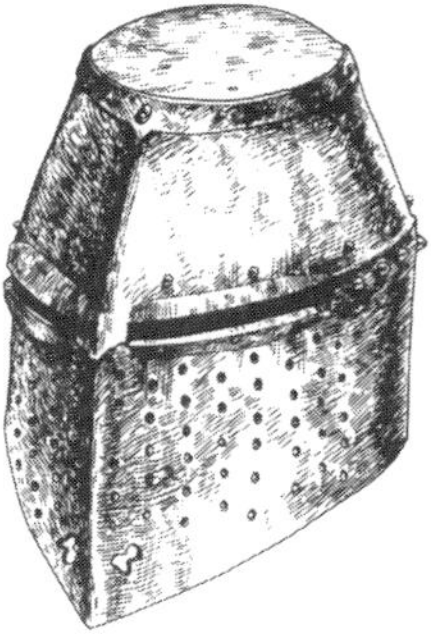

◘バレル・ヘルム。中世ヨーロッパの騎士が用いた樽型またはバケツ型の兜（13世紀頃）。重さ2.5kg程度。布やチェイン・メイルでできた頭巾の上にかぶった。木や皮で作られた立物のあるものもある。兜の重みは頭頂にかかり首への負担が大きい。また視界が悪く乱戦のなかでの状況判断をつけにくい。

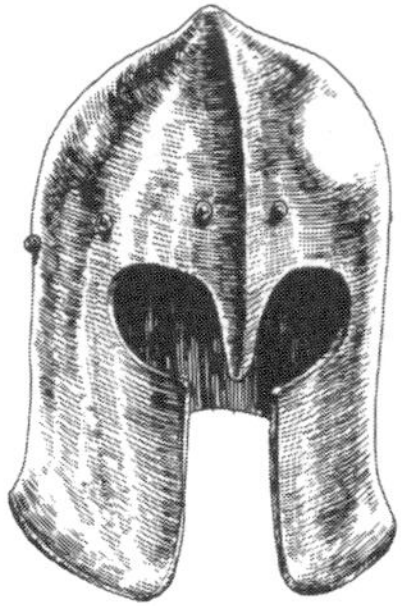

◘バービュートと呼ばれるヨーロッパの兜（14世紀頃）。重さ3kg程度。

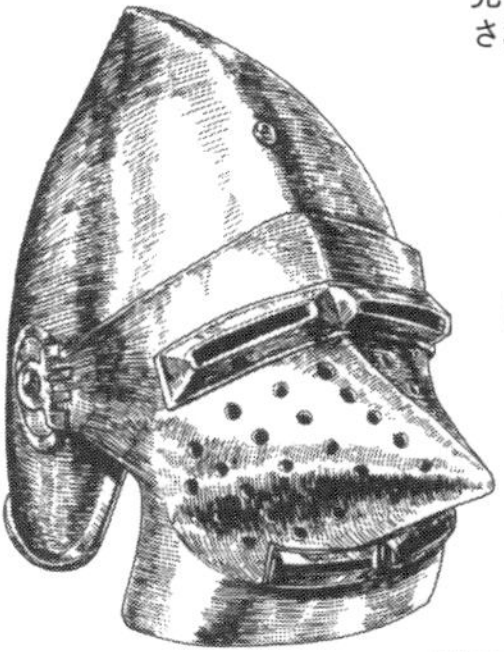

◘ヨーロッパのバシネットと呼ばれる兜（14世紀頃）。額から下の部分が開いているが、バイザーを取りつければ、顔も守ることができる。頭頂が丸みを帯びたものと尖ったものがある。これはバイザーをつけたもの。

◘サレット。後頭部が尾のように長くなっているヨーロッパの兜（15世紀頃）。顎（あご）より下が露出するものは喉あてをつければ頭と顔全体を守れる。

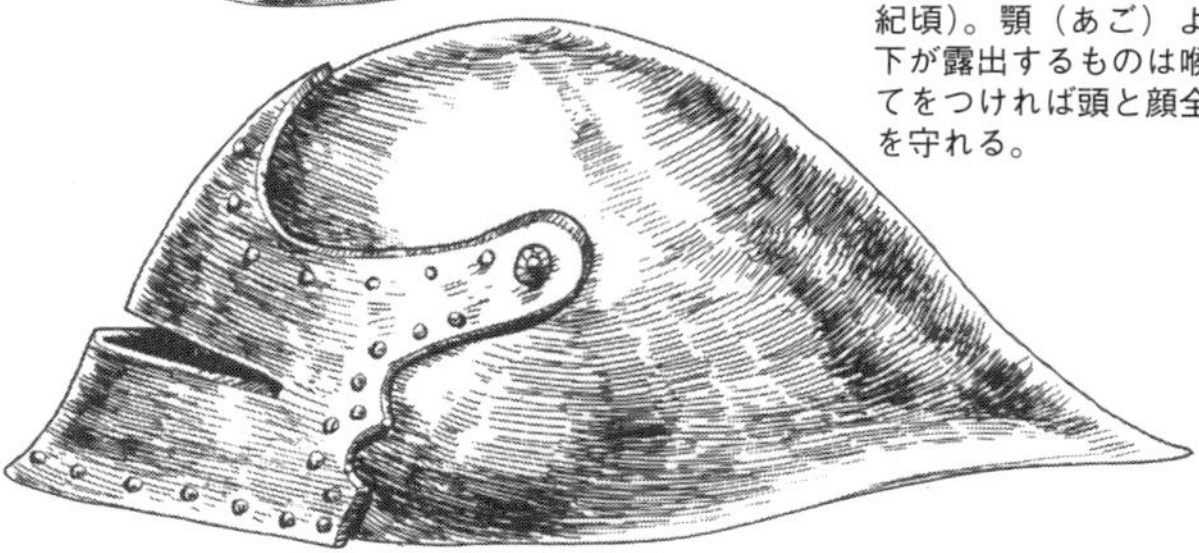

◆クロス・ヘルメット（16世紀～17世紀頃）。頭にぴったりと合う形状の兜。面頬が開閉する。頭頂のとさかが特徴。

◆さまざまな形をしたサレット。

◆文字どおり鍋形をしたヨーロッパのケトル・ハット（14世紀～15世紀半ば頃）。つばが下部をぐるりと巻いている。

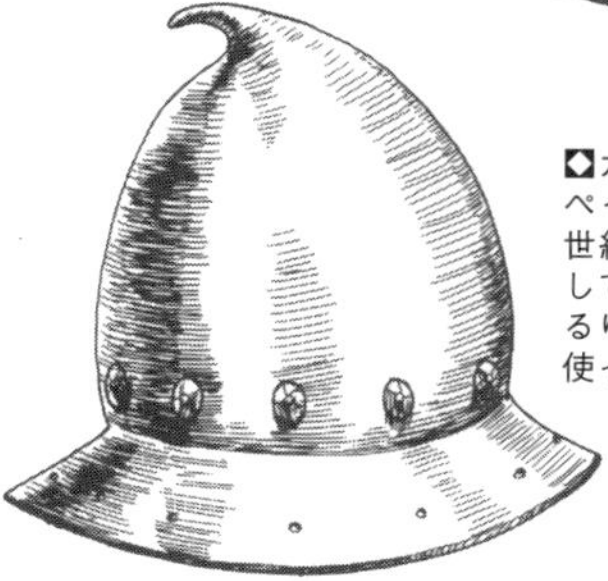

◆カバセットと呼ばれるスペインの兜（16世紀～17世紀）。鉢はどんぐり形をしており、つばが下部をぐるりと巻いている。槍兵が使った。

◆ロブスター・テイル・ポット。可動式首あてがついたヨーロッパの兜（17世紀頃）。すでにマスケット銃が主要武器となっている頃のもの。首あてが海老の尾に似ていることからロブスター・テイル・ポットと呼ばれている。剣などに当たらないよう3本の鉄棒で顔を守っている。頬あてをつけることもできる。

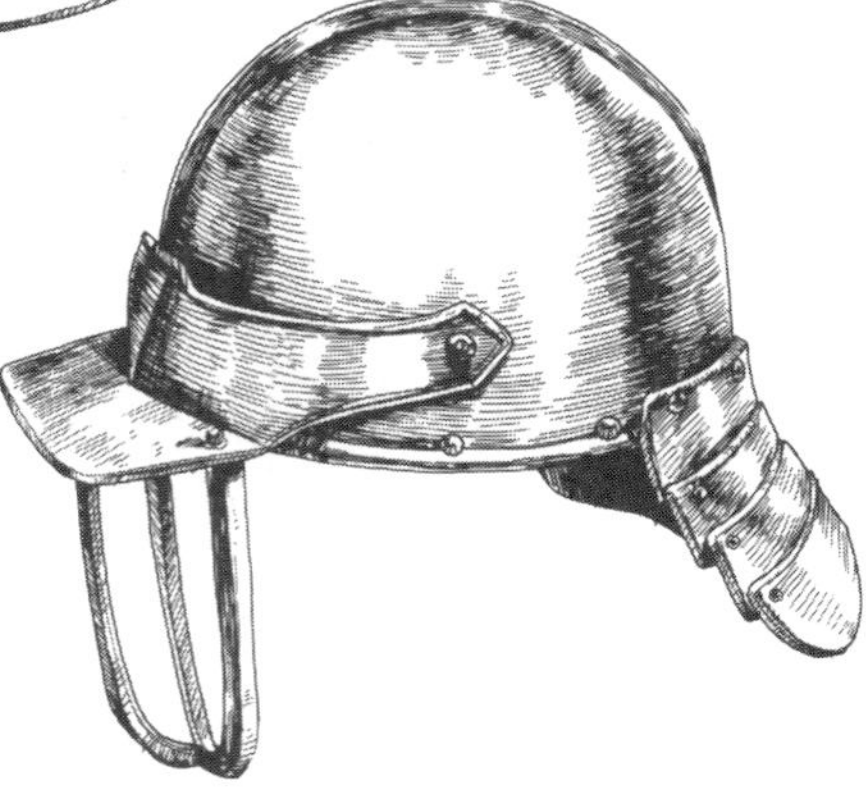

◘バーゴネットと呼ばれるヨーロッパの兜（16世紀頃）。ひさしがつき、頬あてのついたもの。顔の前面だけが露出される。

◘モリオンと呼ばれるスペインの兜（16世紀頃）。頭頂にある鶏のとさか飾りと、大きく反った前後のひさしが特徴。側面は耳がすっぽりと入る。さらに頬あてをつけることもある。

Armor
鎧

どんなに盾の使い方がうまくても、複数で攻められたり、後ろから不意打ちをくらわせられたりしたなら防ぐことはできません。それならいっそ自分の身体そのものを守ってしまってはどうか、というわけで生まれたのが鎧であります。

武器が進歩するにつれて、鎧はより厚くなり、強固なものが作られていきます。しかし、そこには限界があることを忘れてはなりませんぞ。人間が身につけて動けるものでなければならないのです。

つまり、より防御効果の高い鎧を作るには厚くすればよいわけですが、そうなると当然のことながら重くなってしまい、動きが制約されてしまいます。鎧の歴史は、厚くしながらも、人が動きやすいよう軽量化するという相反する問題を克服していった過程である、ということができます。

さて、鎧の材料は鉄ばかりではありません。昔から人間はいろいろな素材を使って身を守ってきたのであります。当工房では、そのような古き時代からの鎧も扱っております。なになに？　服を着ているだけの人もいるじゃないかって…？　銀のチェイン・メイルほどには防具としての美しさはありませんが、布切れだって立派な防具ともいえます。さあさあ、まずはとくとご覧なされ。（親方）

◆トーナメント・アーマー。中世ヨーロッパでは、馬上試合、つまりトーナメントが盛んに行われた。そのため、トーナメント専用の鎧が登場した。基本的にはプレート・アーマーだが、敵のランスの攻撃を受ける左の肩、胸等を大きく厚くした。そのため、鎧の重量は40kgにも達していた。

クロース・アーマー

【布製鎧】

CLOTH ARMOR

布製鎧は、もっとも防護力が弱いもので、一番原始的な鎧ということもできます。しかし、金がない、動きを制約したくないというおかたにはもってこいかもしれませんな。とくにもっぱら弓を使って戦うかたは、何も重い鎧を着る必要もありません。接近戦になりそうだったら、安全なところまで逃げて、再び弓を射ればよいのです。布製鎧も使い方次第というわけですな。

（親方）

◘ギリシアの軽装歩兵の扮装（前5世紀頃）。服を着ていただけだが、彼らの役目は重装歩兵の本隊の攻撃の前に相手をかく乱することである。当然身は軽いほうがいい。

◘布地に綿を入れてキルティング加工したものをパッデド・アーマーと呼ぶ。非常に軽量な鎧だが、その効果は決して高いものではない。

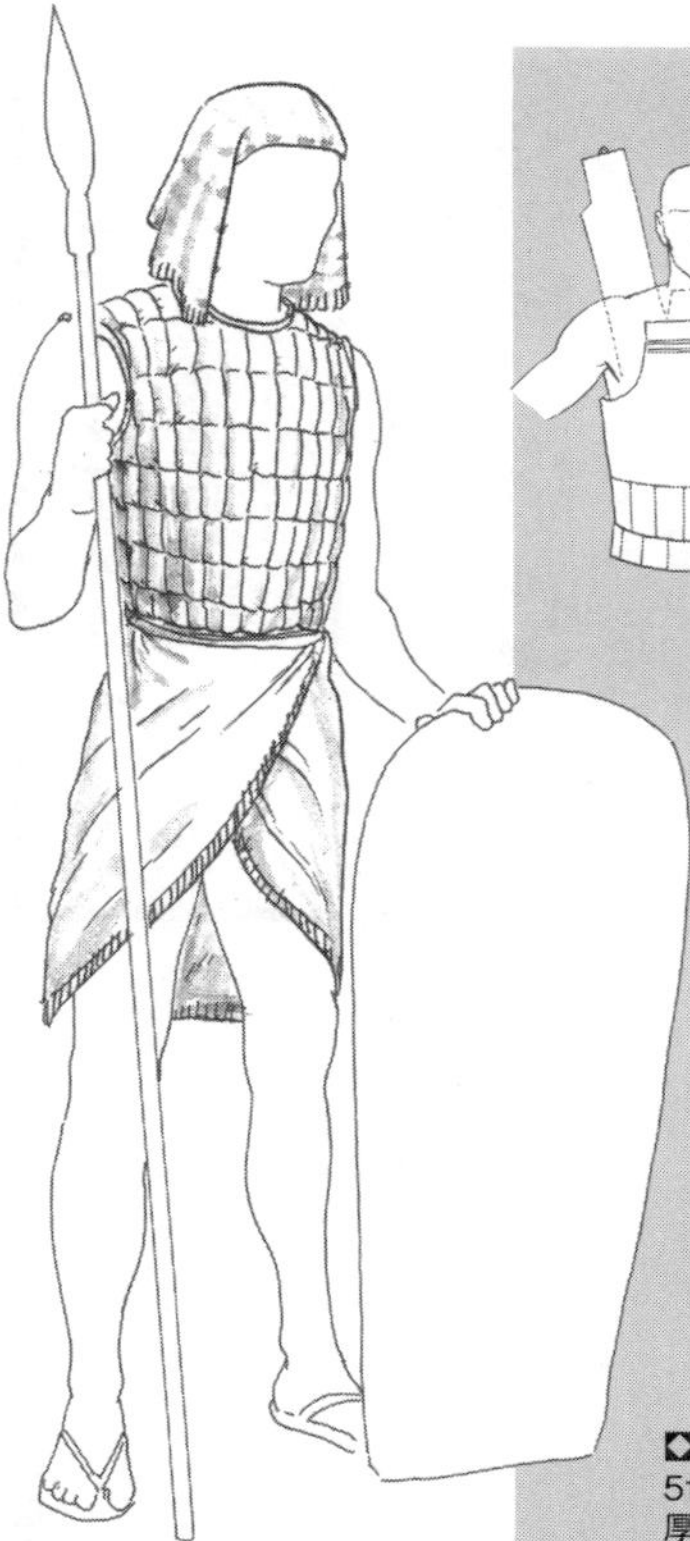

◘エジプトの重装歩兵の布製胸あて（前15世紀～14世紀頃）。キルティングを施したリンネル（亜麻）製。リンネルは丈夫な布で、剣などの軽い攻撃にはかなり耐えられる。

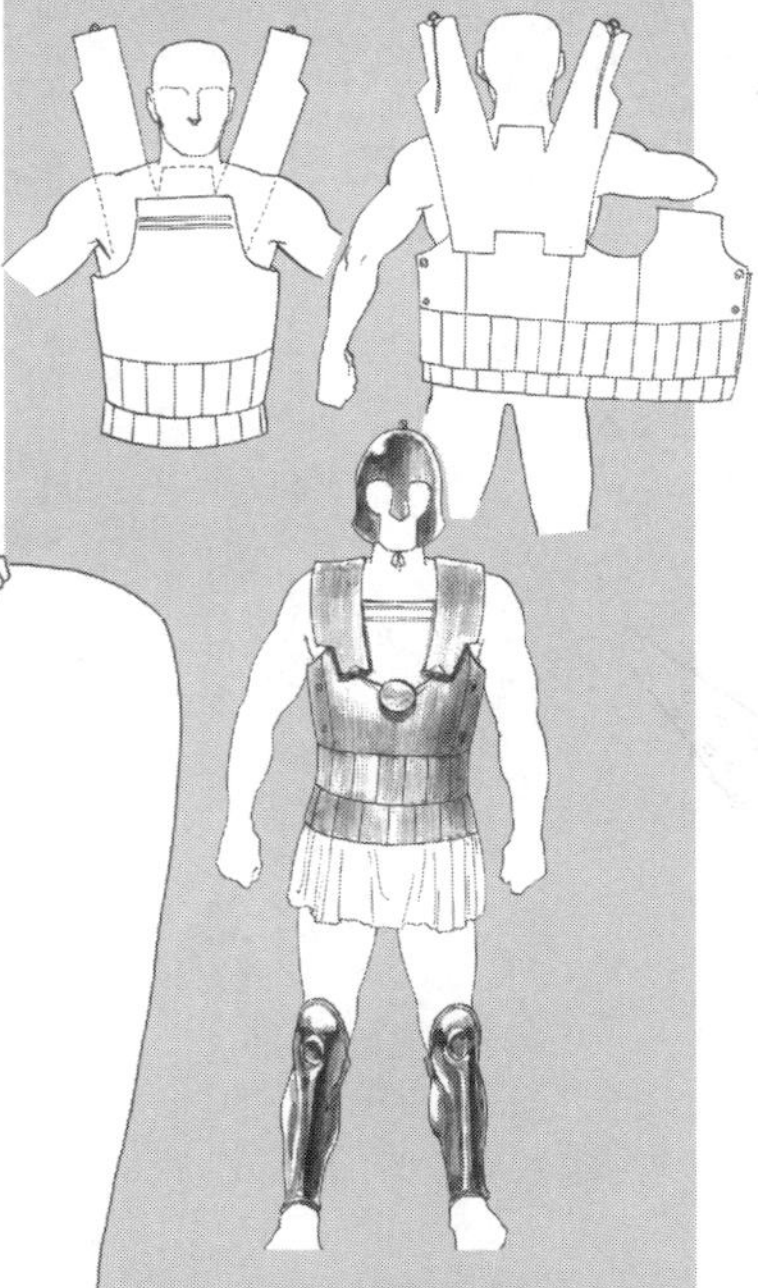

◘ギリシアの重装歩兵の鎧（前5世紀頃）。布を何枚も重ねて厚さを5mmほどにしたもの。下部には動きやすいよう切れめを入れ、さらに幅広の短冊状の帯を重ねている。布ではなく皮革製のものもある。

レザー・アーマー

【皮革製鎧】

LEATHER ARMOR

動物の皮は布よりも丈夫です。それでいて加工がしやすく、古くから布とともに鎧として使われました。皮を煮れば硬い革となります。さらに何枚も重ねれば、〝切る〞攻撃からは、かなり防御することができます。(親方)

◆ハード・レザー・アーマー。皮を煮固めたもの。厚いために突きの攻撃にも、ソフト・レザー・アーマーよりは致命傷を負いにくい。ただし胴の動きが制限される。

◆ハイド・アーマー。この鎧は動物の毛皮そのもの。フランク人の戦士などがまとった(5世紀頃)。動物の毛皮を鎧としても大きな効果はないが、熊やライオンの毛皮を着ることで相手を威嚇することができる。防寒の役割も果たしている。

◆ソフト・レザー・アーマー。皮の鎧だが、皮と皮の間に綿などをつめてキルティングしたものもある。薄いので胴の動きを制限しないが、防御効果は低い。

◘スタデット・レザー・アーマー。レザー・アーマーを強化するために金属の鋲を打ち込んだもの。鋲の頭部の大きさは2cmくらいあった。これは、刀剣による攻撃を和らげるための工夫といえる。

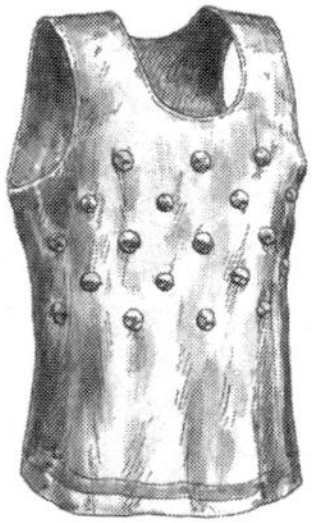

◘バフ・コートと呼ばれる厚手の揉革（もみかわ）で作られた上着（17世紀頃）。鉄砲により鎧の装着が無用の長物となっていたピューリタン革命期のイギリスで使われた。剣で狙われやすい上腕部はとくに厚くなっている。馬上でも急所が守れるよう、裾の前は大きく重なりあっている。バフ・コート上に胸あてをつけることもある。

◘スパイクド・レザー・アーマー。レザー・アーマーに小さい鋲を無数に打ちつけたもの。スタデット・レザー・アーマーと同様の効果をもっている。

スケール・アーマー【鱗状鎧】
SCALE ARMOR

スケール・アーマーは、皮革や金属など硬い材料を札板（スケール）にして、穴を開けてつなぎ、皮や布の下地に縫いつけたものであります。仕上がりは鱗のように見えます。着ていても少しは胴体を曲げることもできたため、主に胸甲として用いられました。

文明の発達したところ（四大文明の発祥地など）では、古くから青銅製のスケール・アーマーが存在しておりました。当初は貴重な金属を節約する意味もあったのでしょうが、ヨーロッパではチェイン・メイルが普及する十世紀頃まで使われておりました。同じ形をした板を大量に作ればよいのでさほどの製造技術はいりません。（親方）

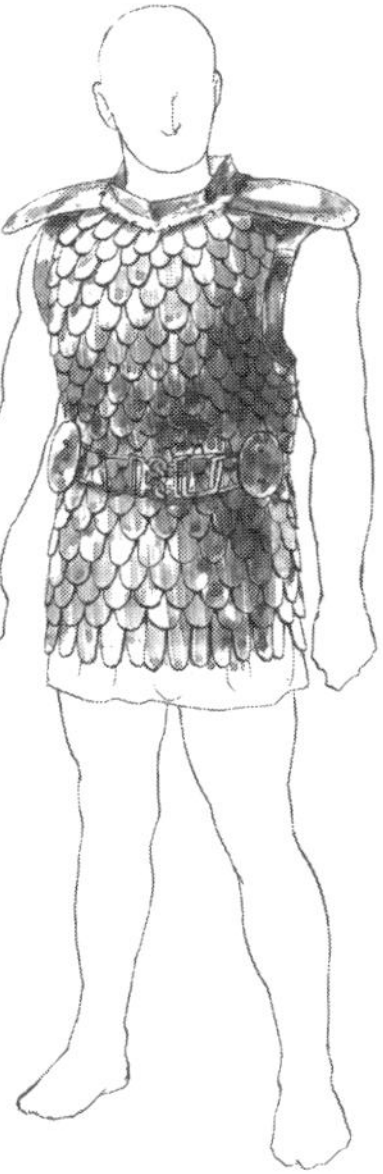

◆ロリカ・セクアマータ。ローマ帝国軍使用のスケール・アーマー。見かけよりも防御効果が低く、壊れやすい。

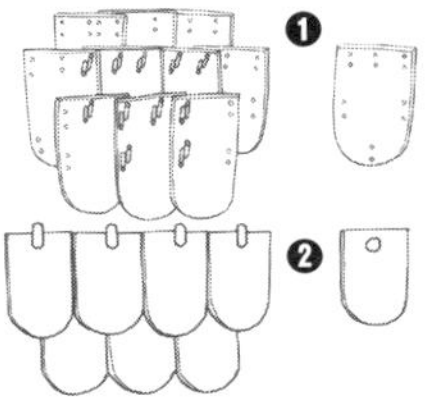

◆スケール・アーマーは札板を下地の布や皮に糸で縫いつけたもの。縫糸が切れるなど丈夫さに問題があった。しかし誰でも作ったり、修理したりでき、かつチェイン・メイルよりも安かった。

①スケールの脇にある小さな穴に輪を通し、重ね合わせ1列にする。

②スケールの上にある少し大きな穴に糸を通して下地に縫いつける。縫いつけた穴の周りは、かがることで糸が擦り切れることを防いだ。

ラメラー【綴り鎧】
LAMELLAR

薄い金属板を皮ひもでつづったものがラメラー（ラメール・アーマー）です。日本の鎧もだいたいこの種類です。（親方）

◆日本の挂甲（けいこう）（5世紀頃）。皮革または金属を札板状に切って重ね合わせ、葦のひもで綴じたもの。札板が重なりあっているので強度は上がるが、全身武装するとかなり重く徒歩戦には向いていない。アジア大陸の騎馬民族の間でもよく使われた形。

◆ラメラー。ビザンティン帝国の鎧（10世紀）。チェイン・メイルへの移行期の鎧。胸あてはラメラー、その下にはチェイン・メイルをつける。腕やすねはスケール・アーマーで保護している。胸あての札板の形が細長く、複雑な結び方でバラバラにならないようになっている。

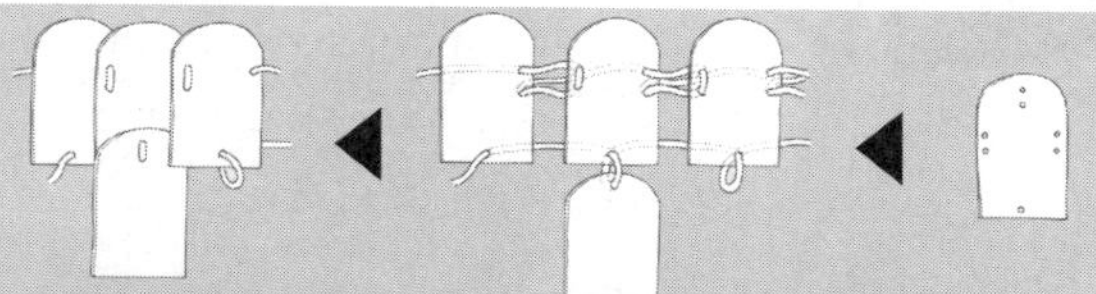

◆ラメラーのつなぎ方。札板（ラメール）が上と左に重なるようになっている。ひもの1本が切れてもほかの2本が補強しているので、非常に壊れにくい。ひもは皮製。

チェイン・メイル

CHAIN MAIL

チェイン・メイルは直径二センチメートルほどの小さな金属の環を鎖のようにしてつなげた鎧です。古代ケルト人が生み出したともいわれております。

スケール・アーマーはかなりの防護力をもってはいるのですが、どうにも重いのが玉に傷であります。その点、チェイン・メイルは、いくらかは軽量で、かつ壊れにくく、柔軟性をもっております。欠点としては防護力が弱いことでしょうか。剣による切りあいには強いのですが、打撃武器や突き刺す武器の攻撃には弱いといわざるを得ません。特に突き刺されると簡単に貫通してしまうことがあります。なお、歩くとチャラチャラと音がしますので、盗賊や暗殺者のかたには向いておりません。(親方)

◆ホーバーク。ヨーロッパでのチェイン・メイルはホーバークと呼ばれた。これはフランスの貴族が着ていたもの(13世紀頃)。重さ20kg程度。首からひざまでの長さがあり、袖丈はひじ、手首、手の先すべてを包めるものなどさまざまだった。通常は首から胸、もしくは袖まで前開きになっており、ひもで結んでいた。

◆チェイン・メイル。動きやすく実戦に適するが、作るのに時間がかかった。のちに時間は、鋲で留めている輪と留めていない輪をつなげることで4分の1に短縮された。腰から腿にかけて皮の鎧を使うことで軽量化されている。また皮の鎧は、上腕部分にも使われた。メイルを人の形に合わせて作る技術が発達しておらず、袖がついていなかったためである。メイルの重さや動きにくさを減らすため、肩かけ鎧がともに使われた。肩かけ鎧にはギリシアタイプとケープ状のケルトタイプがあった。

◆リング・メイル。リングを布や皮に縫いつけたもの。

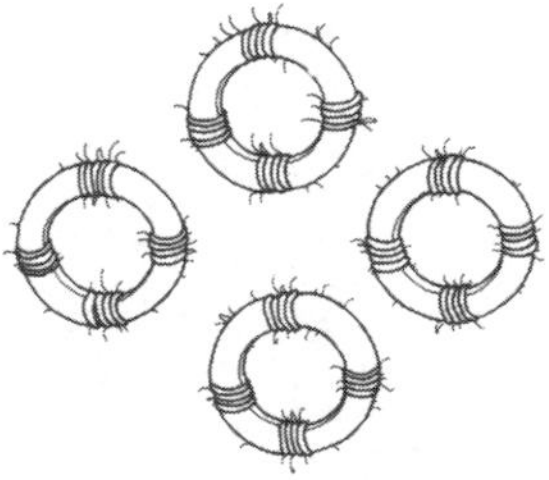

◆ダブル・メイル。チェイン・メイルよりも大きな輪をつなぎ合わせたもの。チェイン・メイルと同様の効果をもっているが、目が粗いため防御効果は低い。その分軽量ではある。

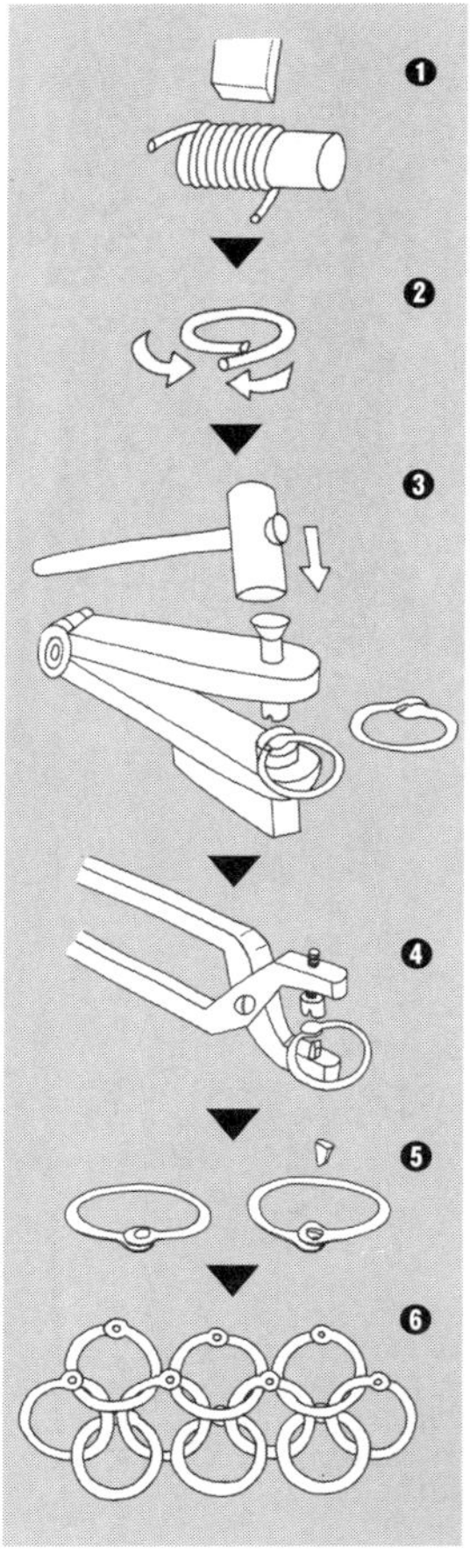

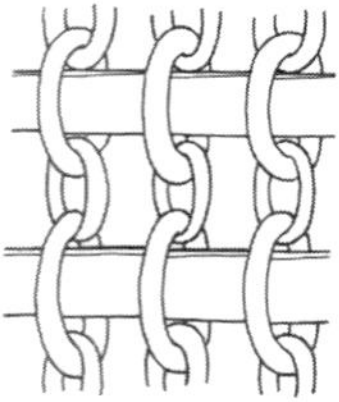

◆バンデット・メイル。リングの中央に皮の帯を通したり、リングを袋に入れたもの。13世紀頃のヨーロッパに見られる。

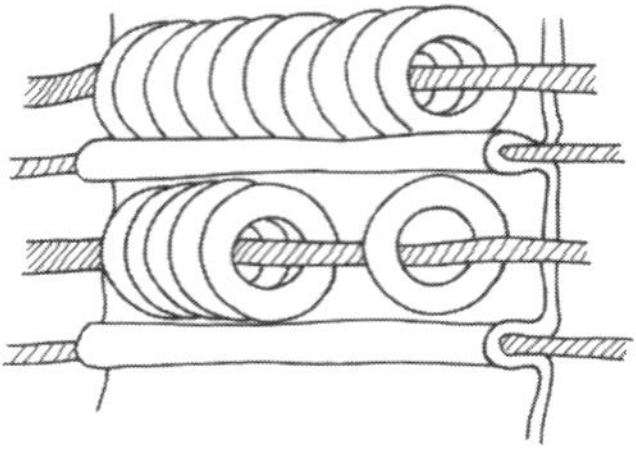

◆チェイン・メイルの作り方。
①ワイヤーをコイル状に巻いて切る。
②ワイヤーの端を重ねる。
③ワイヤーの重なる部分をつぶす。
④つぶれた部分に穴をあける。
⑤リベット（鋲釘）で留める。
⑥互い違いにつなぎ合わせる。

プレート・アーマー【板金鎧】

PLATE ARMOR

プレート・アーマーは、金属板ですっぽりと身体を覆ってしまおうというものです。ヨーロッパでは、弩《いしゆみ》や長弓の発達でチェイン・メイルがあまり役に立たなくなったこと、騎士のトーナメント用に鎧が必要とされていたことから登場してきました。

最強のタイプの鎧といえますが、欠点もあります。それは、兜を含めたフル装備の重量が四十キログラムはあったことで、なかには六十キログラムを超すものもあり、長時間戦うことはできません。またプレート・アーマーも銃火器（鉄砲や大砲）が普及してくると、無用の長物となってしまいました。

（親方）

◇バンデット・メイル・アーマー。長方形、もしくは正方形の鉄板を胸部分にあて、その他の部分をチェイン・メイルで覆ったもの。主に東ヨーロッパに多くみられる。スプリット・メイルとも呼ぶ。

◆ロリカと呼ばれる古代ローマの代表的な鎧。胸あてと背甲からなる板鎧で胸あてには浮き彫りなどが施してあった。多くの場合、腰や肩は皮製のレーム（短冊）で覆われていた。この鎧はローマでも位の高いものが身につけた。

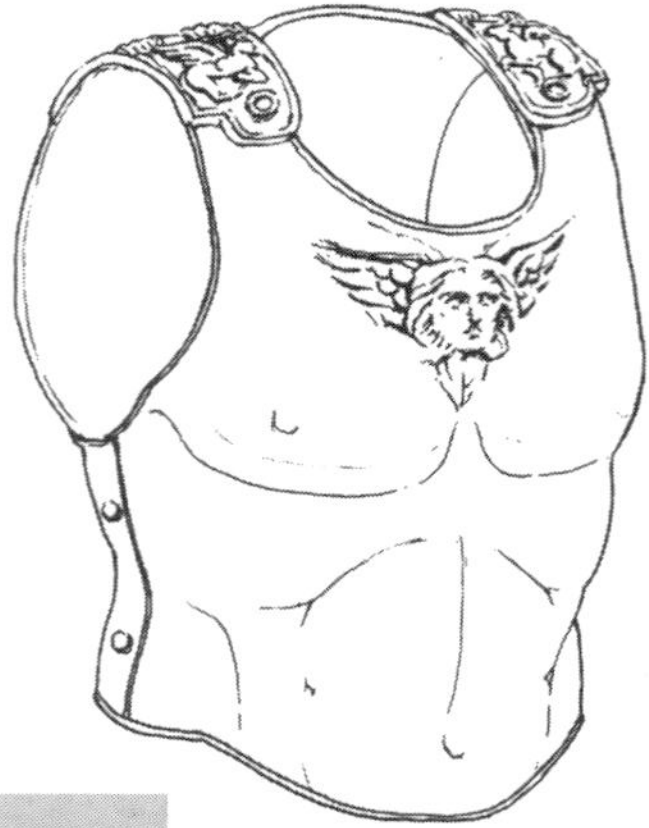

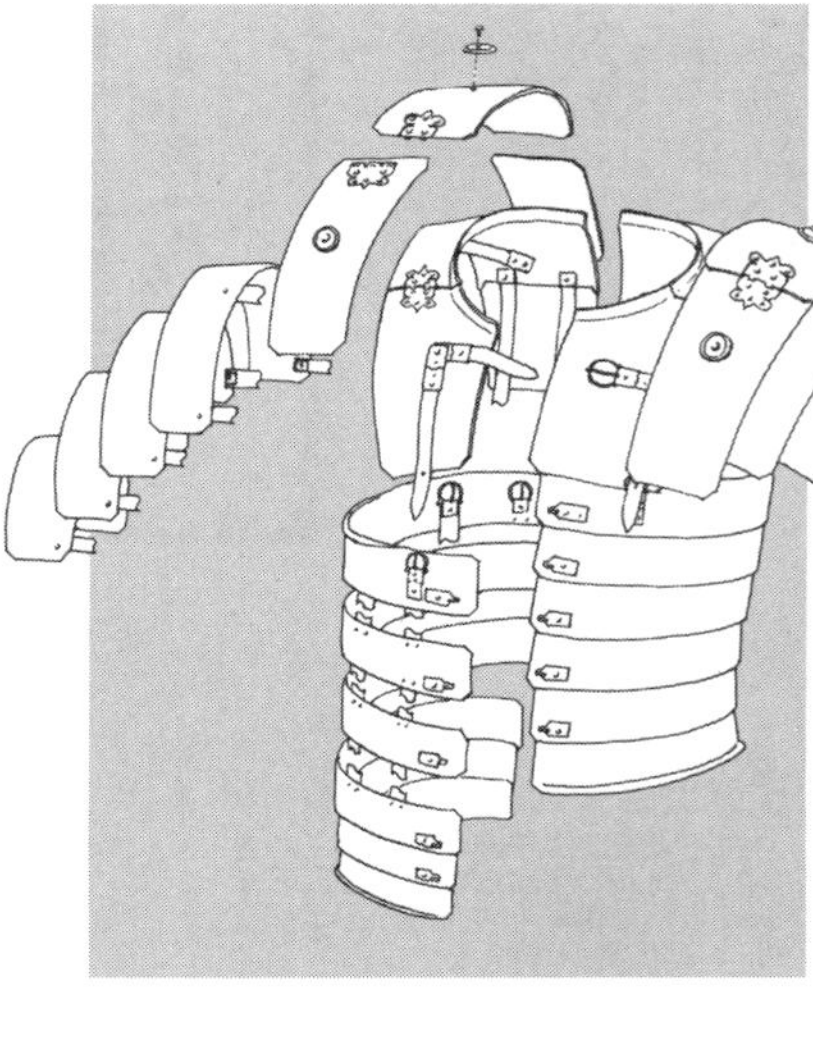

◆ロリカ・セグメンタタエ。ローマの軍団兵がつけていた板金鎧（1世紀頃）。金属の板を鋲や尾錠でつなぎ合わせ、皮ひもで縛ってつけたもので、代表的なローマ軍の鎧であった。鉄板さえあれば7日ほどでできあがるので大量生産に適している。あまり胸板の枚数が多いとすき間が増えて危険である。

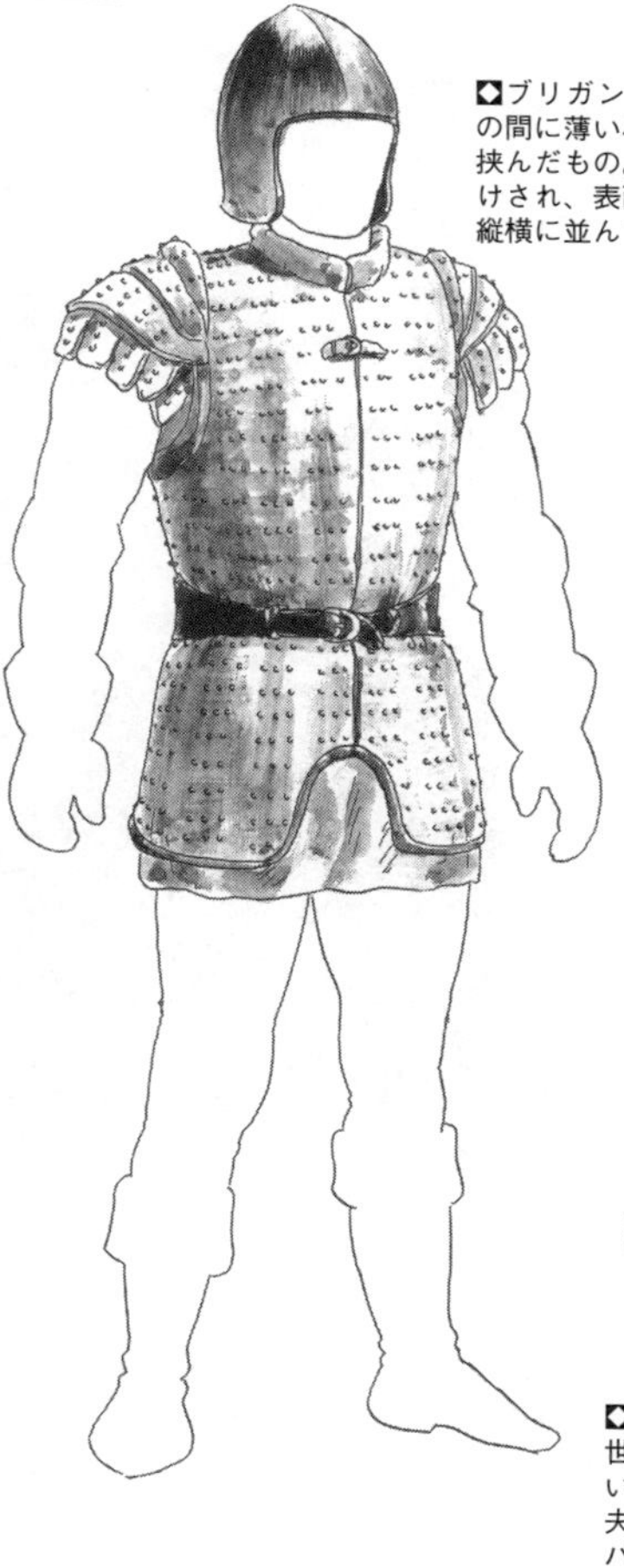

◘ブリガンダイン。2枚の皮の間に薄い小札形の金属板を挟んだもの。布の裏から鋲づけされ、表面に多数の鋲頭が縦横に並んでいた。

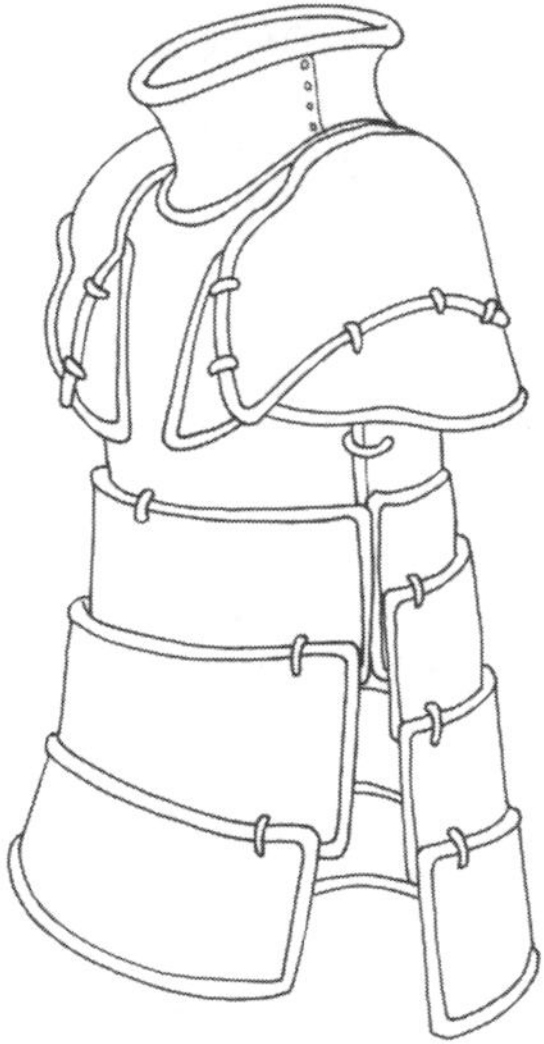

◘ミケーネ時代の青銅製鎧（前15世紀頃)。青銅の板を組み合わせている。人の動きを制限しないよう工夫が施されているが、中世ヨーロッパの鎧と比べると全身ギプスといった感がある。

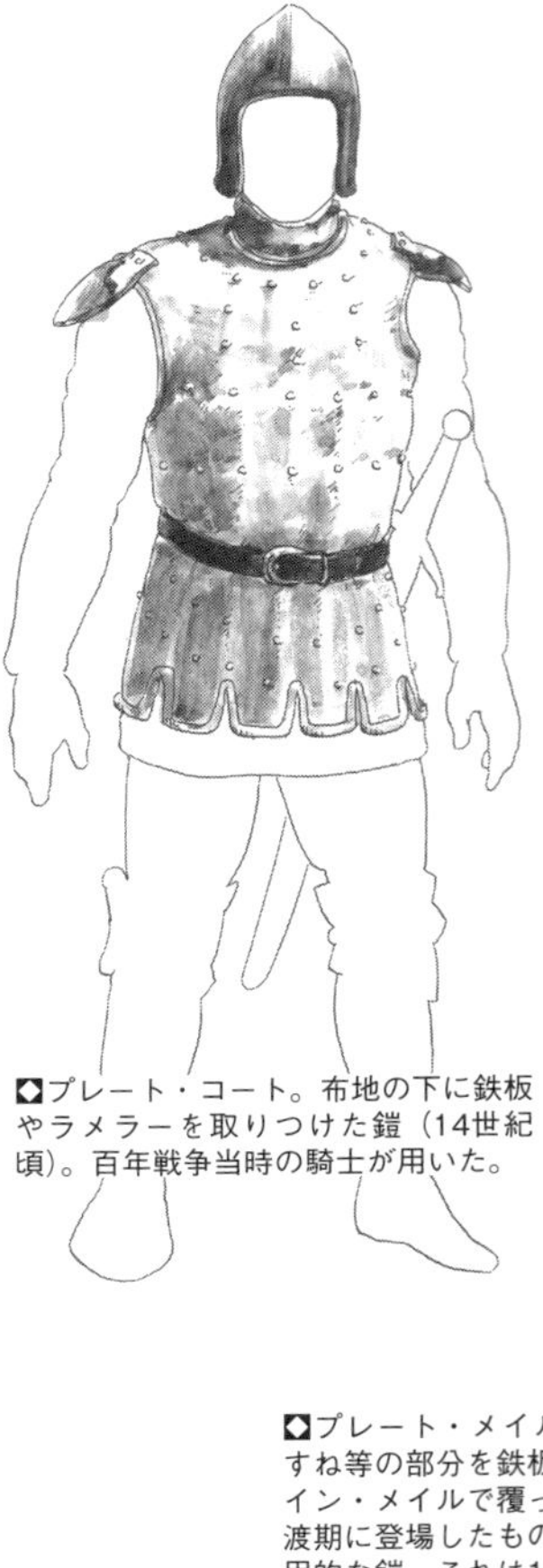

◘プレート・コート。布地の下に鉄板やラメラーを取りつけた鎧（14世紀頃）。百年戦争当時の騎士が用いた。

◘プレート・メイル・アーマー。胸、ひじ、すね等の部分を鉄板で包み、可動部分はチェイン・メイルで覆った鎧。鎧の発展上での過渡期に登場したもので、非常に動きやすく実用的な鎧。これは14世紀頃のもの。

プレート・アーマーの各部の名称（鎧は十五世紀後半のもの）

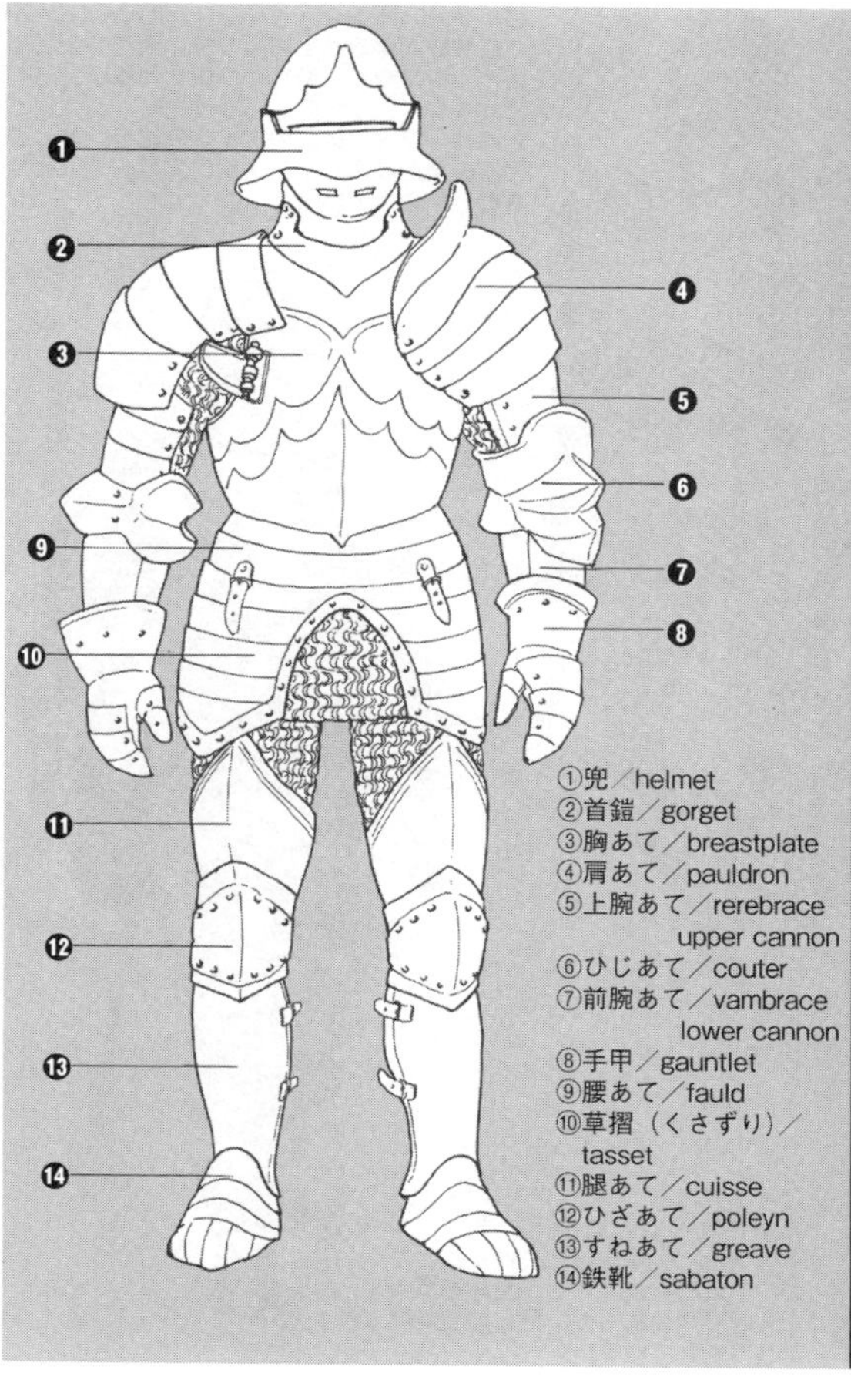

◇フィールド・アーマー。15世紀〜16世紀の重装騎兵が着た金属製の鎧。全身を金属で覆うために重く、動きが制限されるが、防御性は高い。“プレート・アーマー”というときには、厳密にはこのタイプの鎧を指す。銃火器の発達によって、次第に実戦向きに改良され軽くなっていった。

◇キュイラッサー・アーマー。17世紀に登場した簡易鎧。フィールド・アーマーが発展して作られたもの。この時代には、もう全体を覆わなくなりつつあった。足は前面だけが装甲されている。

◆南蛮胴。15、16世紀頃の日本の鎧と兜。ヨーロッパから伝わったもの。当時、戦国時代にあった日本には、ヨーロッパの傭兵たちが利用していた実戦的なプレート・アーマーがもち込まれた。やがて日本でも模倣されて作られるようになる。これは和製南蛮胴と呼ばれる。

◆当時の流行した服のデザインを取り入れたパレード・アーマー（16世紀頃）。もとになった服の名前からパッフド・アンド・スラッシュド・アーマーと呼ばれる。

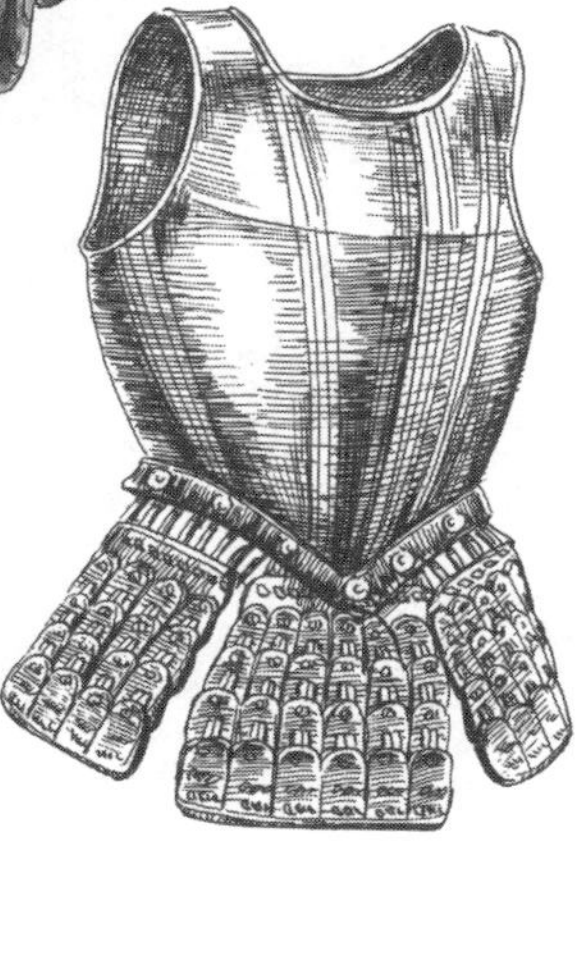

FLOOR 1

戦士

FIGHTER

さて、こちらからは当店自慢の品物の数々をご覧いただけます。
このフロアでは、戦うだけしか能の…いえ、こと戦うことに関しては右に出るもののない、
勇猛果敢な戦士のみなさまのための装備を取り揃えております。
戦士と一言に申しますが、戦う人ということであれば兵士や騎士なども戦士ということになります。
しかし当店の方針で、このフロアはもっと狭い意味での戦士、
つまり戦士という職業に就いているかたのためにご用意いたしました。
取り揃えましたる品々は当店がイメージする戦士に沿っております。
その戦士像とは、たった一人でも脅威や恐怖に立ち向かい、
これを武力によって打ち負かす勇気と判断力、
そして戦闘技術をもったプロフェッショナルをイメージしております。
そういった戦士のかたは、もちろんプロである以上、技量に裏打ちされた誇りもおもちのことでしょう。
プロは道具を選ばないというのは大嘘で、確実な仕事をするためには、それなりに優れた道具が必要です。
ましてやみなさまご自身の命と、報酬がかかっているのです。
戦士が装備にかけるお金をけちったりしてはいけません。
武器と防具は、いわば戦士の魂なのです。
また、主に剣を取り揃えておりますので、
ほかの職業のかたもざっとご覧になってはいかがでしょうか。
ではでは、どうぞどうぞ、
前へ前へとお進みください。（店主）

Floor 1-Corner A

Traditional style
正統派戦士

まず始めに正統派戦士の装備を見ていただきましょう。えっ、何が正統派だかわからないって…。もっともなご指摘ではありますが、正統派二枚目と言葉を置き換えていただいても結構です。二枚目の戦士が変てこりんな武器を持っていては美しくありません。まずはご自身の身体と同じに、スラリとまっすぐに伸びた剣をお選びください。戦士の醍醐味は、なんといっても力まかせに叩き切る、突くという攻撃方法にあるのも確かです。

次に全身これプレート・アーマーといったように、ごてごてと防具を身にまとってはいけません。戦士はどんな事態にも対応できる機敏さをもっていなければならないのですから。腕に自信があるなら、重くて頑丈な鎧を身につけるよりも、いざというときに戦場から逃げ出せる、軽くて丈夫で運動性の高い鎧のほうがよいものです。腰までのチェイン・メイルでもよろしいでしょうが、できることならハーフ・プレートをつけるほうがよいでしょう。

そのほうが当節の流行でもあります。兜はあまり感心しませんが、かぶるなら顔が隠れないものがよいでしょう。プロの戦士たるもの己の強さと存在をアピールすることもお忘れなく…。（店主）

◆ハーフ・プレートを着た戦士（17世紀頃）。ハーフ・プレートはプレート・アーマーを動きやすいように改良したもので、上半身のみを覆う。

直刀

刀身に曲がりのない直刀は、だいたいは切るためというより、叩きつけたり突くために作られています。突きは動作が小さいので狙いをつけやすく、一回の動作がすばやく、疲れも少ない攻撃方法です。初心者のかたは、体力の許す限りできるだけ長いものを選び、突きの練習をしてください。五センチメートルほどの違いでも、突く際には相手よりも有利になります。下から上にできるだけ手数を多く出して、突き上げるようにしてください。（店主）

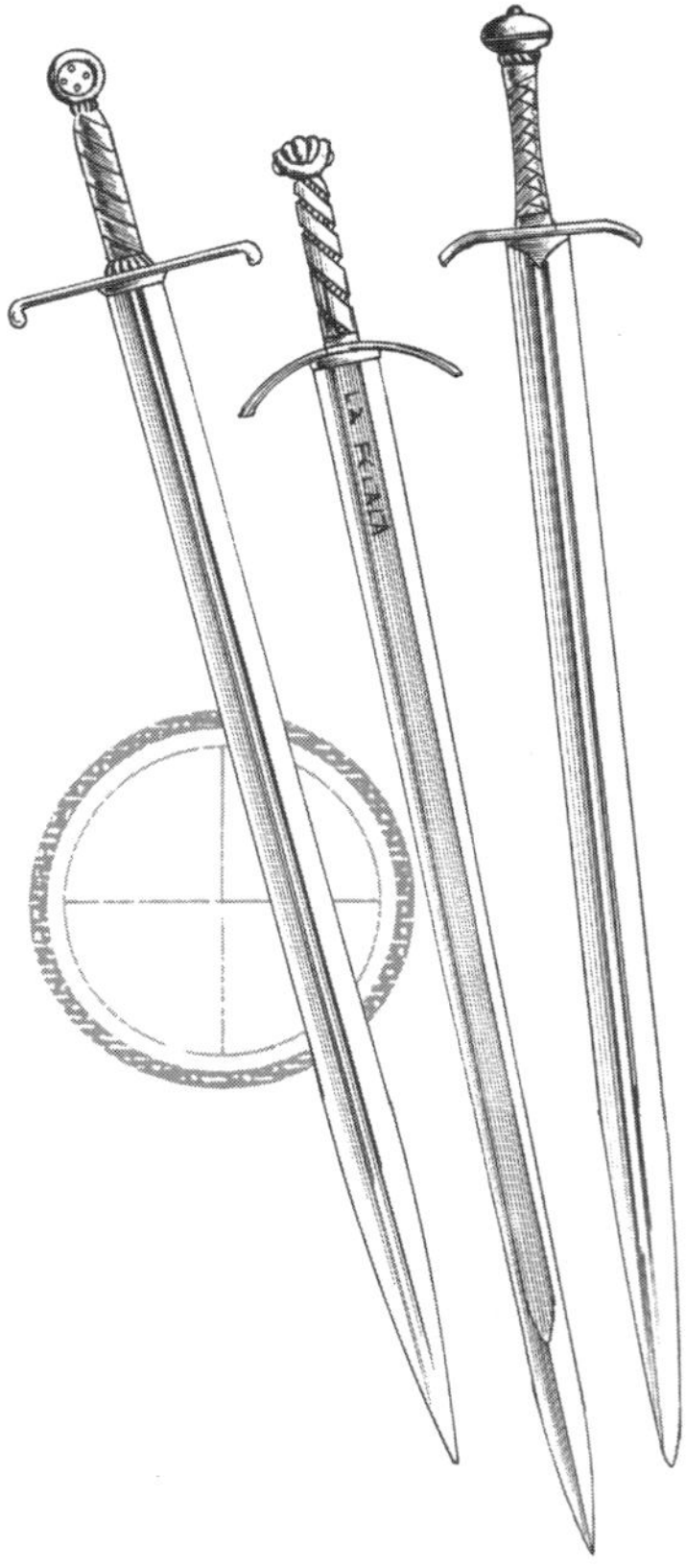

◇ロング・ソード。全長80～95cm程度の中世後期頃の剣。騎士たちが馬上で使いやすい長さで、ナイト・ソードと呼ばれることもある。握りは片手分しかなく、鋭い切っ先は突くことに、両刃の刃先は切ることに適している。

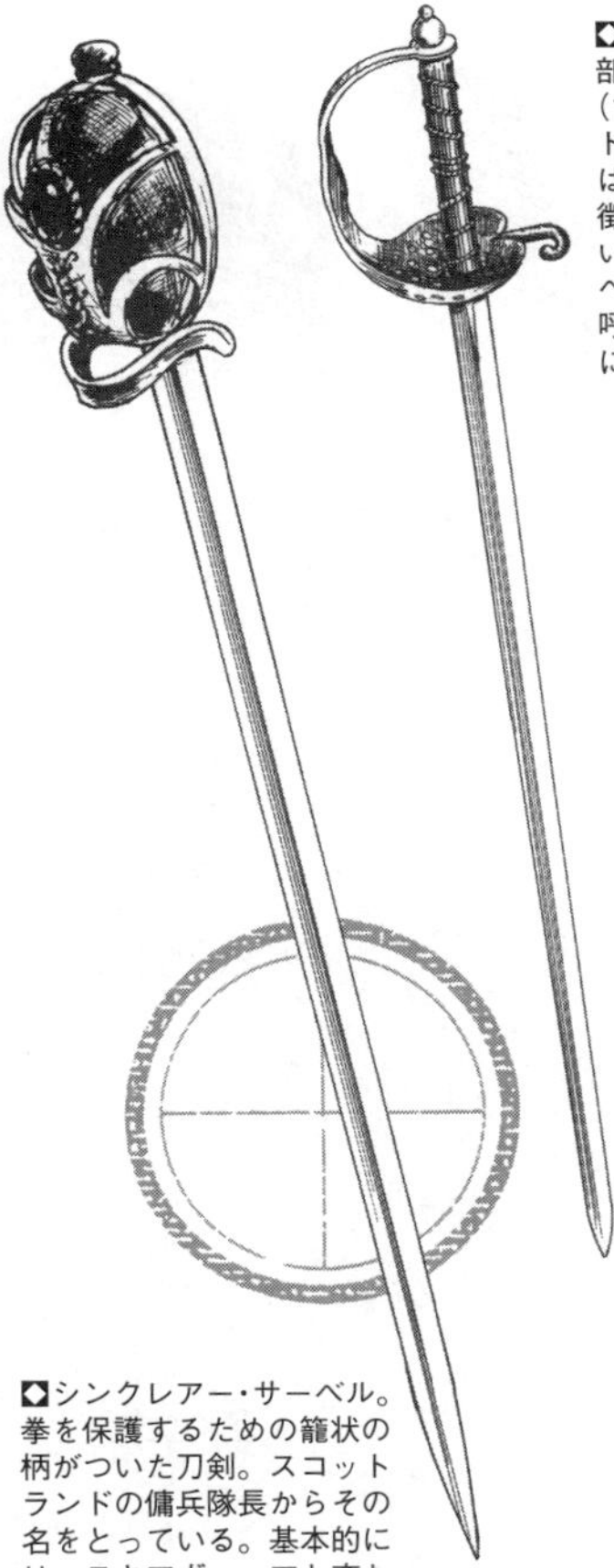

◆ワルーン・ソード。ベルギー南東部に住むワルーン人が用いたもの(17世紀半ば頃)。ブロード・ソードの種類に属する。貝つばなどと呼ばれる長円形をした鉄製のつばが特徴。ナックル・ガードの役割をしている。これと対になって、剣の下側へ湾曲する突起物はサム・リングと呼ばれるもの。剣に力を加えるときに親指を引っかけて使用する。

◆ショート・ソード。全長70〜80cm程度。刀身は柄側の幅が広く先細りのものと、均一の幅をもったものがある。短い刀身は集団戦用に作り出されたもので、乱戦においても味方に被害を与えないように考慮したものである。

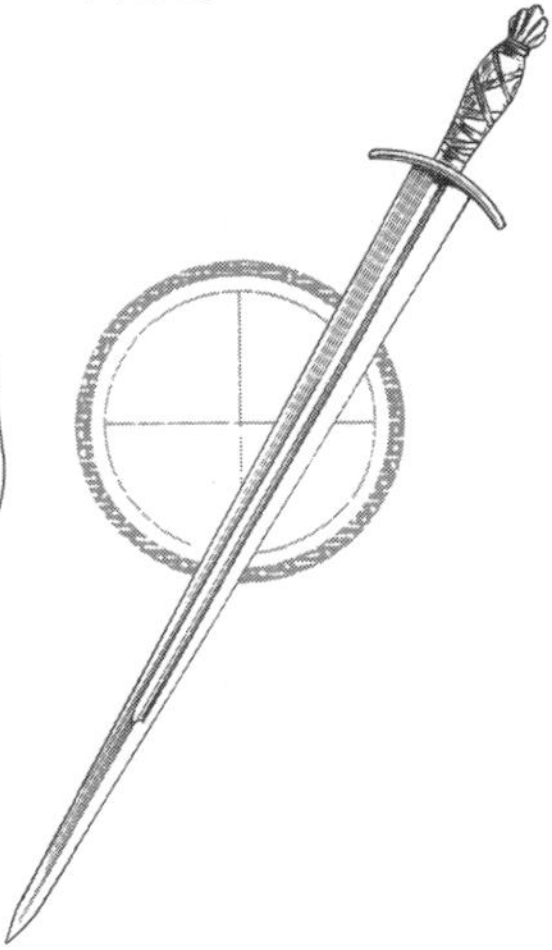

◆シンクレアー・サーベル。拳を保護するための籠状の柄がついた刀剣。スコットランドの傭兵隊長からその名をとっている。基本的には、スキアヴォーアと変わらない。

◘スキアヴォーア。ヴェネツィアにおける、スラヴ人からなる元首親衛隊の刀剣として生まれたブロード・ソード（16世紀初め頃）。切りあいの際に拳を守れるよう柄が独特の籠状になっている。語源は「Slavonic（スラヴの）」。

◘ブロード・ソード。ブロード・ソードとは“幅広の剣”という意味。刀剣のなかでは刀身の幅が広いほうではないが、レイピアなどの身幅の狭いものが主流となった時代に登場したため、その名がつけられた。突くのではなく、切りあいのための剣なので、打ち込みを考慮して厚みがある。

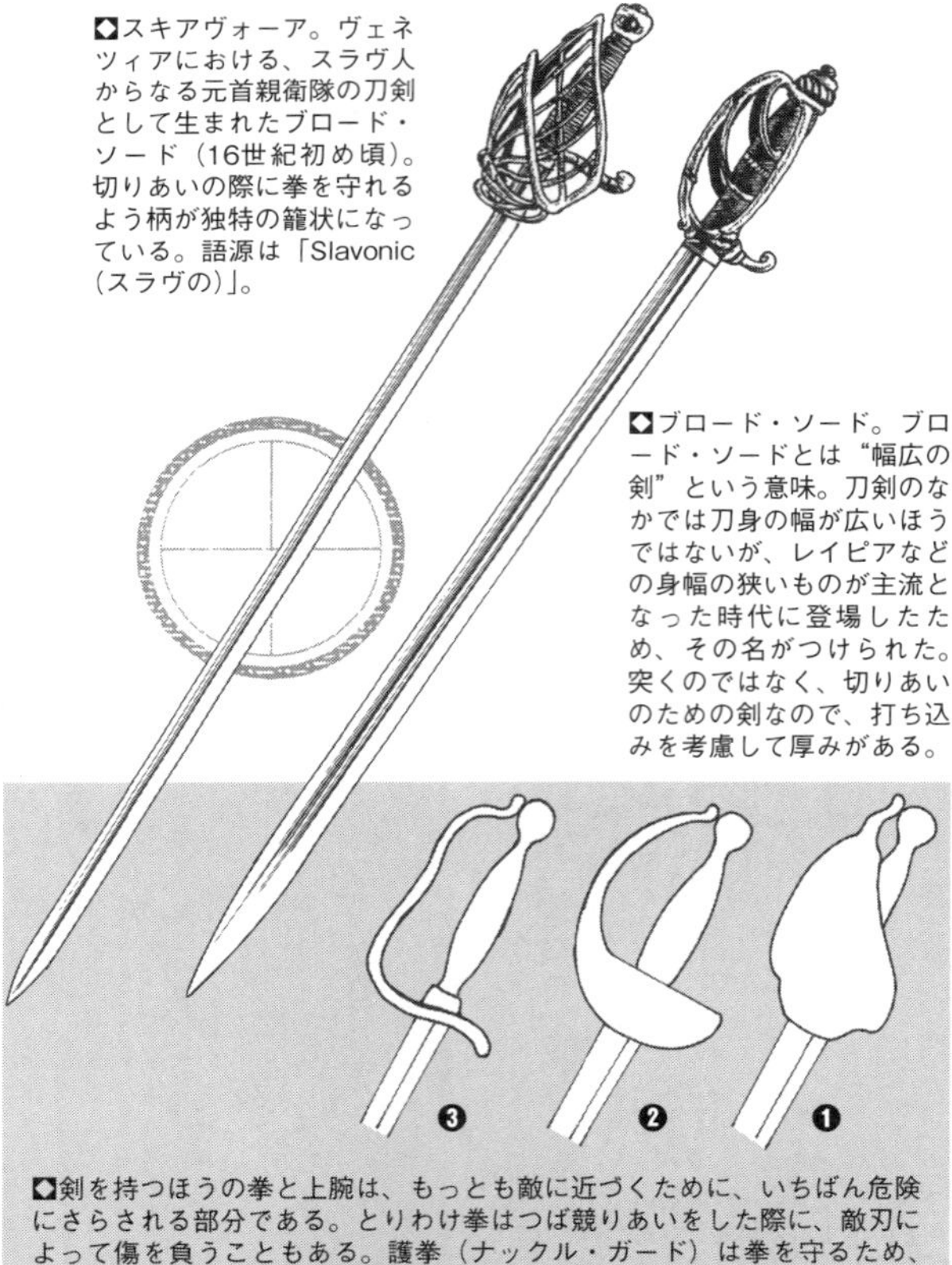

❸　❷　❶

◘剣を持つほうの拳と上腕は、もっとも敵に近づくために、いちばん危険にさらされる部分である。とりわけ拳はつば競りあいをした際に、敵刃によって傷を負うこともある。護拳（ナックル・ガード）は拳を守るため、剣に取りつけられた。大きく分けると3タイプがある。
①拳全体を覆う。
②拳の先を覆い手首近くは金属の棒で守る。
③つばと柄頭を金属棒でつなぐ。

◘ハンガー。騎兵が使ったサーベルと同じ形をしており、打ち切り用に作られている。

◘カットラス。船乗りたちが使ったサーベル。ハンガーよりは大きく、むしろブロード・ソードに似ている。

◘フランスの兵士（16世紀頃）。首あて、胸あて、草摺、腕あてをベルトで留めている。

◇コリシュマルド。フランスの一貴族によって考案された。先端がタックのように針状になっていて、刺突の効果が高い。

◇タック。メイル・ピアスィング・ソードの一種。鎧を突き通して、相手を傷つけるために考え出された刺突専用の剣。針状に作られた刀身は、ちょっとしたプレートアーマーなら貫通することができる。柄を長く作ってあるので、両手を使うことも可能。

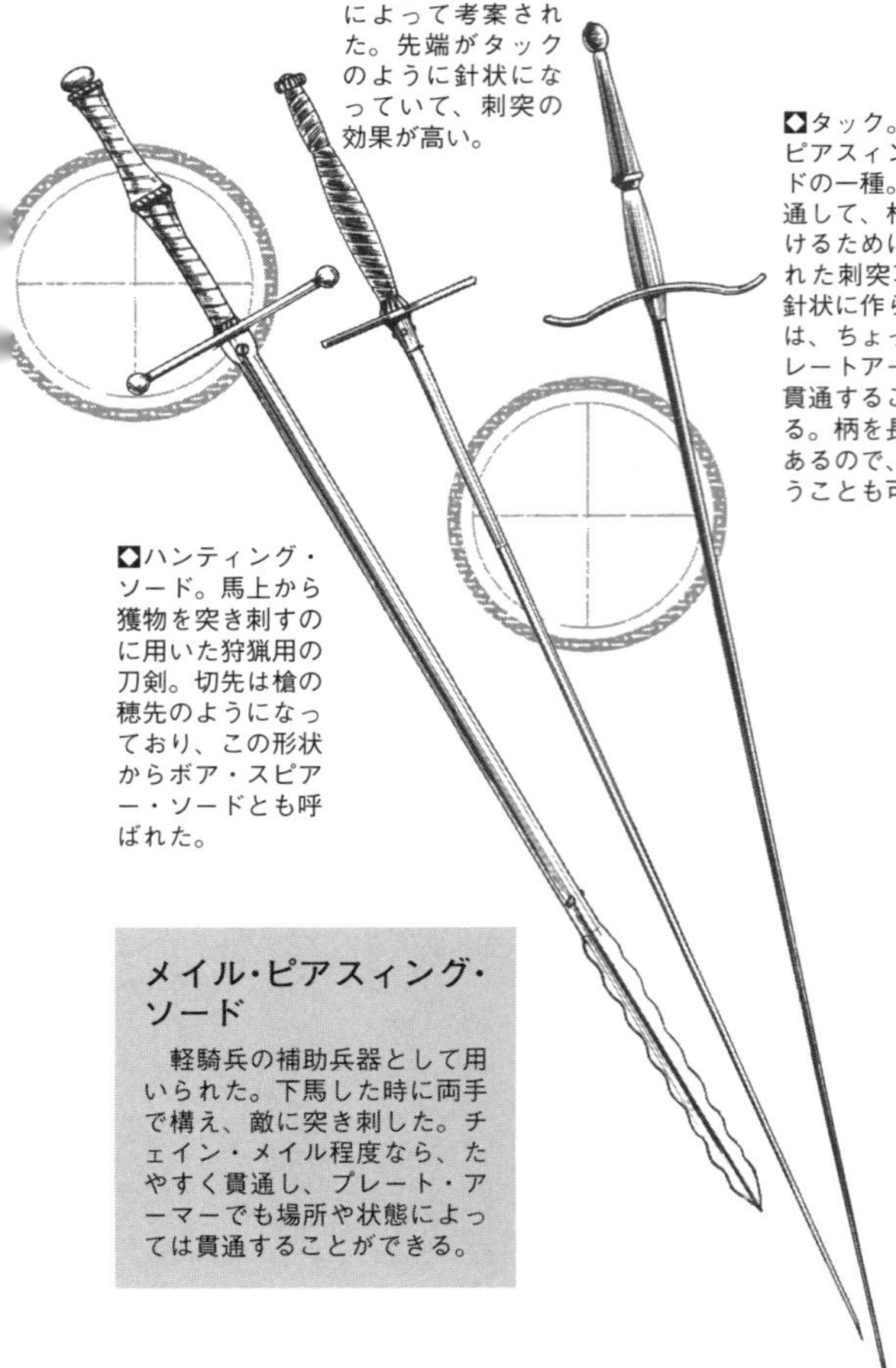

◇ハンティング・ソード。馬上から獲物を突き刺すのに用いた狩猟用の刀剣。切先は槍の穂先のようになっており、この形状からボア・スピアー・ソードとも呼ばれた。

メイル・ピアスィング・ソード

軽騎兵の補助兵器として用いられた。下馬した時に両手で構え、敵に突き刺した。チェイン・メイル程度なら、たやすく貫通し、プレート・アーマーでも場所や状態によっては貫通することができる。

剣の機能

◘剣の機能はだいたい4つに分かれており機能によって形も変わる。
①殴る。重量と長さによって威力が変わる。
②断ち切る。武器そのものの重量も重要。
③なで切る。刃先が湾曲している。
④刺す・突く。切先が鋭い。

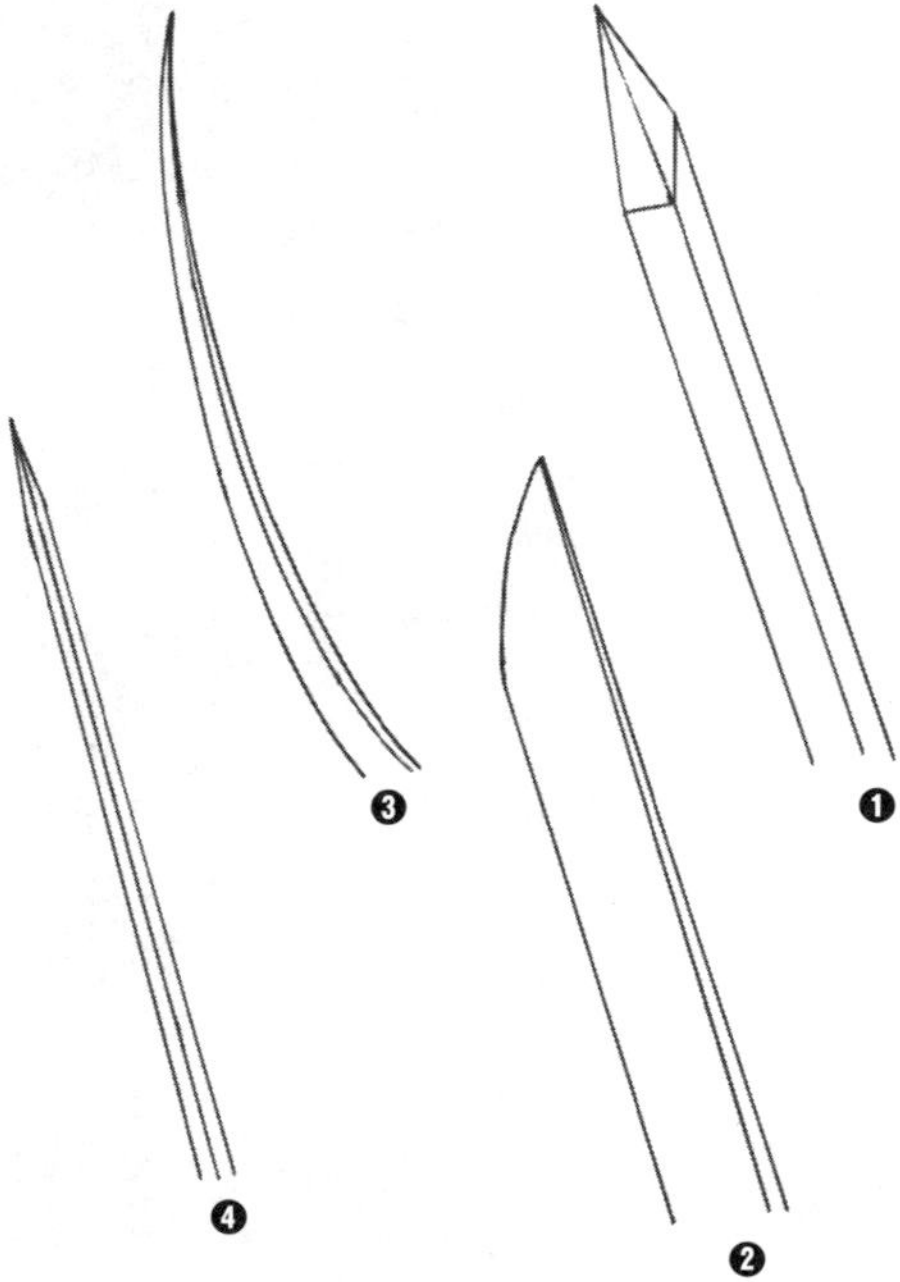

◇15世紀頃のヨーロッパの兵士。チェイン・メイル、クロース・アーマー、ブリガンダインを重ね着している。

◘環頭太刀。日本の古墳時代の太刀で、つばがない。柄頭には装飾された環がつけられている。

◘17世紀頃のイギリス兵。銃火器の登場によって鎧は軽量化された。胸甲をつけバフ・コートを着ている。背あてと胸あては腹部と肩のベルトで固定されている。右手は銃の引金を引くため、左手だけに手甲をつけている。

◘頭や顔を守るものには、兜のようにすっぽりとかぶらないものもある。日本の鉢金、額鉄はその代表で、紐で固定して使用する。
①鉢金（はちがね）
②額鉄（ひたいがね）

❶

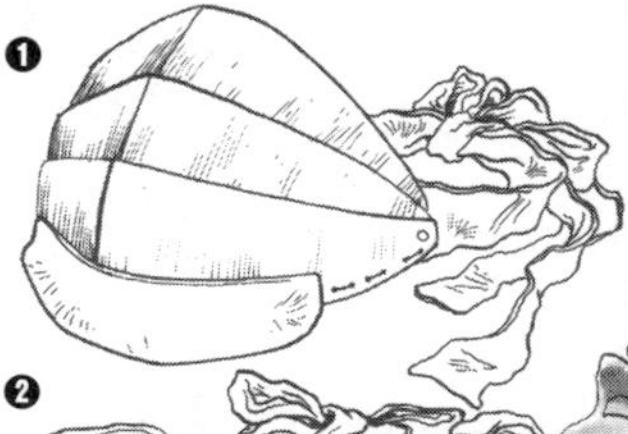

❷

手槍

戦士に成りたてのかたには、手槍（ショート・スピア）をおすすめします。手槍は一・二～一・五メートル程度の短い槍です。剣よりも長く、それでいて重さも長さもそれほど邪魔になるものではありませんので、初心者には手頃といえます。貫通力は剣よりもありますし、なにより、剣ほど技術がいりません。（店主）

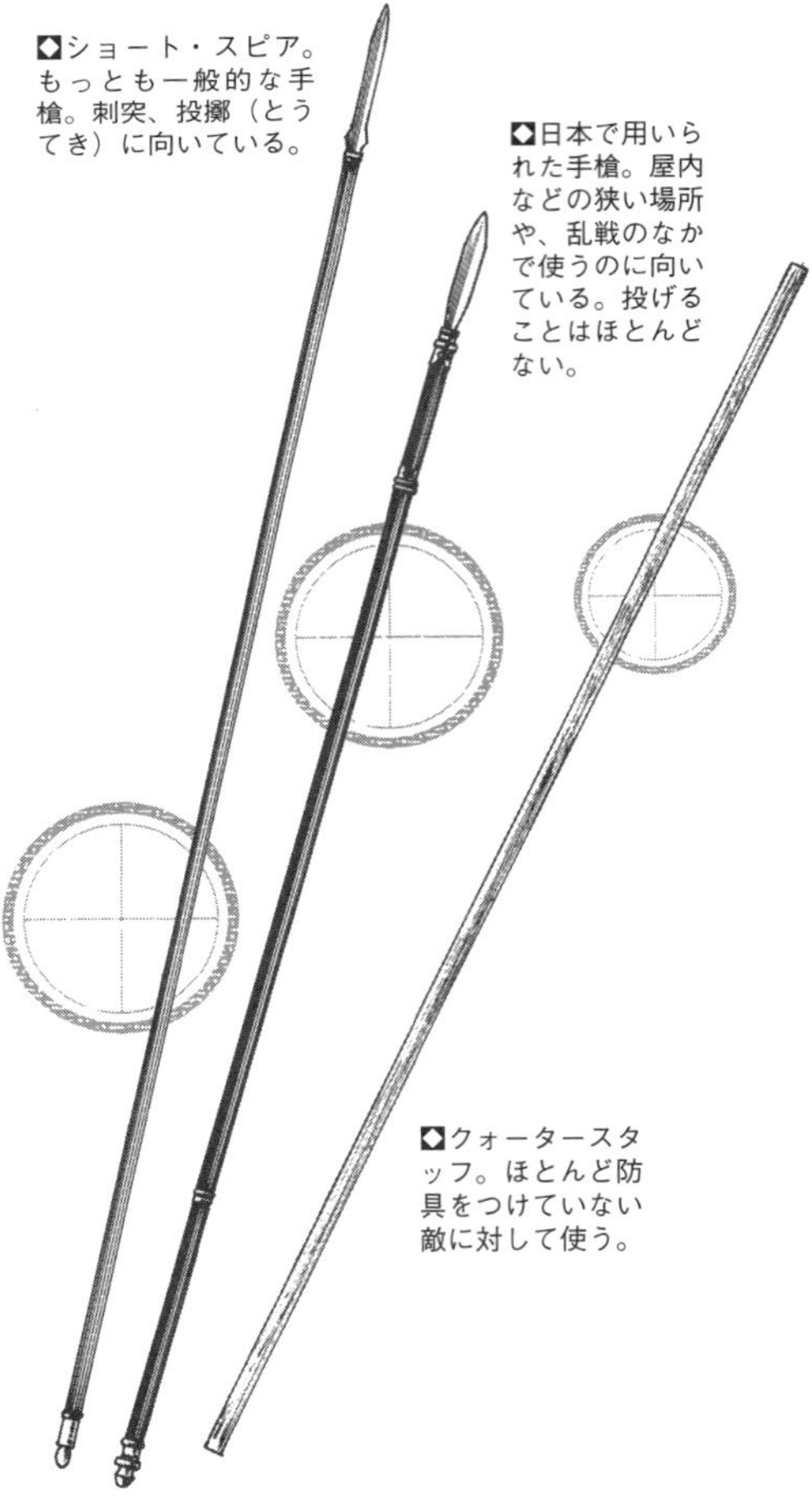

◆ショート・スピア。もっとも一般的な手槍。刺突、投擲（とうてき）に向いている。

◆日本で用いられた手槍。屋内などの狭い場所や、乱戦のなかで使うのに向いている。投げることはほとんどない。

◆クォータースタッフ。ほとんど防具をつけていない敵に対して使う。

◘クォータースタッフは、棒の片方の先端だけでなく両端を敵の身体に叩きつけるようにして使う。技術をマスターすれば変幻自在な攻撃と防御をすることができる。

Floor 1-Corner B

Strange style

異形の戦士

戦士たるもの、自分をアピールすることを忘れてはいけません。人とは違う武器やファッションは、自分を高く売りつけるのに役立ちます。また命を切り売りしているのですから、少しは羽目を外すのもよいでしょう。それは戦士の特権でもあります。

　このコーナーでは、変わった形の刀剣を取り揃えております。中東やアジアのものが多いのですが、そのほかにもヨーロッパのものもあります。それらの剣は、相手を心理的に動揺させるためのものが多いでしょう。しかし、見た目どおりに恐ろしい威力を発揮することもあります。より実戦的で、乱戦に向いた小回りの利く刀剣でもあるのです。（店主）

◘ランツクネヒトの一般的なファッション（16世紀頃）。切れ込みのある大きな衣装には原色が使われ、大きな股袋をつけている。

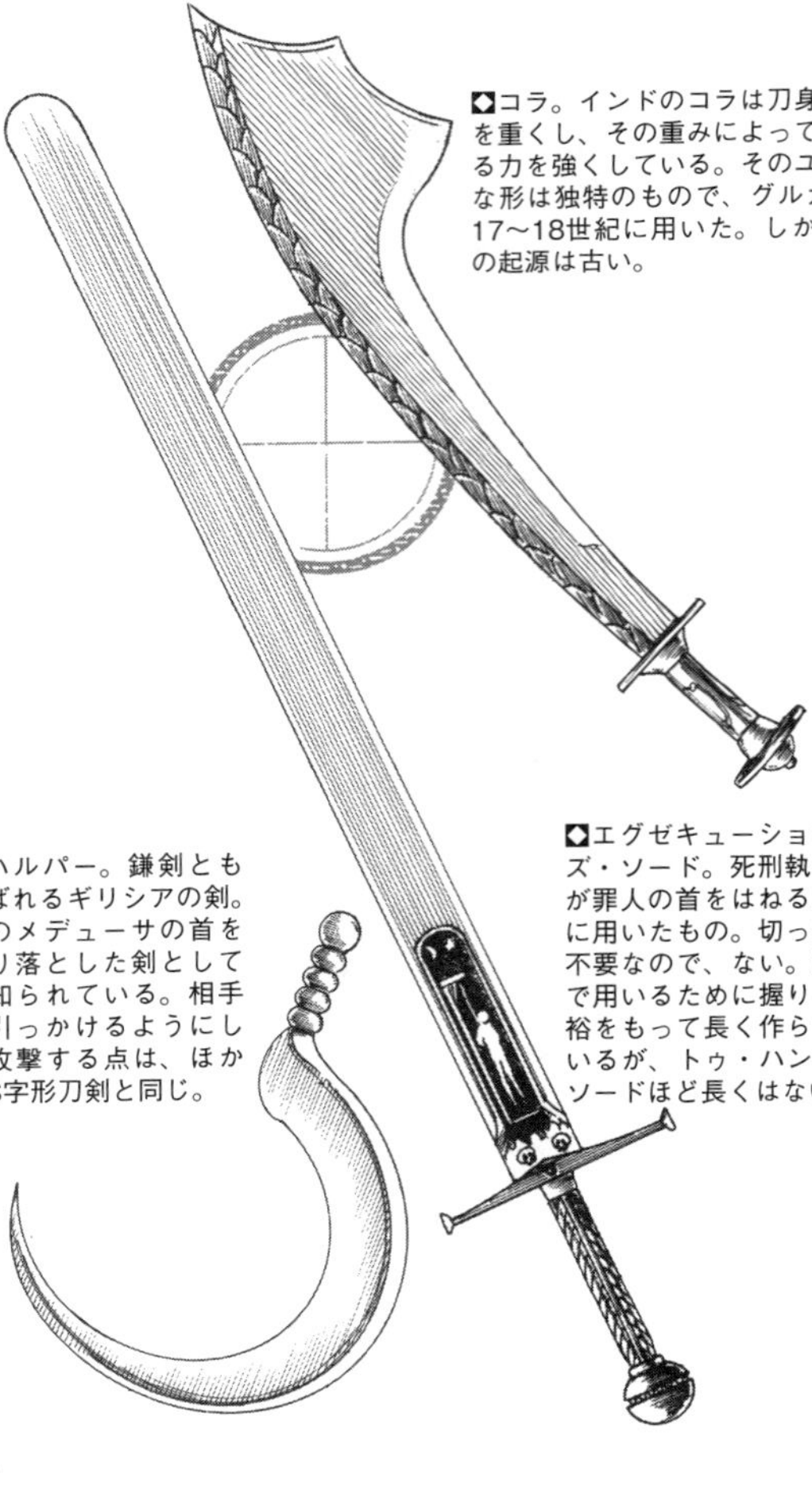

◘コラ。インドのコラは刀身の先端を重くし、その重みによって打ち切る力を強くしている。そのユニークな形は独特のもので、グルカ族が、17〜18世紀に用いた。しかし、その起源は古い。

◘エグゼキューショナーズ・ソード。死刑執行人が罪人の首をはねるために用いたもの。切っ先は不要なので、ない。両手で用いるために握りは余裕をもって長く作られているが、トゥ・ハンド・ソードほど長くはない。

◘ハルパー。鎌剣とも呼ばれるギリシアの剣。あのメデューサの首を切り落とした剣としても知られている。相手を引っかけるようにして攻撃する点は、ほかのS字形刀剣と同じ。

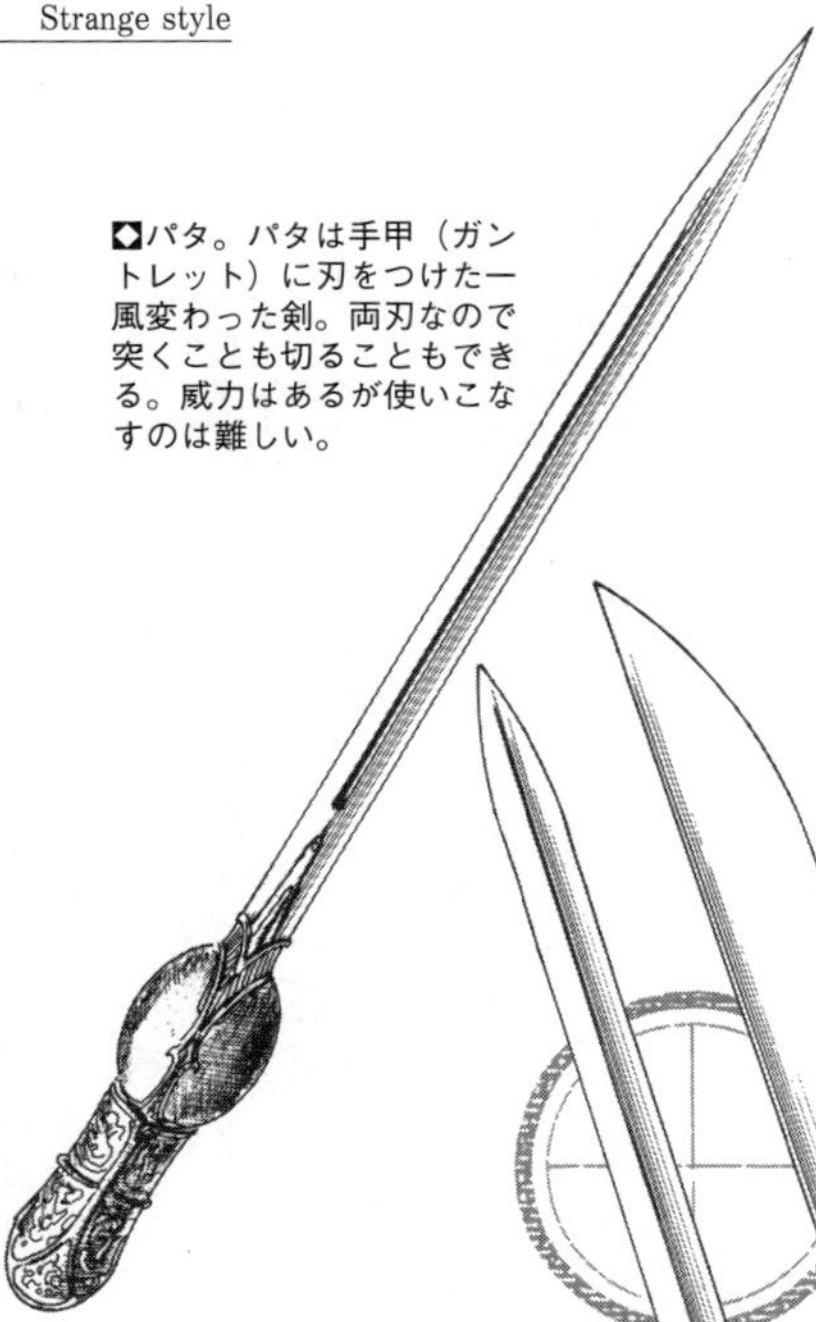

◘パタ。パタは手甲（ガントレット）に刃をつけた一風変わった剣。両刃なので突くことも切ることもできる。威力はあるが使いこなすのは難しい。

◘フォールション。片手剣だが、片刃で幅が広く短い。打ち切り用のため、重く作られている。なたのような効果があり、切りあいに適している。刃は緩やかな弧を描いており、峰がまっすぐになっている。切っ先に向かってだんだんと幅が広くなっているのはフォールション独特の形。北ヨーロッパで使われたサクスを起源とする。

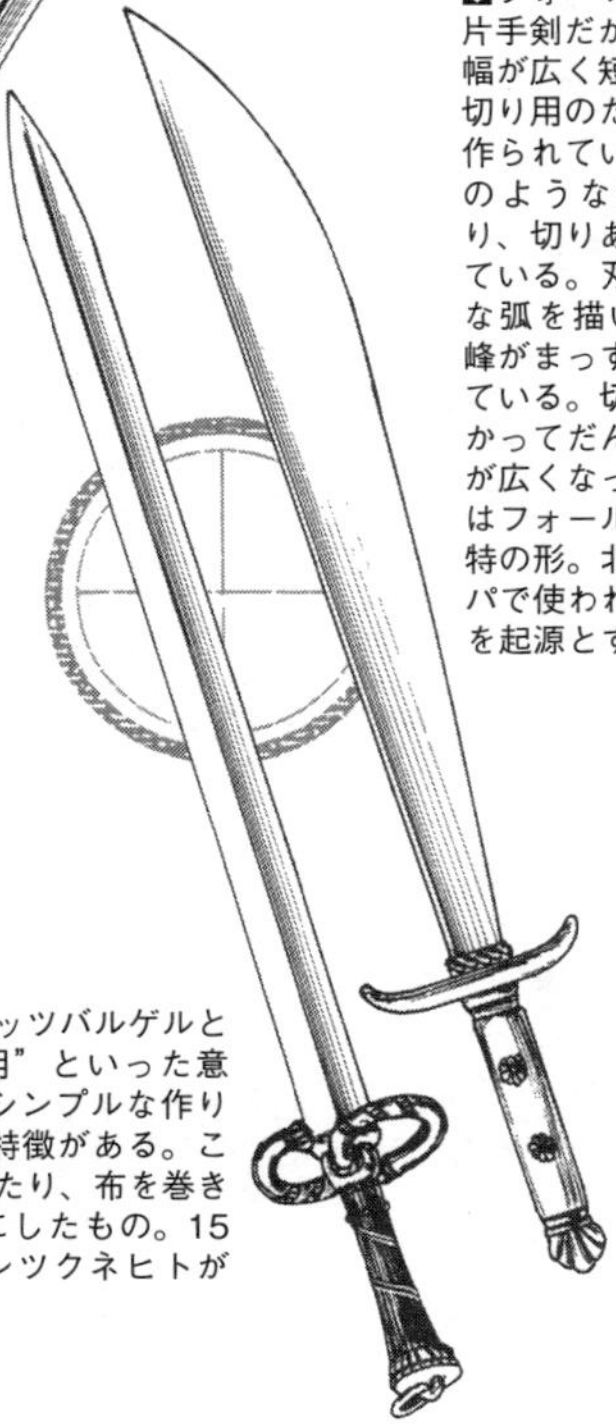

◘カッツバルゲル。カッツバルゲルとはドイツ語で“喧嘩用”といった意味。全長70cm程度のシンプルな作りだが、S字形のつばに特徴がある。これは、洋服に引っかけたり、布を巻きつけたりできるようにしたもの。15世紀～16世紀頃にランツクネヒトが好んで携帯した。

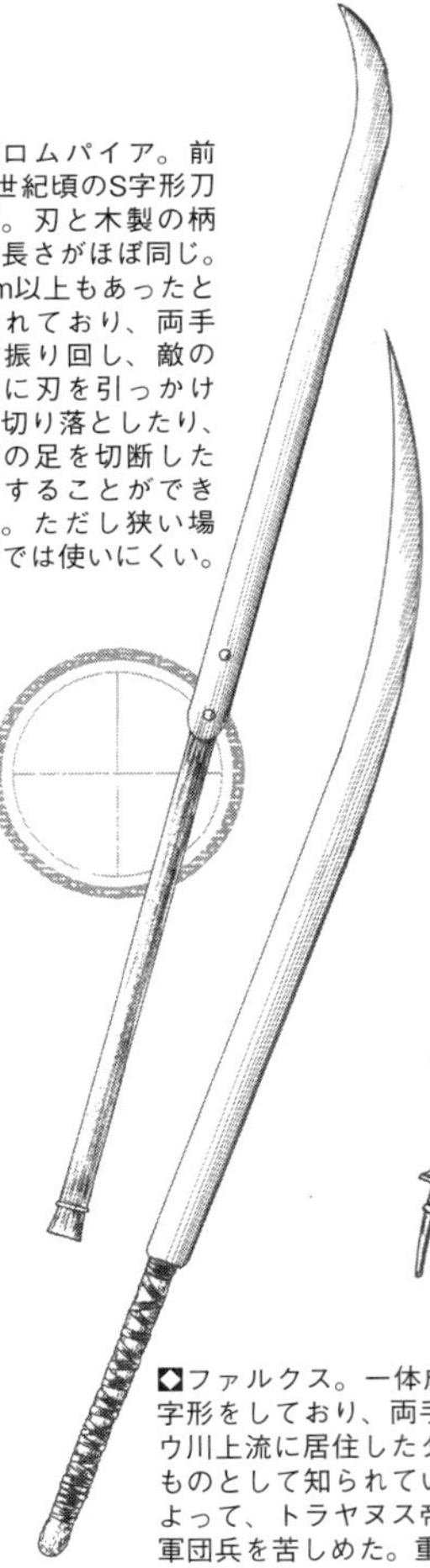

◆ロムパイア。前3世紀頃のS字形刀剣。刃と木製の柄の長さがほぼ同じ。2m以上もあったとされており、両手で振り回し、敵の首に刃を引っかけて切り落としたり、馬の足を切断したりすることができた。ただし狭い場所では使いにくい。

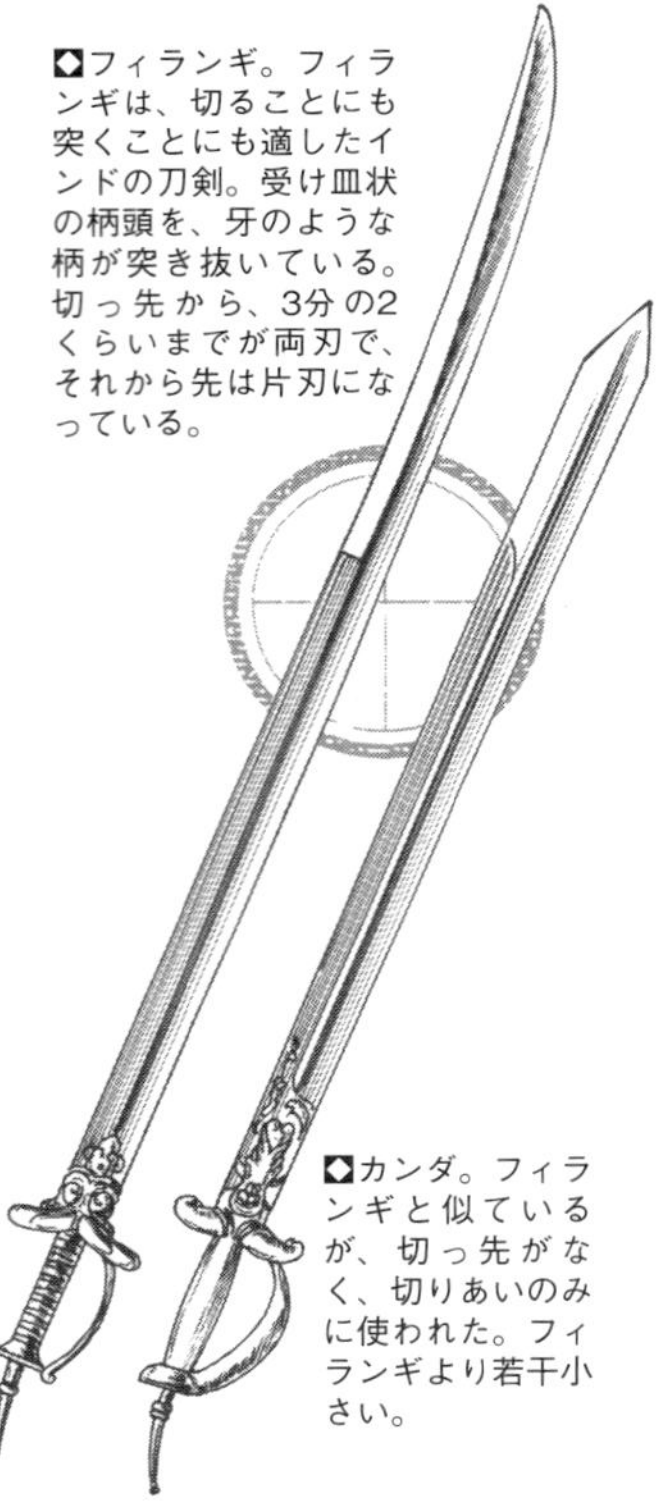

◆フィランギ。フィランギは、切ることにも突くことにも適したインドの刀剣。受け皿状の柄頭を、牙のような柄が突き抜いている。切っ先から、3分の2くらいまでが両刃で、それから先は片刃になっている。

◆カンダ。フィランギと似ているが、切っ先がなく、切りあいのみに使われた。フィランギより若干小さい。

◆ファルクス。一体成形の金属製でS字形をしており、両手で振るう。ドナウ川上流に居住したダキア人が用いたものとして知られている。その威力によって、トラヤヌス帝時代のローマの軍団兵を苦しめた。重さは3kgほど。

戦斧

戦斧をお好みのかたもいらっしゃることと思います。戦斧にはさまざまな形がありますが、ここでは奇妙な形をしたものを一つだけご紹介しましょう。（店主）

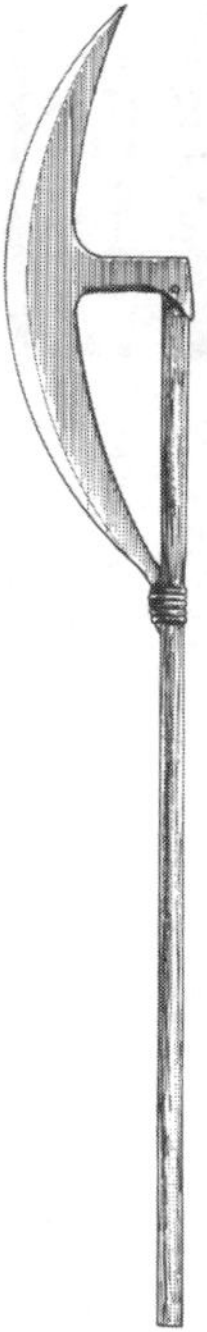

◘クレセント・アックス（三日月斧）。バルディッシュよりもさらに大きなバトル・アックス。刃渡り1mから最大1.5mのものもあった。東ヨーロッパで使われ皇帝の親衛隊などの限られた兵士が装備していた。

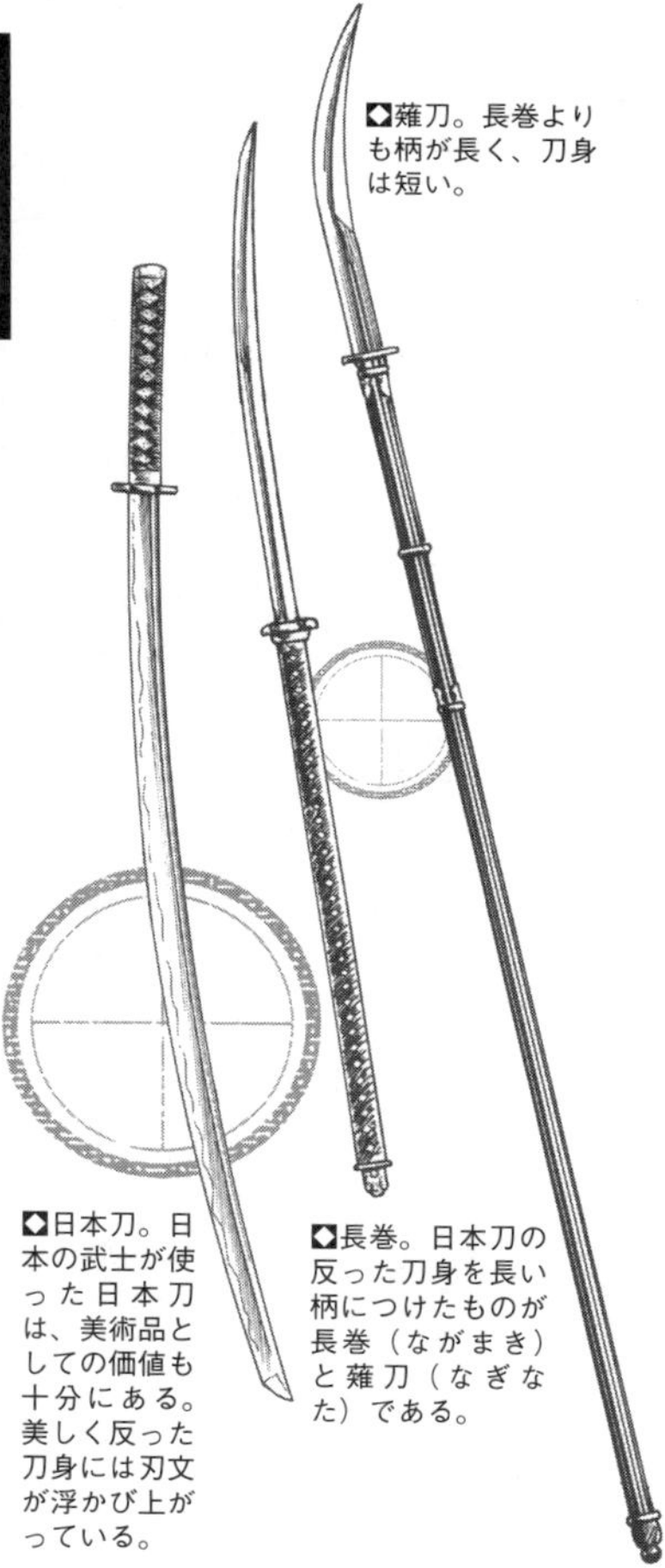

◘薙刀。長巻よりも柄が長く、刀身は短い。

◘日本刀。日本の武士が使った日本刀は、美術品としての価値も十分にある。美しく反った刀身には刃文が浮かび上がっている。

◘長巻。日本刀の反った刀身を長い柄につけたものが長巻（ながまき）と薙刀（なぎなた）である。

傭兵
MERCENARY

傭兵は、何らかの報酬によって雇われる戦士のことで、基本的に戦士と同じ働きを行えるものが適役です。彼らの歴史は古く、勇猛を馳せた多くの傭兵たちが歴史に登場しました。三十年戦争のときの傭兵隊長ワレンシュタインのように自分の国家を作ろうとした者もいます。

多くの場合、傭兵を雇うものは、彼らの戦闘技術の高さに期待しています。常備軍をもたなかった時代には、急募した自国の兵士を鍛え上げるために、高い報酬を払って、戦技だけでなく軍事全般の専門家を招くこともありました。こうした傭兵はかなり優遇されました。腕に覚えのある戦士が、立身出世と富を手に入れようとすれば傭兵になるのがよいでしょう。

傭兵になるのなら、ある種の武器に熟練しておくことをおすすめします。すご腕の戦士として名を知られれば、多くの国々から引く手あまたとなります。装備は雇主が保証してくれるやもしれませんし、それどころか勝ち続ければ、領地を与えられるかもしれません。

しかし所詮は、金で雇われた者達なのですから場合によっては簡単に切り捨てられます。時として兵士達よりも過酷な任務を受持ち、使い捨てられるものなのです。また、所属する部隊が名誉を重んじているのであれば、その伝統を守るために不名誉な行為を許さないかもしれません。ドイツ人の傭兵として知られるランツクネヒト達は、厳格な規律によって結束し、臆病者には「死」を与えてきました。戦場から逃げ出そうとしたあなたを待っているものは、見せしめのための公開処刑かもしれないということを、覚えておいたほうがよいでしょう。(店主)

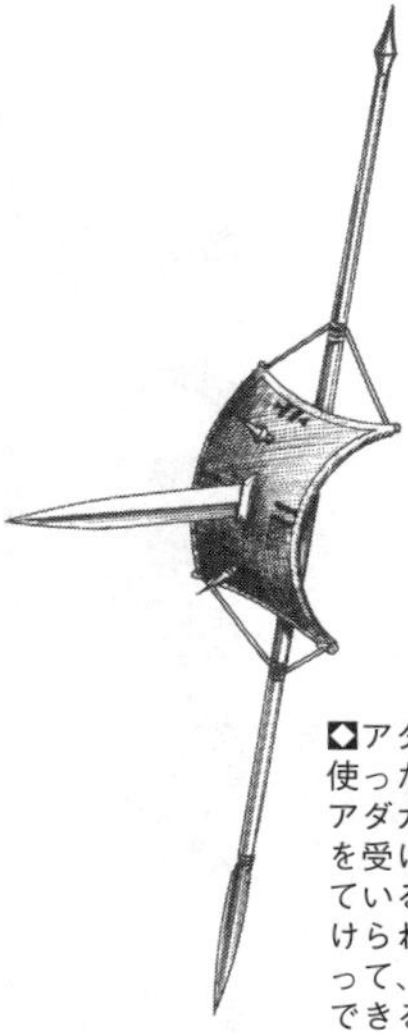

◘アダガ。ムーア人が使ったことで知られるアダガ。盾は敵の攻撃を受けることを重視しているが、盾に取りつけられた剣や矛先によって、攻撃することもできる。

歴史上の主な傭兵

- 古代ペルシア帝国の王子キュロスに従ったギリシアの傭兵
- アレキサンダーに対抗したギリシア人傭兵隊長メムノン
- カルタゴに雇われたスパルタ人クサンティッポス
- クレタの弓兵
- 名将ハンニバルのケルト人と象使い
- バレアレス諸島の投石兵
- カエサルに仕えた優秀な騎兵部隊
- ローマ帝国の重装弓兵
- ビザンティンのワリアギ親衛隊
- イギリスの長弓兵
- スイスのパイク兵
- ドイツのランツクネヒト

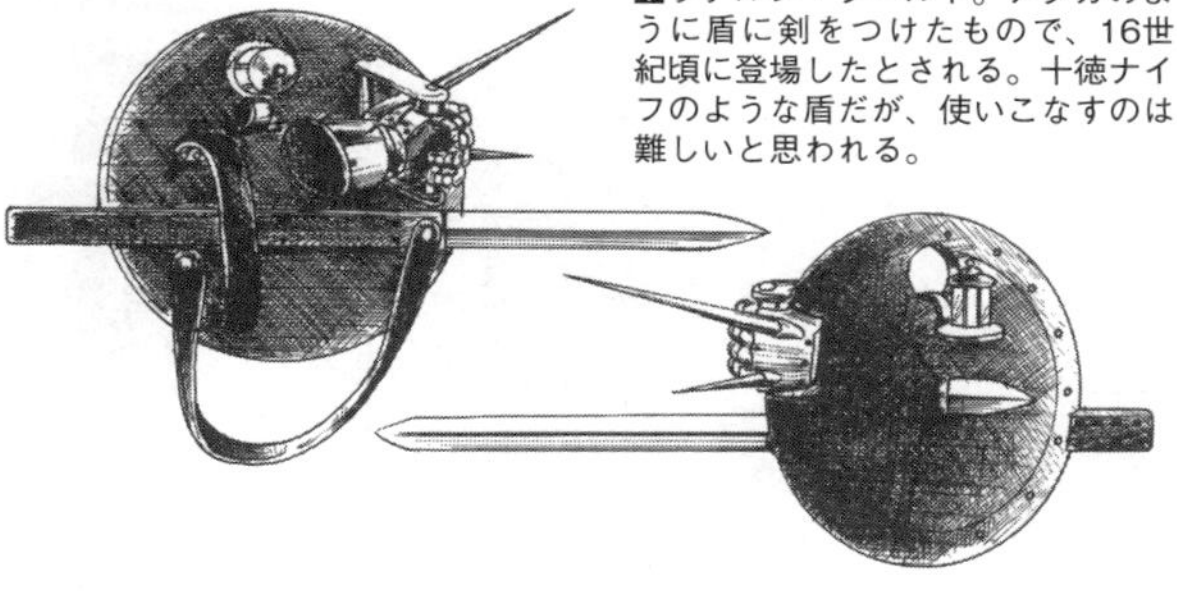

◘ラテルン・シールド。アダガのように盾に剣をつけたもので、16世紀頃に登場したとされる。十徳ナイフのような盾だが、使いこなすのは難しいと思われる。

Floor 1-Corner C

Power style

強腕の戦士

こちらのコーナーでは、腕力に自信のあるかたのために、長くて重い剣を取り揃えております。優秀な戦士であるならば、自分を高く売るための武器が必要です。一般的に勇猛な戦士は、より攻撃力の高い武器を装備しています。その代表的なものが、トゥ・ハンド・ソードと呼ばれる両手剣です。重さは二キログラムのものから六キログラム以上のものもありました。

西洋の刀剣は、切るというよりは相手を殴り倒すことに使われたようです。殴り倒す場合には、なまくらな剣でも十分な効果を上げることができます。そうした意味で、相手を殴り倒す典型的な剣がトゥ・ハンド・ソードです。なかには、クレイモアのように鋭い切れ味をもった剣もありますが、殴り倒すつもりで振るうのがよいでしょう。また、両手を使うことは敵を突き刺すのにもっとも有効だったともいえます。

トゥ・ハンド・ソードを持った兵士が戦場で活躍した例をあげるとすれば、

真っ先にドイツの傭兵隊、品の悪い衣装でも有名なランツクネヒトをあげることができます。最初は、傭兵としてのハクをつけるために持っていたようですが、次第にそれは相手のパイク（槍）を叩ききって、仲間の攻撃の活路を開くために用いられるようになりました。大きな剣は動き回る敵を攻撃するには大振りしすぎて不利ですが、パイクなどの槍類を叩き切るにはもってこいの武器です。

普通の剣では力が余って仕方のないかた、セールスポイントである腕力を誇示したいかたには、トゥ・ハンド・ソードはおすすめの品でございます。（店主）

◆ドイツの傭兵ランツクネヒト（16世紀頃）。トゥ・ハンド・ソードを持ち、カッツバルゲルを腰にぶら下げている。装備は自前で用意しなければならなかったため、鎧を着ているのは将校クラスか略奪の名人くらいのものだった。

◆バスタード・ソード。ハーフ・アンド・ア・ハーフ・ソード（片手半剣）とも呼ばれ、両手でも片手でも使用できる。バスタードとは“類似”や“複合”という意味をもつ。「片手でも両手でも使用できた」「切りあいと刺突に適していた」など複合の意味ははっきりしていない。重さは2.2kg程度。

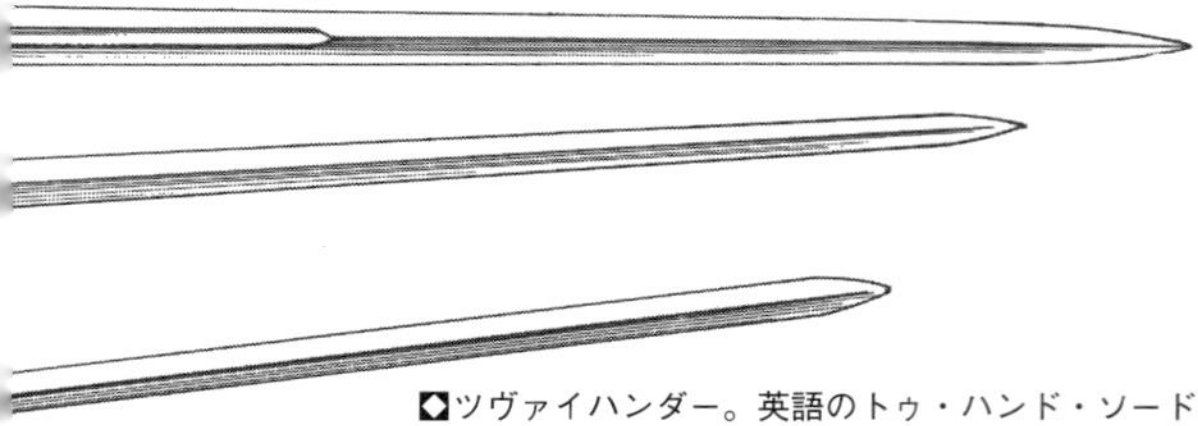

◆ツヴァイハンダー。英語のトゥ・ハンド・ソードをドイツ語で綴ると、ツヴァイハンダーとなる。広い意味では2つとも同じものだが、ドイツ独特の両手剣の名称ともされる。柄は、通常の両手剣と比べても長めにできており、刀身の根元には刃がなく、そこを持って振り回すこともできた。重さは6kg以上。炎形をしたフランベルジュタイプは3〜4kg程度。

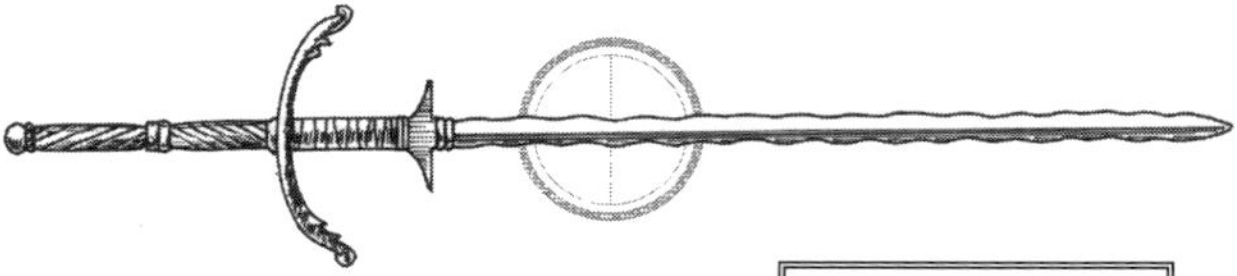

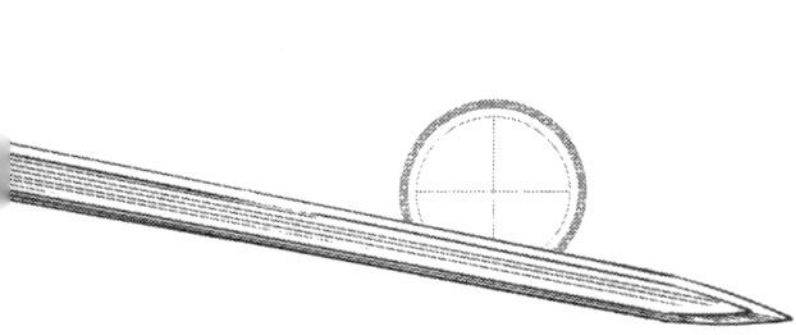

クレイモアとは〝もっと粘土を！〟という意味ではありません。ゲール語の〝クラウ・モー〟を語源とします。意味は〝巨大な剣〟です。（ふまじめな店員）

◘トゥ・ハンド・ソード。両手で使う剣。長くて重い。技術ではなく腕力に頼って振り回さなければならない。

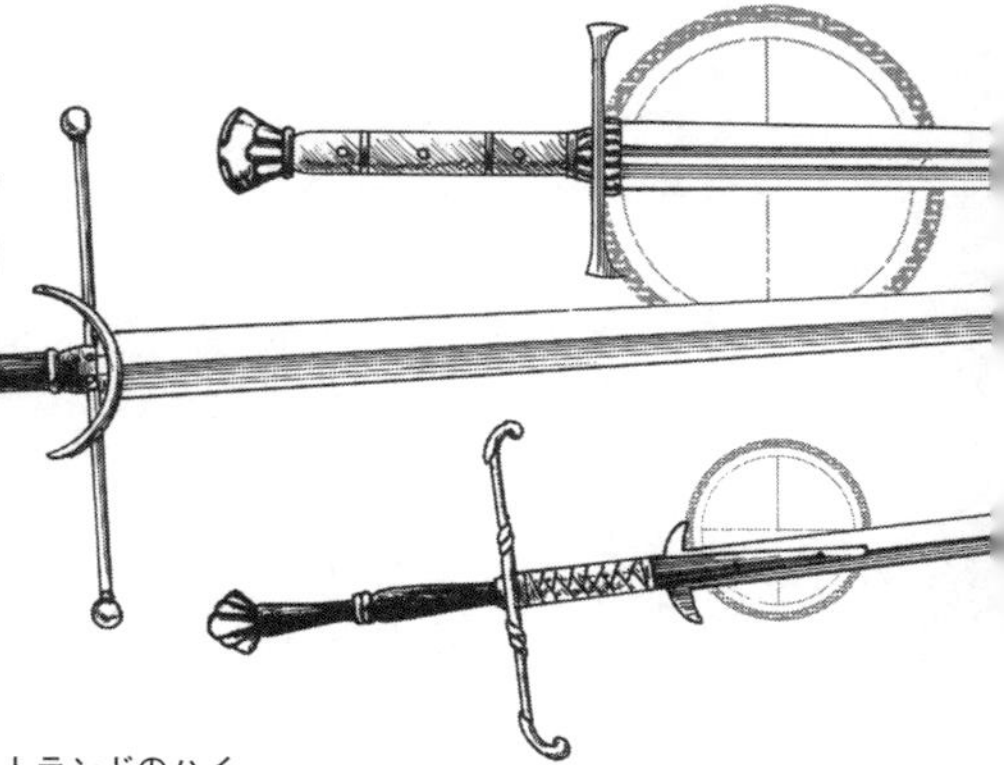

◘クレイモア。スコットランドのハイランダー（高地民族）が用いたもの。つばの先に見られる複数の輪飾りが特徴。切れ味が鋭い。クレイモアにはさまざまな大きさがあり、なかには“巨大”とはいいがたいものもある。重さは3kgほど。

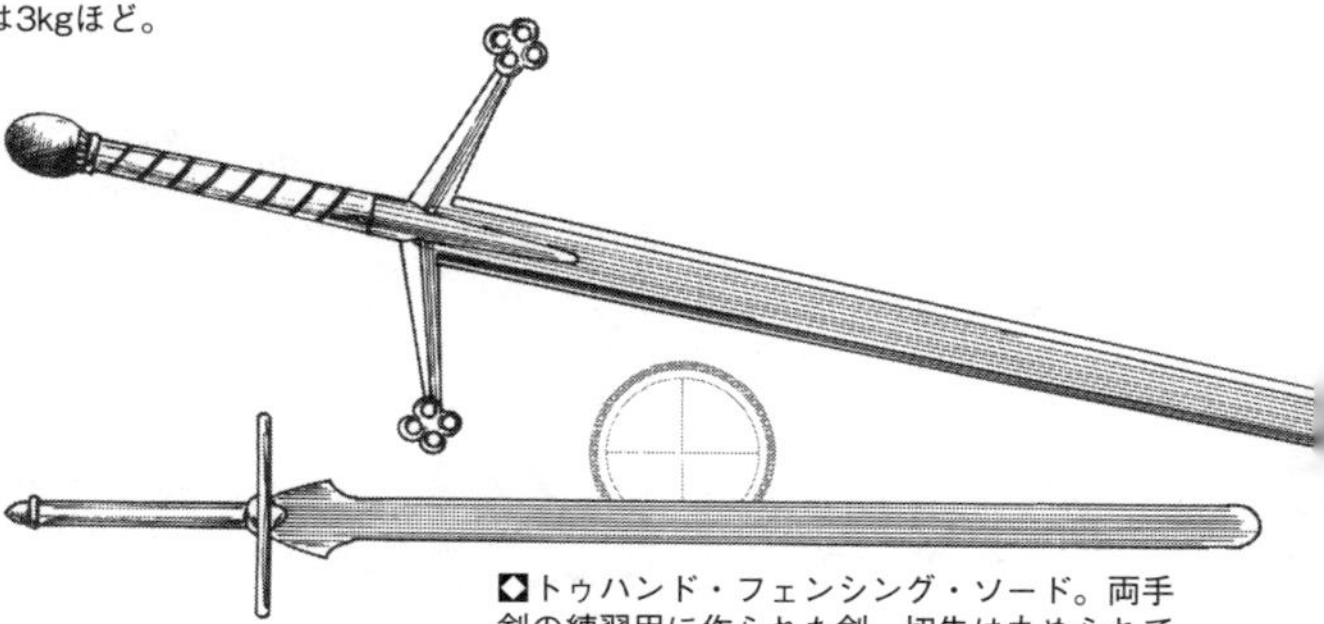

◘トゥハンド・フェンシング・ソード。両手剣の練習用に作られた剣。切先は丸められており、実戦には使わない。

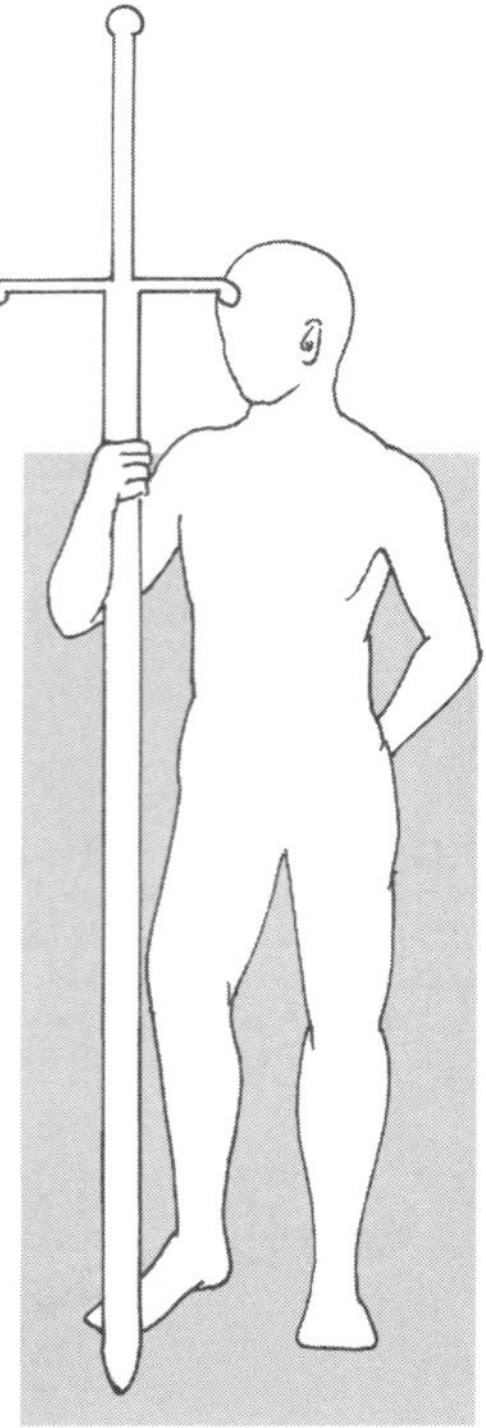

◉グレート・ソード

グレート・ソードは巨大な剣です。刀剣のカテゴリーのなかにそんな剣は存在してはいないのですが、しばしば、特注によって作られたもののなかには、信じられないくらい大きな剣が実在しています。二メートルを超すものもあり、一体何に用いられたのでしょうか？

日本には斬馬《ざんば》刀という馬を切る大きな刀がありましたが、ヨーロッパの馬は日本の馬とは桁違いに大きい馬体をしていました。さらにはランスを構えた全身重装備の騎士が乗っていましたので、馬を切ることは難しかったでしょう。やはりパイクやハルベルトといった、長柄武器の硬い柄を一刀のもとに断ち落とすために特注されたと考えられます。（店員）

モール
MAUL

モールは剣ではありませんが、ことさら腕力を誇示したいかたにはおすすめです。重さが四キログラム以上はある木槌で、本来は城門の破壊や工事に使われるものです。殴りつけるというよりは、殴り潰すといった使い方をしてください。（ふまじめな店員）

◆ビザンティン帝国のワリアギ親衛隊の戦士（10世紀頃）。腕力を必要とするヴァイキング好みの両手斧を持っている。彼らはヴァイキングの血を引いた傭兵だが、固い結束と皇帝への忠誠によって勇敢に戦った。

Floor 1-Corner D

Female fighter
女性戦士

女性のお客さま、お待たせいたしました。ここではあなたさまにぴったりの、軽くて細い剣と、優雅な曲線を描いた湾刀を取り揃えております。

細身の剣はどれも比較的軽く作られております。そのため攻撃力は落ちますが、スピードを重視するかたには最適です。蝶のように舞い蜂のように刺す。ああなんとも優雅ではありませんか…。ただし、厚い防具で身を固めた相手と戦うときはお気をつけください。すばやく弱いところを狙わないと、こちらの剣が曲がってしまいます。

湾刀は優雅な曲線が魅力です。軽くはありませんが、さながら剣の舞といった感じで、美しい剣さばきを強調してくれることでしょう。

もちろん、細身の剣は体格や腕力に恵まれない男性のかたにもおすすめです。男性でも軽快で、優雅さを強調したいかたもいらっしゃるでしょう。そんなかたには、曲刀がよろしいかと思います。では、どうぞ前へお進みください。（店主）

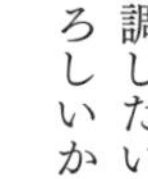

◆もっとも有名な女性戦士ジャンヌ・ダルク。彼女は鎧に身を固め、顔だけはさらして戦意を鼓舞した。1429年にはオルレアンで奇跡的な勝利をおさめたが、1431年にイギリス軍に捕まり、異端者として火刑にされた。

細身の直刀

細身のまっすぐな剣は、片手で構えて、突いて使用します。スピードが命となりますので、重い鎧との併用はおすすめできません。

　身を守りたいということでしたら、空いた片手で小さめの盾などをお持ちになるのがよろしいかと思います。また、盾など持ちたくないというかたには、レフト・ハンド・ダガーと呼ばれる短剣をおすすめいたします。両手で持つ槍などと比べると、使い手の技量が要求されるのはいうまでもありませんが、レイピアとダガーなど、最高の組み合わせといえるでしょう。(店主)

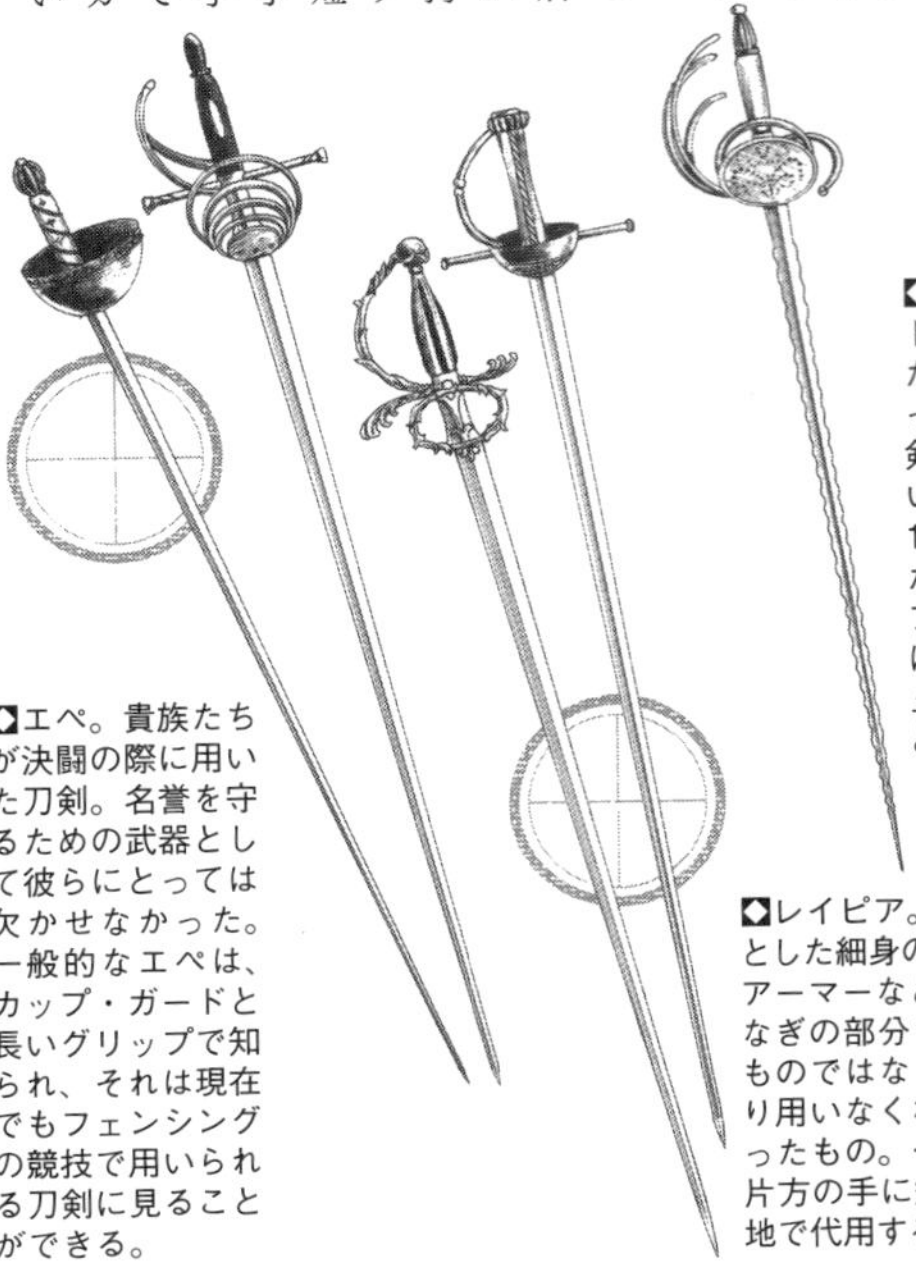

◆フラムベルク。ドイツで登場した、波状の刃をもったレイピア。刀剣装飾の極みともいえる刀剣で、16世紀に登場した。火炎をモチーフにしたこの剣身は、フランベルジュに影響を与えたと考えられる。

◆エペ。貴族たちが決闘の際に用いた刀剣。名誉を守るための武器として彼らにとっては欠かせなかった。一般的なエペは、カップ・ガードと長いグリップで知られ、それは現在でもフェンシングの競技で用いられる刀剣に見ることができる。

◆レイピア。刺突戦法を専門とした細身の刀剣。プレート・アーマーなどの金属製鎧のつなぎの部分を攻撃するためのものではなく、鎧や盾をあまり用いなくなった時代に広まったもの。一般的には、もう片方の手に短剣を持つが、布地で代用することもある。

◘右手にレイピア、左手にマン・ゴーシュを持つ戦士。レイピアは16世紀を代表する剣。銃火器の登場によって鎧や盾が使われなくなったために登場し、フランスからスペイン、イタリアへと広がっていった。

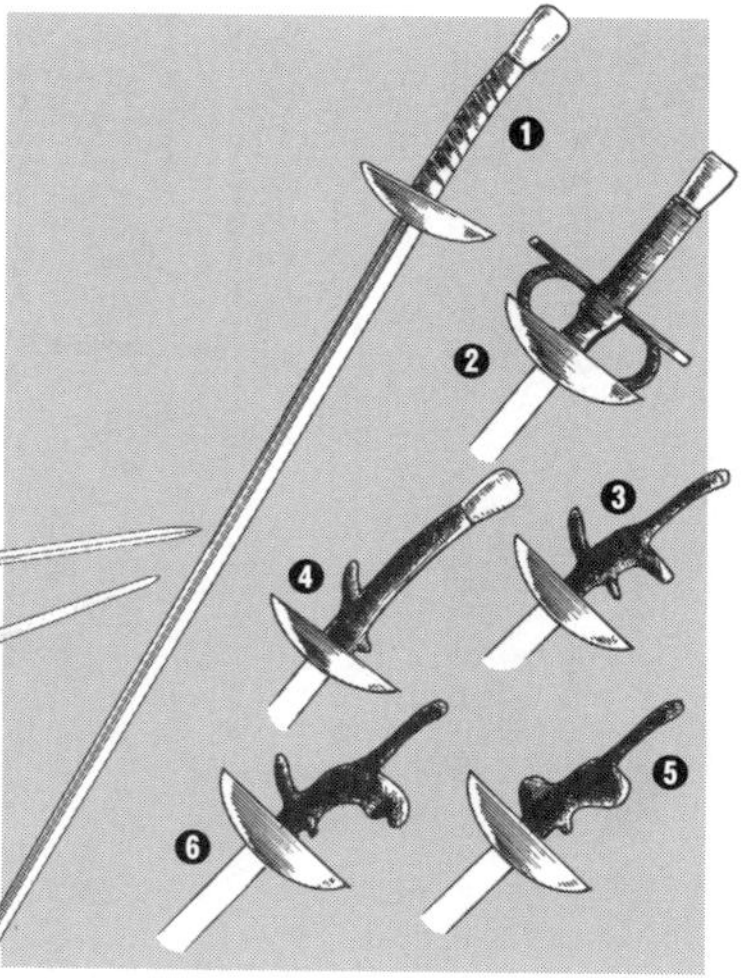

◘フルーレ。17世紀初めに、エペやレイピアの剣術練習用として誕生した。軽い刀身とバランスを取るため、柄頭も小型で握り（グリップ）と一体のようになっている。
①フレンチ・タイプ
②イタリアン・タイプ
③ベルギアン・タイプ
④スパニッシュ・タイプ
⑤パペティアン・タイプ
⑥ビスコンティ・タイプ

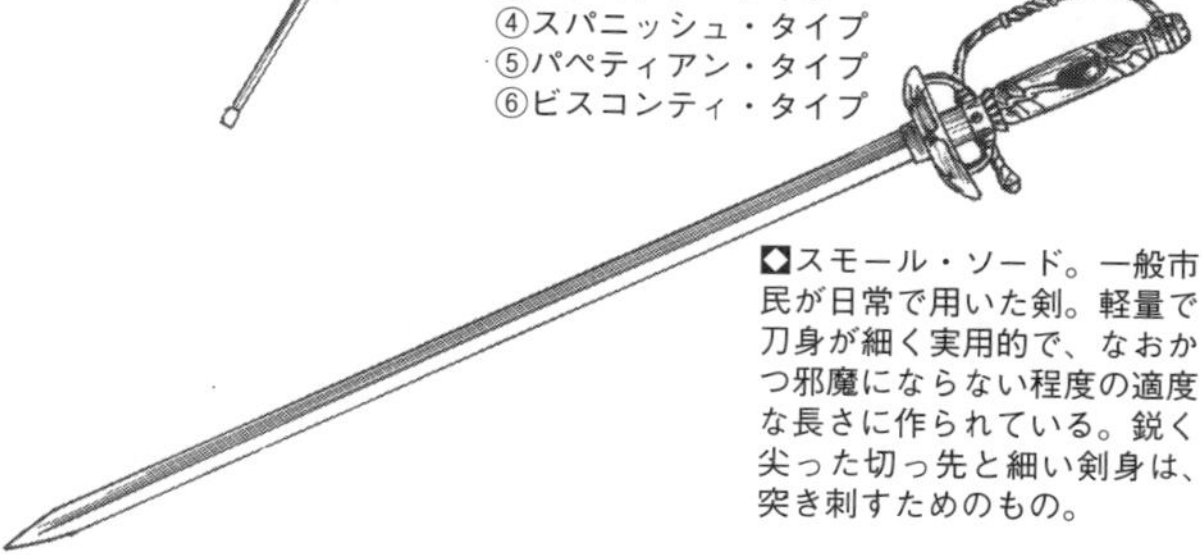

◘スモール・ソード。一般市民が日常で用いた剣。軽量で刀身が細く実用的で、なおかつ邪魔にならない程度の適度な長さに作られている。鋭く尖った切っ先と細い剣身は、突き刺すためのもの。

マン・ゴーシュ
MAIN GAUCHE

レイピアを持った時代には、レイピアとペアで使い、懐に迫った敵の剣を受けるための左手専用の剣がありました。それがマン・ゴーシュです。あるいはレフト・ハンド・ダガー、パリーイング・ダガーとも呼ばれます。（店員）

湾刀

次頁の剣の美しい曲線をご覧ください。まるで芸術品のようではございませんか…。

湾曲した刃の剣は、基本的に突き刺して使うものではありません。円を描くように振ったり、内側に引っかけることで、切断することを目的としているのです。当店のものでしたら、実用品としてだけでなく美術品としてお買い求めになっても損はないと自負しております。（店主）

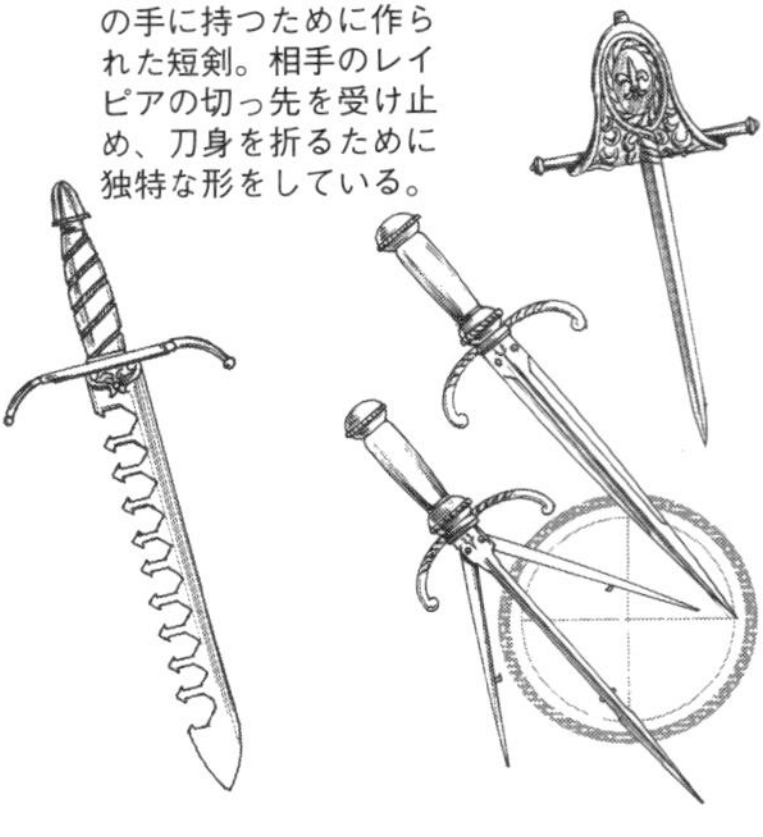

◆ソード・ブレーカー。レフト・ハンド・ダガー同様、レイピアの逆の手に持つために作られた短剣。相手のレイピアの切っ先を受け止め、刀身を折るために独特な形をしている。

◆パリーイング・ダガー。パリーイング・ダガーは防御用武器として発展した短剣で敵の攻撃を受け流すために使われた。この場合、利き手にはレイピアなどの細身の剣を持った。長くてまっすぐなつば、あるいは柄から刀身に思いっきり湾曲したつばで相手の剣を受け止めた。柄から垂直に突き出たサイド・リングが指を保護する。

◆トリプル・ダガー。見た目は普通の短剣だが、隠されたスイッチを親指で押すと、刀身が分かれ三又状になる。

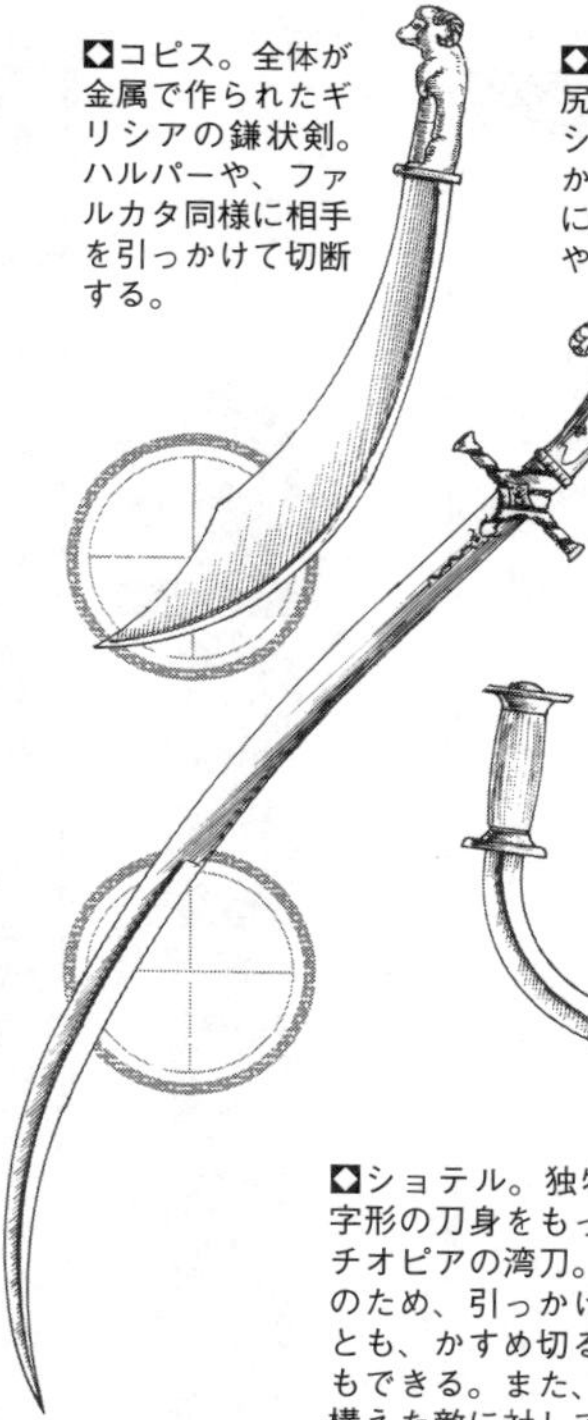

◘コピス。全体が金属で作られたギリシアの鎌状剣。ハルパーや、ファルカタ同様に相手を引っかけて切断する。

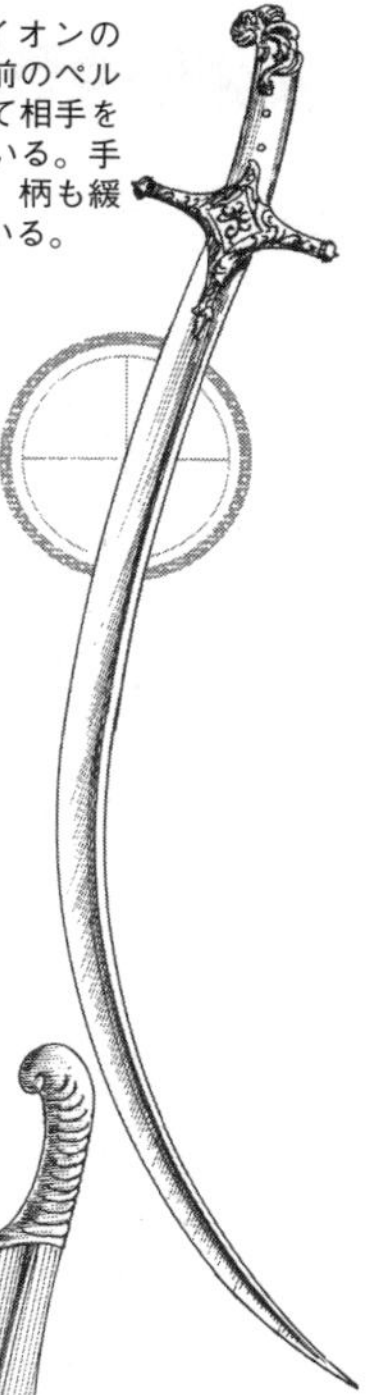

◘シャムシール。“ライオンの尻尾”という意味の名前のペルシアの湾刀。振り回して相手をかすめ切るのに適している。手に馴染みやすいように、柄も緩やかなカーブを描いている。

◘カラベラ。トルコの湾刀。鷲の頭部を横から見たように湾曲した握りは、手に馴染みやすくなるよう考慮されている。

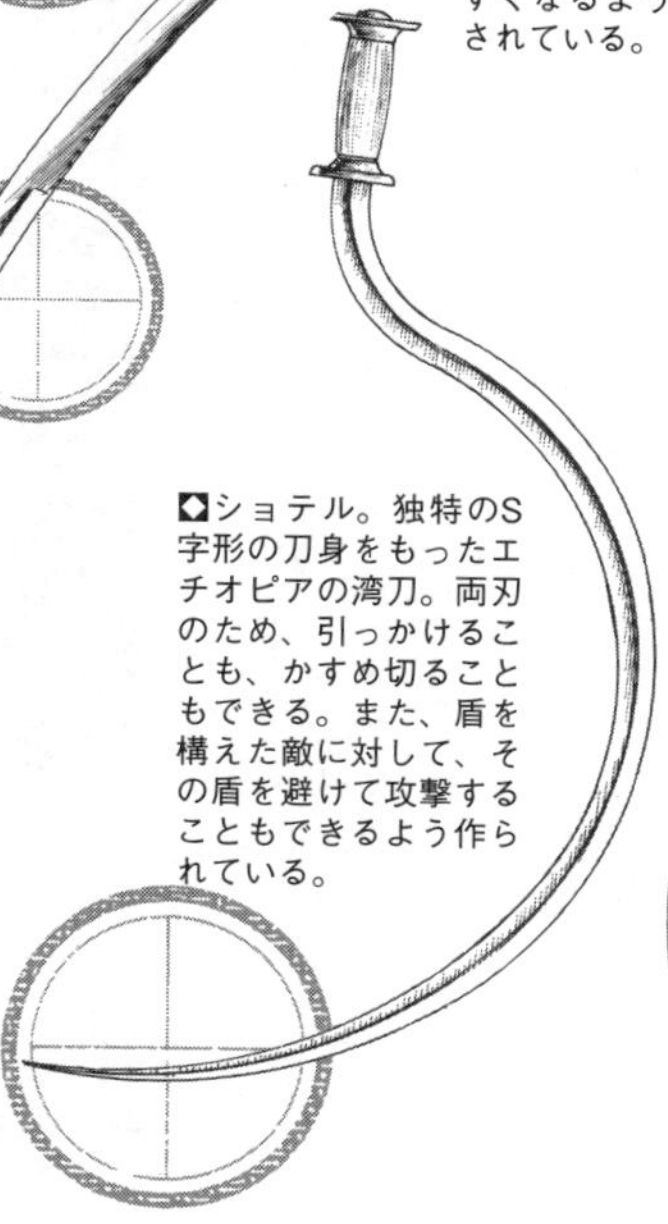

◘ショテル。独特のS字形の刀身をもったエチオピアの湾刀。両刃のため、引っかけることも、かすめ切ることもできる。また、盾を構えた敵に対して、その盾を避けて攻撃することもできるよう作られている。

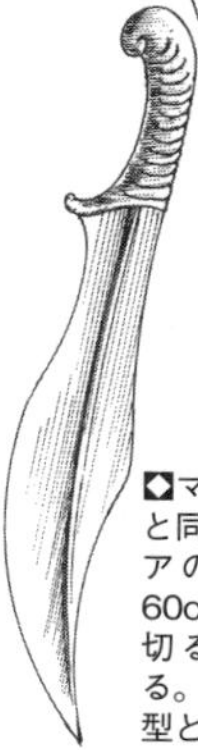

◘マカエラ。コピスと同じく古代ギリシアの剣で、全長は60cmほど。片刃で、切るのに適している。ファルカタの原型ともいわれる。

Floor 1-Corner E

Gladiator
剣闘士

さて、ここでご紹介する戦士は、いままで出てきた戦士たちとはちょっと違います。奴隷という低い身分のために、否応なしに戦士にさせられてしまった職業戦士、剣闘士のコーナーです。

剣闘士とは、古代ローマのコロセウム（円形競技場）で行われた殺しあいの競技や見せ物に登場した戦士の総称です。彼らは自分か敵かが死ぬまで、戦い続けなくてはなりません。この競技は、古代エトルリアで神に捧げられる生け贄たちによって行われた決闘に由来するものです。宗教的な意味あいは次第に薄れ、帝政ローマ時代になると皇帝や有力者の主催による、単なる殺人ショーへと変貌していきます。試合は人間同士、または獣と人間などさまざまな形式がありました。幾度もの戦いに勝利し生き残った者は、英雄となり、奴隷から自由民となることも可能でしたが、その確率はかなり低いものでした。

絶対に自分は負けないという自信をお持ちのかた、死ぬほど戦いがお好きなかた、死んでもいいという自暴自棄のかたは、ごゆっくりご覧ください。(店主)

◆ライオンと戦う剣闘士。とくに、猛獣専門に戦う剣闘士を闘獣士という。動物たちを凶暴にさせるため、試合前の数日間絶食させる。

武器

まず最初に、剣闘士たちが戦うときに使った武器をご紹介しましょう。武器や鎧は、剣闘士たちの階級によって種類が決められていました。（店主）

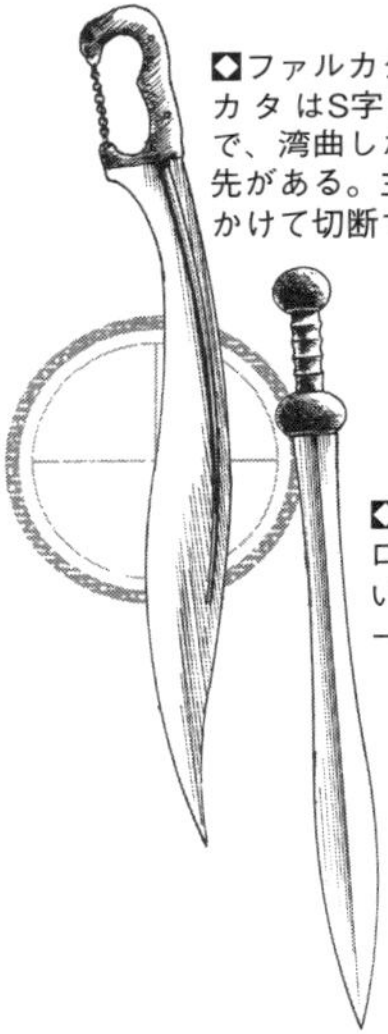

◆ファルカタ。ファルカタはS字形の刀剣で、湾曲した内側に刃先がある。主に、引っかけて切断する。

◆グラディウス。古代ローマ帝国の兵士が用いたことで有名なショート・ソード。

◆ビペンニスと呼ばれる双頭の戦斧。

鎧

たいていの剣闘士は、全身を鎧で包むようなことはしません。彼らにとってまず大切なことは、相手よりすばやく動くことだからです。ただし、剣闘士の階級によって、必ずつけなければならないものもありました。（店員）

◆レティアリウスが使う肩あて。上部の大きな突起が首を守ってくれる。

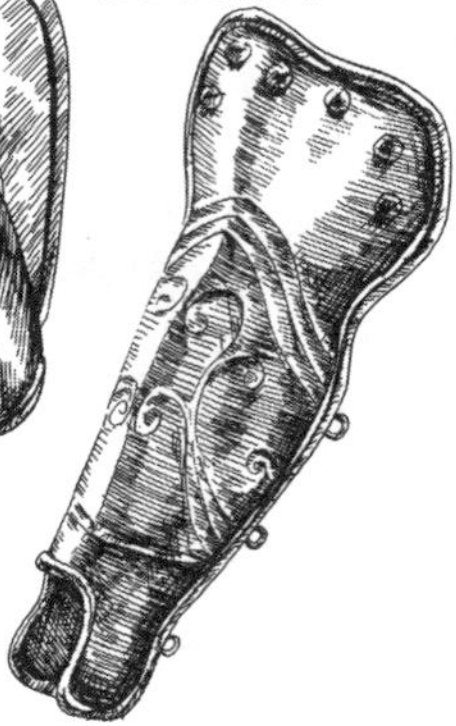

◆青銅製のひざまで届くすねあて。後ろはひもで縛る。

◘トライデントとネットを使う剣闘士。トライデントは長い柄の先に槍状の刃が3本ついている槍。ネットは相手を捕らえるために使う。この2つはセットでレティアリウス（網闘士）が使った。

剣闘士の呼び名

剣闘士はその装備や時代によって呼び名が違う。一般的に重装備のほうが階級が高い。

レティアリウス
トライデント、ネットを持ち軽装。

ミルミリオン
フル・フェイスの兜、胸甲など重装備で戦う。

セクトール
レティアリウスとミルミリオンの中間くらいの装備。

ディマチェリ
両手に剣を持つ。

セネダリイ
戦車に乗って戦う。

ホプロマシー
完全装備で戦う。

ラクエアリー
何も身につけないで戦う。

兜

剣闘士たちの兜は青銅でできています。大きな突起やつばなどの装飾が特徴的ですが、本当に命をかけて戦っている彼らにとっては、これらの装飾は邪魔でしかなかったでしょう。(店主)

◆頭頂についている突起はクレストと呼ばれる。大きなつばは首を守るためについているが、首の動きを制限して命取りになることがあったかもしれない。視界がよくないのも欠点の1つ。

SPECIAL FIELD

コロセウム

THE COLOSSEUM

剣闘士たちが戦った場所、それがコロセウムです。コロセウムはローマ帝国内の各地に建設されましたが、そのなかでもローマ市内にあるコロセウムは最大のもので、五万人の収容人員を誇ります。当店のコロセウムはローマのものをもとにわたくしどもが建築いたしました。もちろん、みなさまにもお貸しいたします。ただし、剣闘士や動物たちはご自分たちで揃えることが条件です。ちなみに今までここで行われた戦いは、わたくしどもの運動会での騎馬戦だけです。(店主)

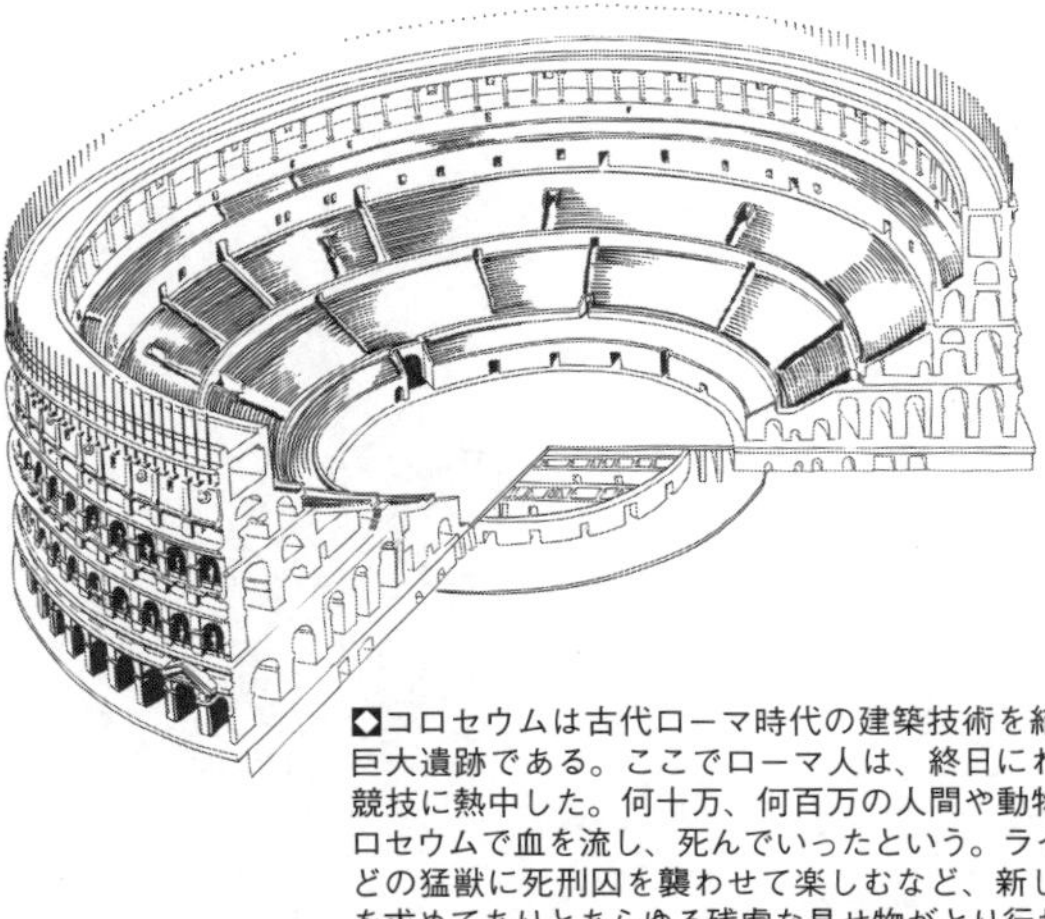

◘コロセウムは古代ローマ時代の建築技術を結集した巨大遺跡である。ここでローマ人は、終日にわたって競技に熱中した。何十万、何百万の人間や動物が、コロセウムで血を流し、死んでいったという。ライオンなどの猛獣に死刑囚を襲わせて楽しむなど、新しい刺激を求めてありとあらゆる残虐な見せ物がとり行われた。
★舞台の下は動物の檻や剣闘士の控え室になっている
★客席最上階に立っている棒は日よけの幕を張るため
★巨大な重量を支える秘密はアーチ型の構造による

SPECIAL FIELD

コロセウム

THE COLOSSEUM

猛獣戦

舞台を自然仕立てにして、猛獣と人間との戦いも行われました。ライオン、豹、虎、象、カバ、サイ、北極グマなど世界各国の動物が、このためにローマに運ばれたのです。動物たちの供給源となった地方では、この乱獲のため

に多くの動物たちが絶滅したといいます。メソポタミアではライオンが、北アフリカ地方ではカバが絶滅してしまいました。（店員）

模擬海戦

なんとコロセウムでは、剣闘士による見せ物としての殺しあいだけでなく、舞台に水を入れて模擬海戦まで行われました。これをローマで最初に行ったのがカエサルです。参加した戦士たちは何千人にも及んだといいます。（店員）

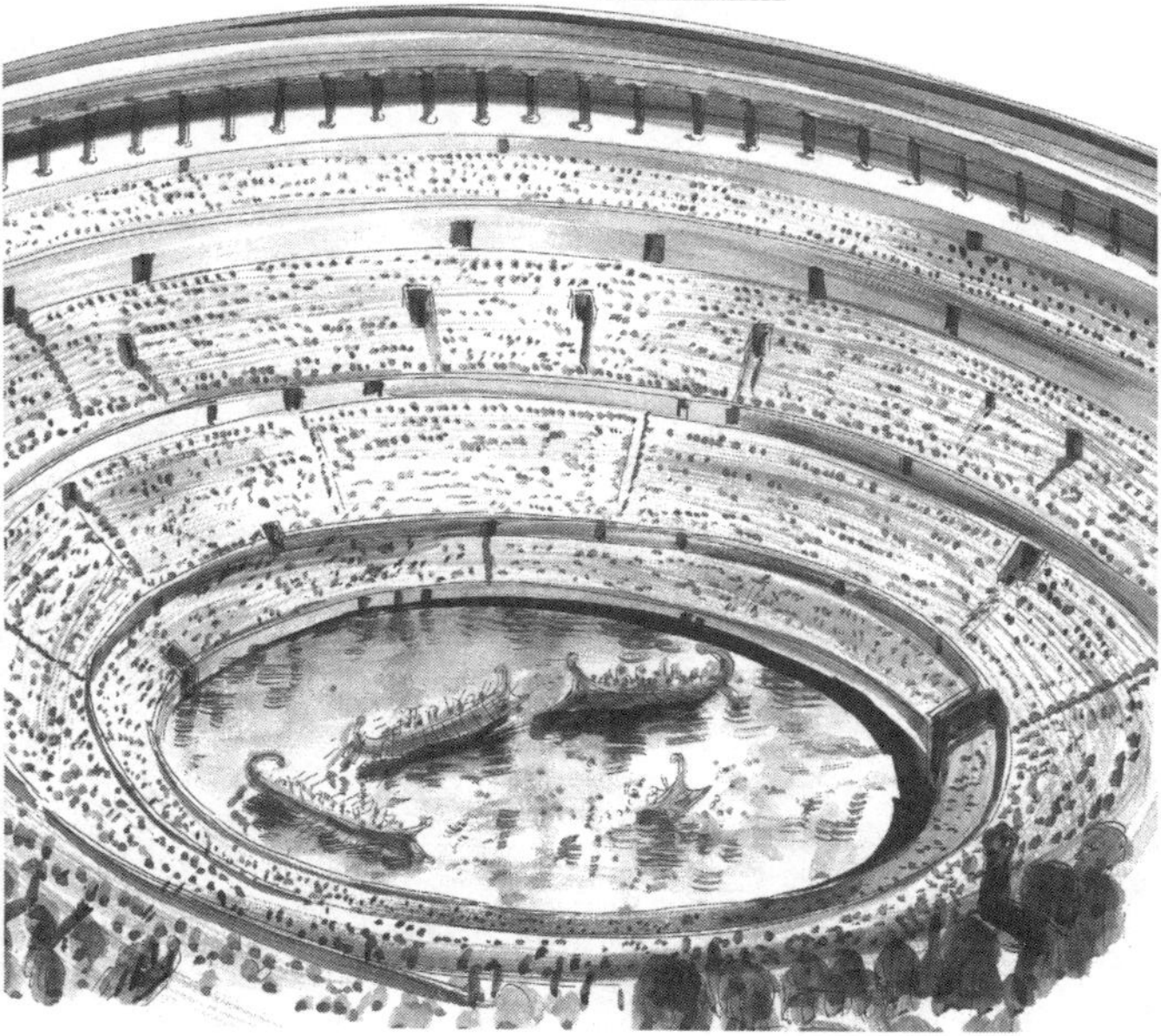

FLOOR 2

兵士

SOLDIER

己の力で出世したい、一国一城の主になりたいとお望みのかたも多いことと存じます。しかし、けんかの経験はあっても、戦闘経験のないかたもおられることでしょう。また、頼もしい後ろだてもなく、装備を整えるには、懐具合が少しばかり頼りないというかた、そのようなみなさまは一度兵士となることをおすすめします。と申しますのも、軍隊は常に人手をほしがっているものでありまして、初心者が経験を積むには、うってつけだからです。兵士の装備は、だいたいは王や国が支給してくれますが、なかには自前で用意しなければならない市民兵のかたもいらっしゃいます。また兵士は自分の命を切り売りしているようなものですから、自腹を切ってでも優れた装備を揃えることをおすすめします。とくに傭兵のかたはそうされるべきですな。さて、兵士の装備は、さほど戦士と変わらないともいえます。しかし、装備をお求めの際には、あなたは軍隊のなかの一兵士であることをお忘れなく。あなたの役割は何なのかはもちろん、軍隊がどのような戦術をとっているかも、装備を選ぶ重要なポイントです。くれぐれも軽装歩兵のくせにとてつもなく重い鎧や長い槍をお求めになることなどのないように……。（店主）

Floor 2-Corner A

Infantryman

歩兵

歩兵というのは、徒歩で戦う兵士のことです。弓を扱うこと、馬に乗ることなど、とくに個人で技術に秀でている必要はありません。

兵士はある戦術のもと、集団で行動するもので、協調性が求められます。それゆえ個人プレイのお好きなかたにはあまり向かないかもしれませんが、それはそれ。一兵士から英雄へと階段を駆け上るサクセスストーリーは誰しも憧れるもの。なにごとも最初が肝心。千里の道も一歩からというではありませんか。

通常、歩兵は武器を二種類は持ちますが、一つは剣、そしてもう一つは、長い棒状の武器を持つことが多いようです。同じ力量のものが戦う際には、長い武器を持つほうが有利ですし、騎兵相手の肉弾戦でも同じです。

対する敵は誰か、また部隊のとる戦術はどんなものか、ようくお考えのうえお買い求めください。（店主）

◆最初の重装歩兵はシュメール人だといわれている（前25世紀頃）。最初だけあって、山羊の毛の腰蓑、皮でできた兜、鋲を打ったマントと、身につける防具が実に心もとない。しかしこの時代においては、盾と槍だけでも十分な装備だった。

スピアー【槍】
SPEAR

突き刺して戦えるよう錐状の穂先をもつ長柄武器をスピアー（槍）と呼びます。長さは全長が二～三メートル、重さ一・五～三・五キログラムとさまざまです。武器のなかで最もシンプルなデザイン、そしてわかりやすい使い方、戦闘技術が未熟なかたにはもってこいです。

スピアーの使い方は、足を開き腰をため、穂先ではなく柄の先を身体もろとも相手にぶつけるつもりで突き出すのが基本です。直線的に突き出すので、攻撃のスピードが速く、ぶれも少なく狙いもはずれにくいものとなります。突くという行為は度胸が必要ですが、臆するとかえって危険です。

なお、石突きで打ったり、敵の武器をからめとったりといった高等なことは、簡単にできるものではありません。並々ならぬ体力と技術が必要です。実戦では仲間の兵士と歩調を合わせて、確実に突くことだけを考えたほうがよいでしょう。

スピアーの変形として、コルセスカやパルチザンといったものもあります。（店主）

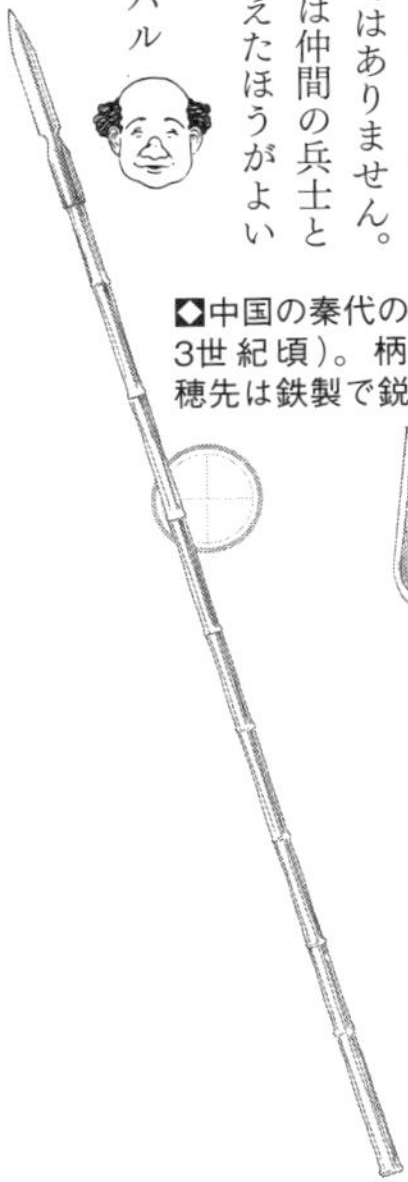

◆中国の秦代のもの（前3世紀頃）。柄が竹製。穂先は鉄製で鋭い。

◆青銅器時代のスピアー（前15世紀頃）。

◆フラメアと呼ばれるフランク族のもの（6世紀頃）。穂先の長さよりソケット部分が長く、深く突き刺さるようになっている。

◆イタリアのコルセスカ（16世紀頃）。根元の2つの刃の形から「こうもりの翼形」と呼ばれる。

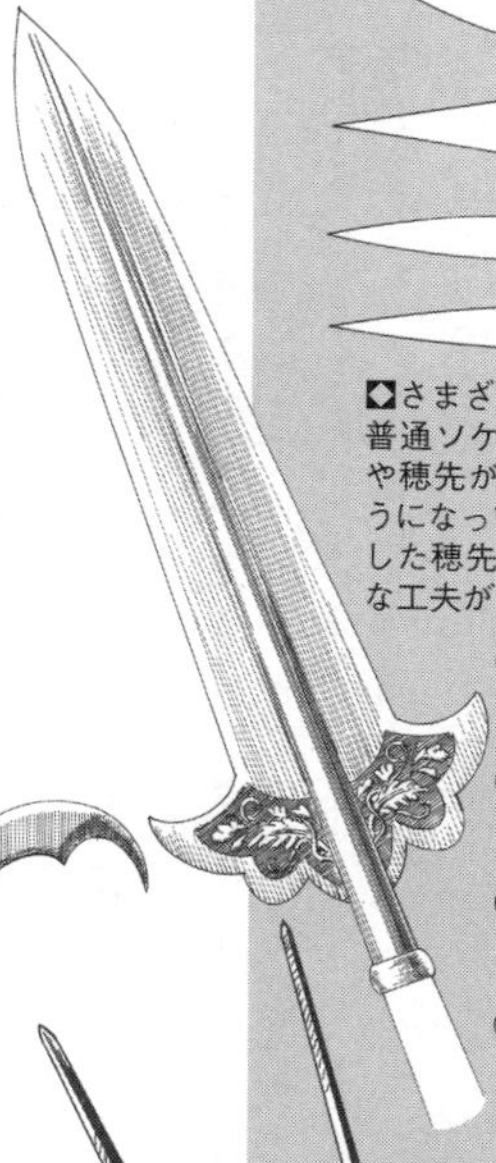

◘長い三角錐の穂先から発展したパルチザン（14世紀頃）。広い穂先には装飾がされるようになり、儀式用に使用されることが多くなった。

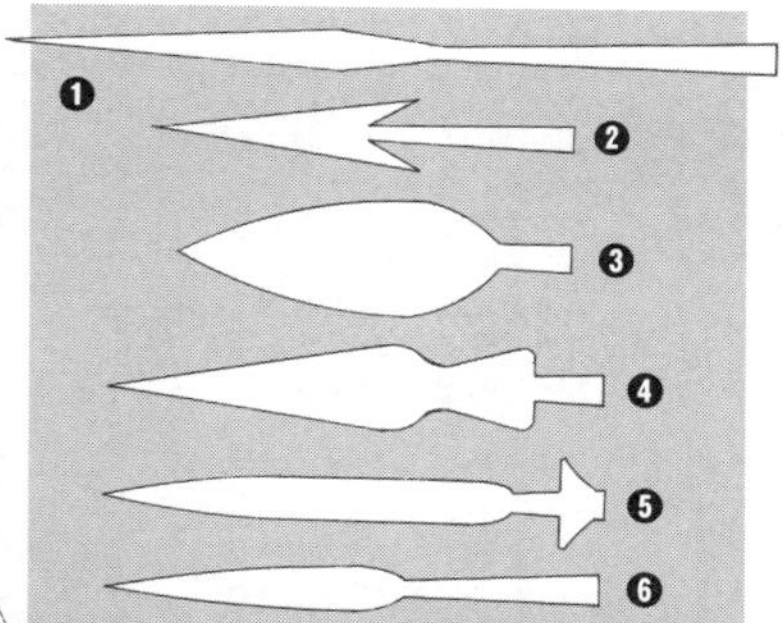

◘さまざまなスピアーの穂先。穂先は普通ソケット状になっており、もし柄や穂先が破損しても取り替えられるようになっている。突くことだけを目的とした穂先でも、その形状によって細かな工夫がされている。

①ソケットの部分が非常に長いもの。深く突き刺せるようになっている。
②穂先にあご状の深い返しがついたもの。一度刺さったら抜きにくい。
③木の葉型のもの。傷口をさらに広げるため穂先の幅が広くなっている。
④根元近くに翼がついているもの。穂先が抜けなくなるまで刺さらないようになっている。
⑤さらに翼を大きくしたもの。
⑥プレート・アーマーでも貫けるように細く尖らせたもの。

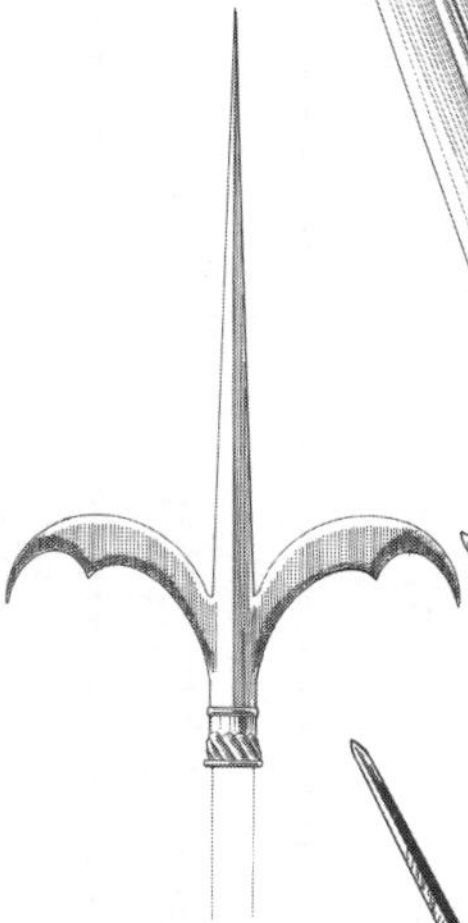

◘イタリアでコルセスカ、英仏でコルセックと呼ばれるもの。突きを目的とした長い穂先の根元左右に2つの刃がついている。15世紀中頃から登場した。

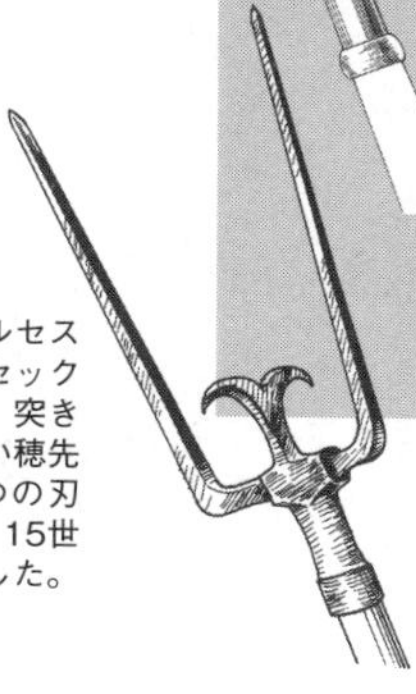

◘フォーク。もともと農民が干し草を扱うときに使ったフォークを武器にしたもの。

ポール・アックス【斧状長柄武器】

POLE-AXE

斧を長柄の先に取りつけたものがポール・アックスです。両手斧との違いは、二～三メートルと長く、それほど大きくない斧頭がついている点です。また斧のような断ち切る機能だけでなく、突いたり打撃したりする機能がつけ加えられていることも違う点です。

斧状の武器は、断ち切るまではできなくとも、その斧頭の重さによって、プレート・アーマーで防護されている敵にも大きなダメージを与えることができます。騎士を乗せた馬の運動能力を一撃で奪うこともできますし、使い方に慣れてくれば、馬や歩兵の足をなぎ払うこともできます。ただし重さが二～三・五キログラムと重いので、体力に自信がないかたはお使いにならないほうがよいでしょう。（店主）

◇イギリスで使われたもの（15世紀頃）。幅広の刃がつけられており、反対側はバランスを取るために重い槌のようになっている。柄は切断されないように金属で覆われ、中ほどには、柄に沿って流れてくる敵の刃から手を守る円盤がついている。

◇フランスで使われたもの（15世紀頃）。突き刺せるように槍のような穂先が取りつけられている。

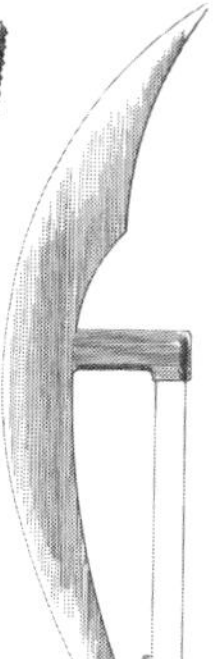

◇ロシアのバルディッシュ（17世紀頃）。三日月形の大きな刃が特徴で、先端は突くこともできるよう尖っている。

◘フランスで使われたハルベルト（16世紀頃）。敵の攻撃を受け止められるように斧状の頭部のカーブが大きくなったと思われる。

◘突く、断ち切る、引っかける攻撃ができるハルベルト（15世紀頃）。ハルベルトは「棒つき斧」というドイツ語に由来する。スイスで発達した。

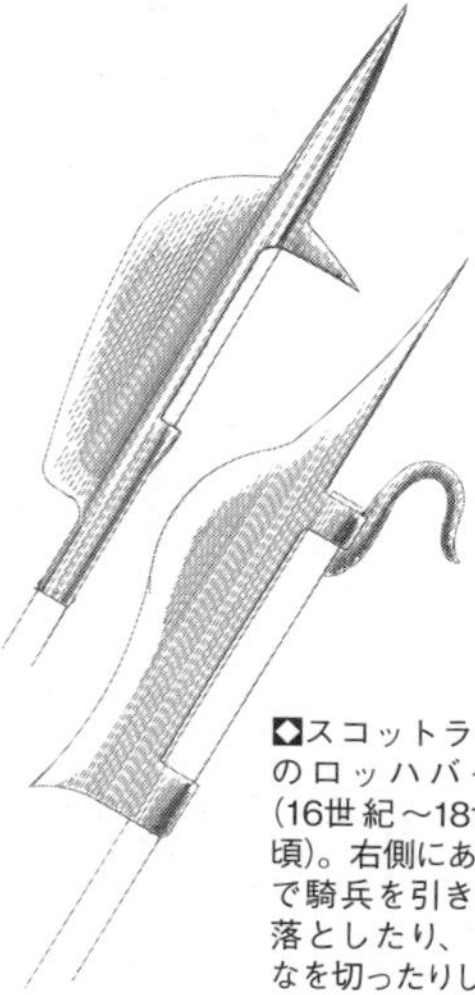

◘スコットランドのロッハバー斧（16世紀～18世紀頃）。右側にある鈎で騎兵を引きずり落としたり、たづなを切ったりした。

◘ポール・アックスを持った歩兵（15世紀頃）。胴鎧は鉄の薄板に革を張ったもの。兜と鎧の下にはチェイン・メイルをつけている。

ビル【鈎爪状長柄武器】

BILL

ビルは、鎌を柄の先につけた全長二〜二・五メートル、重さ二・五〜三キログラムの武器です。ビルホックと呼ばれる農業用の鎌に由来しており、引っかける機能を重視しています。

　もっとも効果を発揮するのは騎兵相手のときです。馬から引きずり落とせば、騎兵や騎士は、重すぎる鎧を着た身動きのままならない歩兵にすぎませんから、打ち取って名を上げるにはよい武器かもしれません。引っかけるほかに、先端の切っ先で突いたり、刃の部分で切ったりすることもできます。（店主）

◆イギリスの歩兵（16世紀頃）。ビルのもっとも複雑な形のものを持ち、プレート・アーマーを着ている。

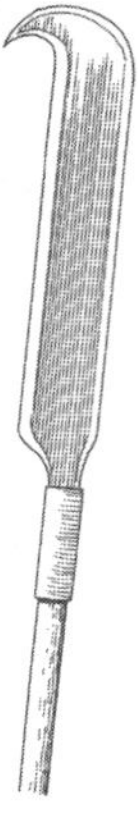

◆もっとも農業用鎌に近い単純な形のビル（15世紀頃）。

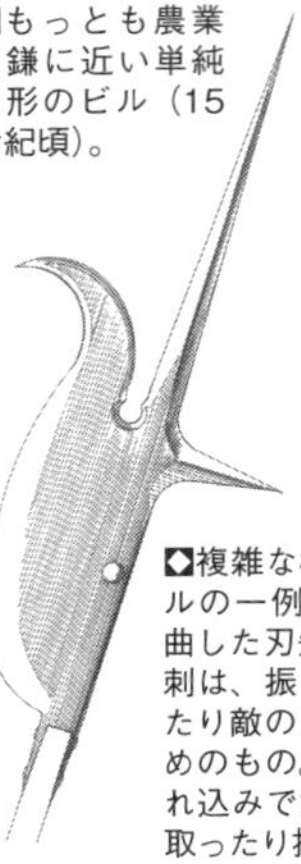

◆複雑な機能をもたせたビルの一例（16世紀頃）。湾曲した刃先の反対側にある刺は、振り回して突き刺したり敵の刃を受け止めるためのもの。また、中央の切れ込みで剣を挟んでかすめ取ったり折ることもできる。

◘ハルベルトを持ったイギリスの歩兵（15世紀頃）。チェイン・メイルの上に着ている上着は、厚手の布を何枚も重ね、その間に麻を入れキルティングしたもの。

◘突き刺す機能が重視され、先端が長く尖っているビル（15世紀頃）。鎌部分は鈎爪状になり、引っかけ専用になっている。

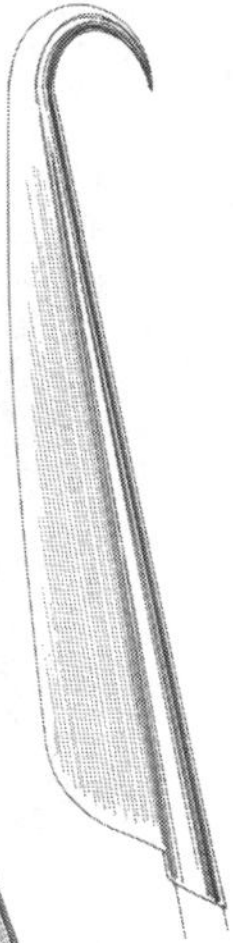

◘百年戦争当時のイギリスで使われていたビル（14世紀頃）。引っかける部分が、刃先とは逆の方向に曲がっているので、かすめ切る邪魔にならない。

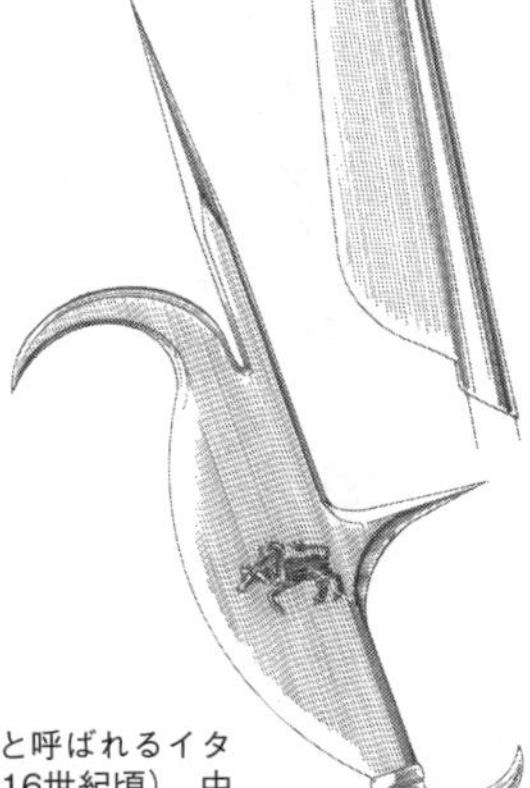

◘ロンコーネと呼ばれるイタリアのビル（16世紀頃）。中央に装飾が施されており、護衛兵が用いた。

長柄武器には、複数の機能をもたせたものが多いのですが、その工夫のために、かえって使い方が複雑で戦闘技術を要求されるものもありますす。お買い求めの際には、その点にご注意ください。(店主)

◆フランク族の歩兵(8世紀頃)。腰の下まで覆うチェイン・メイルを着てフランク族独特の形の兜をかぶっている。

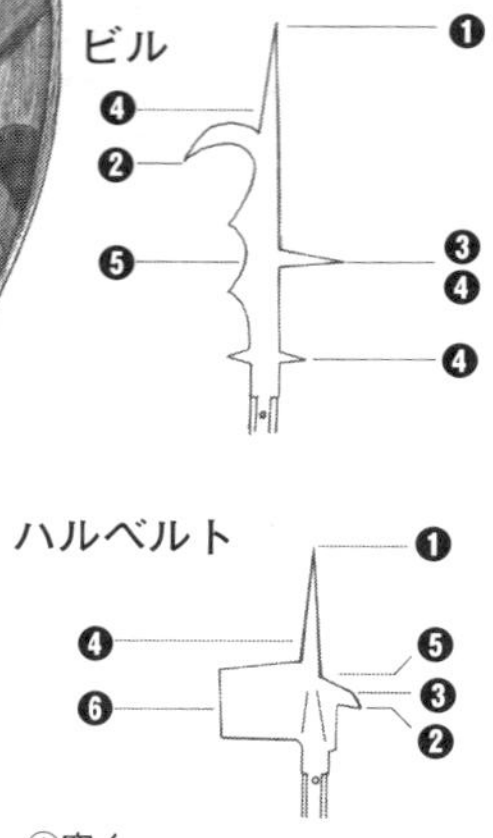

①突く
②引っかける・引き倒す
③振り回して突き刺す
④受け止める
⑤かすめ切る
⑥断ち切る

グレイブ【包丁状長柄武器】

GLAIVE

日常使う包丁や、ナイフといった刃物を長柄の先につけたものがグレイブです。全長が二～二・五メートル。振り回して相手をかすめ切ることを目的とした形をしていますので、幅が広く重さは二～二・五キログラムと一般的にスピアーよりも重くなります。幅広の穂先には、細かな装飾が施されることもありました。

かすめ切るときにも、腰をためなければなりませんが、突くよりも振りかぶるほうが、戦闘経験の浅いかたには心理的なプレッシャーが少ないものと思います。戦闘技術もなく度胸もないかたはグレイブをひたすら振り回すのも一手でしょう。（店主）

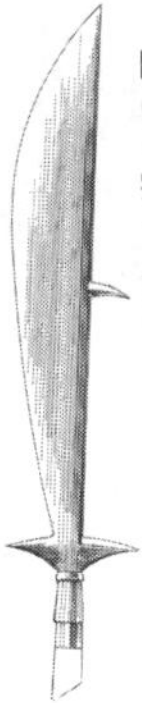

◘刃の中央と根元に突出部があるグレイブ。切ったり、突き刺したり、引っかけたりできるようになっている（16世紀頃）。

◘インドで使われたもの（17世紀頃）。長さは70cmほどで戦斧と呼んだほうがよいかもしれない。刃や柄に美しい装飾が施されているものは、身分の高い人のもの。

◘イタリア重装歩兵により使われたグレイブ（14世紀頃）。刃先が長く、振り下ろされる側はたまらない。

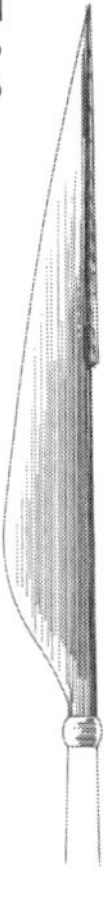

◘フォシャールと呼ばれるタイプ（15世紀頃）。刃先が細く突くこともできる。

その他の長柄武器

これまでご紹介しました長柄武器のほかにも、ポール・ハンマーや金棒といったものもございますが、長柄武器を選ぶ際のポイントは、やはり扱いやすさでしょう。柄が長くなると振りかぶるのに時間がかかったり、敵味方入り交じっての接近戦では短剣に引けを取ることもあります。くれぐれも「灯台もと暗し」にはご注意を。（店主）

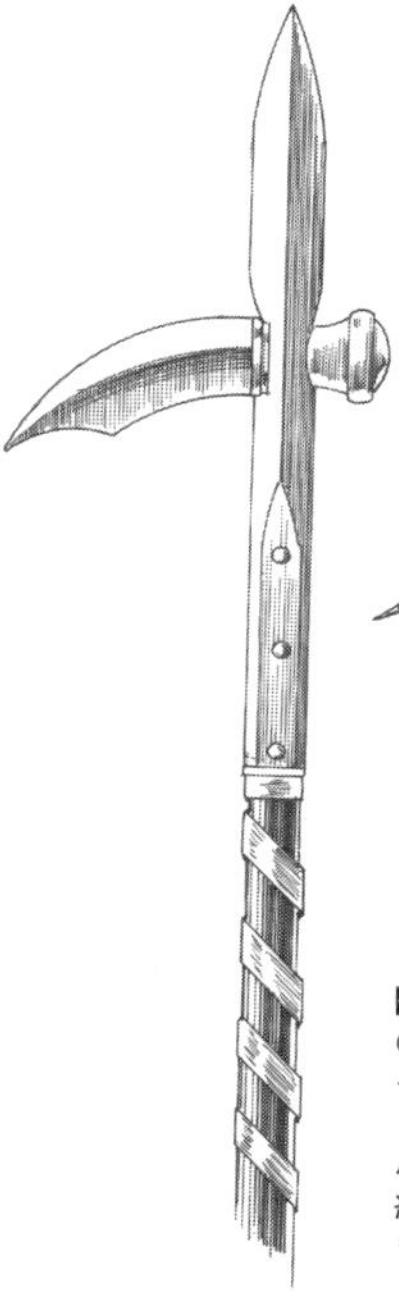

◇柄に滑り止めの皮を巻いたポール・ハンマー（17世紀頃）。槍のように尖った穂先はやや幅広になっており、刺すというよりは突きの衝撃力を増している。

◇鎧を貫くピックの反対側をハンマーにし、長柄に取りつけたポール・ハンマー（15世紀頃）。さらに突き刺すための槍のような穂先をつけている。柄を金属で長く覆い、突き刺す際の安定を確保している。

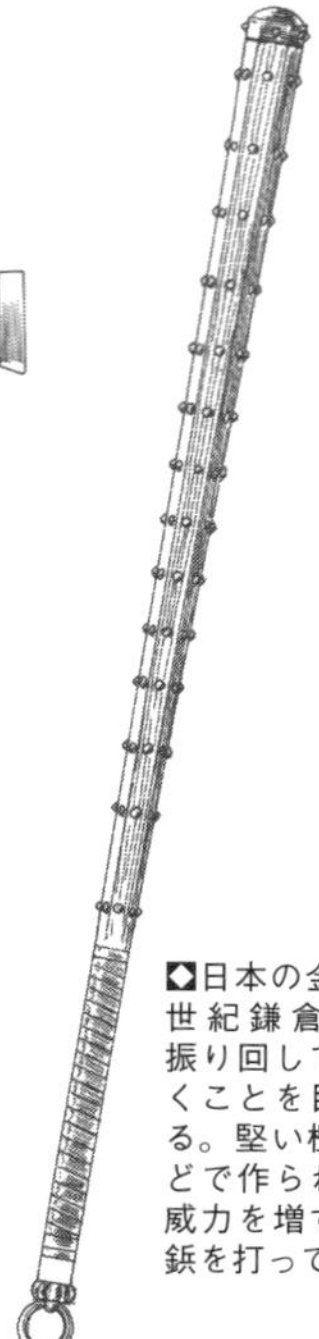

◇日本の金棒（13世紀鎌倉時代）。振り回して打ち砕くことを目的とする。堅い樫の木などで作られ、砕く威力を増すために鋲を打ってある。

大昔は、兵士の装備は軍隊から支給されることがなく、自前で用意しなければなりませんでした。いまだにそうした国の兵士で、懐具合が寂しいかたは、手ぶらで戦場まで出かけ、戦死者の装備をいただくようにしてください。手ぶらで出かけるのが不安なかたは、取りあえずは身近な日常道具を武器に代用しておけばよいでしょう。鎖でも、鎌でも、竹槍でも構いません。百年戦争当時は市民が反乱や暴動を起こす際にはよく鉛の塊が使われました。

あまり恥ずかしいものは持って行きたくないというかたには、参考までにローマの装備基準をご紹介しておきましょう。軍役が市民の自前による義務であった頃のローマ（共和政中頃まで）では、財産によって装備するべき武器や防具が決められていました。ローマ独特の密集戦術が完成する以前の、まだギリシアの影響が色濃かった頃の基準です。ちなみに重装歩兵の装備には羊三十頭分の費用がかかったといわれています。

（店主）

ローマの装備基準

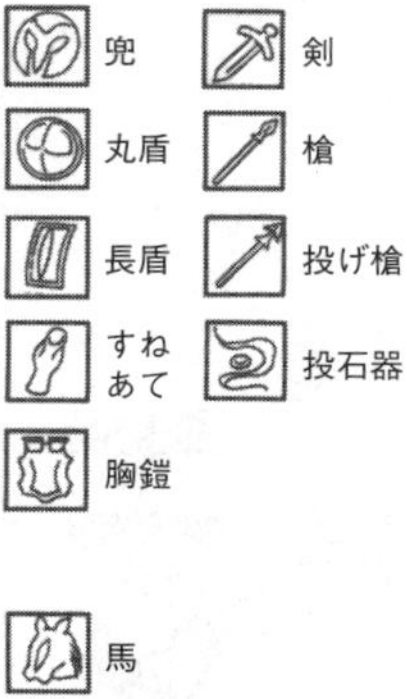

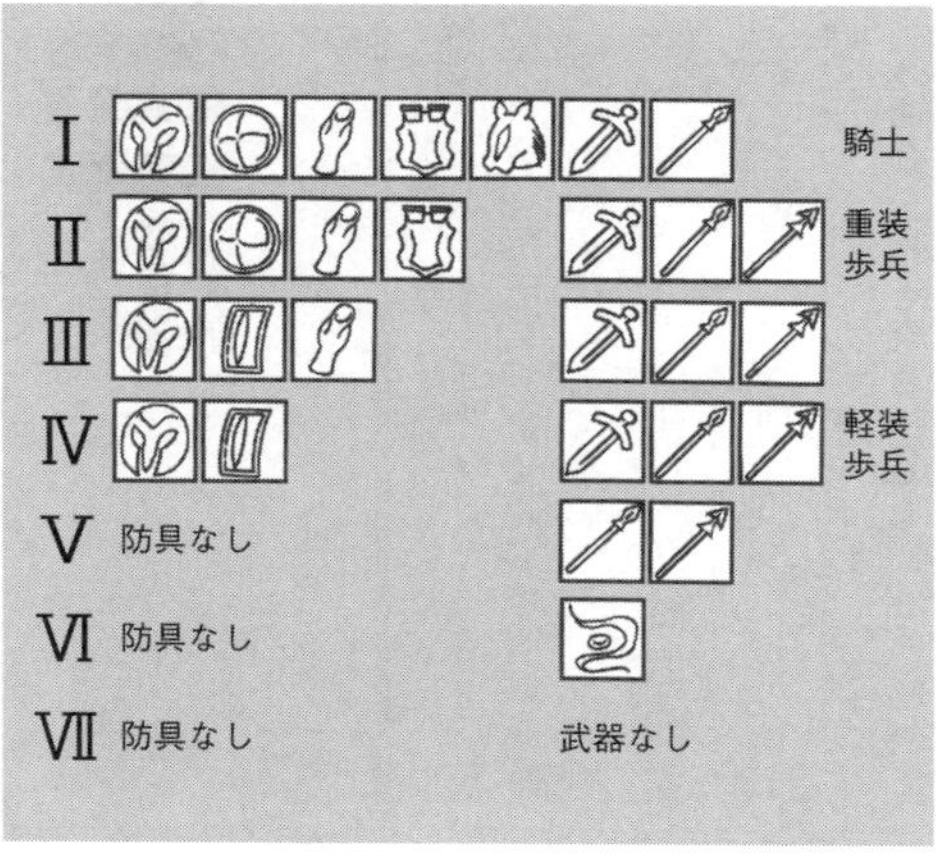

Hoplite

重装歩兵

古代ギリシアのホプリタイ

古代ギリシアの歩兵は、日頃から訓練を積んでいない市民からなっておりました。そのために考え出された戦術が、固まって敵に当たる重装歩兵戦術です。つまり個人の力のなさを、まとまりのある集団の力で補おうというものです。部隊を構成する兵士はホプリタイと呼ばれ、装備の軽重を問わず〝重装歩兵〟と訳されています。

この重装歩兵戦術では、肩が触れ合うほどに密集して隊列を組むことがもっとも大切なこととなります。大きな盾を持った兵士が密集すれば、防御が固まることになりますし、二〜三メートルの長い槍を突き出しながら、隊列を乱さず前進すれば、敵にたいへんな圧力を加えることができます。

しかしながら、部隊の左右側面はほとんど無防備となり、側面からの攻撃を受ければひとたまりもありません。これに備えて方向転換しようにも、常に隊列を組んで動かなければならず機動力がありません。そのため、より機動性に富んだ戦術をもつ軍隊には敗れる宿命を負っております。

ですから、ここにおいてある装備はおすすめしにくいのですが、不幸にしていまだにこの戦術をとる軍隊の兵士になるかたもいらっしゃることでしょう。そういうかたは、ホプロンと呼ばれる大きな円盾《まるたて》だけは忘れずにお求めください。（店主）

◇スパルタのホプリタイ（前5世紀頃）。文字どおりの“スパルタ教育”によって最強都市国家（ポリス）を支えた。

剣

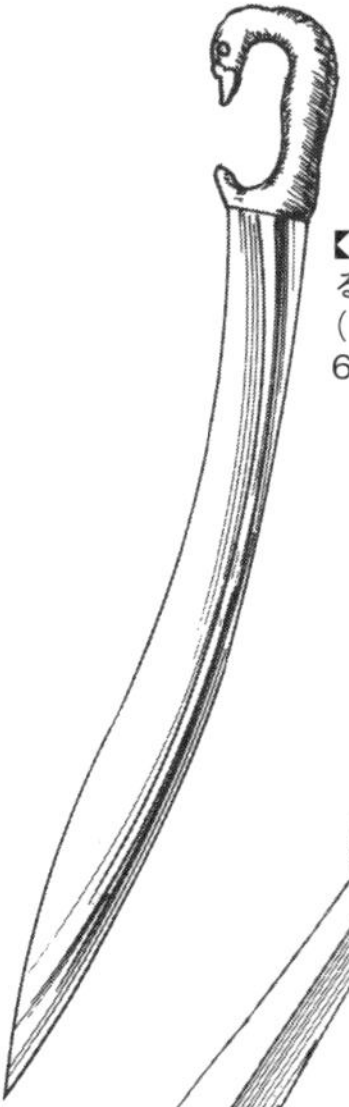

◆マカエラと呼ばれる湾曲した片刃の剣（前4世紀頃）。長さ60cm。刃厚が薄い。

◆盾の下に前掛けのような垂れ皮がついているホプロン。すねを守り、敵の攻撃の間合いを狂わせることにもなった。敵の武器をからめとったともいわれる。

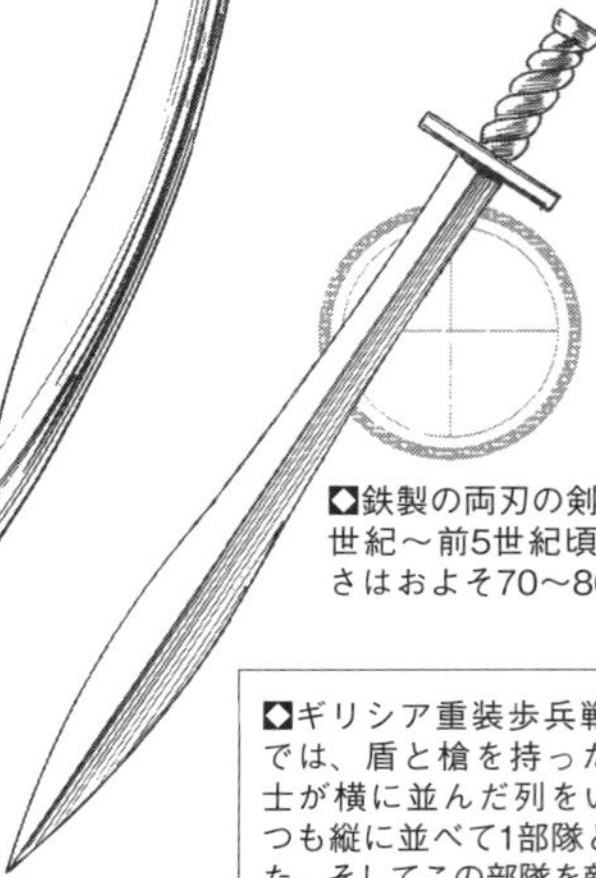

◆鉄製の両刃の剣（前6世紀～前5世紀頃）。長さはおよそ70～80cm。

◆ギリシア重装歩兵戦術では、盾と槍を持った兵士が横に並んだ列をいくつも縦に並べて1部隊とした。そしてこの部隊を敵の戦列の長さに合わせて横に並べた。それぞれの部隊は前面の敵だけを相手とし、互いに助け合うことはなく、部隊が崩れて穴があいた戦線部分を穴埋めする部隊もなかった。そのため1部隊が崩れれば全軍の崩壊となった。

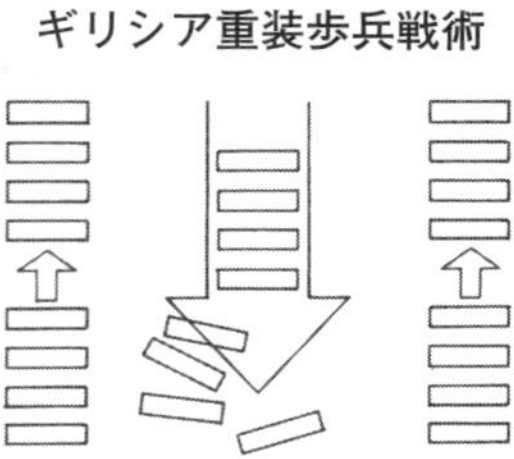

円盾

◘重装歩兵戦術になくてはならないホプロンと呼ばれる円盾（まるたて）。直径が80〜100cmと大きい。このホプロンを持つことから重装歩兵のことをホプリタイと呼んだ。裏側の中央にある腕輪に腕を通し、端にある取っ手を握ってしっかりと盾を固定した。

◘ホプロンは木製で、表面を青銅の厚い板や牛の皮で覆っていた。表には装飾が施され、都市ごとに動物や神話上の動物などさまざまな模様が描かれた。
①ライオン（アルゴス）
②トリトン（ボイオティア）
③頭文字A（アテネ）
④スパルタの古名ラケダイモンの頭文字ラムダ（スパルタ）
⑤ゼウスの化身である鷲（アルカディア）

❷

❶

❺

❹

❸

兜

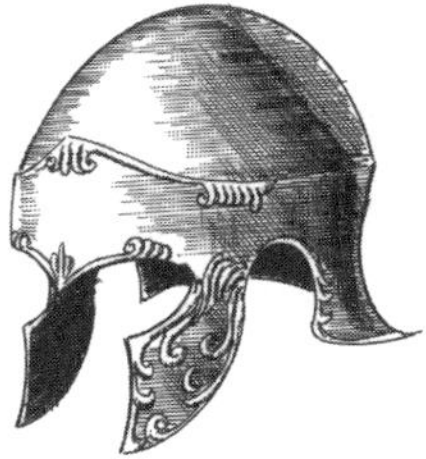

◆青銅製のカルキディケ式兜（前5世紀～前1世紀頃）。コリント式兜に、耳を出すための開口部を作ってある。

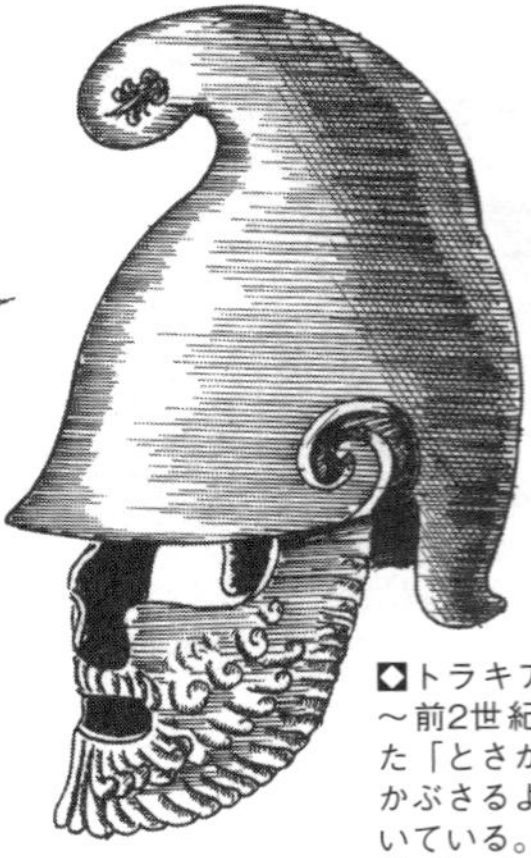

◆トラキア式兜（前5世紀～前2世紀頃）。先の尖った「とさか」が特徴。覆いかぶさるようなひさしがついている。頬あてには、顎髭（あごひげ）や口髭の彫刻がある。

◆青銅製のコリント式兜（前8世紀～前7世紀頃）。頭がほぼ防護されかつ美しい。しかし、目穴が小さいために状況を把握しにくく、またすっぽりと頭を覆うために命令も聞こえにくい。そのため前５世紀頃には使われなくなった。

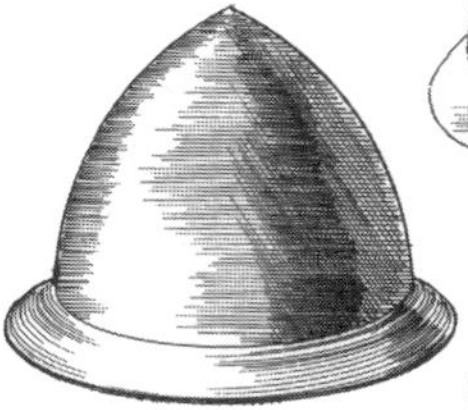

◆円錐型をしたピロスと呼ばれる兜（前5世紀頃）。フェルト製の帽子の形そのままに金属製兜にしたもの。

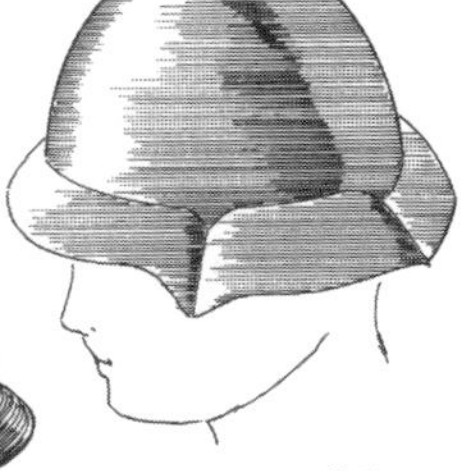

◆ボイオティア式兜（前4世紀頃）。ピロスと同じく毛皮の帽子の形をもとにしたもの。

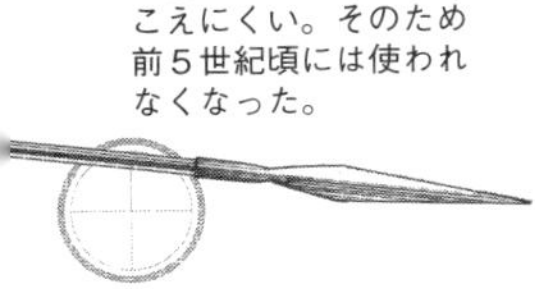

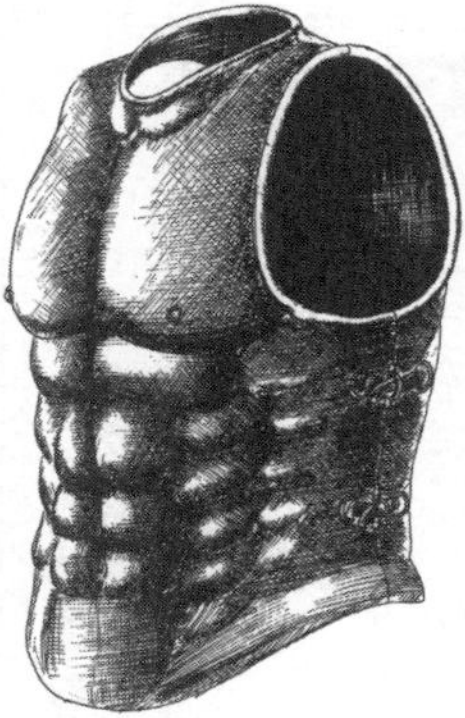

◇人体の筋肉をかたどった革または金属製の鎧（前6世紀頃）。ローマ時代末期まで使用され、とくに高級将校が使った。胸板と背板の2つに分かれており、合わせて肩や両脇をピンやベルトで固定する。

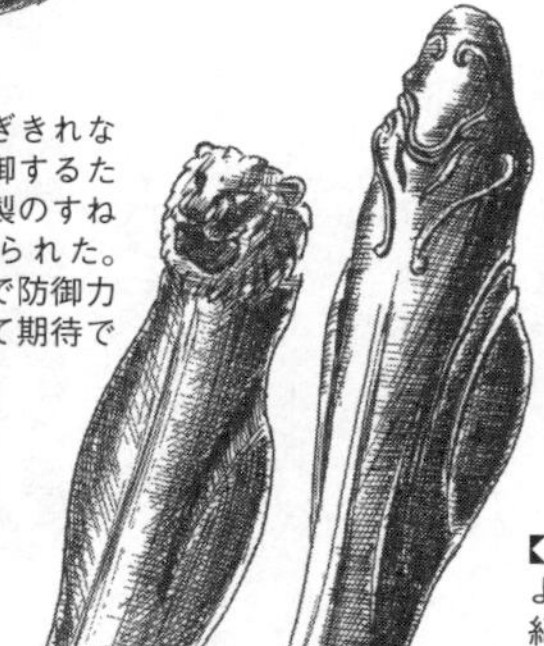

◇盾で防ぎきれない足を防御するために青銅製のすねあてが作られた。青銅なので防御力はたいして期待できない。

◇重装歩兵の軽装化が進められるようになってからの胴鎧（前6世紀～前3世紀頃）。革製と布製がある。布製は何枚も布を重ねて厚くしている。胴は左脇で留め、背につけたU字形の布を前にもってきて両肩を保護する。比較的自由に身体を動かせる。

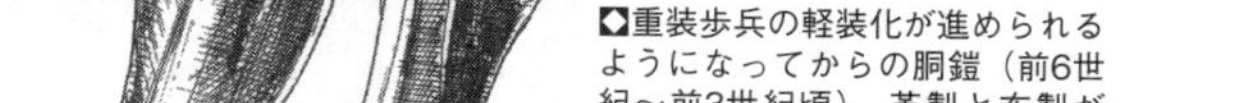

◇ホプリタイの槍。全長は2～3m。穂先は幅広い。石突きにも鋭い刃がついており、穂先が折れた場合に持ちかえて攻撃できるようになっている。逆手に持って肩にかかげるようにして使った。

Floor 2-Corner C

Milites

ローマの歩兵

こちらは共和政から帝政時代までのローマ歩兵の装備を集めているコーナーです。

ローマ軍は、ギリシア軍と同様に重い丸盾と長槍による密集隊形戦術で戦っていましたが、前四世紀頃に機動性に富んだ独特の戦術を生み出しました。それがマニプルス戦術です。これは百二十〜百六十人ほどの中隊をひとつの単位として、部隊の補強や交代を必要に応じてすばやく行わせようというものです。ギリシア式の戦いでは一部隊が崩れれば戦線の崩壊につながりましたが、この戦術では戦線を立て直せるだけの機動力もありました。

また、機動性をもたせるために、部隊編成だけでなく戦い方も変えていきます。重い盾と長い槍は乱戦では邪魔になるだけだとして使われなくなりました。代わって登場したのが投げ槍とグラディウスと呼ばれる剣です。

このコーナーでは、投げ槍を使って戦った歩兵の代表例として、ローマ歩

兵の装備を展示してあります。また、さまざまなタイプの鎧を用意しましたので、そのあたりもご覧ください。（店主）

◆ピルム（投げ槍）を投げようとしている軍団兵（2世紀頃）。共和政時代の兵士は重さが異なる2種類の投げ槍を持っていたが、2世紀頃には1種類だけとなった。

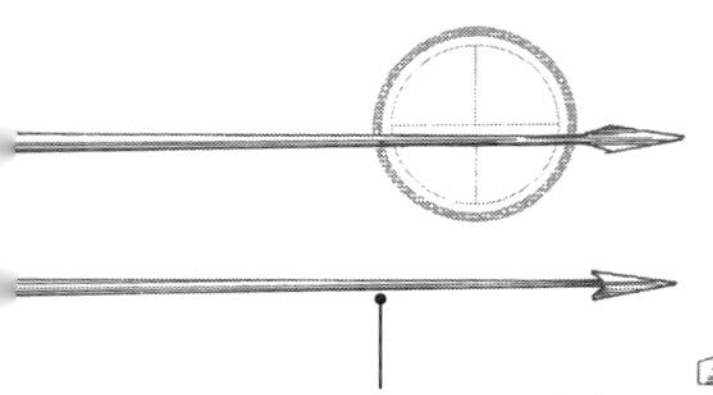

軟らかくした金属を使った穂先の中央部。当たると衝撃で穂先が曲がる（カエサル時代）。

◘ピルムは、盾を突き通すほどの威力があった。さらに帝政時代になると、貫通力を増すために重りをつけたものが現れた。一般には重りは鉛製だが、近衛兵のものは青銅製だった。

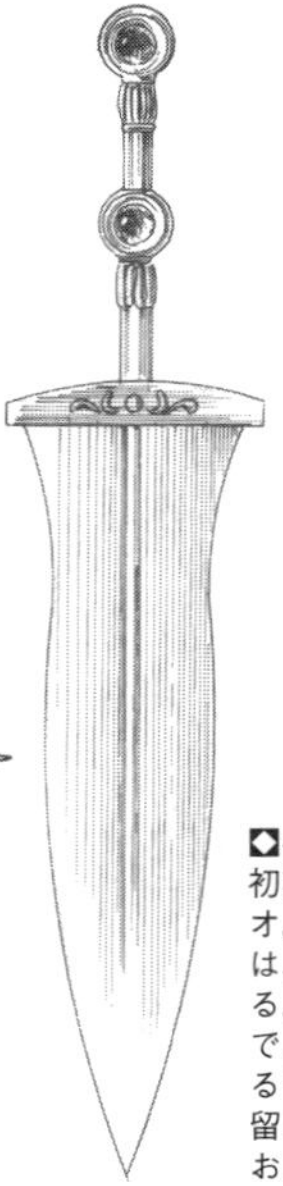

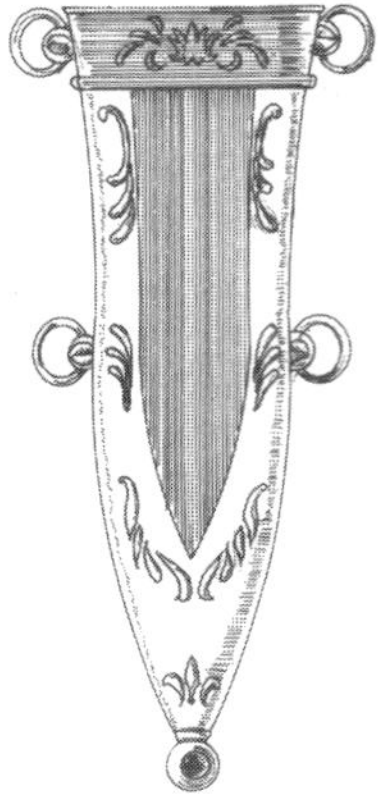

◘共和政末期から、帝政初期まで使用されたプジオ。全長約50cm。起源は、スペインと思われる。鞘は鉄製か青銅製で、金や銀を象眼してあるものが多い。ベルトに留めるための輪がついており、左の腰につけた。

マニプルス戦術

◘マニプルス（歩兵中隊）戦術の登場によって戦闘が合理化された。

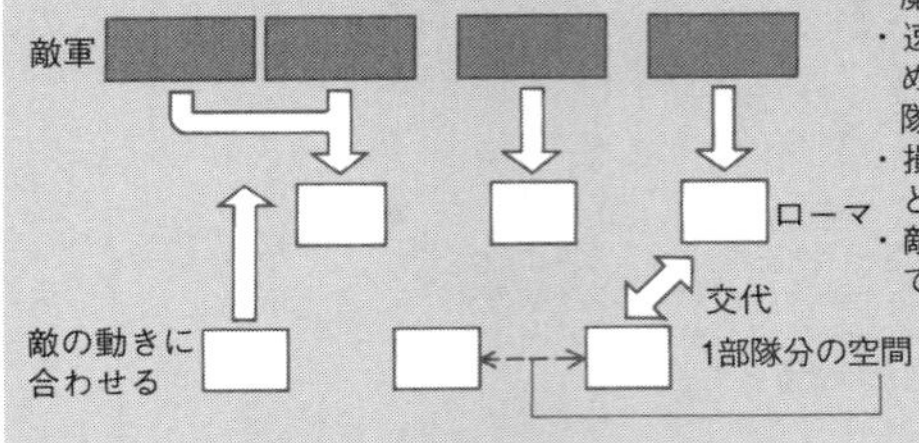

- 武器を振るうのに邪魔にならない間隔
- 速やかな移動のために部隊間には1部隊分の空間がある
- 損傷の激しい部隊と交代できる
- 敵の動きにあわせて移動できる

◘ソケット式の軽くて細いピラ。

槍

◘ピルムと呼ばれる重い槍。先が円錐形などの形をした柄に穂先を鋲で留めてある。全長2m程度で穂先が長く槍全体の半分を占めている。重さは1.5〜2kg程度。飛距離は30mくらい。当初のピルムは壊れにくいものだった。これは投げ槍としてはあまり歓迎できない。当たり損なったピルムが今度は自分に向かって飛んでくるからである。そのため、投げ返せない工夫がされるようになった。

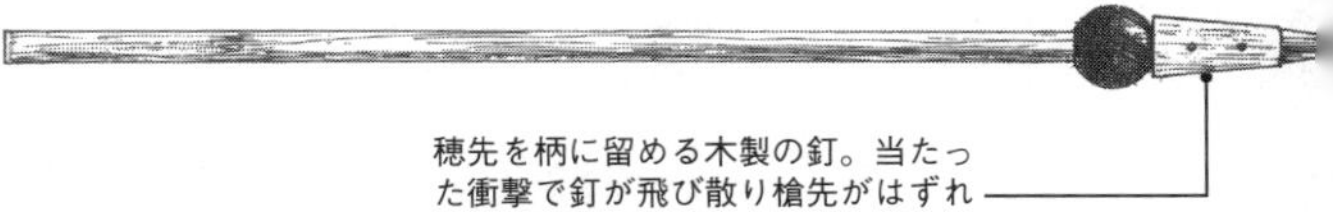

穂先を柄に留める木製の釘。当たった衝撃で釘が飛び散り槍先がはずれる（マリウス時代）。

ローマ軍団兵の戦い方

◘ローマ兵は、まず槍を投げ、それから密集した隊形を作り、盾と短い剣を使って、接近して戦った。投げ槍は重さの違う2種類の槍を持っていた。
①軽い槍（ピラ）を投げる
②重い槍（ピルム）を投げる
③盾と剣で戦闘

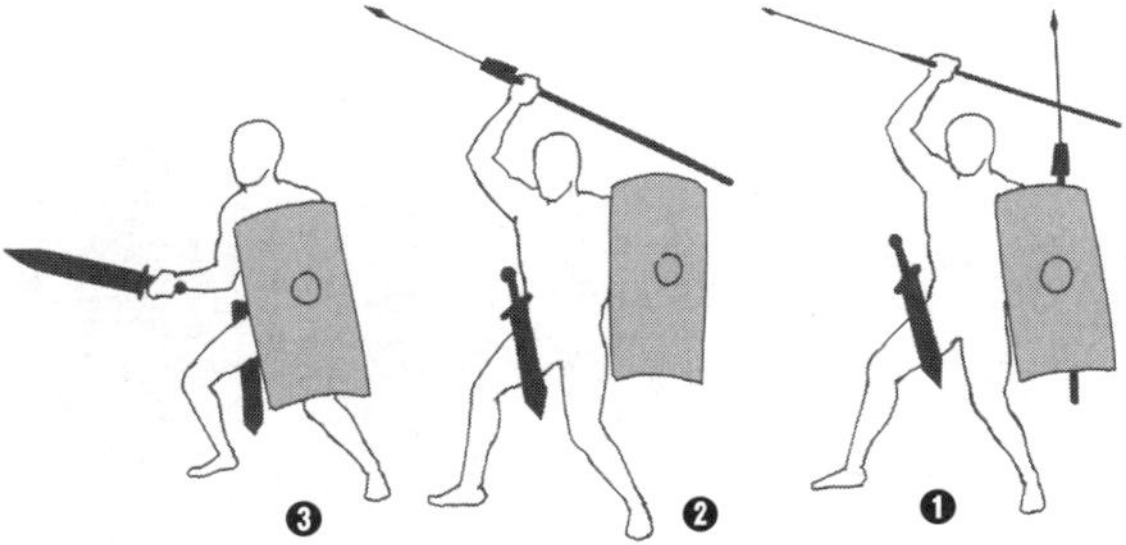

剣

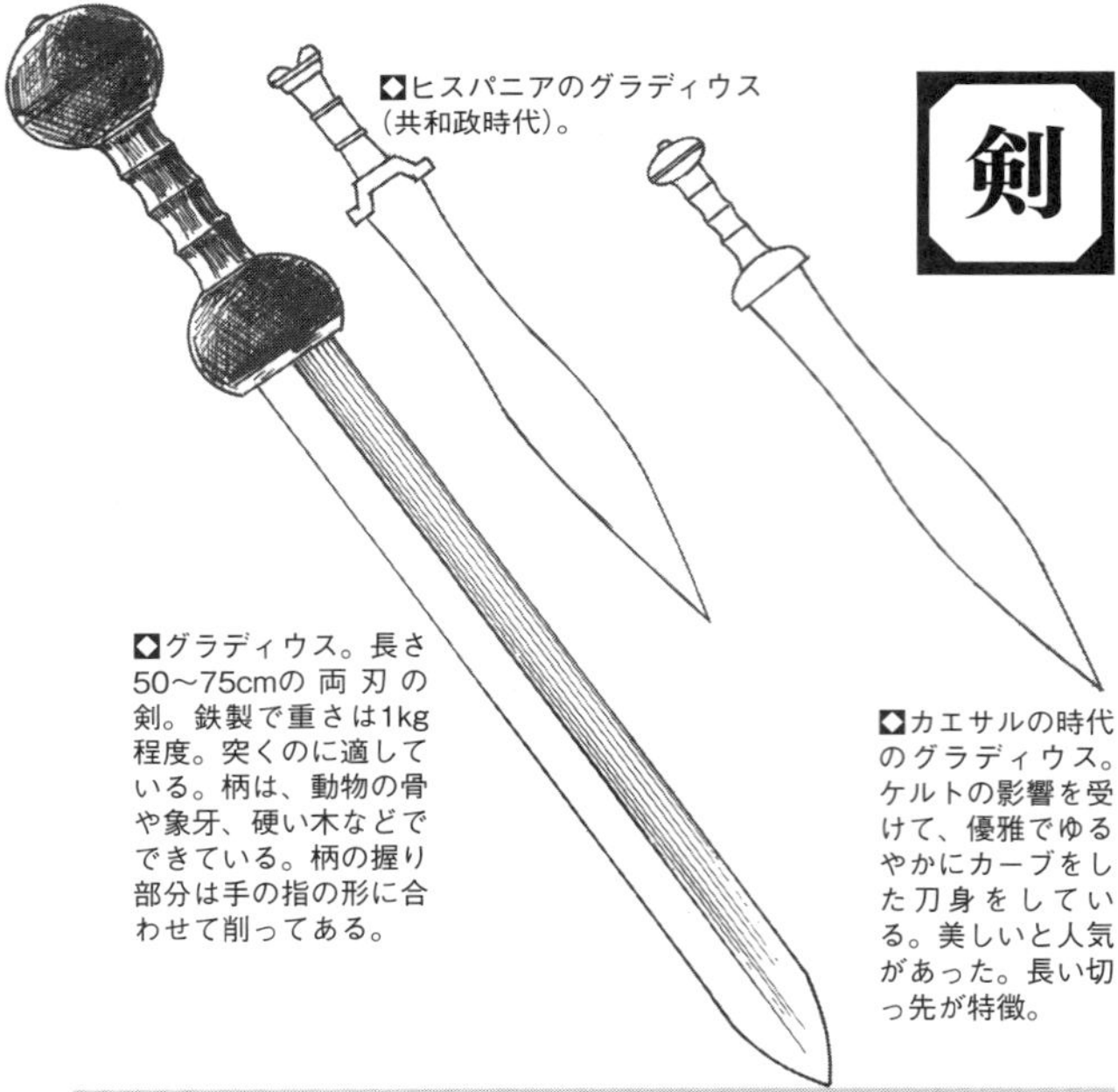

◆ヒスパニアのグラディウス（共和政時代）。

◆グラディウス。長さ50～75cmの両刃の剣。鉄製で重さは1kg程度。突くのに適している。柄は、動物の骨や象牙、硬い木などでできている。柄の握り部分は手の指の形に合わせて削ってある。

◆カエサルの時代のグラディウス。ケルトの影響を受けて、優雅でゆるやかにカーブをした刀身をしている。美しいと人気があった。長い切っ先が特徴。

コホルス戦術

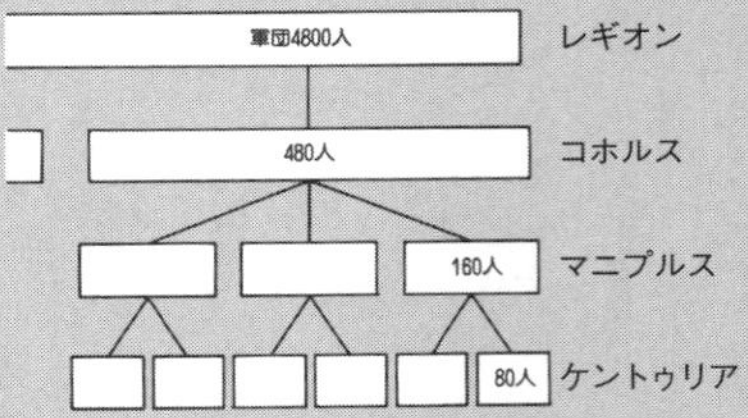

◆マニプルス戦術は、古代ローマの将軍マリウスによってコホルス（歩兵大隊）戦術に再編成された（前2世紀頃）。中隊の上に大隊ができ大人数の敵にも機敏に対応できるようになった。装備の違いもなくなり全員が投げ槍とグラディウスで武装した。

鞘

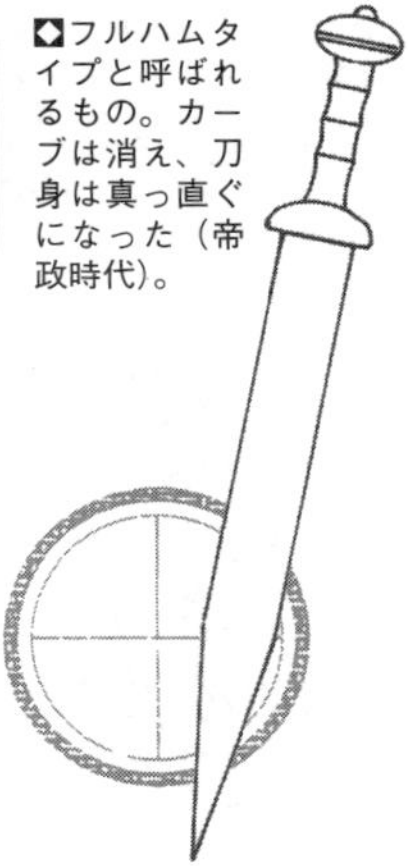

◘フルハムタイプと呼ばれるもの。カーブは消え、刀身は真っ直ぐになった（帝政時代）。

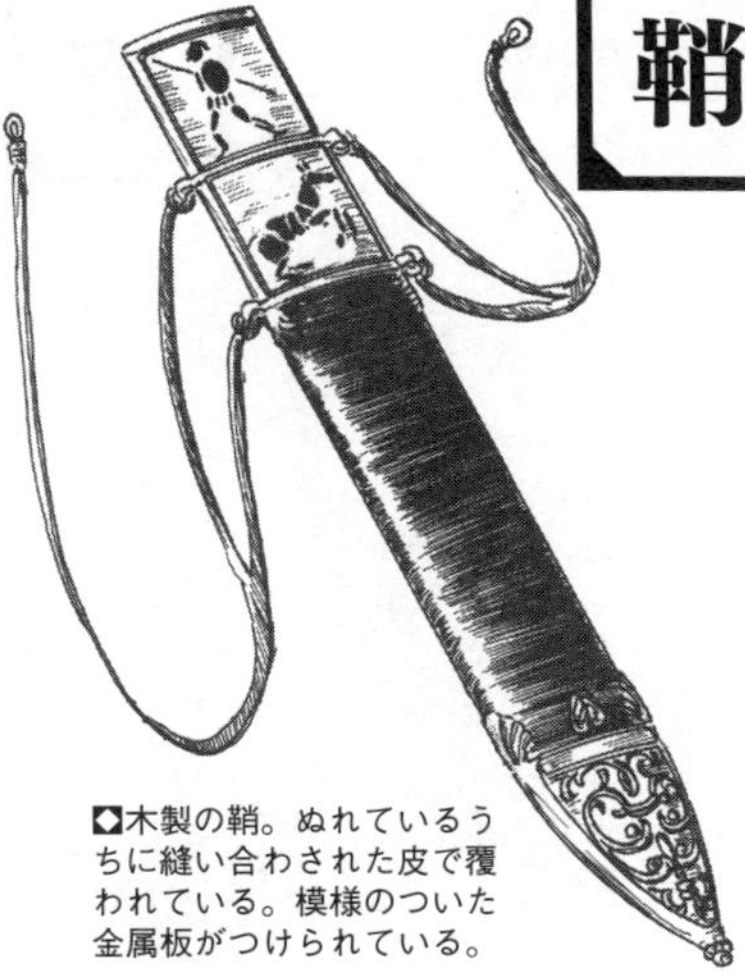

◘木製の鞘。ぬれているうちに縫い合わされた皮で覆われている。模様のついた金属板がつけられている。

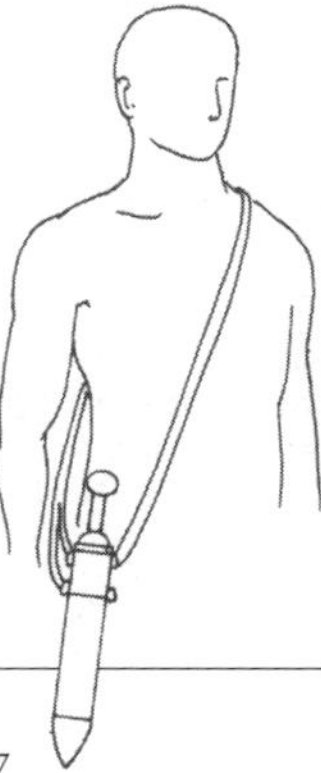

剣の位置

◘剣はたいがい右の腰につけられた。腰のベルトにつけられることもあったが、短剣を左の腰につけたため、皮帯で左肩から吊るすことが多い。剣を抜くときは、手を内側に向けるか逆手のまま持って前か右に引き抜くわけだが、刀身が短いからこその方法だろう。

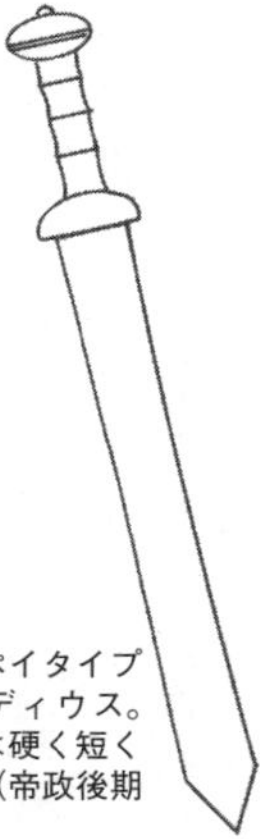

◘ポンペイタイプのグラディウス。切っ先は硬く短くなった（帝政後期時代）。

盾

◘スクトゥムと呼ばれる盾（前1世紀頃）。ローマの盾は卵型から次第に長方形となり、厚さも薄くなっていった。幅80cm、長さ1.2m。厚さ2mmの木板を3枚張り合わせ、皮で覆い、さらに布を張ってあった。L字型の金具は強度を高めた。

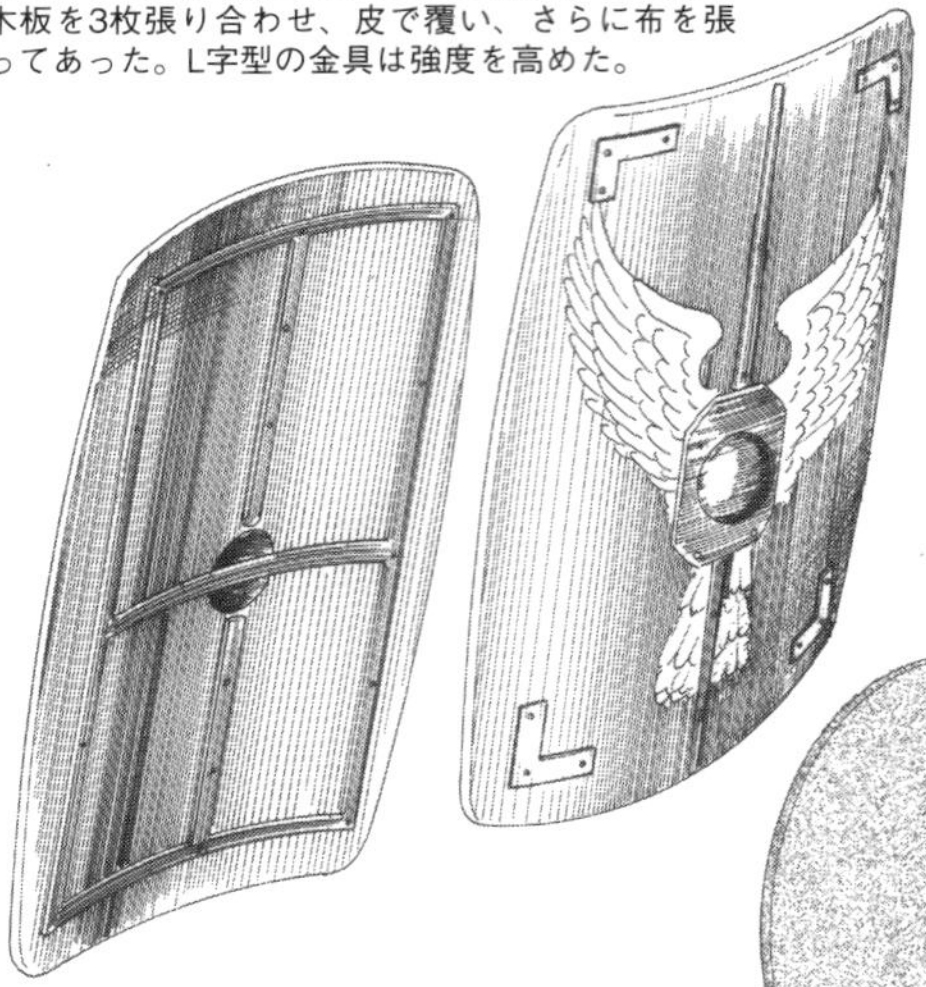

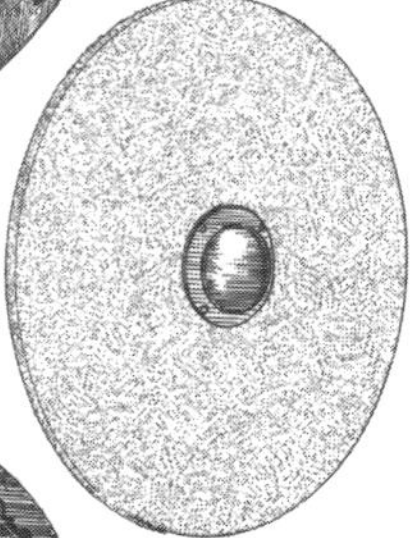

◘パルマと呼ばれる軽装歩兵が持った軽い円形の盾。木製。

共和政時代の歩兵の種類

◘共和政時代は、歩兵を4つの種類に分けていた。

- 軽装歩兵：射程の長い軽い槍を投げ敵の隊形を乱す。
- 第1列兵：投げ槍を投げグラディウスで突撃。
- 第2列兵：投げ槍を投げグラディウスで突撃。第1列兵の補強と支援。
- 第3列兵：長槍で突撃。撤退の援護。

◘ギリシア式重装歩兵戦術を用いていた頃（共和政初期）の円盾。クリペウスと呼ばれた。直径約90cm、青銅張りで重い。

兜

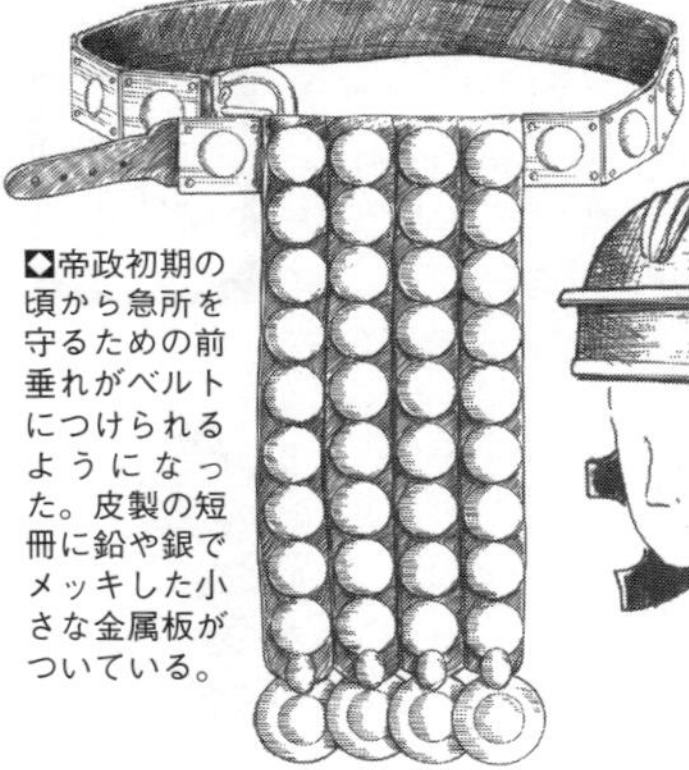

◆帝政初期の頃から急所を守るための前垂れがベルトにつけられるようになった。皮製の短冊に鉛や銀でメッキした小さな金属板がついている。

◆ガリア型兜。アウグストゥス帝の頃使われた鉄製兜。首、頬の防護板がついている。

◆コリント・エトルリア式兜。共和政期の兵士がかぶっていたもの。ギリシアの兜と起源は同じだが、顔全体をすっぽりと覆うのではなく帽子のようにかぶる。

◆ガレアと呼ばれる狼の皮などで作った兜。軽装歩兵などが金属の兜の上にかぶった。

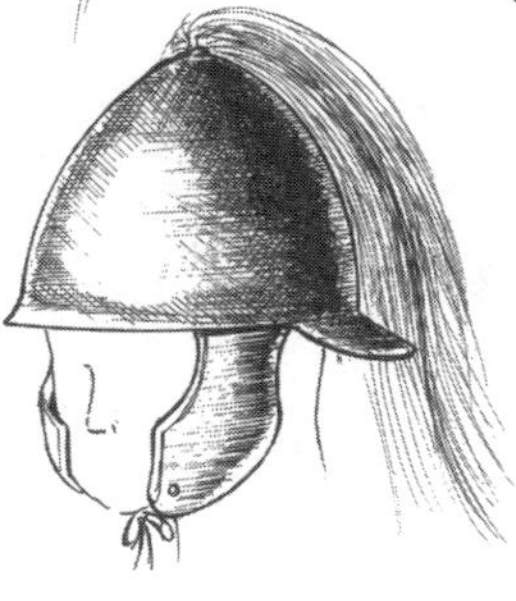

◆モンテフォルティノ型兜。カエサルの軍団兵士のもの。青銅製が多く、シンプルで大量生産されていたため安価だった。馬の尻尾の毛や房飾りが頂飾りとしてついており、頬の防護板がつくこともあった。

◘正方形または円形の金属の板を太い皮ひもでつけただけの鎧（前2世紀頃）。財産をもたない軽装歩兵が使用した。

鎧

◘一般の軍団兵が着ていたチェイン・メイル（前1世紀頃）。皮製の下地に鉄製の輪をつなぎ合わせて縫いつけたもの。重さは9kgほど。上腕部分は皮で防護されている。

◘ロリカ・セクアマータと呼ばれるスケール・メイル。チェイン・メイルよりも防御力が低く、丈夫でないうえに柔軟性もなかったため、普及しなかった。しかし誰にでも作れ、修理が簡単で、しかも安価であった。

◘部品化された鉄板をつないだ最初のプレート・アーマー（2世紀頃）。重さ6kg程度。手入れが簡単で、たいへん動きやすいが、鉄板の隙間から剣や槍で突かれることがある。

Long-spearman
長柄槍歩兵

Floor 2-Corner D

◘サリッサを持つマケドニアのペゼタイロイ。サリッサの穂先は鉄製で鋭く、鎧を突き通すことを目的にしている。装備は、動きやすい布製胴鎧と兜と盾で、兜は頬あてのついたトラキア式のものが一般的だった。青銅製の円盾は直径60〜70cmで、サリッサを両手で持つため、縁をなくして軽くしてあり、皮ひもによって左肩から下げた。

三メートル以上の槍を長柄槍と呼びます。この槍を持つ兵士は、完全に部隊の一部品として行動しなければなりません。こちらでは、時代も国も違いますが、代表的な長柄槍兵の装備をおいてあります。使い方とともにご覧ください。（店主）

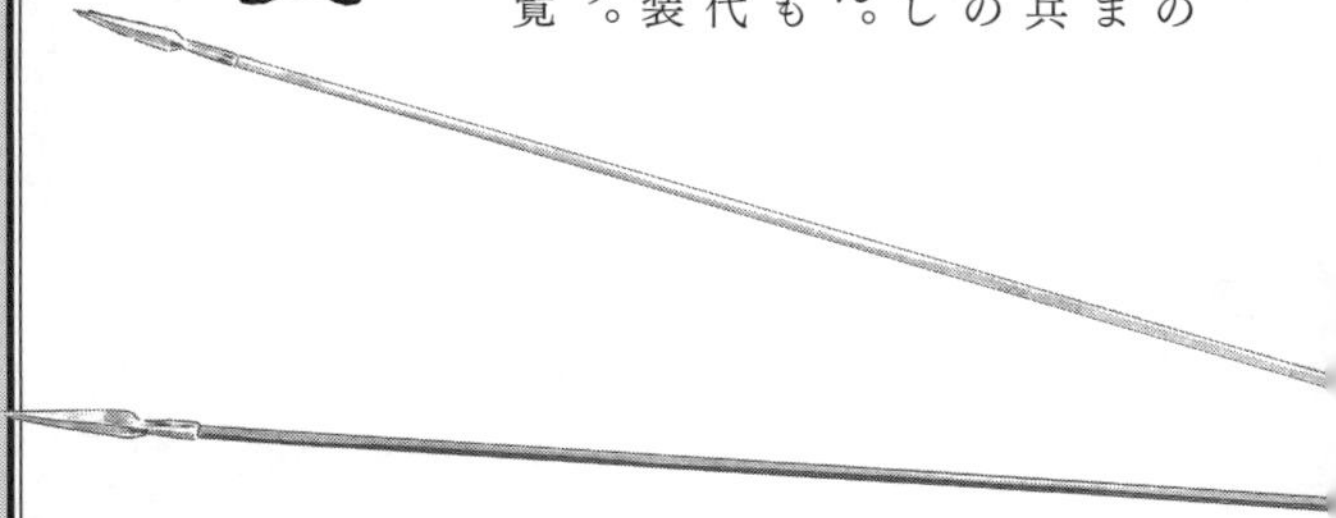

●マケドニア・ファランクス

長柄槍を使った戦法に、マケドニアのファランクス戦法があります（前三世紀頃）。これはギリシアの重装歩兵戦術を完成させたものといえます。もっとも特徴的な装備は、五・五〜六・五メートルもの長さをもつサリッサという長柄槍でした。このサリッサを突き出して大きな円盾を構え、一糸乱れぬ進軍を行って敵を突き崩しました。

　ギリシアの重装歩兵戦術と同じ欠点をもちますが、マケドニアのアレキサンダー大王の父のフィリップ王は、騎兵や弓兵によって援護させ、ギリシアを統一していきました。（店主）

◆ペゼタイロイの持つ円盾の裏側。

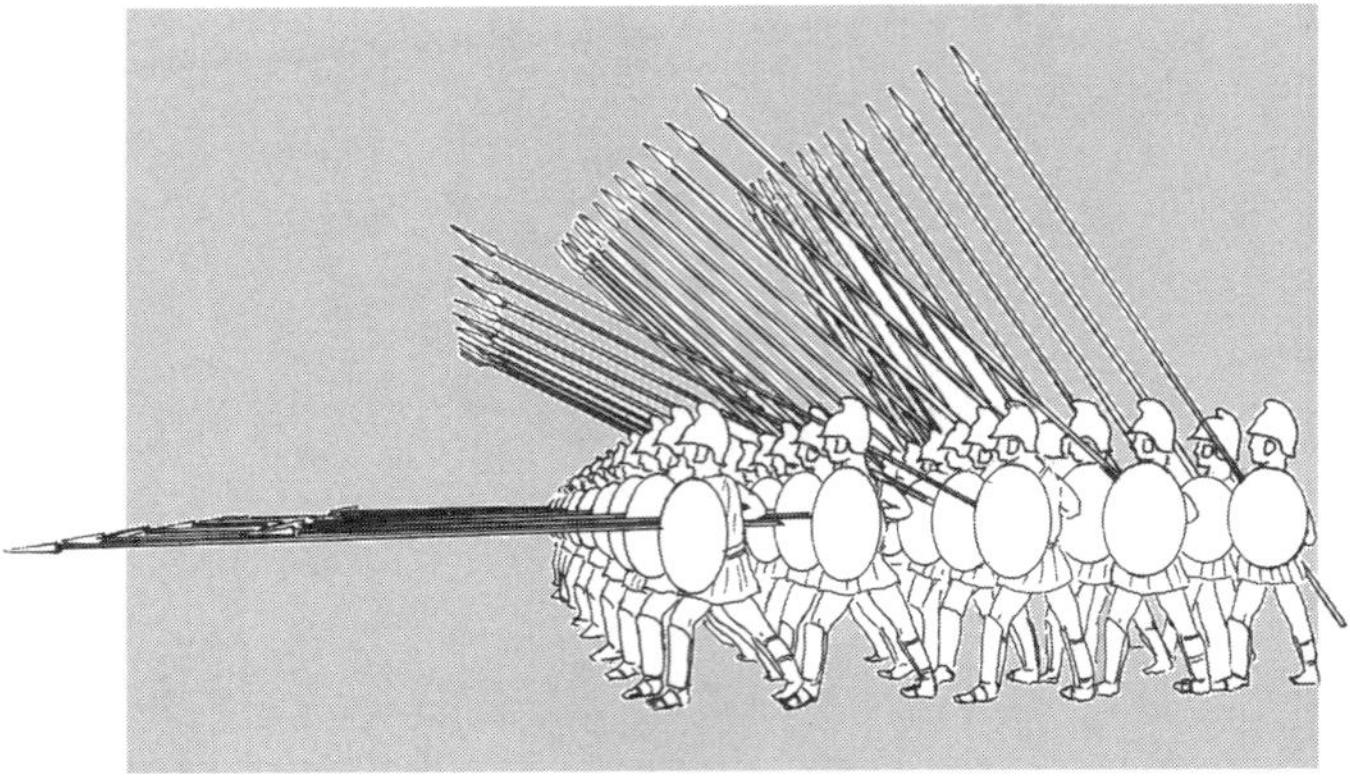

カイロネイアの戦い

マケドニア軍は、サリッサを持ったファランクス戦術によってギリシアを統一していきました。しかしマケドニア軍の強さは、騎兵や、より装備を軽くした歩兵のヒュパスピスタイといった機動力のある部隊を併用した戦術によるところが大きかったのです。

ここで、カイロネイア（前338年）の戦いを例として全軍の運用や歩兵の役割をご説明しておきましょう。この戦いは、マケドニアのフィリップ王が息子のアレキサンダーとともにアテネとテーバイを主力とするギリシア同盟軍を破り、ギリシア支配をつかみ取った戦いです。（店員）

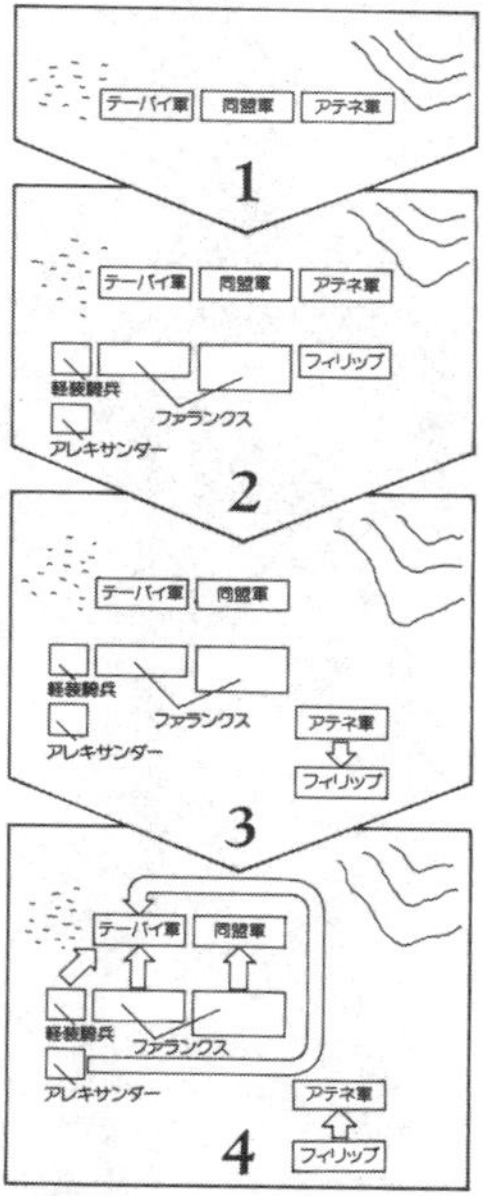

1.同盟軍は、マケドニア軍から見て左翼に湿地、右翼に丘のある平地に隙間なく重装歩兵を配置した。
2.マケドニア軍は、左翼にアレキサンダーの騎兵部隊と軽装騎兵部隊、中央にはファランクスを斜線陣＊で配置、右翼でフィリップがヒュパスピスタイを率いた。
3.まずフィリップがアテネ軍と戦闘を開始。撤退してアテネ軍をおびきよせる。そのためギリシア軍の戦列に隙間ができる。
4.アレキサンダー率いる騎兵部隊は、敵の戦列に開いた穴から大きく迂回して、湿地に入り込むことなくテーバイ軍の左翼を攻撃する。軽装騎兵部隊とともに包囲攻撃を行い、と同時に中央の分厚いファランクスが攻撃を開始する。フィリップも反撃を開始し、勝利を握る。

射線陣

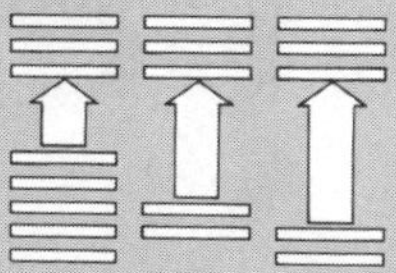

◘テーバイの将軍エパミノンダスが考案したといわれる重装歩兵戦術。前371年のレウクトラの戦いで行われた。通常のホプリタイの配列よりも、縦に厚く組んだ部隊を戦列の左側に配置し、戦列を斜めにするもの。兵力を集中した部隊の圧倒的な戦力によって敵の戦列を崩す。

●パイク兵

◘スイスのパイク兵（15世紀頃）。ケトル型兜をかぶりチェイン・メイルの上に胸甲をつけている。パイクの重さは3.5～5kgで、柄は乾燥させたとねりこでできていた。スイスでは専門の役人を設けてまで柄の品質を保った。

◘イギリスのパイク兵（17世紀頃）。胸甲と腰から下を覆う草摺（くさずり）で身を固めモリオン型の兜をかぶっている。

機動力がないことから、サリッサのような対歩兵兵器としての長柄槍は歴史から姿を消します。しかし、騎兵に対する有力な武器として十五世紀のスイスに再び姿を現します。

　それが長さ五〜七メートルのパイクを使ったパイク戦術です。長い槍さえ持てばよいというわけではありません。密集して、突進力のすさまじい騎兵に立ち向かうことが大切です。パイク兵には、その長いパイクを十分に使いこなせるほど背が高くたくましいほかに、どんな敵にもひるまない勇気をもつものが選ばれたといいます。さらに彼らは厳しい訓練を課せられ、規律も厳格でした。

　パイクは十七世紀の終わりまで歩兵の主要な武器でした。しかしマスケット銃の先に短剣を取りつけた銃剣（バイオネット）にとって替わられたあとは、銃兵の支援武器となり、退却したり隊形を変えるときや銃に弾を込めるときなどの援護に使われるようになりました。（店主）

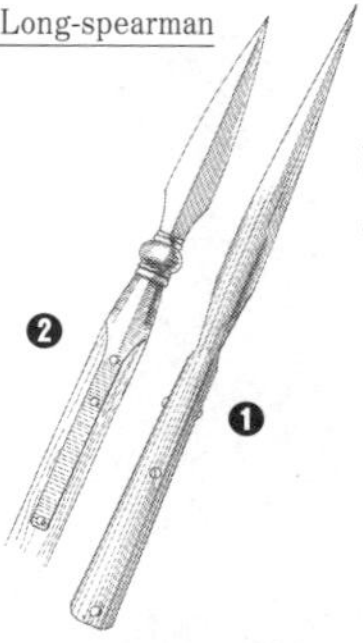

◘パイクの穂先は25cmほどで、木の葉型または蛙の口型といわれていた。パイクの強敵はハルベルトで、穂先を切られてはただの棒となった。
①19世紀アイルランドで作られたもの。
②17世紀イギリスで使われたもの。

◘パイク兵の防御隊形。パイク兵の集団は防御力にも優れていた。
・1列目、ひざをついてパイクを低く持つ。
・2列目、右足の上に石突きを置いて突き出す。
・3列目、腰の高さに構える。
・4列目、頭の高さに構える。

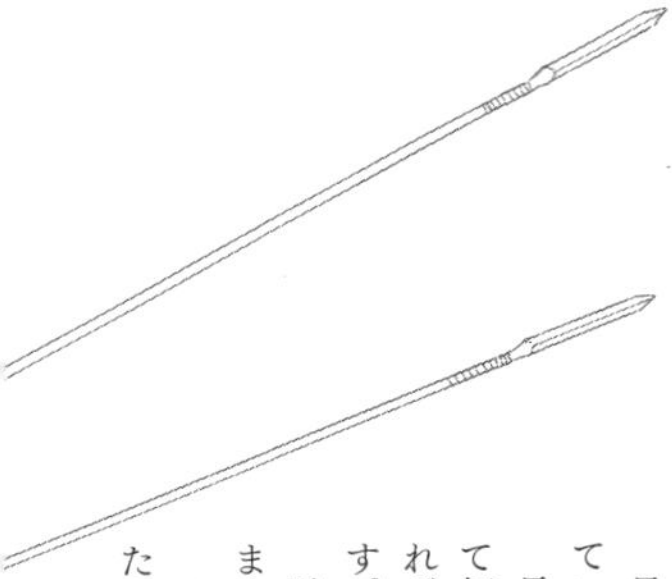

●日本の長柄足軽

日本の戦国時代でも長柄槍が使われました。ただし使い方が少々変わっています。突くのではなく叩くことに使われました。

長柄槍どうしの戦いは壮絶な我慢比べです。互いに踏み込んで敵めがけて打ち下ろします。こうなると戦列が崩れるまで叩きあいます。我慢しきれずに崩れた側が負けで、戦列の崩れたところから一気に攻め込むのです。

騎兵に対しては、石突きを地面にしっかり固定して穂先を敵の馬に向けます。馬の足並みが乱れたなら馬を突いたり、馬の足を打ち払います。

日本の長柄槍もまた、鉄砲の普及によって第一線から退いていきました。鉄砲や弓のための援護武器となっていったのです。（店主）

◘長柄槍の長さは3〜6m。
穂先は30〜40cm。柄には
樫の木が多く使われた。

◘穂と柄の間は、竹やひ
もで補強し、漆（うるし）
で接着固定したりした。

Archer
弓兵

Floor 2-Corner E

お客さまのなかには、白兵戦よりも、遠くから敵を倒すほうがよいというかたもいらっしゃることと思います。飛び道具はいくつかありますが、なかでも弓はもっとも優雅で洗練された武器といえるでしょう。またその威力によって、三万年前の石器時代に登場してより銃火器が普及するまでの間、弓は剣や槍にも勝る花形として使われた武器です。ロビン・フッドやウィリアム・テルのように、狙い違わず的を射る姿は、なかなかかっこよいものですな。

弓は遠く離れた敵を倒せますし、場合によってはプレート・アーマーをも貫くことができます。しかし問題もあります。誰でも簡単に使いこなせるわけではないのです。弓兵は兵士には変わりありませんが、歩兵とは違い特殊技能者でもあります。的に矢を当てるのはたいそう難しく、とくにロング・ボウのように射程距離が長いものほど難しくなります。遠くにある的にはまっすぐではなく、矢が放物線を描くように角度をつけて射なければなりません。そのため訓練と才能が必要となります。ある地域では、幼少の頃からみっちりと弓の修業をさせたものです。

優れた使い手になれば、どこの国、軍隊でも、引く手あまたです。そうなればしめたもの。一兵士ではなく己の力量次第で手柄を立てられる自由な立場になることも可能です。

当店では、もっとも古くから使われているショート・ボウから、イギリスで活躍したロング・ボウ、そしてクロス・ボウまで各種取り揃えております。（店主）

◆イギリスのロング・ボウ兵（15世紀頃）。チェイン・メイルやキルティングのジャケット、皮のチョッキなどを着ていた。兜は、頭にぴったりした形のものや、ケルト型兜あるいはフェルトの帽子をかぶった。

ショート・ボウ【短弓】

SHORT-BOW

ショート・ボウは長さが百センチメートルより短い弓です。飛距離は九十メートルほどですが、一分間に十本も射ることができます。また軽くてかさばらないので、持ち運びが楽で、馬上からも発射でき、すばやさが必要とされる場面では、もってこいの武器でしょう。（店主）

◘クレタの弓兵（前4世紀頃）。クレタ兵は優秀な弓の使い手として有名だった。胸の袋には、交換用の弦ややじりが入っている。弦は切れたときだけでなく、雨にぬれて伸びてしまったときにも交換された。

◘やじり。材質が、石、骨、青銅、鉄、鋼とさまざまなら、形もさまざまである。毒を塗ったり布を巻きつけて火矢にすることもある。

①石製のもっとも単純な形。
②幅が広く傷口が大きくなるもの。
③傷口がえぐられるようにぎざぎざにしてあるもの。
④引き抜きにくいように返しをつけたもの。
⑤貫通力を増すため細く尖らせている。
⑥イギリスの長弓に使われた“かど”をつけたもの。
⑦日本独特の狩俣（かりまた）。切るのに適している。
⑧衝撃力に力点をおいたもの。

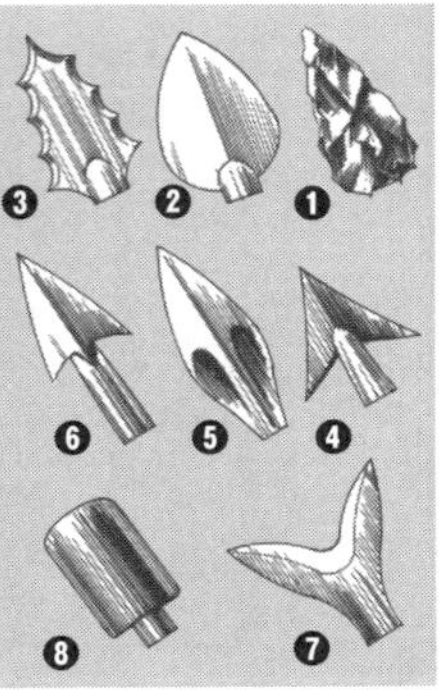

◘モンゴルの弓兵（13世紀頃）。ヤナギと羊の角で作った90cmほどの複合弓を使っていた。

弓の構造

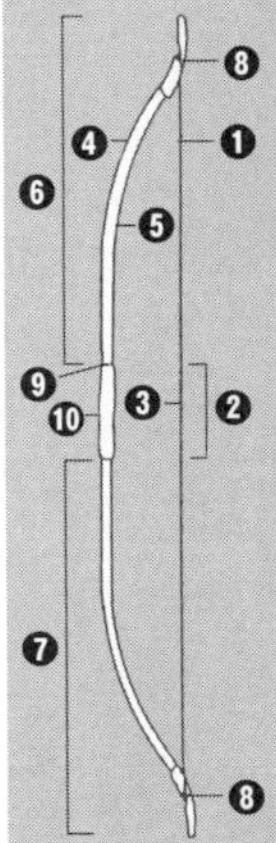

①弦／String：材質は、麻、絹、髪の毛、腱など
②セービング／Serving：弦の中央部分
③ノッキング・ポイント／Nocking Point：矢のあたる部分
④背
⑤弓腹
⑥押付／Upper Limb：弓の上半分
⑦手下／Lower Limb：弓の下半分
⑧弓弭（ゆみはず）／弦を引っかけるための溝
⑨矢摺（やずり）／Sight：矢をつがえたときに弓にあたる部分
⑩弓柄（ゆづか）／Grip：射手が握る場所

◘1種類の材料で作られた弓を単弓と呼ぶが、どうしても折れやすい。そこで弓の強度を上げるために複合弓が作られた。複合弓は材質の違う木や動物の腱などを組み合わせたもので、強度だけでなく弾性も向上し威力が増した。図は3種類の材料から作られた複合弓の構造例で、背に角の薄帯、弓腹には動物の腱を使って木を挟んだもの。

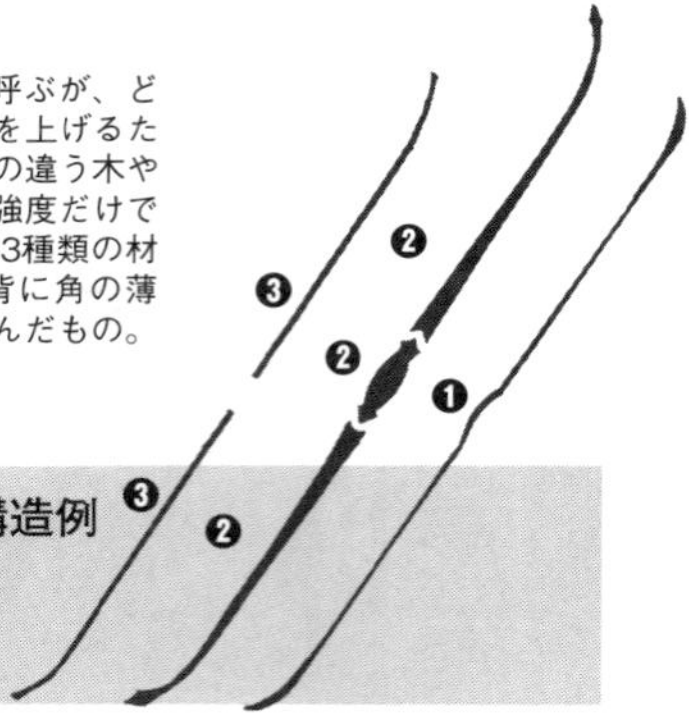

複合弓の構造例

①動物の腱
②木
③角の薄帯

矢の構造

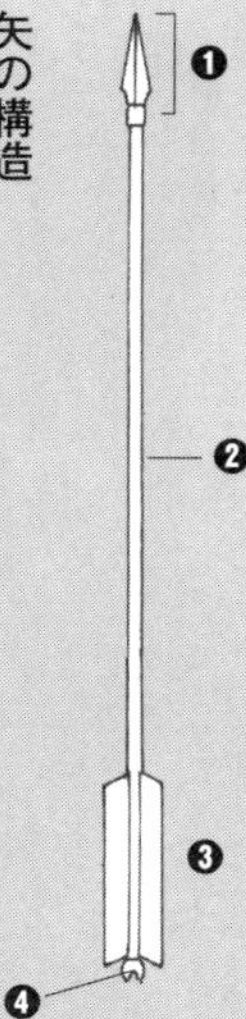

①鏃（やじり）／Pile
②矢柄（やがら）／Shaft
③羽／Fletching
④矢筈（やはず）／Nock

弓の引き方

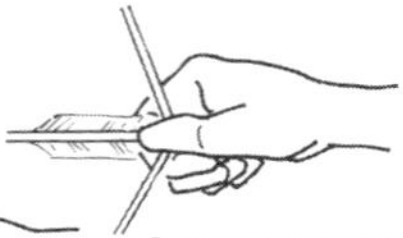

①弦を引くのに力のいらない場合。指を弦にかけるのではなく、親指と人差指で弦を握って引く。

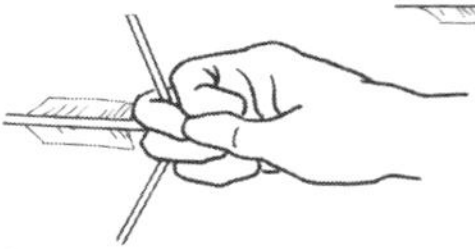

②弦を引き絞るのは主として中指と薬指。

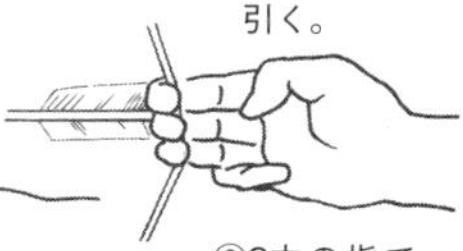

③3本の指で弦を引く。

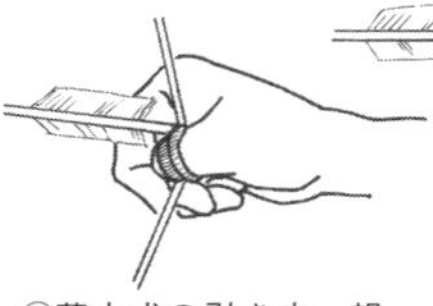

④蒙古式の引き方。親指を弦に回して引く。親指には金属や骨の環がはめられた。

◘弓を射るときには、矢を引くのではなく弦を引くようにする。

ロング・ボウ【長弓】

LONG-BOW

ロング・ボウはイギリスで発達した長弓です。長さは一・六～二メートルほどもあり、最大二百五十メートルも矢を飛ばすことができるという飛距離と貫通力の点で優れています。リチャード獅子心王の時代にはすでに使われていたといわれていますが、その恐るべき威力が発揮されたのは百年戦争（一三三七～一四五三年）においてです。イギリスの長弓兵によって、フランスの装甲騎士部隊が撃破されたのです。

短弓に比べて、飛距離と威力が勝るうえに、弩《いしゆみ》よりも軽く、一分間に六本と速射ができるところがこの弓の魅力です。ただし、弦をいっぱいに引くためには、六十キログラムを超える力が必要なので、体格と腕力に自信のないかたはやめておいたほうがよいでしょう。（店員）

◆ゲルマンの戦士（4世紀頃）。2mほどの弓を用いた。ロング・ボウの原型と思われる。

ゲルマンの弓

①いちい製の弓本体
②鉄や鹿の角
③滑り止めに巻かれた糸

◆ロング・ボウの重さは0.8〜1kg程度。いちい、とねりこ、にれの木などで作られた。

◆ロング・ボウの矢の長さは60〜80cm（弓の長さの半分程度)。とねりこや樫、樺でできていた。とねりこは重く貫通力があり、また手に入りやすいこともあって好まれた。やじりは初め鋭いものではなかったが、後に貫通力が増すよう鋭く尖らせたものへと変わっていった。

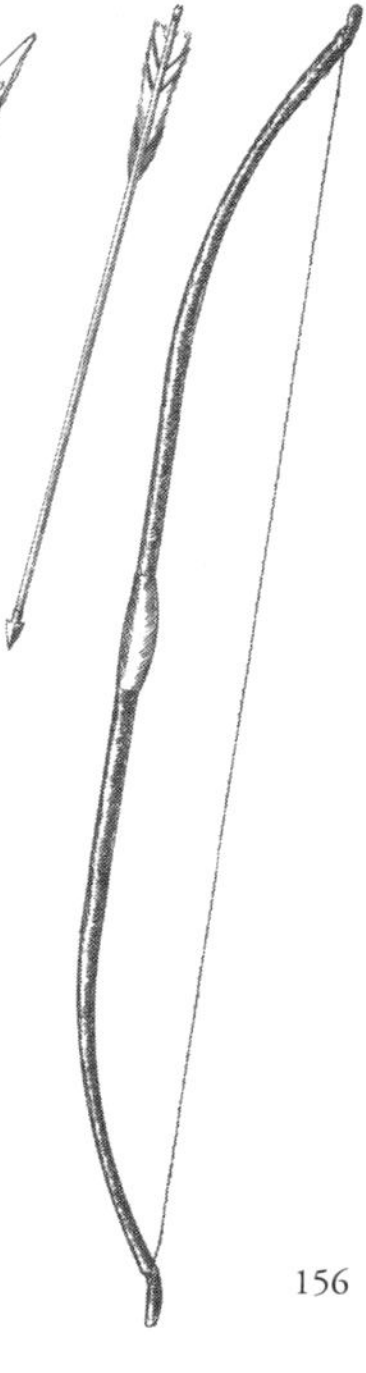

◆イギリスの長弓兵。長弓兵は、弓と一緒に太い木の棒を持ち歩いた。これは、地面に突き刺し、敵騎兵の攻撃から身を守るためのもの。身につけた鎧は白兵戦に向くものではないが、ときには弓をおいて剣や斧などで戦った。

◘日本で使われる和弓も長弓の一種で、竹と木で作られた複合弓である。その威力はイギリスのロング・ボウに決して劣らない。西洋では弓のほぼ中央を持つが、日本ではやや下を持つ。この位置だと構えたときに弓全体が上を向くので、遠くへ矢を飛ばすことができる。

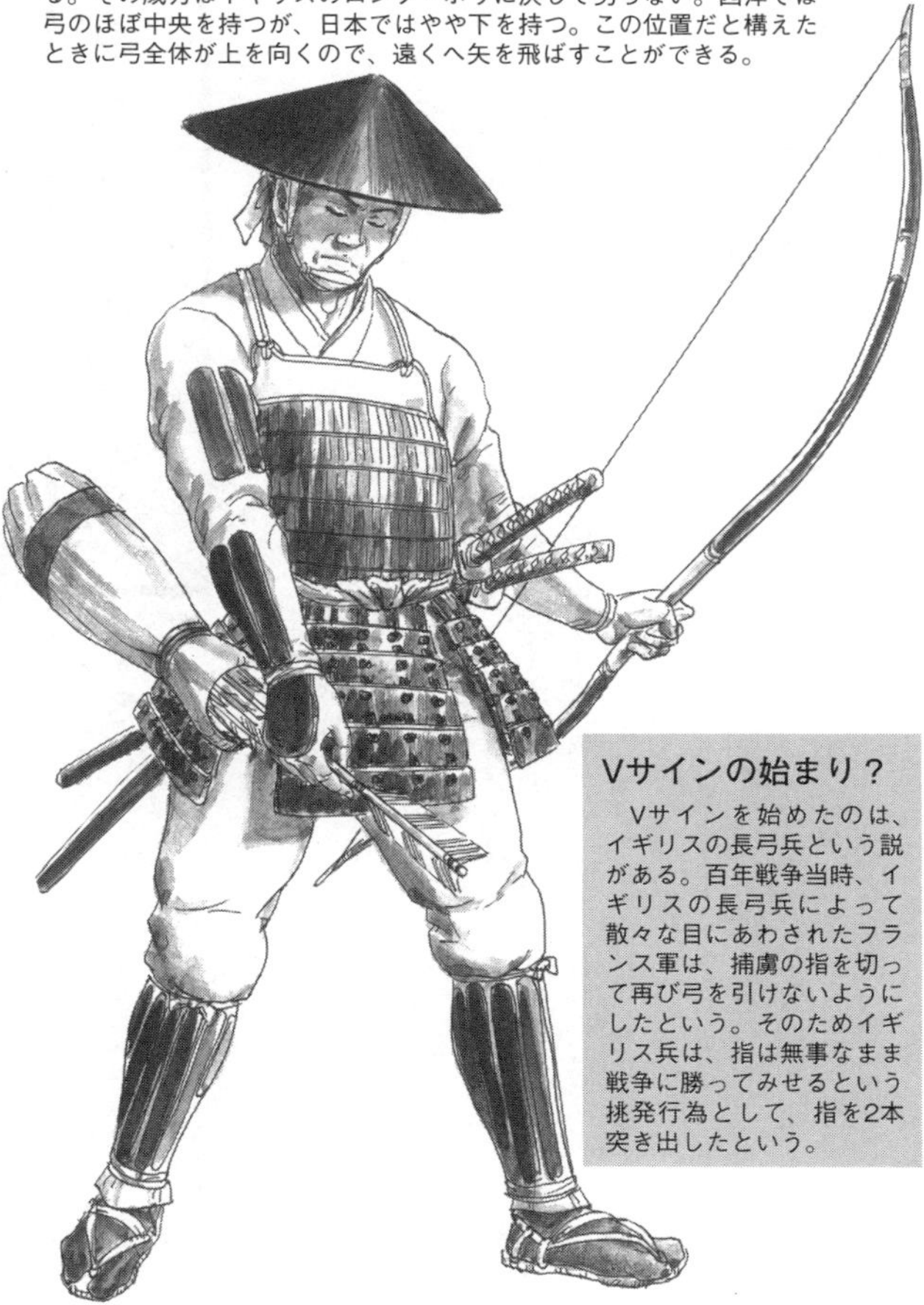

Vサインの始まり？

Vサインを始めたのは、イギリスの長弓兵という説がある。百年戦争当時、イギリスの長弓兵によって散々な目にあわされたフランス軍は、捕虜の指を切って再び弓を引けないようにしたという。そのためイギリス兵は、指は無事なまま戦争に勝ってみせるという挑発行為として、指を2本突き出したという。

クロス・ボウ【弩】

CROSSBOW

クロス・ボウは、引き金のある台座に弓を水平に取りつけたものです。中国では前五〇〇年頃に、すでに強力な弩《いしゆみ》があったようですが、ヨーロッパでは十世紀頃から普及し始めました（前四世紀頃のギリシアにはあった）。

特徴としては、誰でもが使えるということがあげられます。というのも、いったん弦を引いて安定させてから射たので、狙いがつけやすかったのです。そのため長弓のように厳しい訓練を必要としないのがありがたいところです。

◘フードの上にサレットをかぶっている。服の下に着ているのは、袖の短いチェイン・メイルなので、むき出しの腕はプレート・アーマーで防御している。弩兵はひざにもプレートをつけることが多かった。

威力は、弓のなかでも一番だといえるでしょう。三百メートル以上の距離からプレート・アーマーを貫通したという記録もあります。最大飛距離も三百〜三百五十メートルと、もっとも遠くへ飛ばすことができる弓です。しかし、命中可能な距離は長弓と変わりありません。また、矢のほかに石や鉛玉を飛ばすことのできるものもありました。

威力の源は手では引けないほどに堅く強い弦と弓本体です。手で引けないものにどうやって矢をつがえるかというと、足の力を利用したり、器具を用いて弦を引いたりしました。

欠点としては、弓を引くために時間がかかり、何本も続けて射れないことです。一本射るのに一分、強い弓なら数分かかります。また、水平に弓が取りつけられていますし、矢をつがえる作業もありますので広い空間を必要とします。しかし、戦うときには弓兵と同様の隊形で戦えます。（店員）

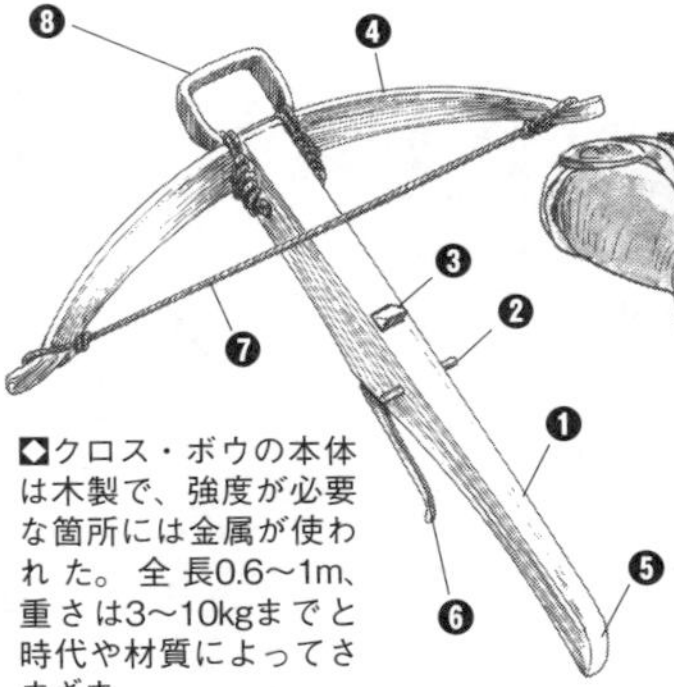

◘クロス・ボウの本体は木製で、強度が必要な箇所には金属が使われた。全長0.6〜1m、重さは3〜10kgまでと時代や材質によってさまざま。

①台座／Tiller
②かけ金／Stops
③弦受け／Nut
④弓／Bow
⑤台尻／Butt
⑥引金／Trigger
⑦弦／String
⑧あぶみ／Stirrups

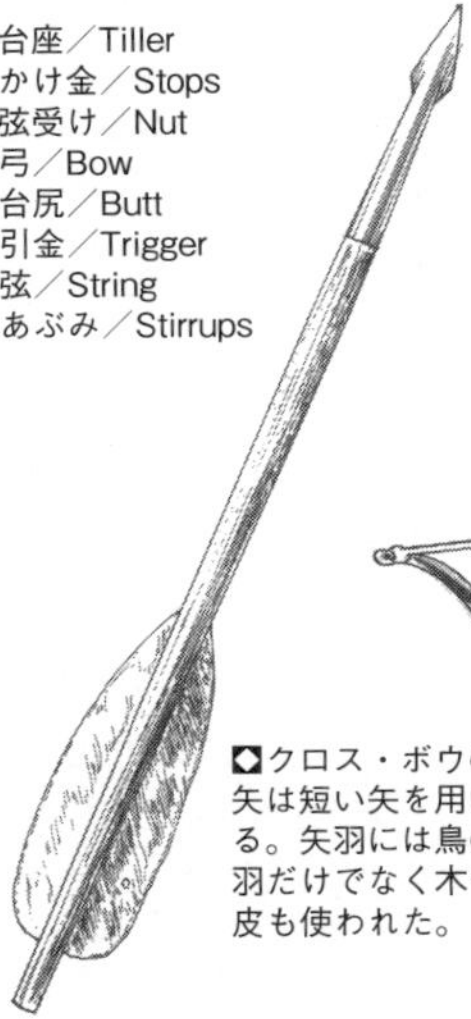

◘クロス・ボウの矢は短い矢を用いる。矢羽には鳥の羽だけでなく木や皮も使われた。

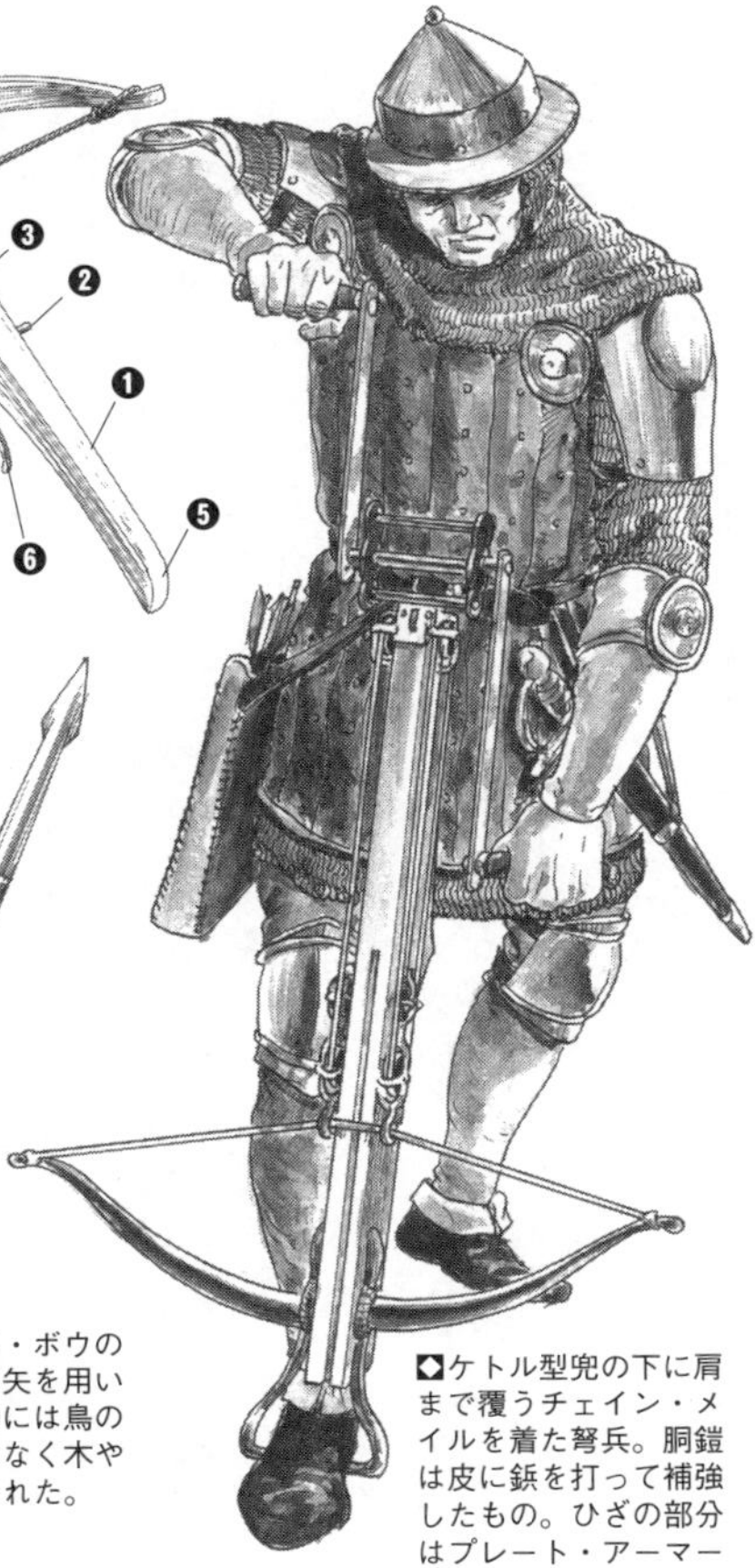

◘ケトル型兜の下に肩まで覆うチェイン・メイルを着た弩兵。胴鎧は皮に鋲を打って補強したもの。ひざの部分はプレート・アーマーをつけている。

弩の引き方

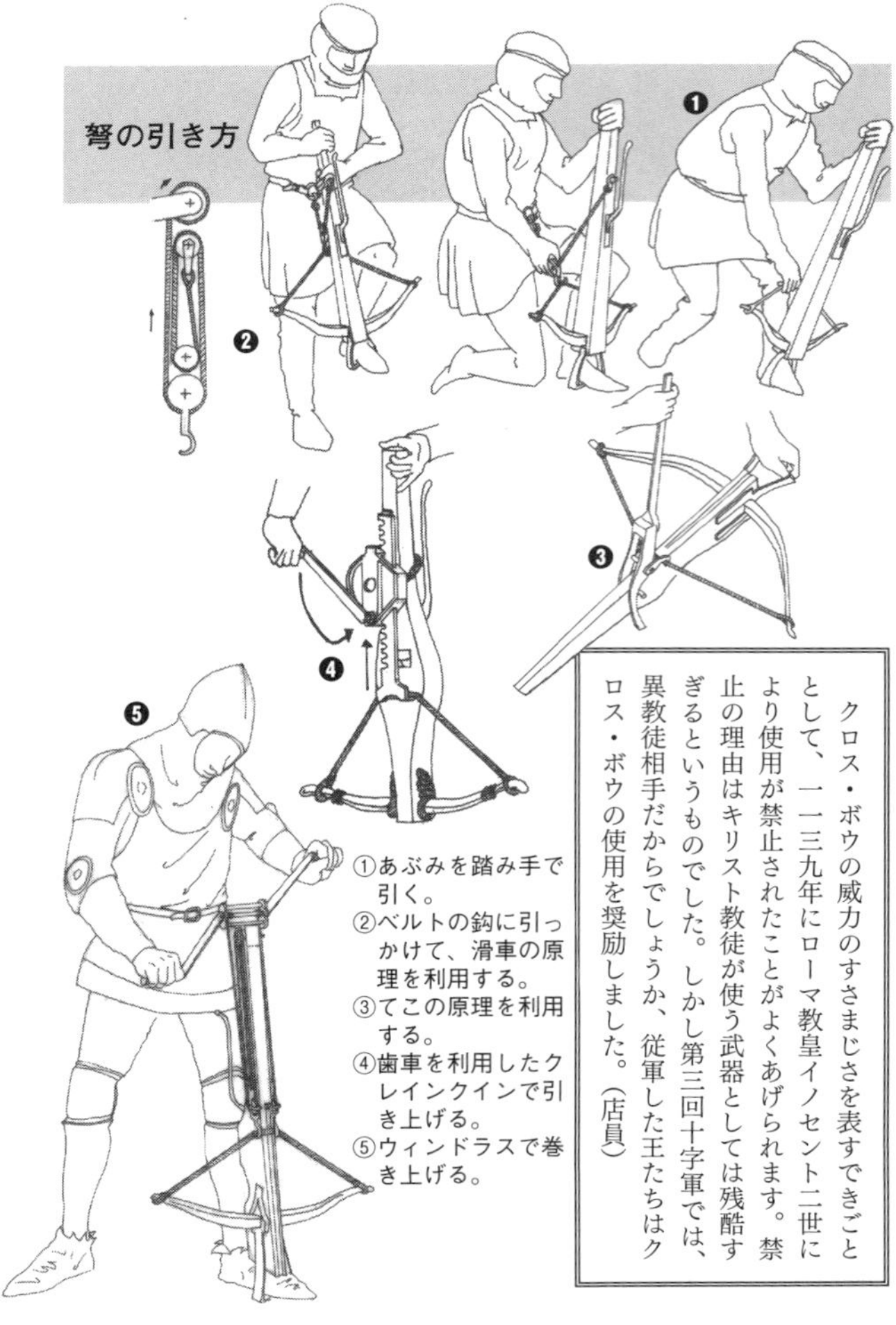

①あぶみを踏み手で引く。
②ベルトの鈎に引っかけて、滑車の原理を利用する。
③てこの原理を利用する。
④歯車を利用したクレインクインで引き上げる。
⑤ウィンドラスで巻き上げる。

クロス・ボウの威力のすさまじさを表すできごととして、一一三九年にローマ教皇イノセント二世により使用が禁止されたことがよくあげられます。禁止の理由はキリスト教徒が使う武器としては残酷すぎるというものでした。しかし第三回十字軍では、異教徒相手だからでしょうか、従軍した王たちはクロス・ボウの使用を奨励しました。（店員）

◘矢をつがえるのに時間がかかるクロス・ボウでは、その間に敵の攻撃を防ぐため、パビスと呼ばれる専用の大きな盾を使った。木製でたいへん軽いものだったが、防御力は優れていた。

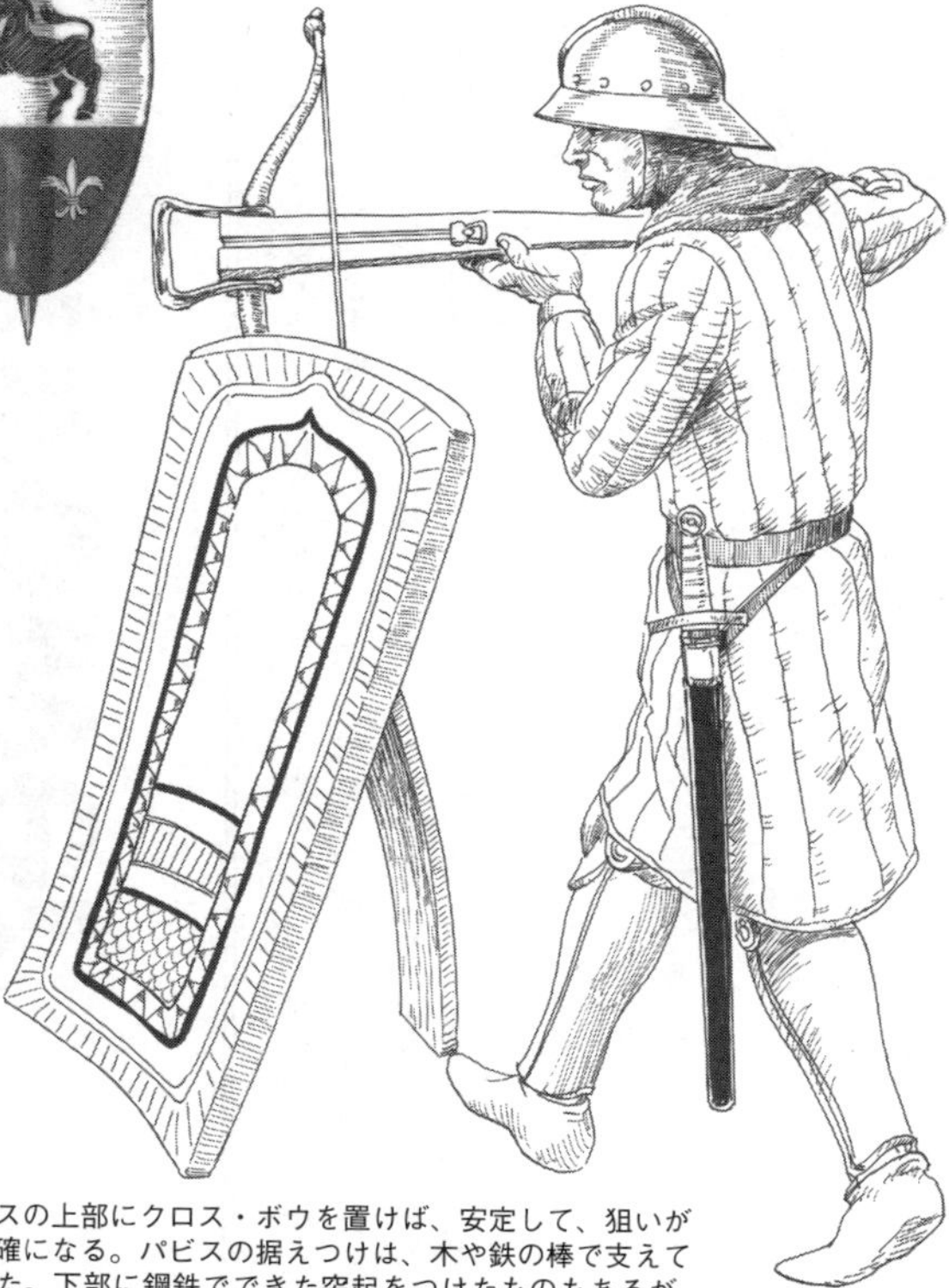

◘パビスの上部にクロス・ボウを置けば、安定して、狙いがより正確になる。パビスの据えつけは、木や鉄の棒で支えて固定した。下部に鋼鉄でできた突起をつけたものもあるが、その場合にはそのまま地面に突き刺して固定する。

Thrower
投擲兵

ここでいう投擲《とうてき》兵とは、投擲用の武器、すなわち大きく身体を動かして勢いをつけて投げる武器を扱う兵士のことで、投擲用の武器は、主に戦端を開いたり味方の援護をするときに使われました。だからといって投擲用の武器を軽く見てはなりませんぞ。場合によっては、剣や斧よりも効果的な武器でもあったのです。

さて、人類が最初に使った飛び道具は石です。それが投げ槍（ジャベリン）、弓、やがては銃火器となっていくわけですが、このコーナーは、投石器や投げ槍といった、どちらかというと原始的な武器を使うかたのために設けております。

投擲用の武器を初めてお使いになるかたのために、装備のポイントをお教えいたしましょう。まず投擲用の武器のほかに、接近戦となったときのための武器――剣や突き槍、せめて戦闘用のナイフ――を持っておいたほうがよ

いでしょう。また、動きやすい装備も大切です。プレート・アーマーなどをつけていては、うまく投げられません。(店主)

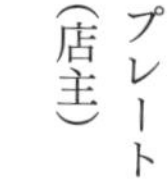

スリンガーの装備

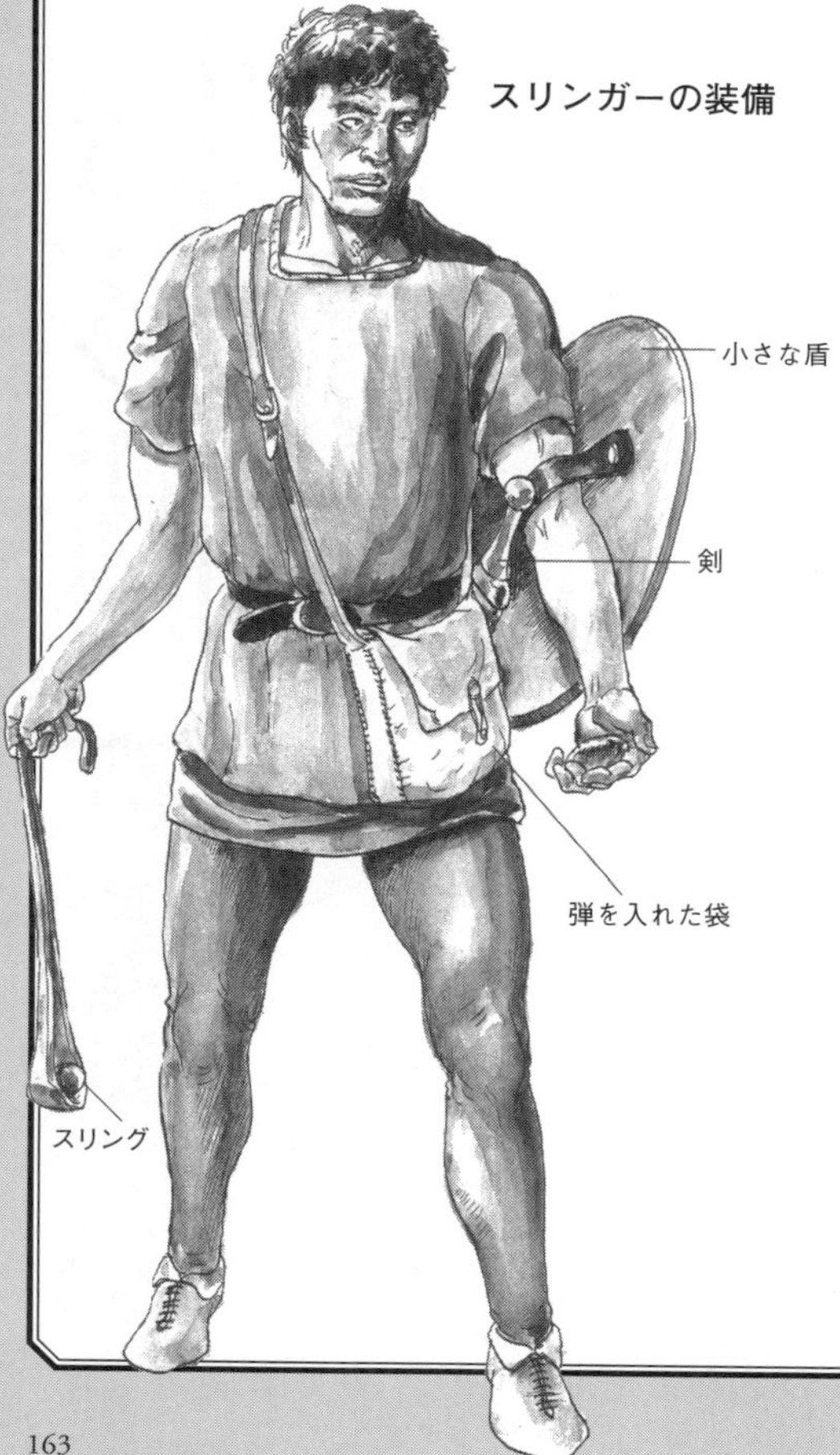

スリング【投石器】

SLING

投石は「つぶて」などといって、戦闘の際には最初に行われました。手頃な小石をつかみ、投げつけるだけですが、初期の弓よりは正確で遠くに飛ばせました。この投石を、もっと飛距離を伸ばし、威力を増すために発明されたのがスリング（投石器）です。発明といっても中央を少し幅広くした長いひもにすぎませんが、ひもをそのように使うと考えたことが発明なのです。

弾には石や鉛を使います。石なんてどこにでも転がっているからといって戦場へ弾なしで出かけてはいけません。手頃な石がそう都合よく大量にあるとは限りませんので、袋にたっぷりと入れていってください。

お金もなく、腕力にも自信のないかたにはぴったりの武器です。（店主）

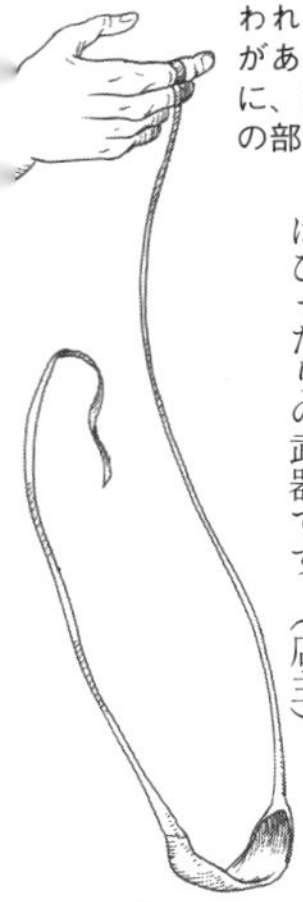

◆スリングはもっとも原始的な武器だが、中世の十字軍の頃まで使われていたのは、それなりの威力があったからである。ひもの中央に、弾を受けるための皮または布の部分がある。

◆レリーフに描かれたバビロニアの投擲兵（前8世紀頃）。スリングを使っているのがわかる。

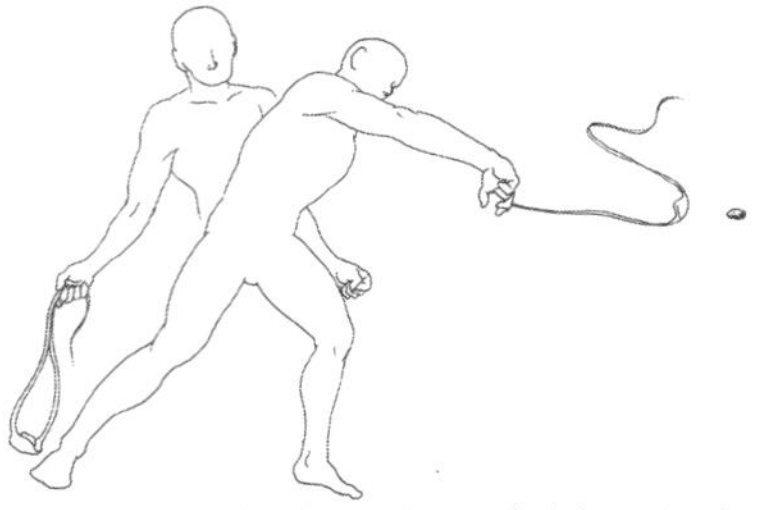

◆スリングの使い方。ひもより広くなっている弾受け部分に弾を包み、ひもの両端を持って頭上で振り回す。十分な加速がついた頃合を見計らって、片方のひもを離す。

ボーラ

BOLA

◘南米に見られる狩猟用の道具ボーラ。重りをつけたひもを数本結び合わせたもの。振り回して勢いをつけてから投げ、動物の足にからませて生け捕るのに使う。もちろん、重りが頭にでも当たろうものなら致命傷を負いかねない。

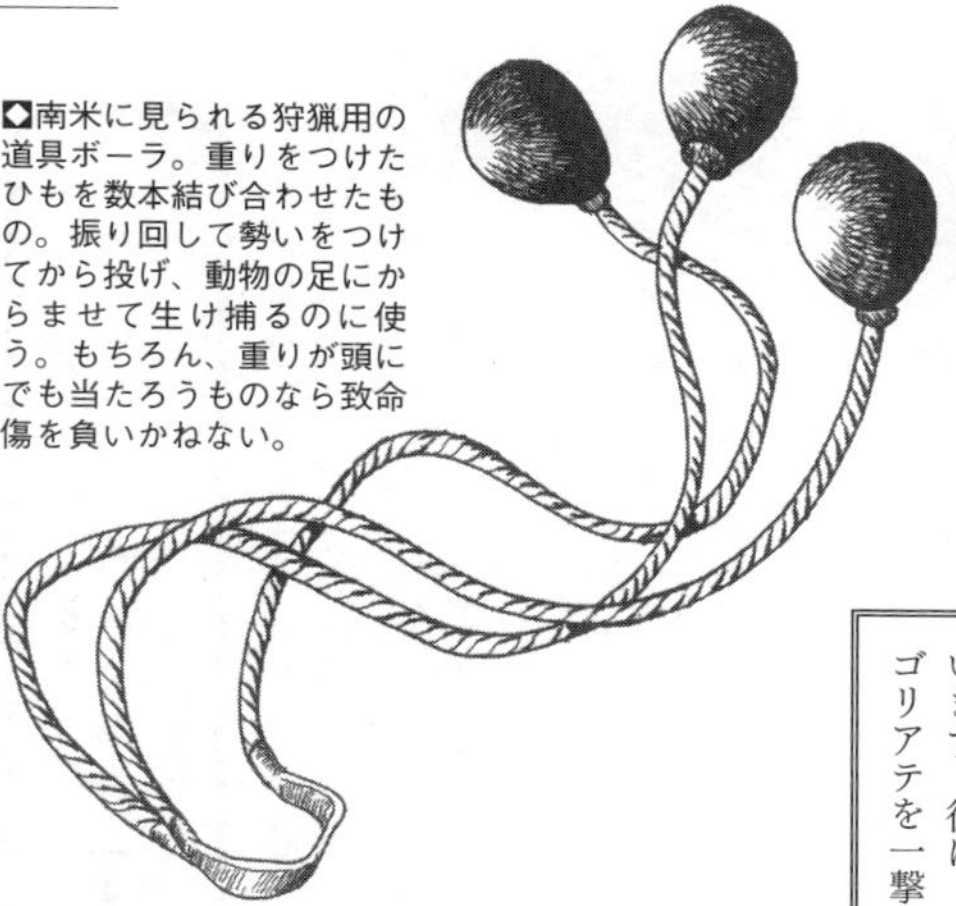

スリングの威力は、熟練したものが投げると、鉄製の兜をへこませ敵を気絶させたり、場合によっては死に至らしめることができたほどでした。スリングで活躍した有名な人物に旧約聖書のダビデがいます。彼は、雲をつくような大男で鎧に身を包んでいたゴリアテを一撃（一投）のもとに打ち倒しました。（店員）

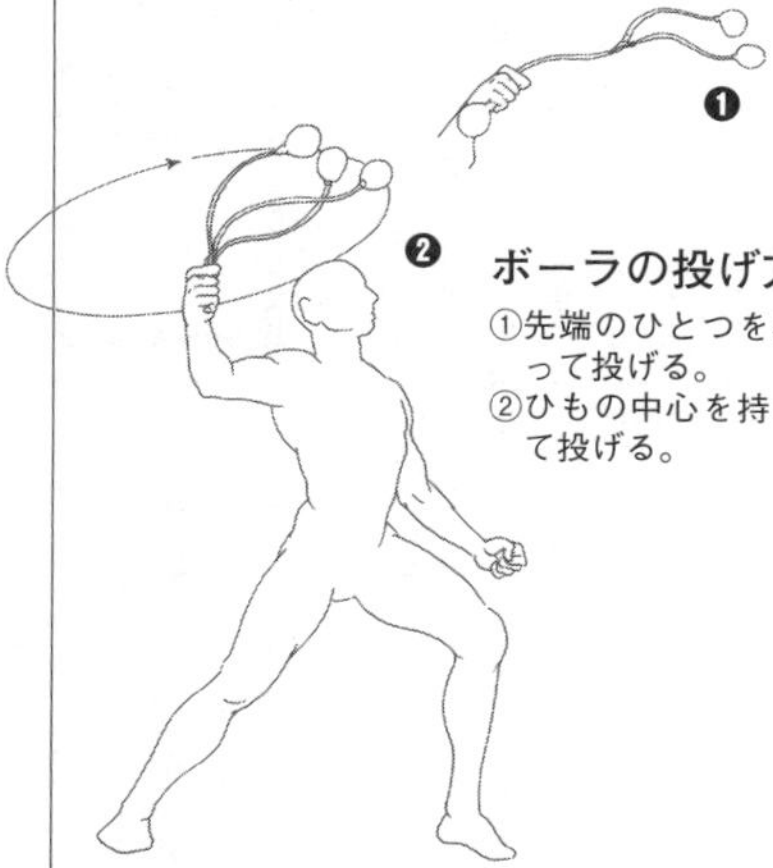

ボーラの投げ方

①先端のひとつを持って投げる。
②ひもの中心を持って投げる。

ジャベリン【投げ槍】

JAVELIN

ジャベリンは投げ槍のことですが、普通の槍との明確な違いはありません。どちらかというと短くて、穂先が短めで鋭く、また投げやすいようには作られています。ジャベリンは、盾を持っている敵に対しては、盾めがけて投げるようにしてください。盾が壊れなくても、穂先が突き刺さったままになれば、盾は重くて使えなくなります。

なお、ジャベリンをお使いになりたいかたは、普通の槍や、剣、盾なども忘れずにお求めください。ジャベリンを投げてしまうと、ほかにはもう何も武器がないなんてことがありませんように。

(店主)

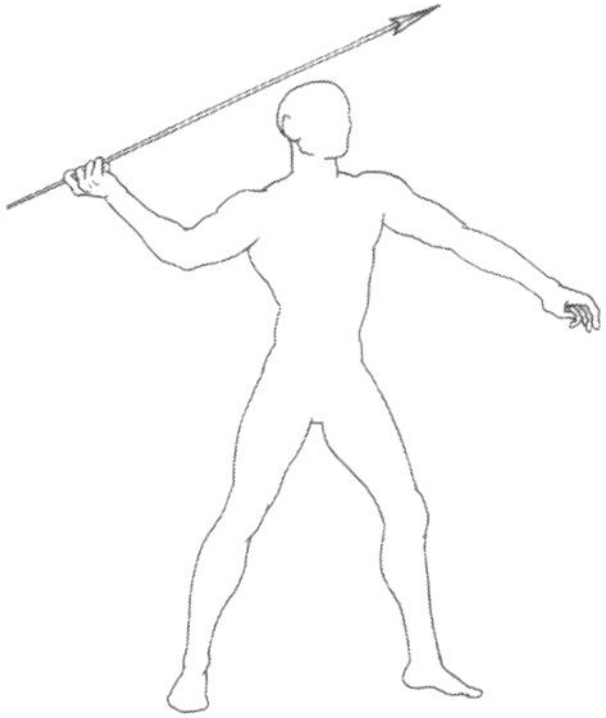

投擲用の武器による攻撃は、最初の一撃（一投）が肝心です。とくに投げ槍は一発勝負ですからね。できれば反撃されないようなところから、相手に気づかれないうちに投げるのがいいでしょう。なに、最初の一撃に失敗しても気を落とすことはありません。そのあと、どんどん投げればいいんですよ。雨あられと降らすくらいにね。うまくいけばひとつくらいは当たるかもしれません。（ふまじめな店員）

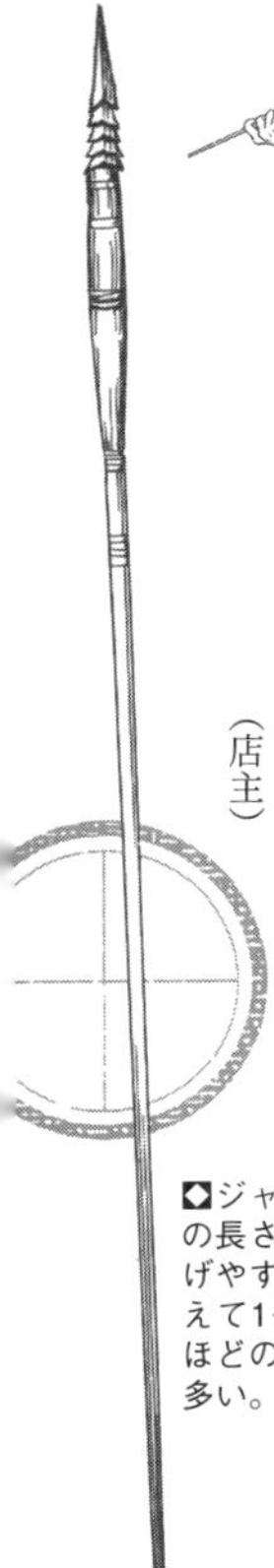

◆ジャベリンの長さは、投げやすさを考えて1〜1.2mほどのものが多い。

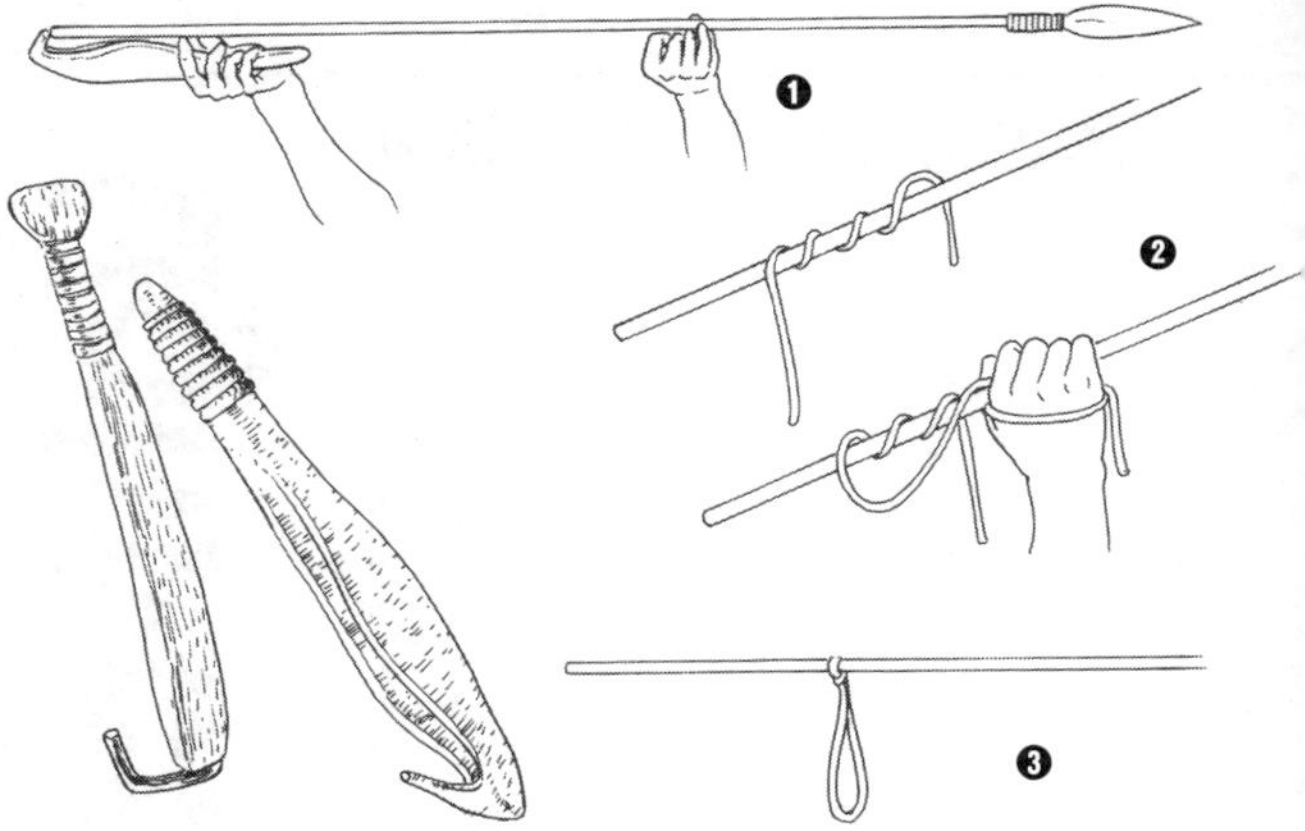

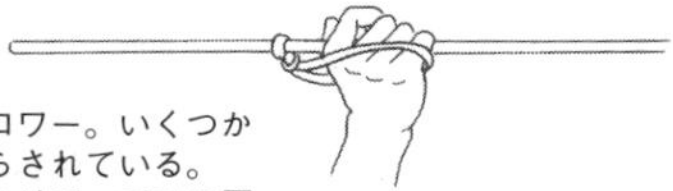

◘飛距離を伸ばす道具、スピア・スロワー。いくつかのタイプがあり、それぞれ工夫が凝らされている。
①木の棒にジャベリンの尾部を引っかけて、てこの原理を利用して投げる。
②すぐ解けるように柄にひもをからませ、ひもの端を持ったまま投げる。
③ひもの輪を柄につけて投げる。アメントゥムと呼ばれ、ローマ軍がピルムを投げるときに用いた。

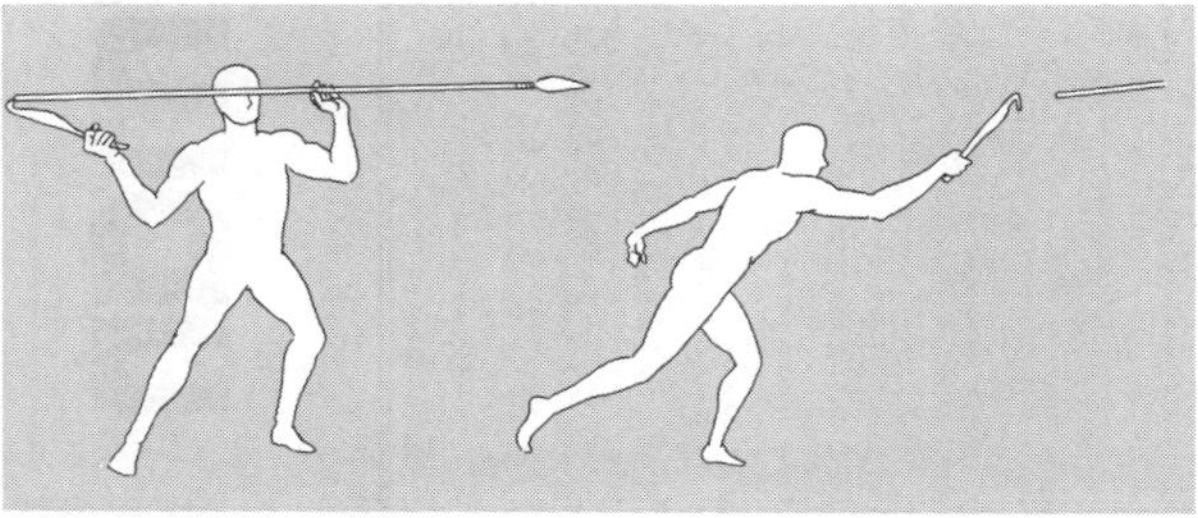

Light-cavalryman
軽装騎兵

みなさまは騎兵とお聞きになると、兵士のなかの花形といったイメージをおもちのことと思いますが、もともと騎兵は、軍隊のなかで重要な存在ではありませんでした。というのも中世以前は、馬は貴重だったからです。馬の頭数は少なく、また、馬を育てるためには大変な労力と費用が必要でした。そういうわけで馬というのは、国王や貴族、兵士のなかでも身分の高い指揮官など、本当に限られた人たちの高級な乗り物だったのです。そのため戦争では、馬に乗った兵士たちは、敵を蹴散らしてやっつけるといった中心的な役割を果たすのではなく、どちらかというと隊列の先頭に立てて、相手に「俺たちはこんなに馬をもっているんだぞ」といった威嚇の要素が強かったようです。

一方で、アジアに暮らす遊牧民たちは、豊富に馬をもっており、モンゴル帝国のように、全員が騎兵で、しかも一人が何頭も馬をもっているという軍隊も存在しました。

　おっと、ちょっとしゃべりすぎたようですな。では、軽装騎兵の装備をご紹介しましょう。軽装騎兵はその名の通り、鎧を着ていないか、着ていても最低限の防具しかつけていない騎兵のことです。機動力に優れ、戦闘よりは偵察や伝令として活躍します。中心となる武器は投げ槍や弓などです。

　同時にこのコーナーでは馬具も取り扱っております。馬具の進歩によって騎兵が戦場の花形となっていったということもお忘れなく。（店主）

◆古代ギリシアの軽装騎兵（前5世紀頃）。投げ槍を持ち、馬具はまだ轡（くつわ）しかない。もともとギリシアは山地が多いので、騎兵戦術は発達しなかった。

投げ槍

投げ槍は、古代の軽装騎兵の主要武器のひとつでした。三本ほどの投げ槍を持ち、敵に近づきます。あぶみや鞍《くら》がまだ発明されていない世界からお越しになったお客さまは、あまり敵に近づきすぎないほうがよいでしょう。身体が安定しませんので接近しての白兵戦では、馬に乗っているからといって、とくに有利ということもありません。敵のすぐ側を駆け抜け、槍を投げつけるようにしてください。

（店員）

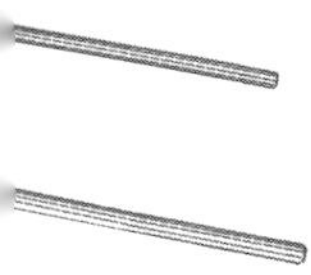

スキタイ族
Schythian

遊牧騎馬民族として歴史上に初めて登場したのが、スキタイ族です。前六世紀頃、黒海、カスピ海北方の草原地帯に王国を建設しました。スキタイという名前はギリシア人によってつけられた名称でギリシア人が彼らを気にかけて（恐れて）いたことがわかります。（店員）

◆スキタイの騎兵（前6世紀頃）。スキタイ人はギリシアのポリス間の争いが激しくなると、弓術と馬術の腕前を買われて、傭兵として活躍した。

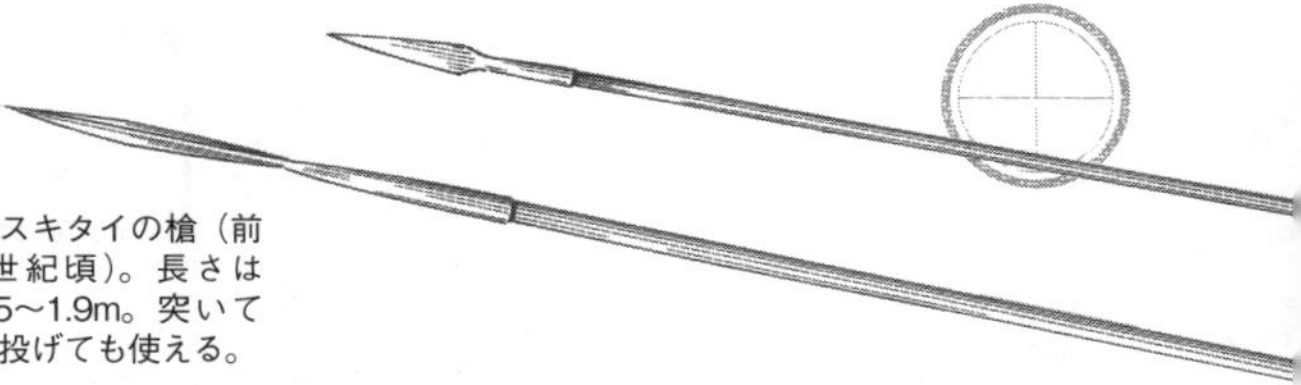

◇スキタイの槍（前4世紀頃）。長さは1.5〜1.9m。突いても投げても使える。

●騎兵の役割

騎兵はその機動力をいかして次のような任務につきます。
・伝令や偵察
・投げ槍や弓により主力歩兵部隊を援護する補助的戦闘
・騎槍（ランス）や剣などによるチャージ（騎兵突撃）

そのほか、移動時に馬を使い、戦うときには下馬するといった「馬に乗った歩兵」もいます。有名なフランクの重装騎兵は、馬から降りて戦ったという説もありますし、十七世紀にヨーロッパに登場した竜騎兵（ドラグーン）は、マスケット銃兵が馬に乗ったものでした。彼らは敵が近づくと馬で別の場所へ移動し、馬を降りてからマスケット銃を撃ちました。（店員）

弓

弓は軽装騎兵だけでなく、重装騎兵も使った騎兵の主要武器です。とくにショート・ボウ（短弓）は馬上でも扱いやすいので、よく用いられました。ただし、馬上から弓を射るというのは、乗馬、弓ともにかなりの技術が必要となります。あー、見たとこお客さんじゃ使いこなせそうもありませんね。（ふまじめな店員）

◇モンゴルの軽装騎兵（13世紀頃）。鎧らしきものは、なんら身につけていない。機動力を重視する彼らにとっては、鎧は邪魔なものだったのかもしれない。主な武器は弓と剣で、投げ槍を使うこともあった。

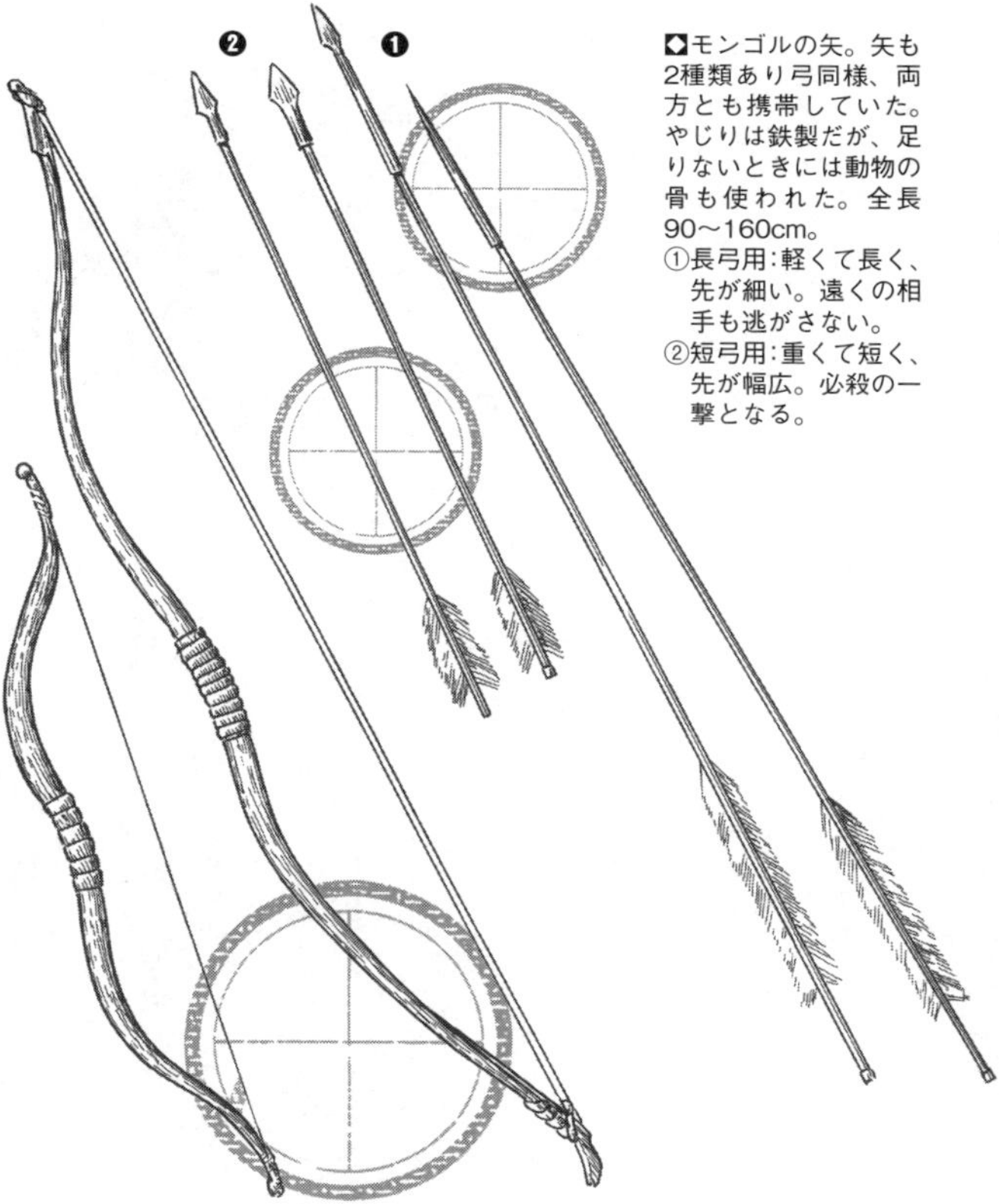

◘モンゴルの矢。矢も2種類あり弓同様、両方とも携帯していた。やじりは鉄製だが、足りないときには動物の骨も使われた。全長90～160cm。
①長弓用:軽くて長く、先が細い。遠くの相手も逃がさない。
②短弓用:重くて短く、先が幅広。必殺の一撃となる。

◘モンゴル騎兵は、馬上から射る短弓と、下馬して使う長弓を持っていた。強度を増すために、動物の角や骨をなかに挟み込んだ合成弓で、引くのに70kgほどのたいへんな力が必要だった。射程距離が200m以上のものもあり、600m先の的を射抜いたとの記録もある。

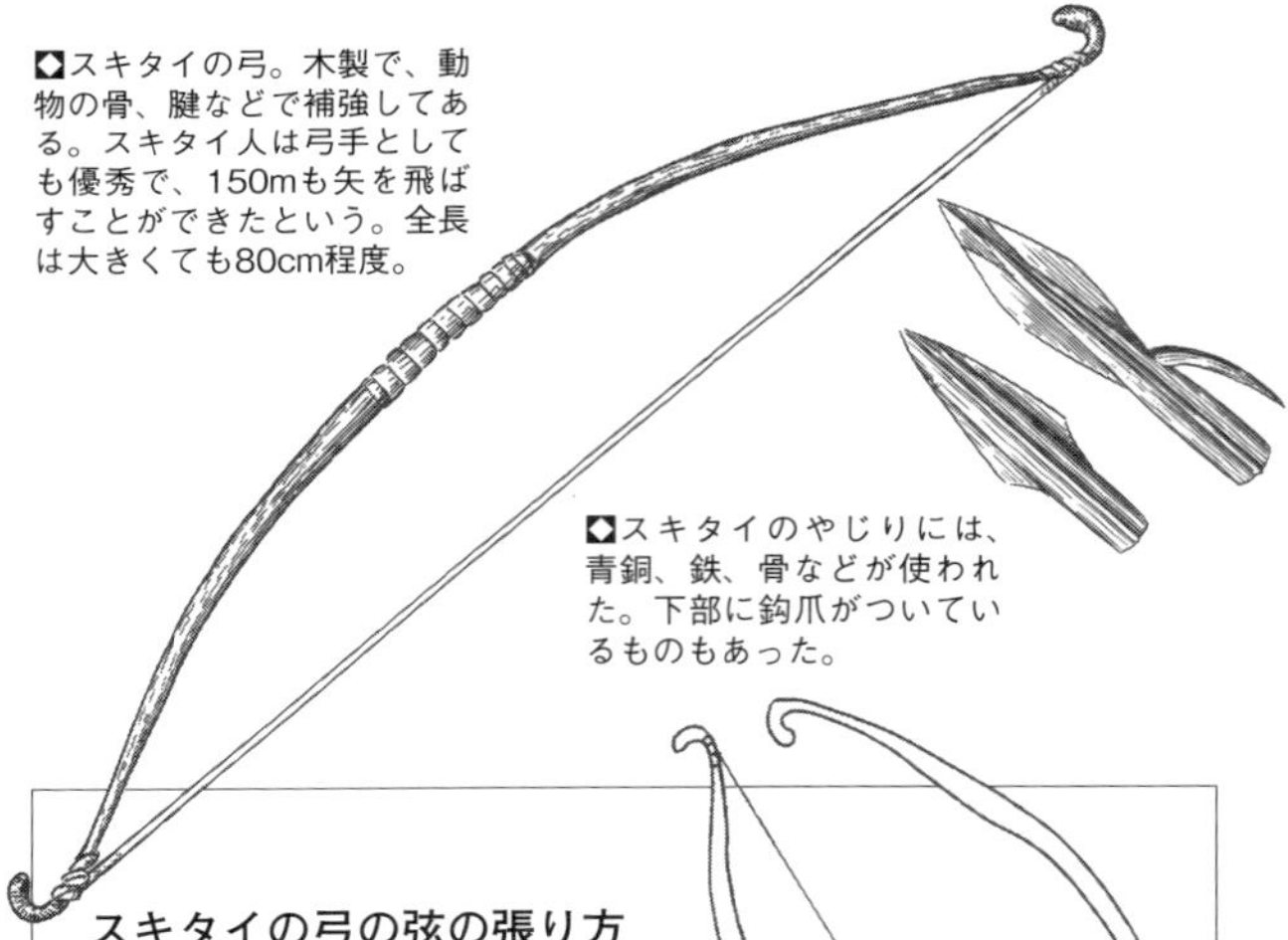

◘スキタイの弓。木製で、動物の骨、腱などで補強してある。スキタイ人は弓手としても優秀で、150mも矢を飛ばすことができたという。全長は大きくても80cm程度。

◘スキタイのやじりには、青銅、鉄、骨などが使われた。下部に鉤爪がついているものもあった。

スキタイの弓の弦の張り方

◘スキタイの弓は、弦を張っていないと弓が反対側にしなるほど強力だった。

◘スキタイの弓に弦を張るときは、満身の力を込めなければならない。

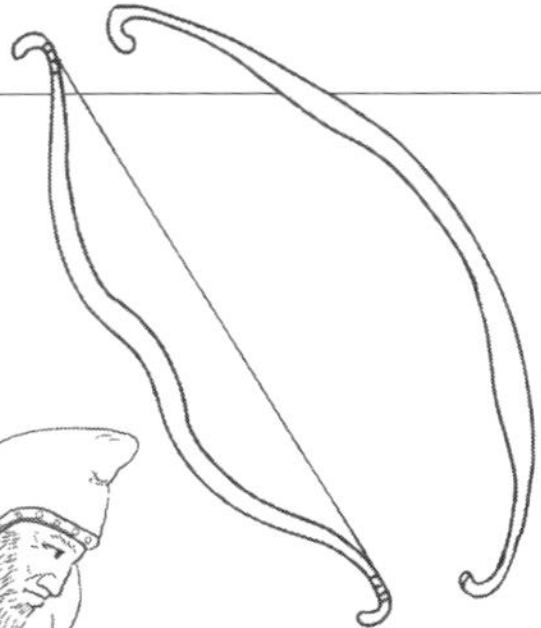

馬具

騎兵に欠かせないものは、まず第一に乗るべき馬。よく訓練された馬を手に入れることが大切なのは、いうまでもありません。そして次に大切なのが馬具。どんなによい馬を手に入れても、裸の馬ではすぐに振り落とされてしまいます。鐙や武器ばかりに気をとられず、騎兵用の武具をお買い求めのお客さまは、馬具も忘れずにお選びください。（店主）

◇馬から落ちないように、また、馬を自由に扱えるようにと考え出されたのが轡（くつわ）である。それまでは荷物を引いたり、戦車として利用されてきた馬は、これによって直接乗りこなすことができるようになり、機動力も格段にアップした。

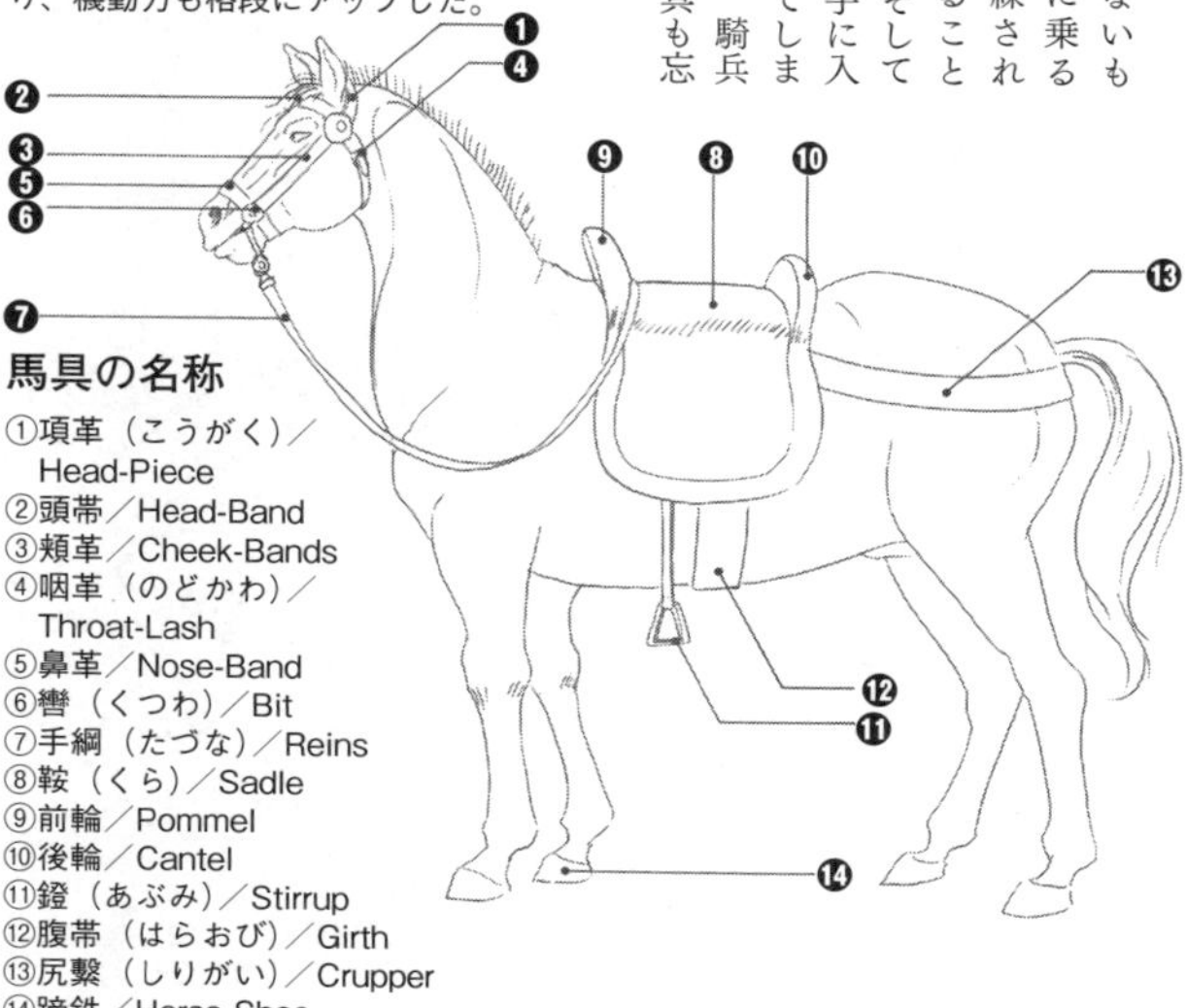

馬具の名称

①項革（こうがく）／Head-Piece
②頭帯／Head-Band
③頬革／Cheek-Bands
④咽革（のどかわ）／Throat-Lash
⑤鼻革／Nose-Band
⑥轡（くつわ）／Bit
⑦手綱（たづな）／Reins
⑧鞍（くら）／Sadle
⑨前輪／Pommel
⑩後輪／Cantel
⑪鐙（あぶみ）／Stirrup
⑫腹帯（はらおび）／Girth
⑬尻繋（しりがい）／Crupper
⑭蹄鉄／Horse-Shoe

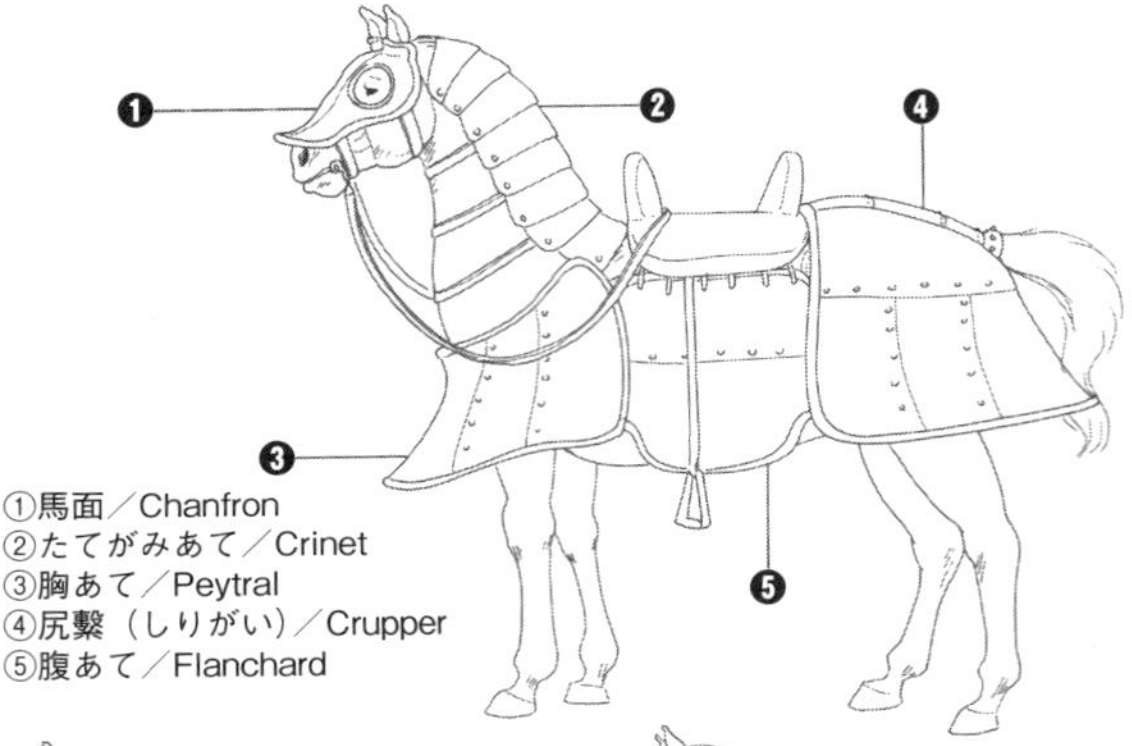

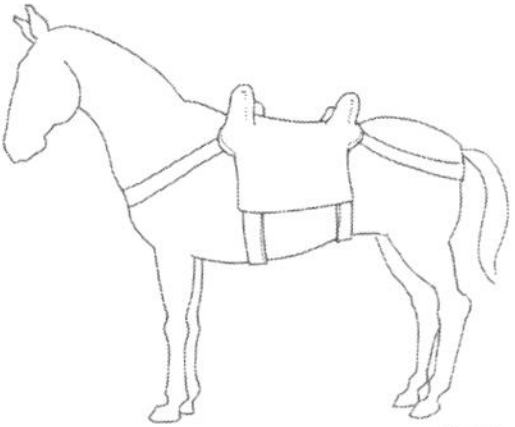

◆ローマ帝国の騎兵が用いた革製の鞍(2世紀頃)。鞍の四隅に突起があり、落馬しにくくなっている。突起内部は青銅で補強してある。

◆ゲルマン人が用いた鞍（4世紀頃)。鞍の前後に前輪、後輪がついて、しっかりと乗ることができる。鞍本体は、ベルトで馬の胴に取りつける。

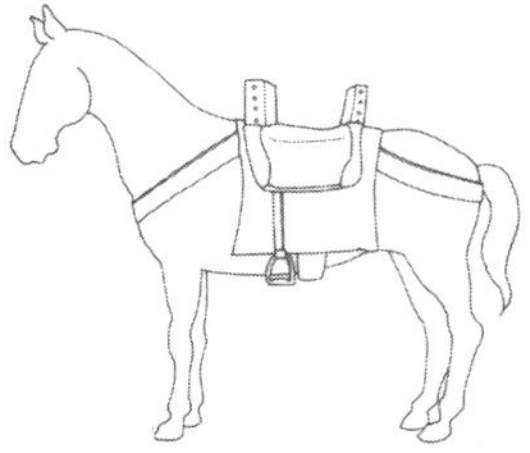

◆中世ヨーロッパの鞍（13世紀頃)。前輪と後輪が大きく、振り落とされる心配がない。

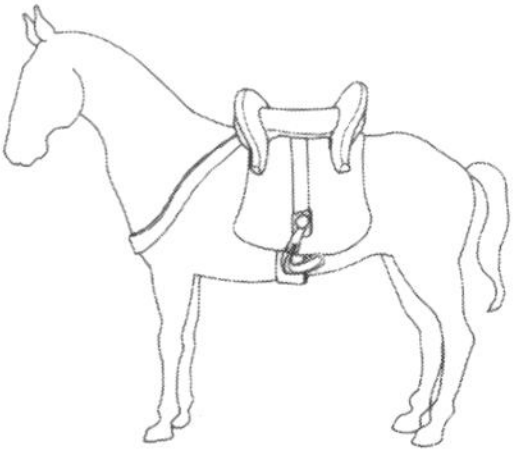

◆日本の鎌倉時代の鞍。装飾的にも優れているものが多い。

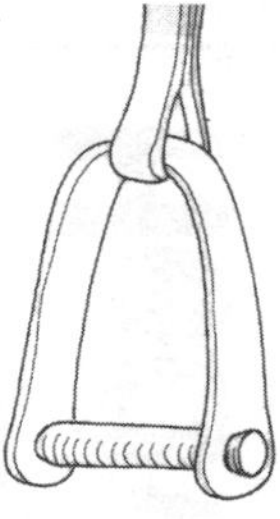

◘あぶみの発明は、馬具のもっとも大きな発明である。これによってふんばりがきき、馬上での安定性が向上した。

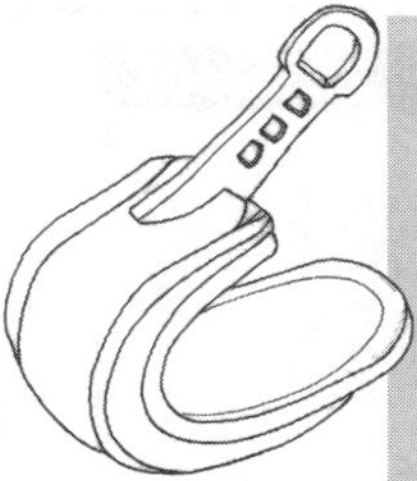

◘日本の鎌倉時代のあぶみ。輪のなかに足を通すのではなく、足を包む型のあぶみが日本ではよく見られた。

◘モンゴルの騎兵とヨーロッパの騎士では、あぶみの位置が違う。モンゴル騎兵のあぶみの位置は高く、騎乗すると脚は「くの字」形に曲がり、現在の競馬の騎手と同じようなスタイルになる。このため、腰を浮かせて速く走ることができた。一方、ヨーロッパの騎士のあぶみは低い位置にあり、脚は真っ直ぐに伸びてしまう。この形だと、威風堂々としたポーズを作ることができるが、速く走るのには向かない。

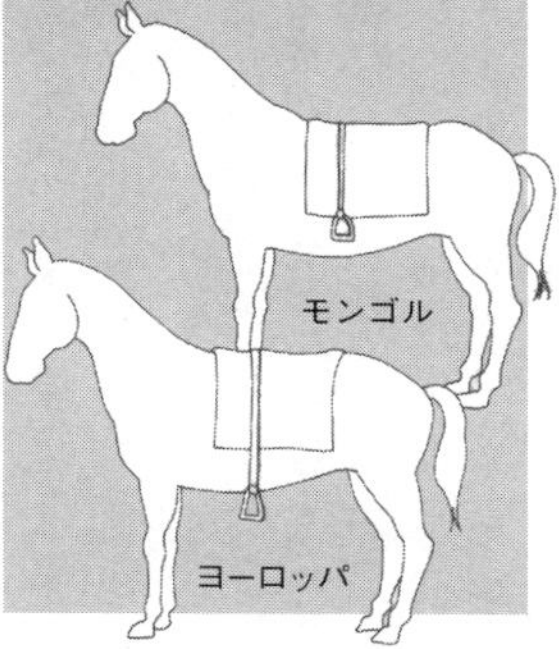

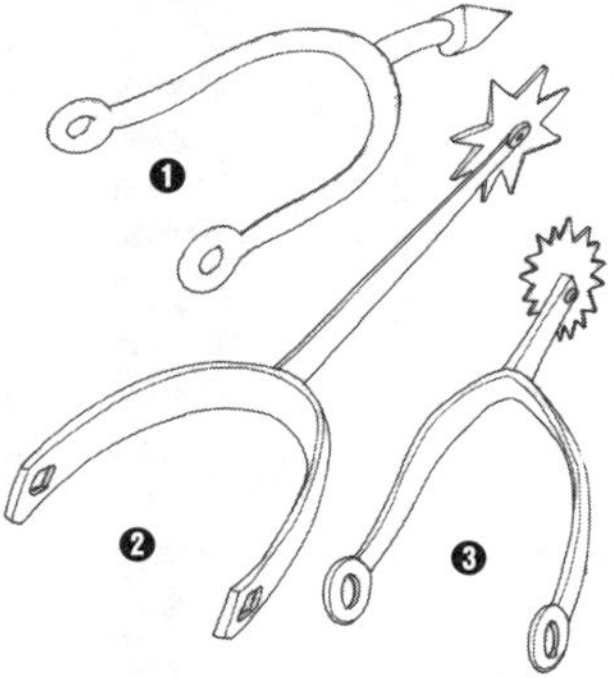

◘中世ヨーロッパの、さまざまな拍車の型（14世紀〜15世紀頃）。
①ブリック・スパー。短く尖った拍車。
②ロング・ネックド・スパー。長い棒の先についた拍車。
③ラウエル・スパー。歯車のような星型の拍車。

◘ローマの拍車。拍車は騎兵には欠かせない。1世紀頃から一般的に使われるようになった。

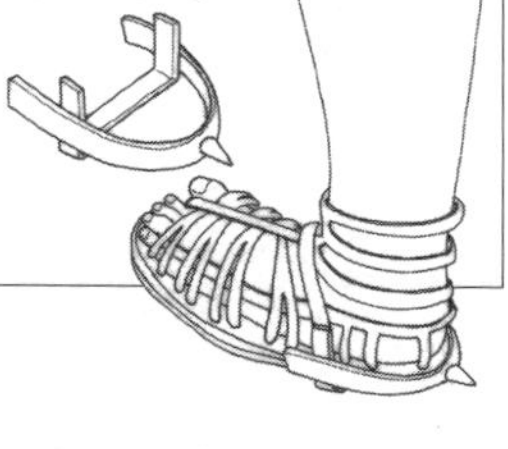

Heavy-cavalryman

重装騎兵

重装騎兵は、身体を鎧で包んだ騎兵で、その主な役割はチャージ（騎兵突撃）です。重装騎兵は、二十世紀でいうところのタンク（戦車）にあたる威力を発揮し、フランクの重装騎兵は、二百人ほどで小国の軍隊を壊滅させたといわれています。騎兵が集団で突撃してくるときには、歩兵はとても近づけるものではありません。歩兵の対騎兵戦術としては、高い丘の上に陣取り馬の速力を落とすか、密集して馬が隊列を駆け抜けられないようにするしかありません。

たいへんな威力を発揮する重装騎兵ですが、単独や少数での行動は危険です。いくら重装騎兵でも数が少なければ、機敏さの点で勝る歩兵の餌食となってしまいますので、騎兵の運用は、兵力を集中することが肝心だといえるでしょう。さらに機動力をいかして、敵に態勢を立て直す時間を与えずに縦横無尽に戦場へ繰り出せば、重装騎兵部隊にかなうものはないでしょう。（店主）

フランク重装騎兵

西ローマ帝国が滅亡したあと、ゲルマン人は各地に王国を建設しましたが、そのなかでも、もっとも勢力をもったのがフランク王国です。八世紀から十世紀までのフランク王国カロリング朝の時代には、中世の騎士たちの起源になったといわれる重装騎兵が誕生しました。全身を鎧で固め、馬にも鎧をつけているその姿は、のちにいう「騎士」とほとんど変わりがありません。この頃の騎兵は、まだ高い身分ではありませんでしたが、馬に乗って戦う姿と、戦士特有の質実剛健な生活態度から、ノビレス（高貴な人）と呼ばれるようになりました。（店主）

◇10世紀頃のフランク人の重装騎兵。彼らは騎士階級の起源的存在で、質実剛健の戦士として“高貴な人（ノビレス）”と呼ばれた。

古代の重装騎兵

軽装騎兵のコーナーの最初にも申しましたとおり、古き時代には、騎兵はほんの威嚇程度の役割しか果たしておりませんでした。とくに重装騎兵は装備にお金がかかることから、お金持ちだけがなることができたのです。(店主)

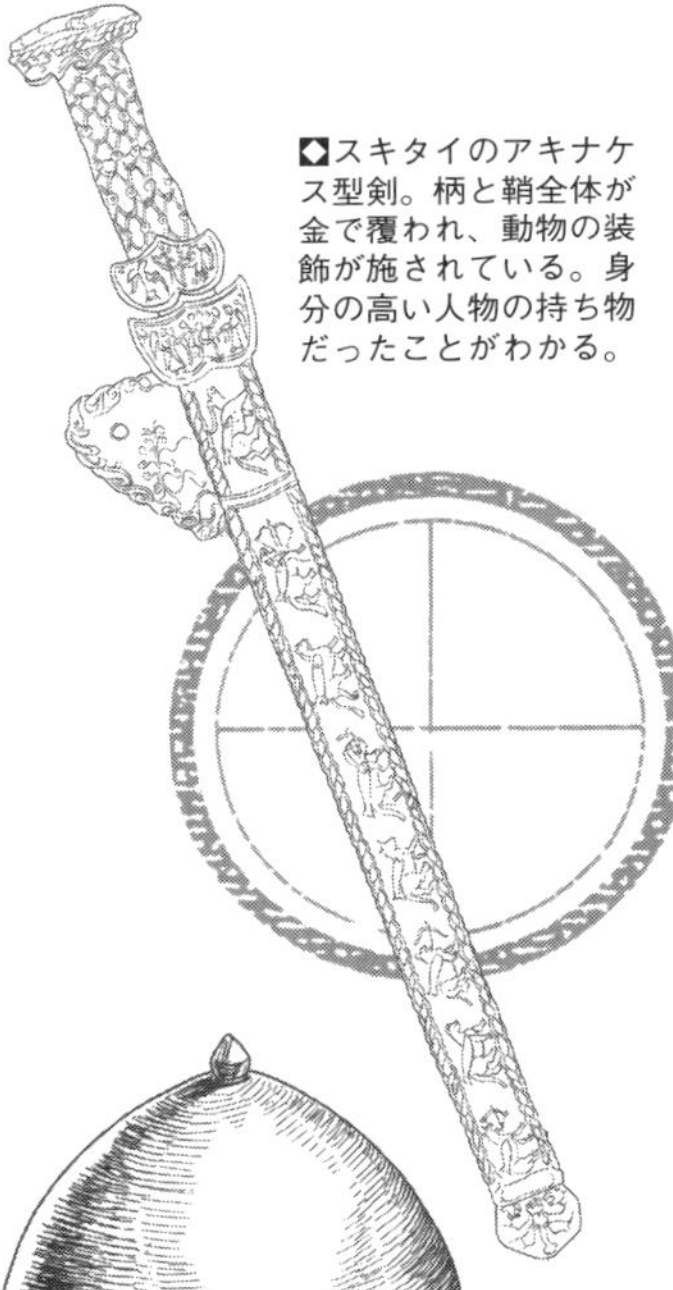

◇スキタイのアキナケス型剣。柄と鞘全体が金で覆われ、動物の装飾が施されている。身分の高い人物の持ち物だったことがわかる。

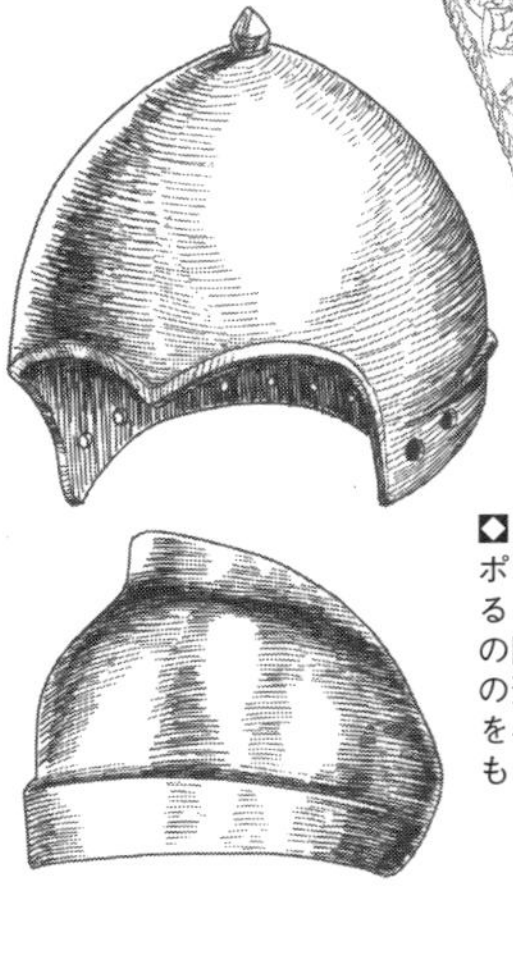

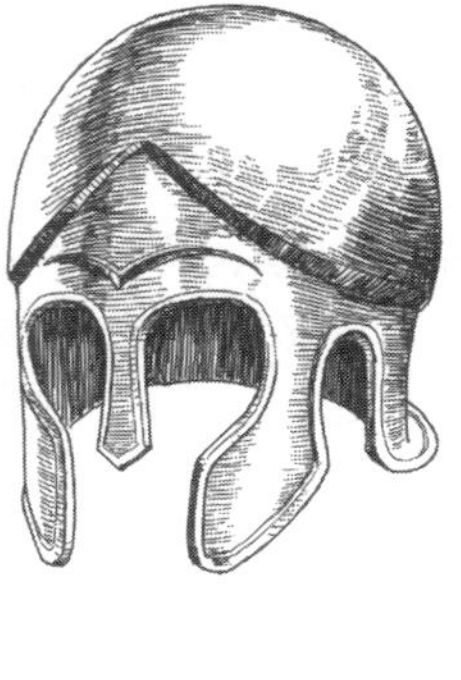

◇スキタイ人は、ポリスの傭兵になるなどギリシアとの関係が深く、兜の形も相互に影響を与えあっているものが多い。

◆スキタイの手斧。装飾が施され、あまり丈夫そうには見えないが、刃先は鉄製である。

◆完全武装したスキタイの王族（前6世紀頃）。兜は青銅製、盾とスケール・アーマーは鉄製である。盾の中央にはスキタイ独自の彫刻がされている。斧、剣、馬の顔や胸についている飾りは金製である。弓矢も取りつけてある。

◆ローマ帝国重装騎兵（1世紀頃）。あぶみがないことに注意。主となる武器は槍。短めのチェイン・メイルで、横に入っているスリットは、馬に乗りやすくするためである。ローマでは歩兵が戦闘の中心で、騎兵は偵察や歩兵の補助にあたる程度でしかなかった。

◆ゲルマン騎兵(4世紀頃)。丈夫な馬、鞍の改良、あぶみと蹄鉄の使用によって、馬上での戦闘能力と馬の移動能力を格段に高めた。

ゲルマン民族大移動

ゲルマン民族は、スカンディナビア半島のあたりから、ヨーロッパ北部や東部に移住していった民族で、ローマ帝国の辺境に住んでいました。前1世紀の頃からローマとの接触が始まり、3世紀くらいにはかなりのゲルマン人がローマ帝国内で暮らすようになります。さらに4世紀になると、東ヨーロッパから侵入してきたフン族によって住む場所を奪われたゲルマン人たちが、ローマ帝国に大量に流入してきました。その頃すでにローマは東西に分裂していましたが、西ローマ帝国はこの混乱のため、5世紀には滅びてしまうのです。(店員)

ヘタイーロイ

ヘタイーロイは、マケドニアのアレキサンダー大王が率いた騎兵です。彼らは三～四メートルの長さがある長い槍を持っていました。その槍はキシトン（Xyston）と呼ばれました。（店員）

◆マケドニアの騎兵用のキシトン（前4世紀）。キシトンには、石突きが尖ったソケット式になっているものと、両端が穂先になっているものがある。長さは歩兵用より短い。

◆青銅製のボイオティア式兜。耳あてや頬あてがなく、視界を広くとれ、物音もよく聞こえる。

アレキサンダー大王

ギリシアの北方にあったちっぽけな国から、インドにも達するような広大な領土の帝国を作り上げたのが、アレキサンダー大王です。彼が支配していったオリエントの地は、ギリシアとは違って平地が多く、騎兵隊があれば戦闘を優位に進められることを知ったアレキサンダーは騎兵隊の充実を図りました。（店員）

◇アレキサンダー時代のマケドニア騎兵（前4世紀）。騎兵用のサリッサを持っている。アレキサンダー大王はペルシャ騎兵を見て、キシトンを持った騎兵隊を取り入れた。馬の胴体につけた豹の毛皮が特徴的である。

ランス【騎槍】
LANCE

騎兵突撃では、ランス（騎槍）が主要武器となります。時代によってさまざまな形状のものがありましたが、なかには丸太そのものというランスもありました。騎士が使うランスは、騎士のフロアにおいてありますので、ここではそのほかのランスをご覧ください。（店主）

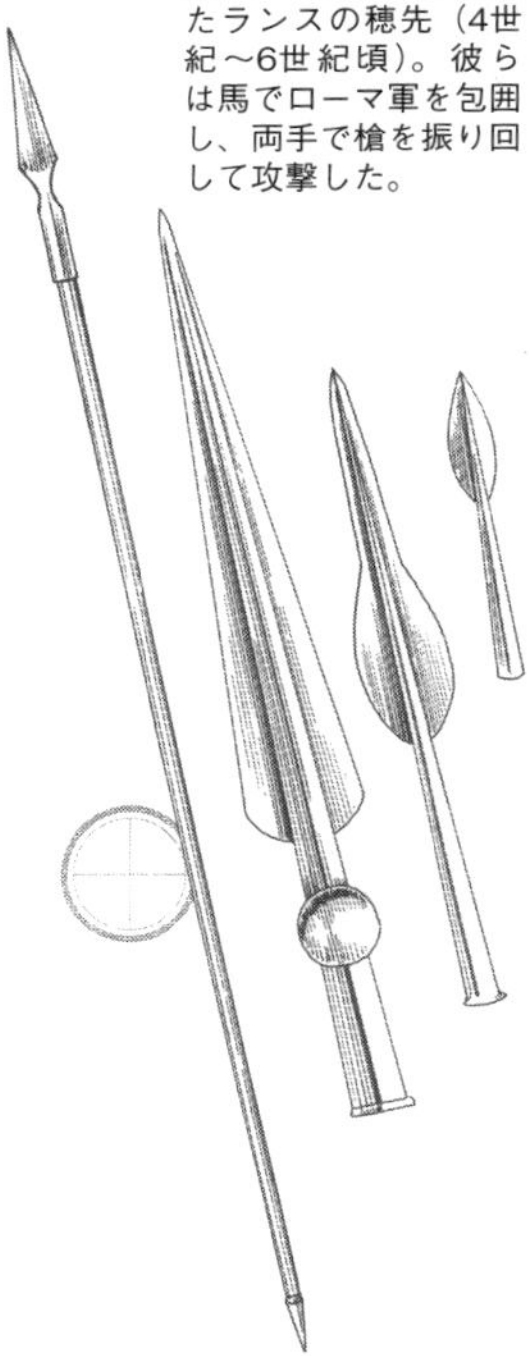

◆ゲルマン騎兵が使ったランスの穂先（4世紀～6世紀頃）。彼らは馬でローマ軍を包囲し、両手で槍を振り回して攻撃した。

◆ローマのランス（1世紀頃）。石突きの部分を細く尖らせているものが多い。

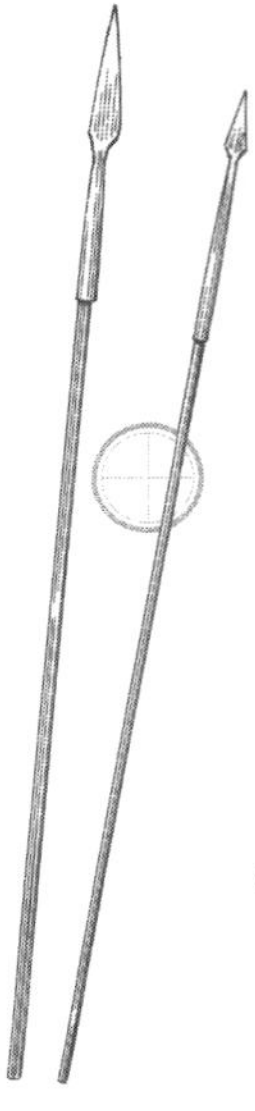

◆スキタイのランス（前4世紀頃）。長さ3m以上のものもあった。投げ槍として使うこともある。

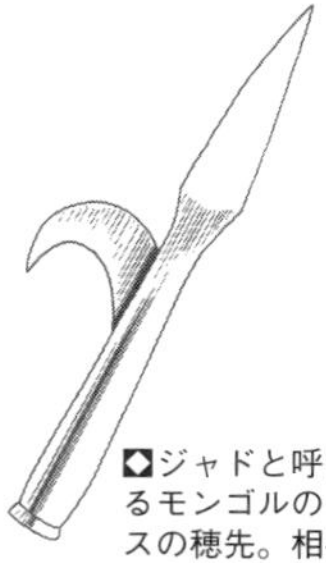

◆ジャドと呼ばれるモンゴルのランスの穂先。相手を引っかけ、馬から落とすための鉤がついている。

剣

騎兵が使う剣は、古くは突き刺して使うものが多かったのですが、次第になで切る形のものも登場してきます。馬の勢いにのって突き刺すか、通り過ぎる際に叩き切るかは、お客さまのお好み次第。もっとも腕が悪けりゃ、どっちにしろ同じですけど。（ふまじめな店員）

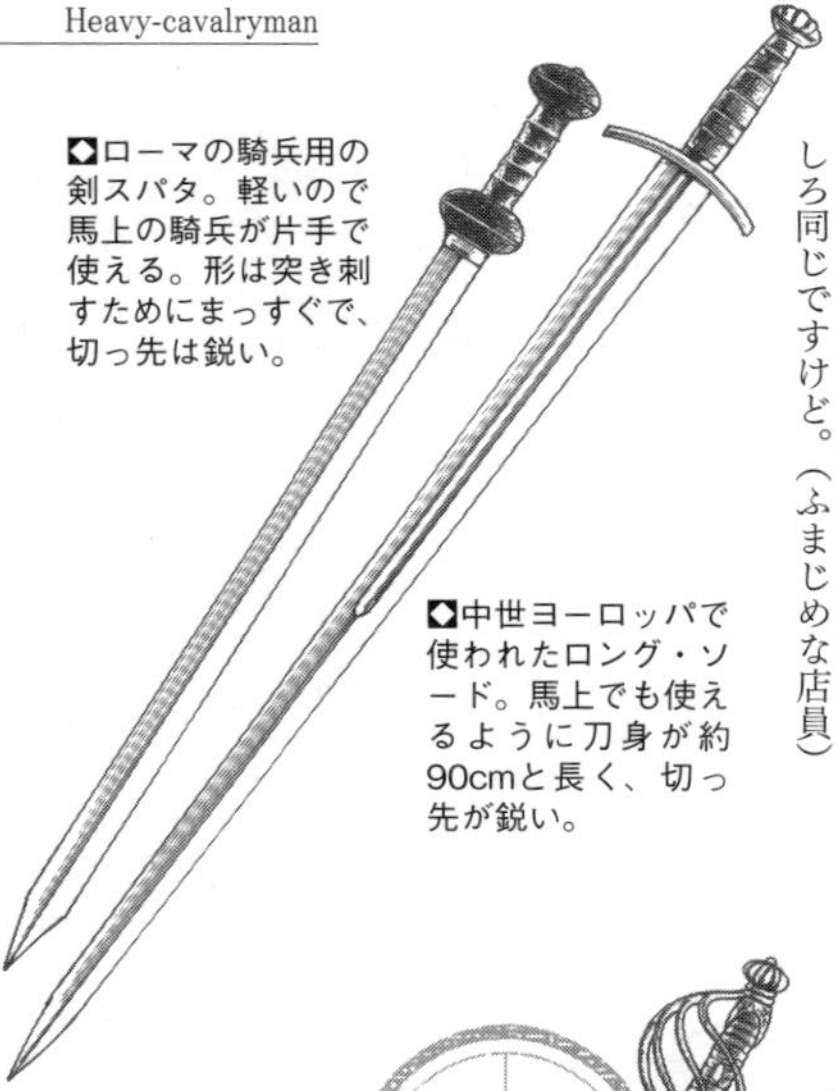

◇ローマの騎兵用の剣スパタ。軽いので馬上の騎兵が片手で使える。形は突き刺すためにまっすぐで、切っ先は鋭い。

◇中世ヨーロッパで使われたロング・ソード。馬上でも使えるように刀身が約90cmと長く、切っ先が鋭い。

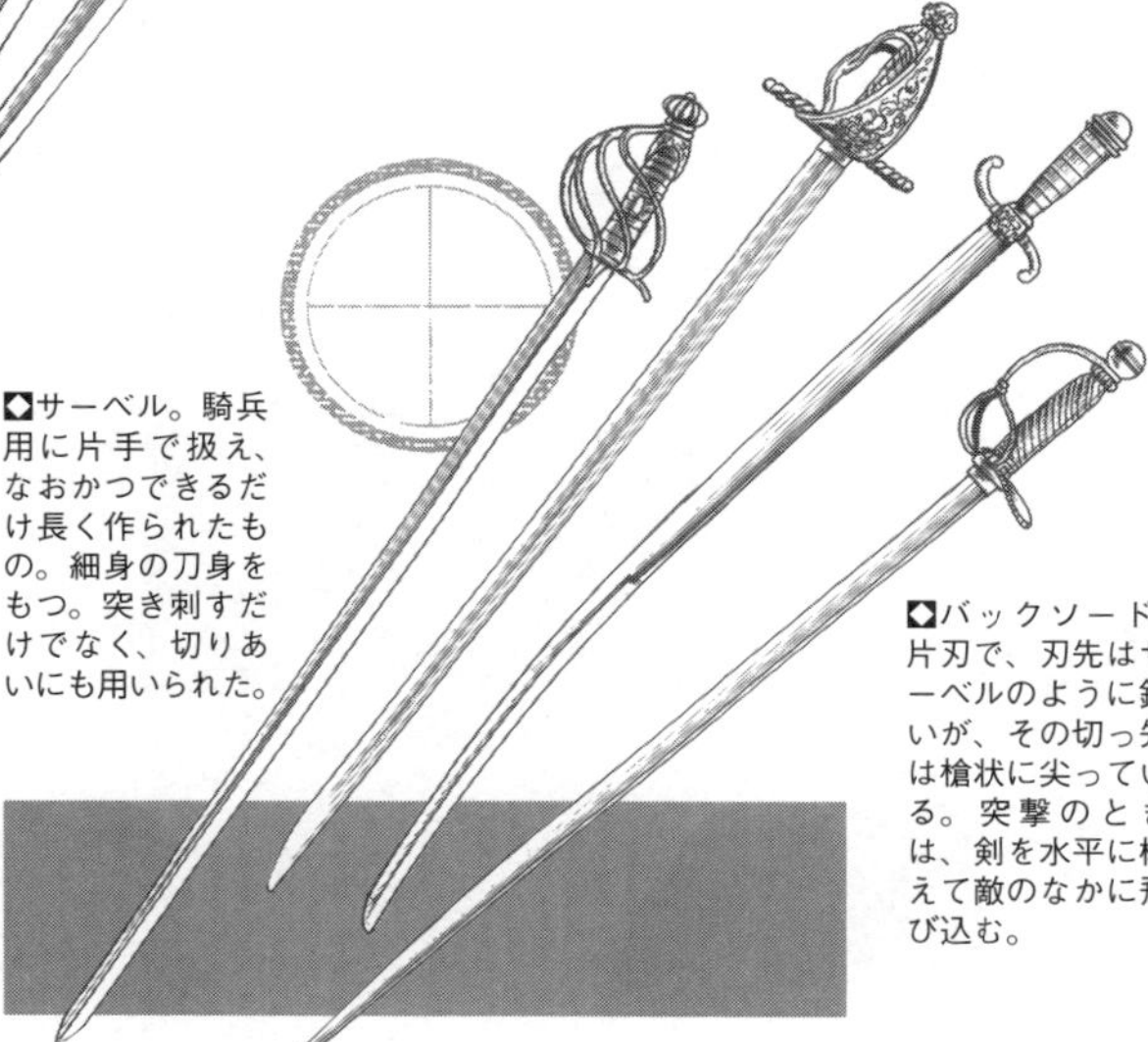

◇サーベル。騎兵用に片手で扱え、なおかつできるだけ長く作られたもの。細身の刀身をもつ。突き刺すだけでなく、切りあいにも用いられた。

◇バックソード。片刃で、刃先はサーベルのように鋭いが、その切っ先は槍状に尖っている。突撃のときは、剣を水平に構えて敵のなかに飛び込む。

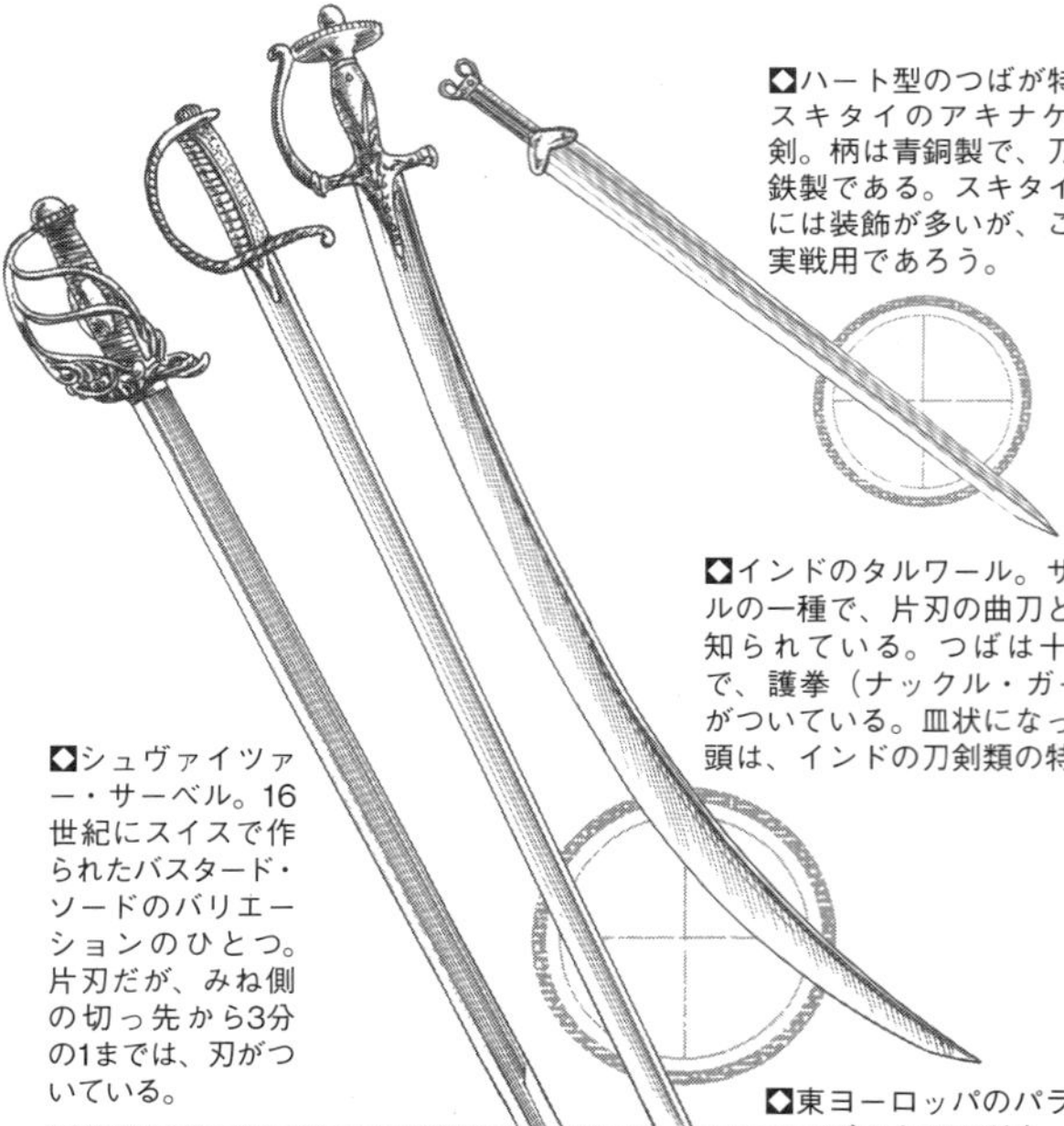

◘ハート型のつばが特徴のスキタイのアキナケス型剣。柄は青銅製で、刀身は鉄製である。スキタイの剣には装飾が多いが、これは実戦用であろう。

◘インドのタルワール。サーベルの一種で、片刃の曲刀として知られている。つばは十字型で、護拳（ナックル・ガード）がついている。皿状になった柄頭は、インドの刀剣類の特徴。

◘シュヴァイツァー・サーベル。16世紀にスイスで作られたバスタード・ソードのバリエーションのひとつ。片刃だが、みね側の切っ先から3分の1までは、刃がついている。

◘東ヨーロッパのパラッシュ。バックソードを一回り大きくしたもの。刃先が鋭く、切っ先は尖っている。攻撃するときは騎馬を疾走させ、水平に構えて敵に突撃した。とくにポーランドの重騎兵が用いた。

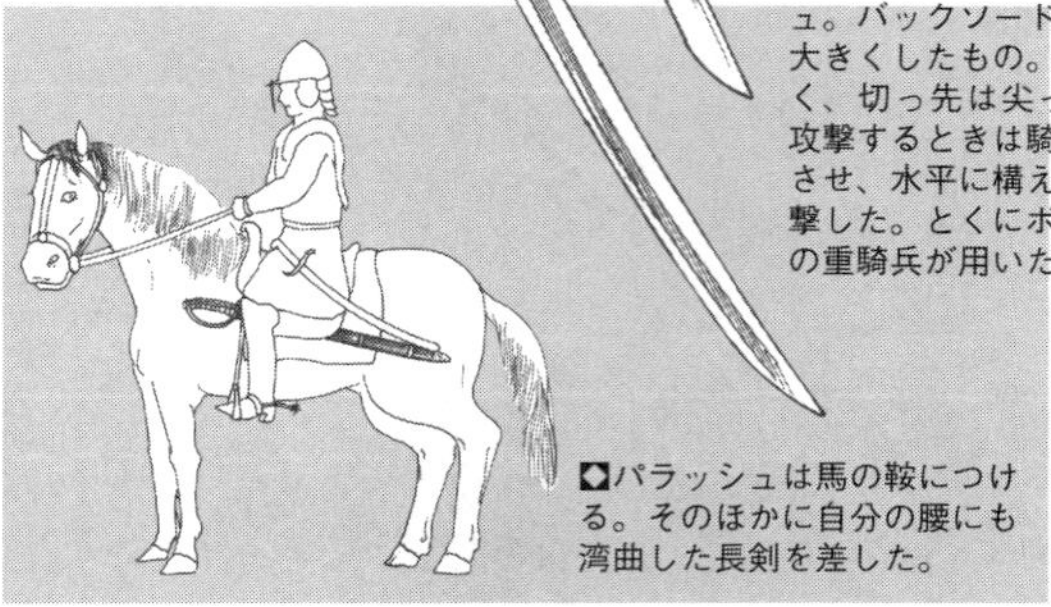

◘パラッシュは馬の鞍につける。そのほかに自分の腰にも湾曲した長剣を差した。

モンゴル重装騎兵

十二世紀から十三世紀にかけて、あっという間にアジア、ヨーロッパにまたがる大帝国となったのがモンゴル帝国です。彼らの軍は全員が騎兵でそのうえ一人が五、六頭も馬を所有していました。騎馬民族として、生まれたときから馬とともに暮らしているのですから、乗馬技術も抜群です。ほかの国の軍隊がかなわなかったのも当然かもしれません。そんなモンゴル騎兵のなかでも、身分の高い将軍だけがなることができた重装騎兵をご紹介しましょう。（店主）

モンゴルの軍制

モンゴルでは10を単位として軍隊を編成していた。

十戸隊	10人
百戸隊	10×10人
千戸隊	10×10×10人
万戸隊	10×10×10×10人

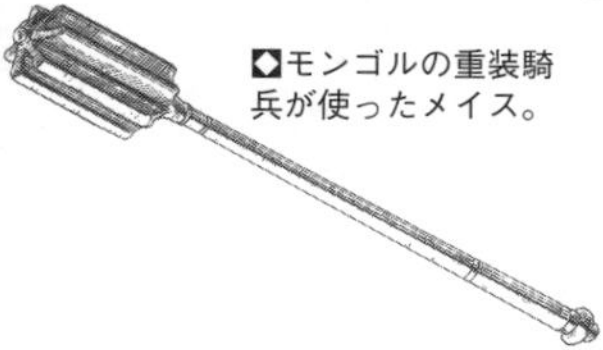

◇モンゴルの重装騎兵が使ったメイス。

◇モンゴルの重装騎兵（13世紀頃）。彼らの多くは身分の高い指揮官などであった。鎧は革片をつなぎ合わせたもので、馬にも同じように鎧をつけた。重装騎兵はまれに小さい円盾を持つこともあった。

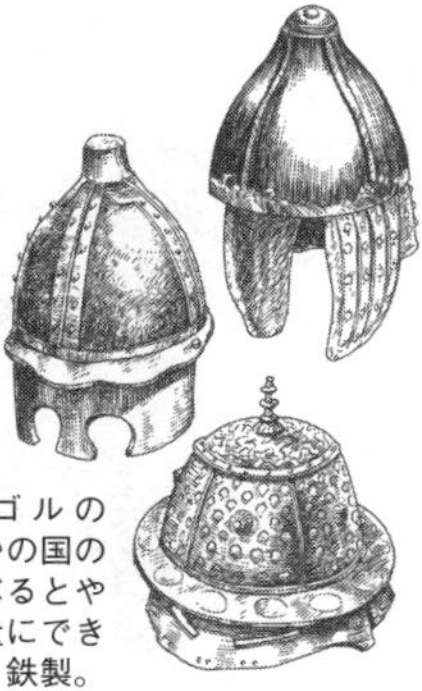

◇モンゴルの兜。ほかの国の兜と比べるとやはり軽量にできている。鉄製。

象
ELEPHANT

さて、戦闘の際に人が乗る動物は馬だけとは限りません。

古代ペルシャやカルタゴ、アレキサンダー大王がインドに遠征した頃のインドでは、象を隊列の先頭に立てて、敵歩兵を踏みにじるために利用しました。また馬は、象やらくだのにおいをきらいます。とにかく大きい動物なので、見たことのない人間の目には、脅威の存在として映ったに違いありません。しかし象という動物は非常に臆病で、戦闘時には興奮して、敵味方かまわず暴れ回っていたことが多かったようです。戦闘のあとには、人間のおせんべいがいっぱいできていたんでしょうね。

（ふまじめな店員）

◆アレキサンダーのインド遠征後、自分の軍隊にも象を取り入れたマケドニア軍。象の背中に箱を乗せて、そのなかから人間が弓で攻撃している。

らくだ
CAMEL

次はらくだです。乾燥地帯に棲んでいるこの動物は、荷物を運ぶ頑強な動物として、古くから家畜として飼われていました。アラブの人たちはこのらくだを馬の代わりに利用したのです。でも、どう考えても乗り心地は悪そうです。やはり、のんびりした顔をして荷物を運んでるほうが、らくだには似合っているようです。（店主）

◆砂漠などでは、らくだは移動力があり扱いやすい。ペルシャにはらくだ軍があった。らくだ上の兵士は、弓を使って戦う。

◆遊牧民族が馬とともに移動するとき、必要不可欠な乗り物がらくだである。らくだは決して馬のように速く走れる動物ではないが、たいへん頑強で荷物を運ぶのには適している。

Norman
ノルマン騎兵

西ヨーロッパで騎兵の装備に大きな影響を与えたのは、十一世紀頃のノルマン人です。ノルマンの騎兵たちは、中世の騎士の元祖ともいえますが、その馬具や騎兵突撃を中心とした戦術は、西ヨーロッパでの「騎乗しての戦い」に大きな変化をもたらしました。彼らの装備を見ることは、つまりは、騎兵の装備で考えなければならない工夫を見ることと同じです。騎兵や騎士の方は、必ずご覧になるようにしてください…。(店主)

◘ヘースティングスの戦いによってアングロサクソン人を破ったノルマン公ウィリアムはイングランド征服（ノルマン・コンクエスト）を成し遂げた。戦いの様子は刺繍された布の形で記録されている。このバイユー・タペストリーから当時のノルマン騎兵の装備を見ることができる。

◇ノルマン騎兵は「あぶみ」と拍車で馬を自在に操り、乗馬に適した盾やチェイン・メイルを装備していた。

頭巾一体型チェイン・メイルの装着方法

①すねあてを
つける。

②鎧下を着る。綿を
つめてキルティン
グしたもの。高位
の騎士が用いた。

③剣をつける。

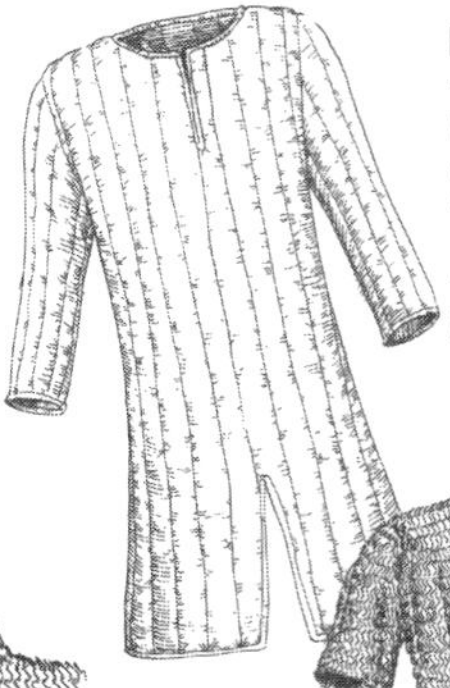

◇半袖で膝までの長さのあるチェイン・メイル。袖は次第に長袖になっていく。体を締めつけないようゆったりめになっており、乗馬しやすいように前と後ろに切れめが入っている。チェイン・メイルの頭巾と一体になったものもある。重さは約12kg程度。鎧下はチェイン・メイルより長めにできている。

⑥兜をかぶる。
⑤鞘口を裂けめから出して剣を収め、顎部分を頭に縛る。
④チェイン・メイルを頭からかぶる。

すねあて

◆前面だけを覆い後ろで縛るタイプ。

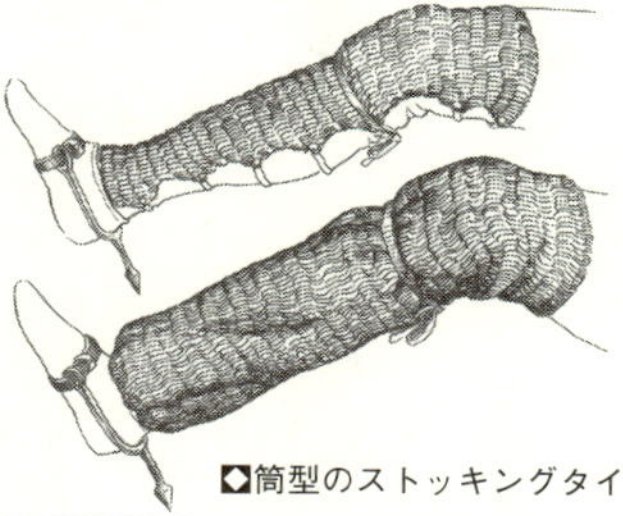

◆筒型のストッキングタイプ。

あぶみ

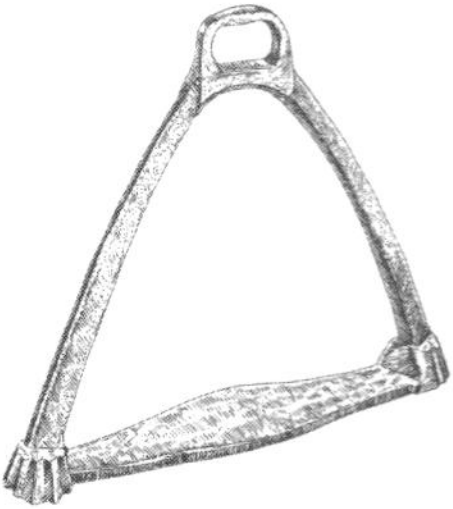

◇「あぶみ」は馬上の体をささえ、重い武器を自在に操るためには欠かせない馬具である。力を込めて武器を振り下ろすときには、ふんばるための足場となる。ときには「あぶみ」の上に立ち上がり、力の限り剣や斧を振り回すことができた。「あぶみ」が発明されたのは3世紀頃の中国ともいわれているが、西ヨーロッパで一般的に使われるようになったのは8世紀頃と考えられている。そして騎兵が集団で装備し、もっとも効果を上げたのは、1066年のヘースティングスの戦いにおけるノルマン騎兵だといわれている。

◇拍車（馬の腹を打つ金具）もまた東ヨーロッパを経て伝わってきたもの。ギザギザのついた車輪でなく、大きな刺がついている。皮バンドで足に固定された。

拍車

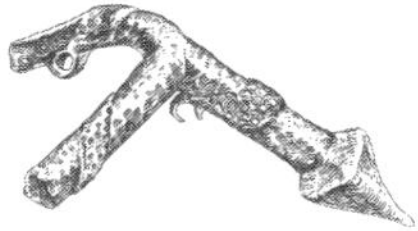

兜

◇多くの騎兵に用いられた鼻あてつき円錐形兜（11世紀頃）。

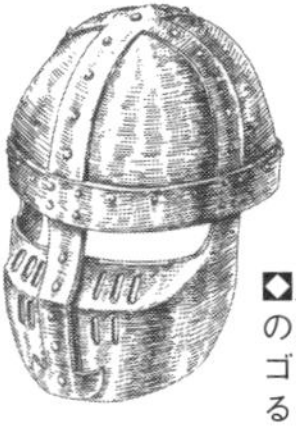

◇顔覆いのついたもの。アイスホッケーのゴールキーパーがつけるマスクに似ている。

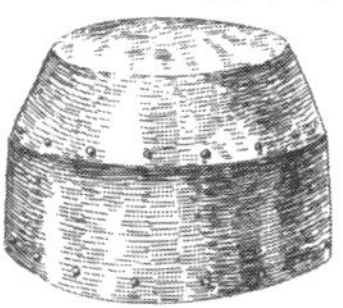

◇頭頂が平らになった樽型の兜（グレートヘルム）。13世紀初め頃から登場。

◇頭頂が丸いタイプ（12世紀頃）。

盾

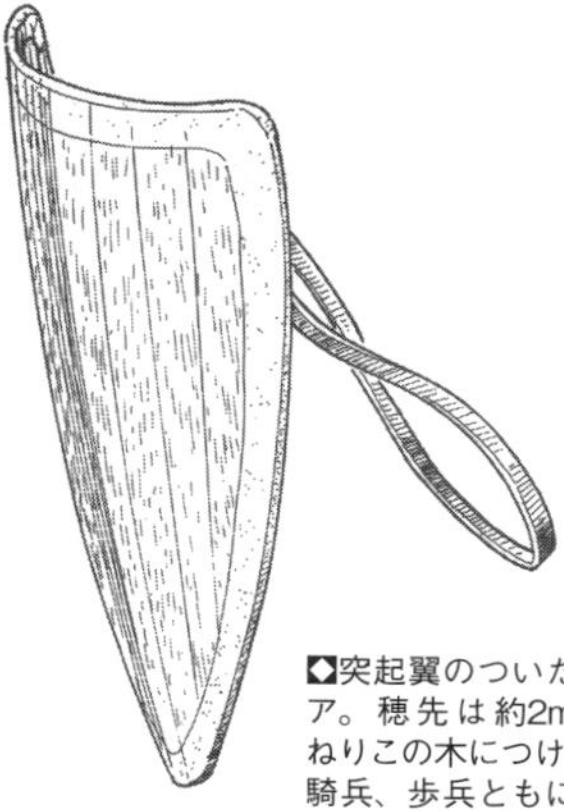

◆凧（たこ）の形に似ていることから、カイトシールドと呼ばれる盾。肩からすねまで守る十分な長さがありながら、下側を細くすることで馬上でも扱いやすくしている。皮ひもで首や肩から吊るしたうえで、皮ひもの取っ手を握った。

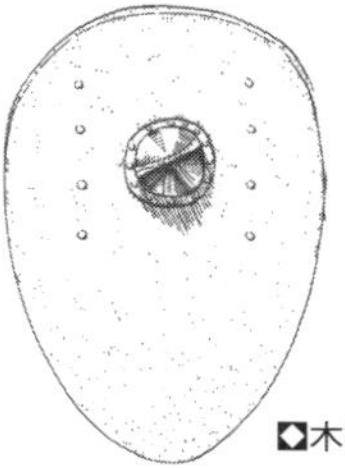

◆木製の卵型の盾。

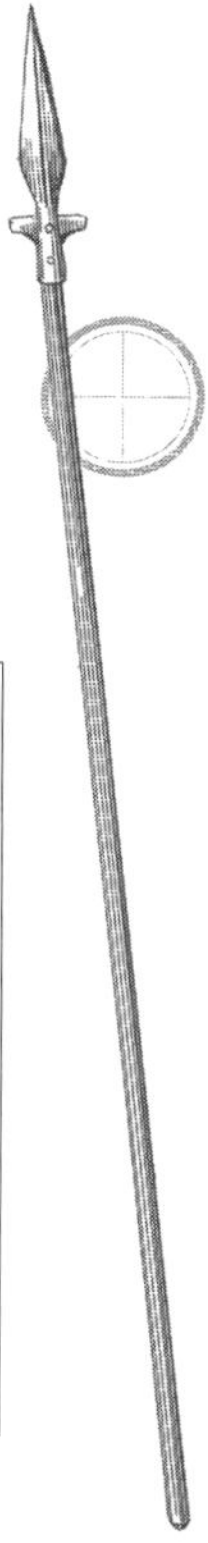

◆突起翼のついたスピア。穂先は約2mのとねりこの木につけられ、騎兵、歩兵ともに、突くのにも投げるのにも使った。ランスのように抱えるのではなく、頭上にかかげるのが突撃の際の一般的な姿勢だったと思われる。

盾の持ち方

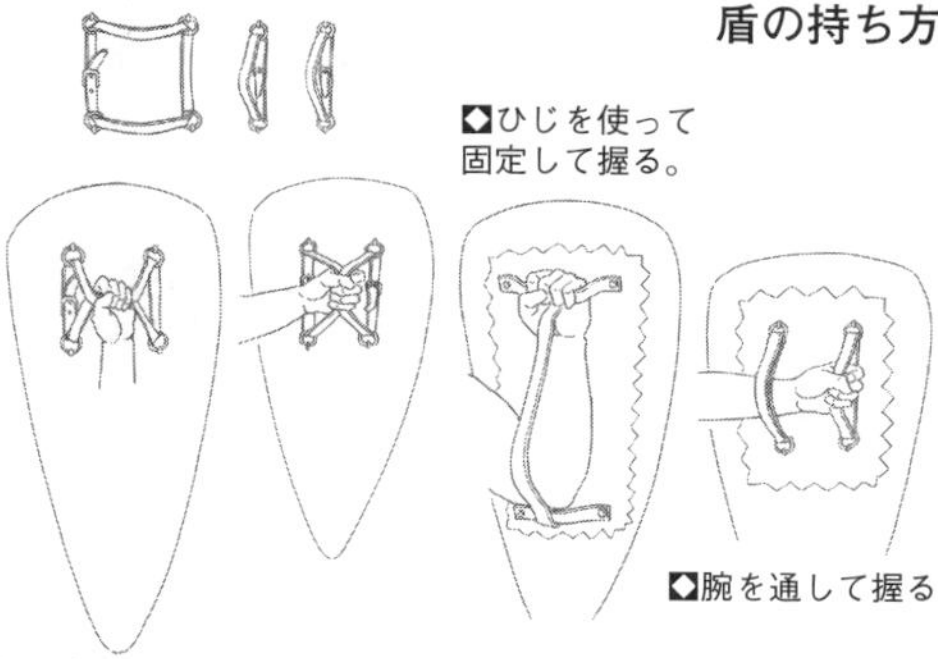

◆ひじを使って固定して握る。

◆腕を通して握る。

◆2本の皮ひもを一緒に握る。

Tactical Weapon

戦術兵器

Floor 2-Corner J

さて、いままでは歩兵やら騎兵やら個人として戦う場合の武器をご覧いただいてまいりましたが、ここでは戦争のときに、戦術兵器として使われる大型兵器をご紹介していこうと思っております。これらの兵器は大きすぎて店内には入りきりませんので、当店の裏手にございます広大な敷地内に展示しております。軍を預かる将軍や部隊長など、たくさんの兵士を指揮する立場にあるかた、また将来そうなりたいと思っているかたはぜひともご覧ください。もちろんそうでないかたも構いません。それではまいりましょう。（店主）

軍事工学 MILITARY ENGINEERING

軍隊では、より有利に戦うために戦場の土木工事や武器の設置も行います。これらを行う兵士は工兵といい、直接戦闘には加わりませんが、軍隊には欠かせない重要な技術者です。彼らなくしては戦闘も思うようにいきません。とくに、陣地の設営や攻城戦での兵器作りは大切な仕事です。まだ大砲が発明されていなかった頃には、彼らが攻城戦の成否を握っていたともいえます。

もちろん、ここで使われている材料はお売りしています。工兵がいない場合には、わたくしどもの技術者がお伺いして直接工事も承ります。もちろん、見積りは無料サービスになっております。（店主）

攻城兵器

大砲がない世界での攻城戦はなかなか大変です。敵の城や都市を陥落させるためには、攻城塔や破城槌を作り、城壁を破壊するか、乗り越えるかして都市の内部に攻め込みました。(店員)

◆ローマ軍の攻城塔（前1世紀頃）。城壁と同じ高さの塔。木製だが表面には燃えないように動物の生皮や金属板を張った。底には車輪がついており、転がして城壁まで近づけた。

◆ローマの破城槌（ラム）。破城槌はアッシリアで発明され、ギリシア、ローマと受け継がれた。槌の頭部にしばしば羊の装飾がなされたため、ラムといわれるようになった。日本の寺院の鐘を打つように城壁へぶつけて破壊する。敵の攻撃を防ぐために移動式の家屋のような構造物のなかにある場合も多い。

投石機

こちらでは、砲兵のかたがお使いになる兵器を置いております。砲兵といっても大砲が発明される前には、大型の弓などを使っておりました。実演は一日一回催しています。(店主)

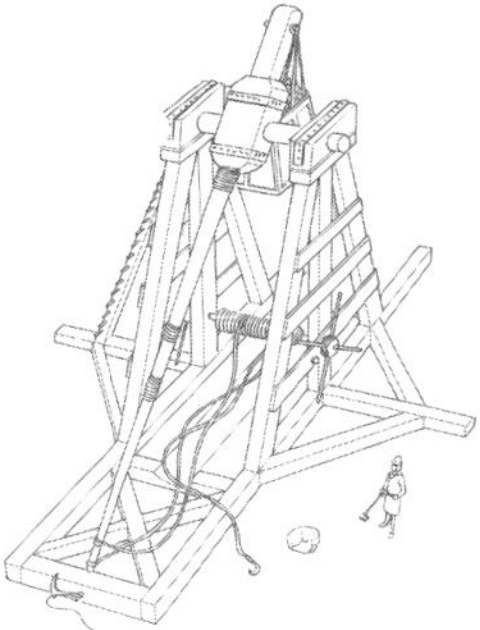

◇トレビュシェット。中世ヨーロッパで考案された重りを使った発射装置。棒の片方に重りをつけ、もう片方に弾を置く。重りを持ち上げるには、巻き上げ機、ロープ、滑車を使い、そのためには多くの人間が必要だった。

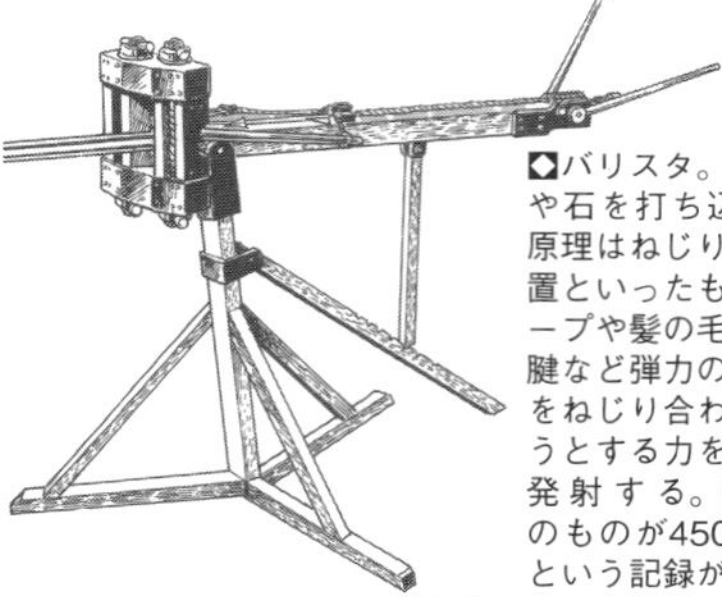

◇バリスタ。巨大な矢や石を打ち込む兵器。原理はねじり式発射装置といったもので、ロープや髪の毛、動物の腱など弾力のあるものをねじり合わせ、戻ろうとする力を利用して発射する。2.5~5kgのものが450m飛んだという記録がある。

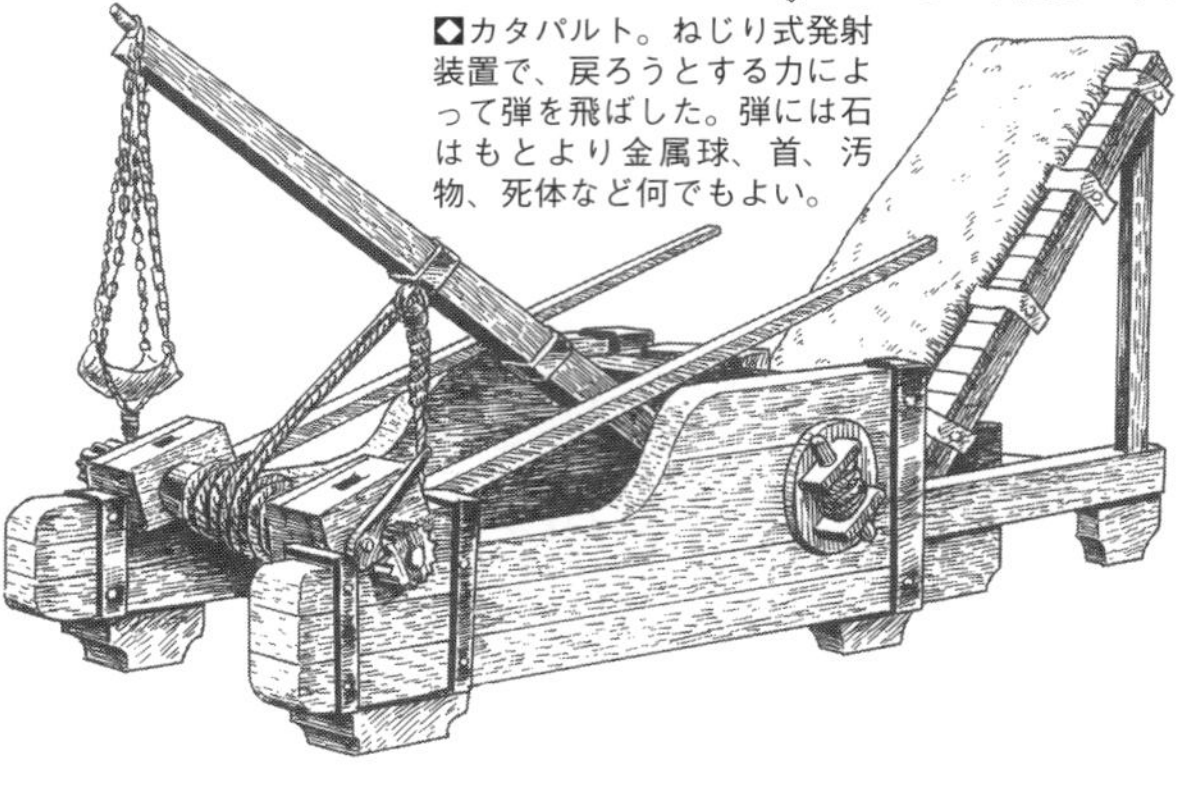

◇カタパルト。ねじり式発射装置で、戻ろうとする力によって弾を飛ばした。弾には石はもとより金属球、首、汚物、死体など何でもよい。

陣地
AREA

陣地作りも工兵にとっては重要です。夜襲されないためには防御壁を築いておかなければなりません。実際の土木作業には全軍団員が総出でこれにあたりました。（店員）

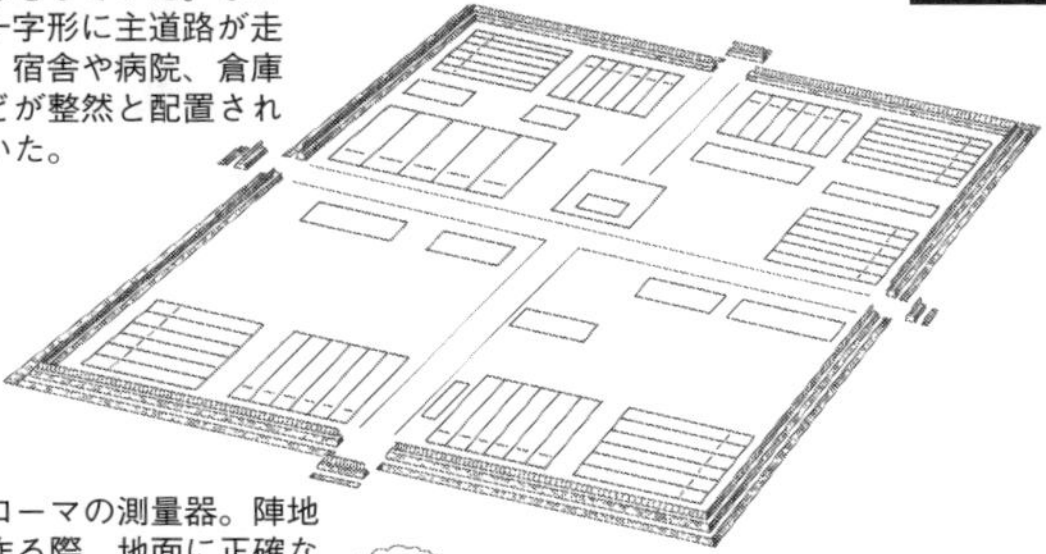

◇ローマ軍の冬営地や宿営地は、ほぼ正方形の形をしていた。なかは十字形に主道路が走り、宿舎や病院、倉庫などが整然と配置されていた。

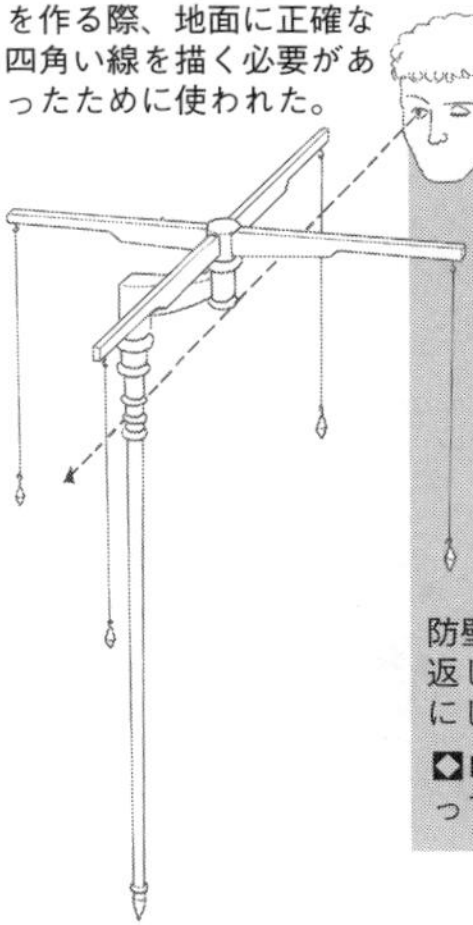

◇ローマの測量器。陣地を作る際、地面に正確な四角い線を描く必要があったために使われた。

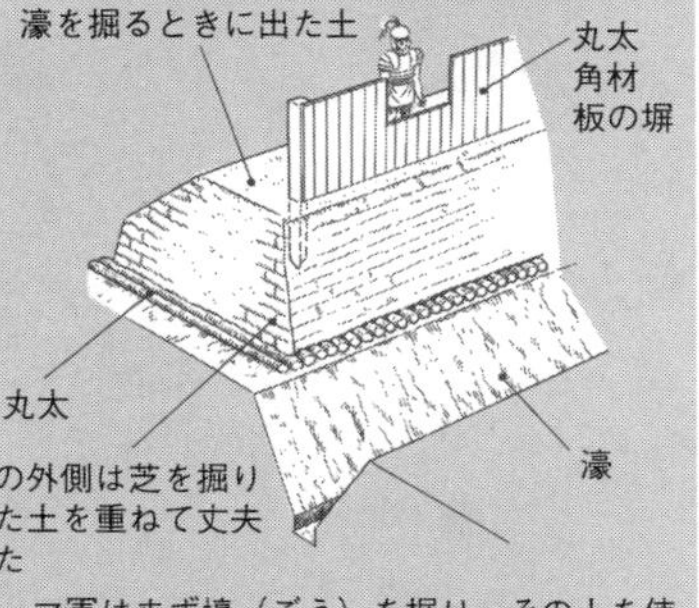
ローマ軍の防御壁
防壁の外側は芝を掘り返した土を重ねて丈夫にした

◇ローマ軍はまず壕（ごう）を掘り、その土を使って防壁を作った。

障害物

障害物は、陣地を防御する際には欠かせません。ここではアレシアでローマ軍がガリア軍を包囲するために設けた障害物をサンプルとしてあげております。アレシアはウェルキンゲトリクス率いるガリア軍をカエサルのローマ軍が包囲した、高台にある町です（前一世紀頃）。（店員）

◇カエサルはアレシアをぐるりと二重の塀で囲み、そのなかに陣取った。そのためガリア軍は逃げることもできず、外からの援軍もアレシアに入ることができず、降伏せざるを得なかった。

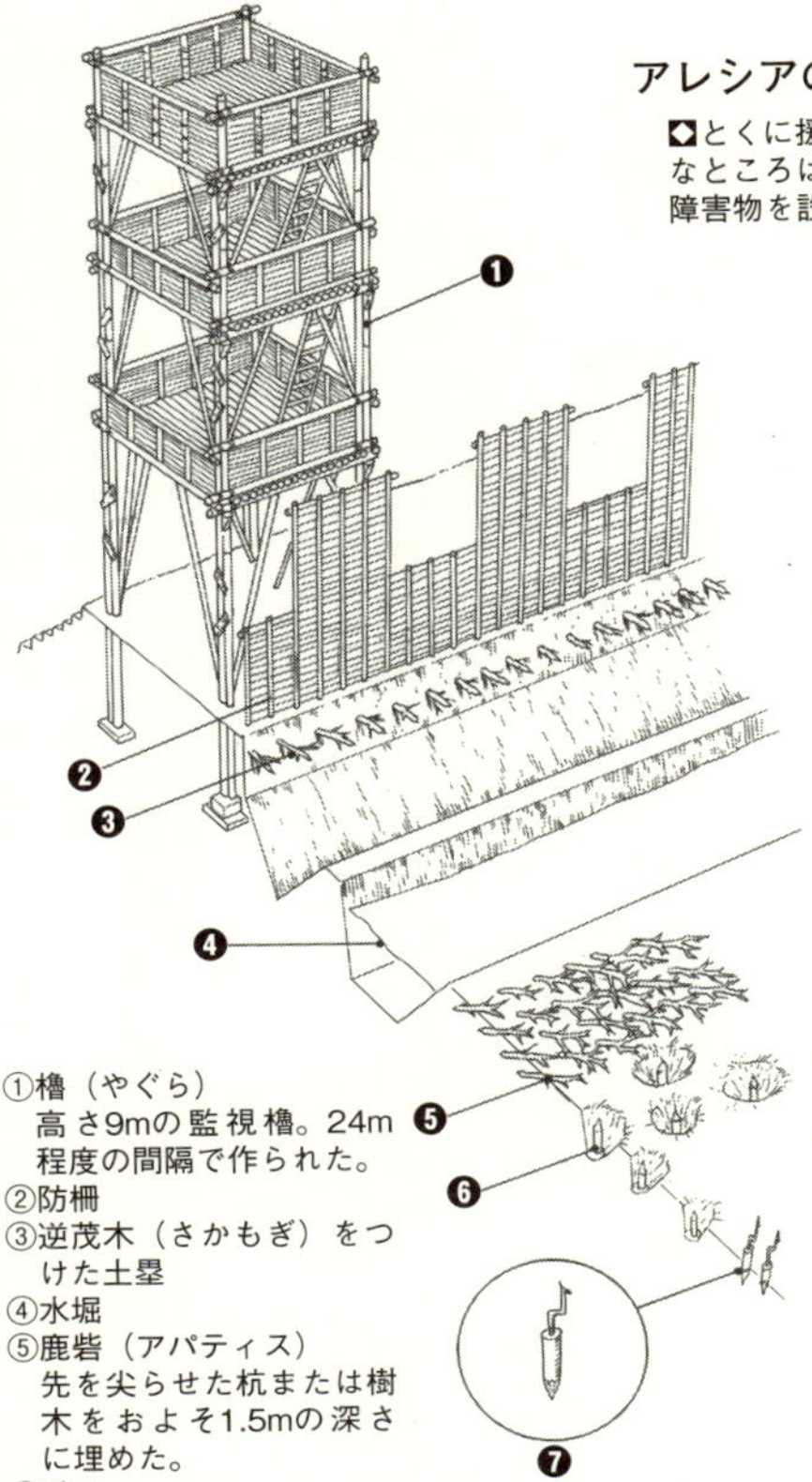

アレシアの障害物

◘とくに援軍が来そうなところは、何重もの障害物を設けた。

①櫓（やぐら）
高さ9mの監視櫓。24m程度の間隔で作られた。
②防柵
③逆茂木（さかもぎ）をつけた土塁
④水堀
⑤鹿砦（アパティス）
先を尖らせた杭または樹木をおよそ1.5mの深さに埋めた。
⑥狼せい
下が狭くなるような百合の花形に落し穴を作った。落ちた人間が串刺しになるよう人間の太股ほどの太さの尖った杭を埋めていた。
⑦牛の突き棒
小さな杭にスパイクを打ち込んで埋めておいた。

傾斜路

攻城戦では、まず傾斜路を築かなければなりません。傾斜路が作られて初めて攻城塔や破城槌が有効な兵器となるのです。(店員)

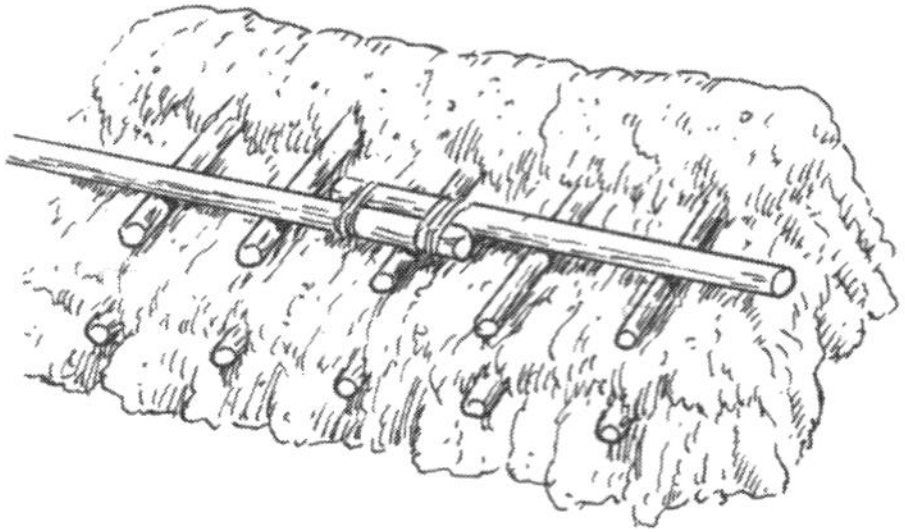

◇一定の間隔で木材を並べ、その上に交差するように横木を渡す。そのなかに土砂や石を入れて、次々と層を作り高くしていく。

傾斜路の作り方

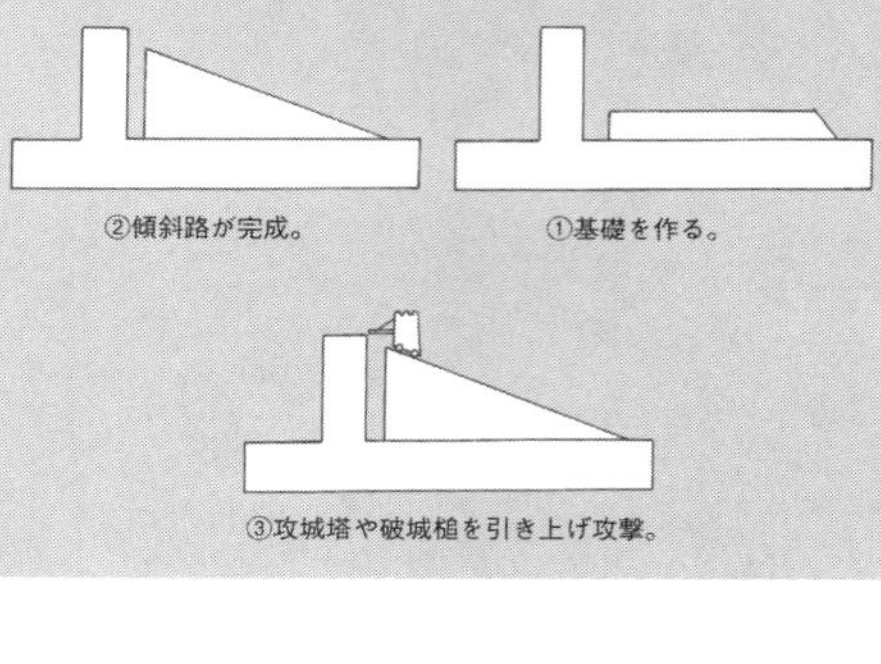
①基礎を作る。
②傾斜路が完成。
③攻城塔や破城槌を引き上げ攻撃。

戦車
CHARIOT

騎兵隊はほしいけれども、馬を乗りこなすことのできる兵士が少なくて困っている軍の隊長さんには、ここで展示しております戦車をおすすめいたします。

戦車は古代にはやった乗り物です。その頃、馬は貴重なうえに、〝ろば〟しかいなかったり、ポニーのように小さく乗馬には向かない馬が多かったので、軍隊は歩兵だけで構成されていました。しかし馬のもつ機動力は捨てがたく、そこで考えられたのが戦車です。歩兵のみの戦闘のなかに四つ足の動物に引かれた戦車が飛び込んでくることを想像してみてください。その上から兵士が、投げ槍や弓で攻撃してくるのです。戦車の速さがそれほど速くなくても見慣れぬものが突入し、攻撃してくる様子はたいへんな脅威となるでしょう。

えっ、高すぎて買えない。そういう人は馬の御者になってもいいかもしれません。御者がいて初めて、馬をもつことのできる高位の兵士が活躍できるというもの。彼を補佐することで出世の道だって開けるかもしれません。(店主)

◘エジプトの戦車（前13世紀頃）。前20世紀頃スポークつきの車輪が発明されたといわれている。円盤形のものより数段軽くなり、スプリングが利く。2輪戦車は軽量で、速度が上がり小回りも利く。

◘ケルトの戦車（前1世紀頃）。2頭立てで、御者と、その雇主である身分の高い兵士が乗った。ケルト人は、勇気を誇示して敵の戦意をくじくために戦車を使った。彼らは戦車台を叩いて、まるで雷のような音をたてたという。御者の後ろから槍を投げて敵の前線を攪乱（かくらん）し、必要とあれば降りて戦った。

◘人類史上、最初の戦車が登場したのは前28世紀頃のシュメールでだった。上は車輪が小さく改良されたもの（前25世紀頃）。車輪は木の板を組み合わせたもの。4輪でスポークはまだ発明されていない。戦車の重量は重く速度は時速20km程度。方向を変えるには大回りをしなければならなかった。戦車を引いたのはロバ。御者は皮製の兜をかぶり軽装だった。

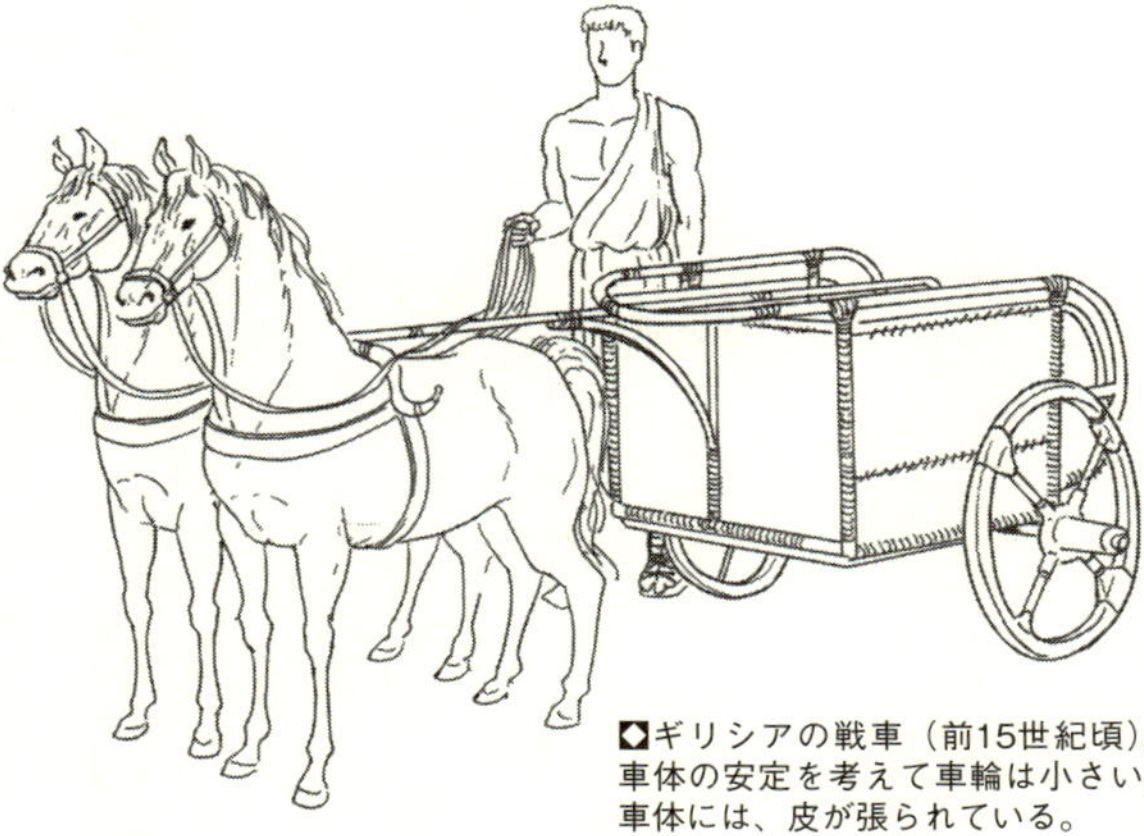

◘ギリシアの戦車（前15世紀頃）。車体の安定を考えて車輪は小さい。車体には、皮が張られている。

◘4頭立ての西周の戦車（前8世紀頃）。3～4人が乗れるほどの大きさ。それだけの人数を乗せるには馬の質が、体格、体力ともに現在の馬と同じでなければならない。普通身分の高い者が騎乗し、軍隊のなかでは重要かつ強力な部隊であったらしい。御者、弓兵、斧槍兵が一組となって乗ることが多い。

FLOOR 3

騎士

KNIGHT

「騎士」、なんとも魅力的な言葉ですな。
ヨーロッパの中世に生まれた戦士階級、戦場のヒーロー、
あくまで紳士的に振舞うことが要求される騎士道精神。
中世の人々が騎士という職業、身分にあこがれたことは
間違いありますまい。
騎士を主人公にした多くの騎士物語が書かれたことからも、
それがわかります。
プレート・アーマーで全身を包み、剣を持てばかなう者はなく、
微笑みを絶やさず、公正で、女性にはいつでも紳士然としている。
わたくしどもは理想の騎士像として、そのようなことを考えております。
偶然にも騎士を遠くから見ることができたときには、それこそ
輝いているように見えるでしょう。
このフロアでは騎士のかたのための装備を取り揃えております。
実戦で使う装備だけではありません。
トーナメントや儀式で使う装備ももちろんございます。
騎士のかた、また将来は騎士になる従騎士のかた、
さらには城主をだまし居候を決めこんでいる偽騎士のかた、
どうぞご覧ください。（店主）

Arms
実戦用武器

さて、ここでご紹介する武器や防具は、十字軍など実際の戦いで使われたものです。なぜ、実際になどと限定するのかといいますと、トーナメント（模擬戦闘）で使われるものと区別するためです。

実戦では当然、攻撃力、殺傷力のある武器が使われます。また、トーナメントの初期、およそ十二世紀の、ルールがあまり厳格でなかった頃や、個人同士の憎しみあった私闘のときなども真剣で戦っていました。

こうした実戦用の武器は、トーナメントや儀式用に使われたものとは違って装飾は少なく、実用性に重点がおかれているのはいうまでもありません。

（店主）

◆チェイン・メイルで全身を覆われた騎士。騎士といえばプレート・アーマーに身を包んでいると思われがちだが、騎士たちが存在していた頃の中心的鎧はこのチェイン・メイルである。手には主要武器である騎槍（ランス）を持ち、その柄に自分を表す紋章の描かれた旗がつけられている。

ランス【騎槍】

LANCE

騎士にとって、もっとも主要な武器となるのが騎槍です。槍一般のことはスピアと呼びますが、騎士の使う槍はとくにランスと呼ばれました。もともとは相手を突いて深手を負わせる必殺の武器でしたが、チェイン・メイルが普及したことで突くことの効果が上がらなくなり、相手を馬から落とすための道具としても用いられるようになりました。もちろん馬が走るスピードを利用したり、満身の力を込めた一撃は、鎧も突き通すほどの恐るべき威力があります。（店主）

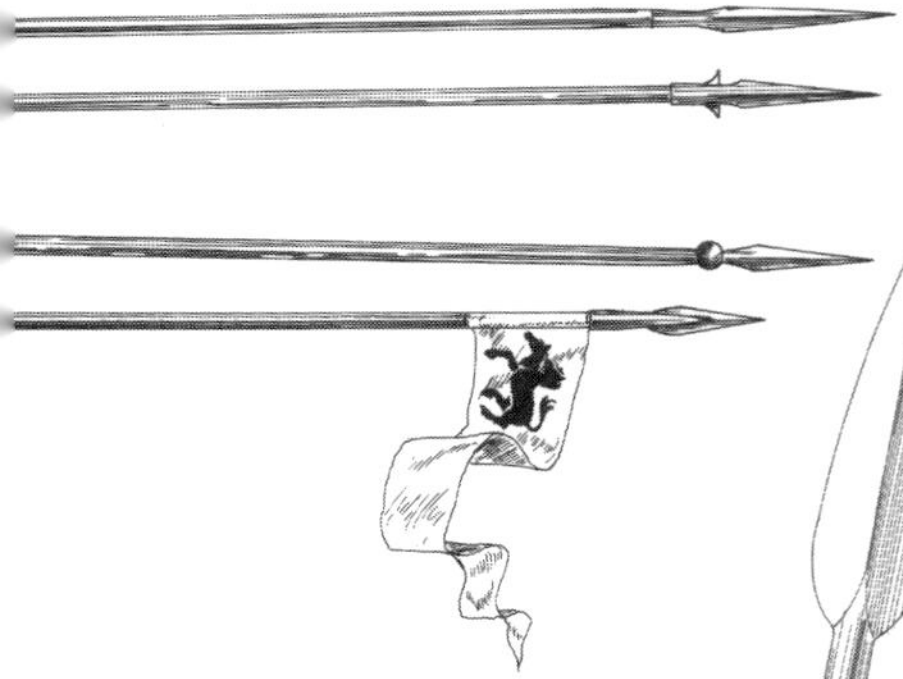

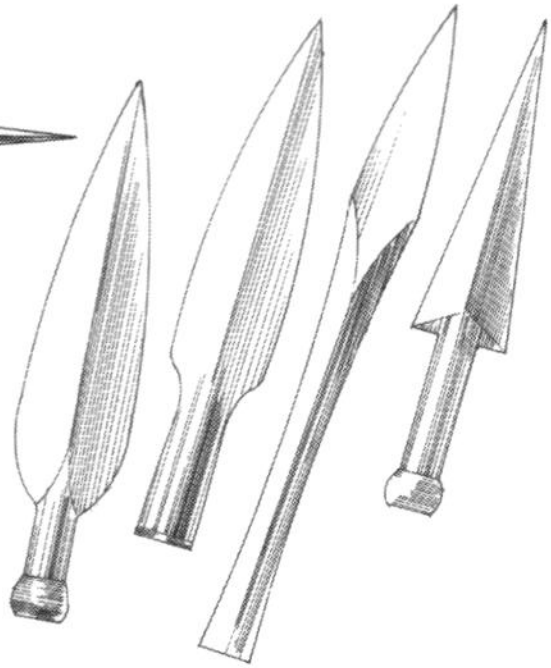

◆もっとも典型的な穂先。

ランスの穂先

相手を突き刺すことがランスの目的だが、切るための刃先がついていると、その殺傷力は倍増する。穂先の刃が広いと刺さったとき致命傷となるが、鎧を貫くことは難しい。ほとんどの相手は鎧を着ているので、細めの尖った切っ先で鎧を貫けるかどうかということが、もっとも重要なポイントである。

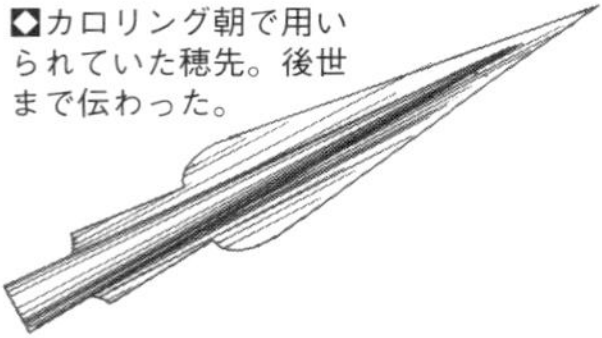

◆カロリング朝で用いられていた穂先。後世まで伝わった。

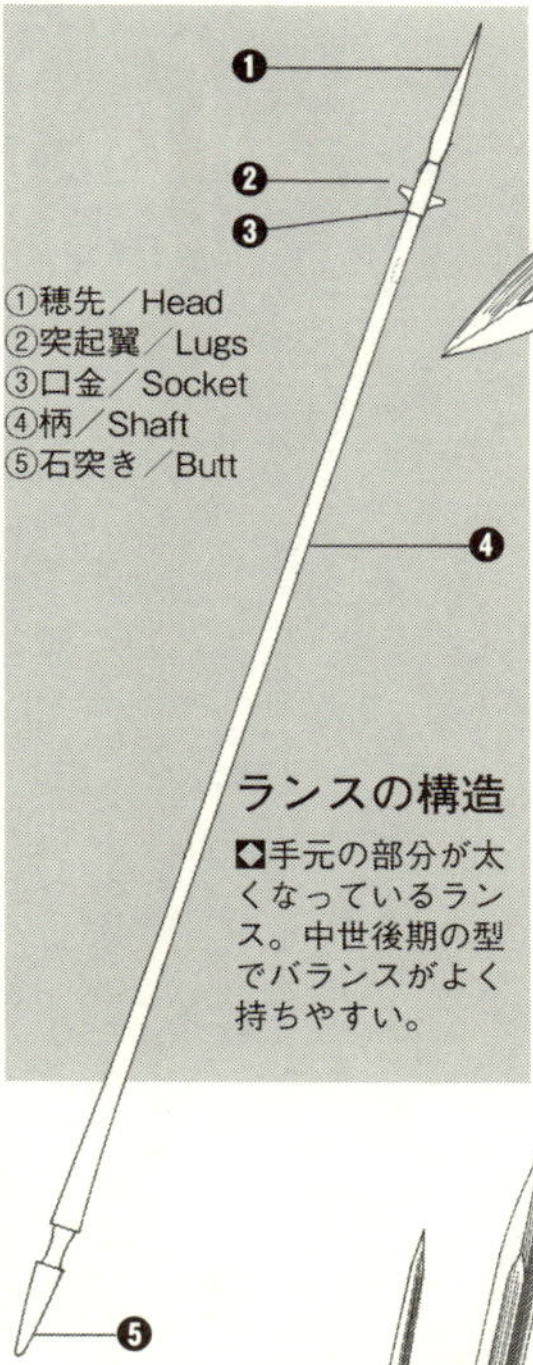

①穂先／Head
②突起翼／Lugs
③口金／Socket
④柄／Shaft
⑤石突き／Butt

ランスの構造

◘手元の部分が太くなっているランス。中世後期の型でバランスがよく持ちやすい。

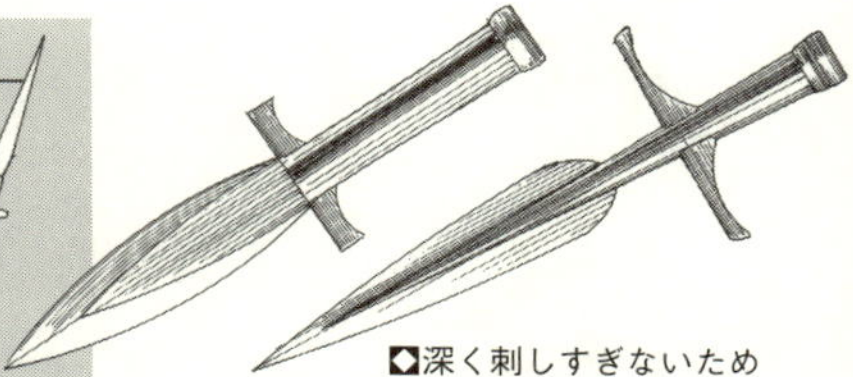

◘深く刺しすぎないための突起翼がついた穂先。

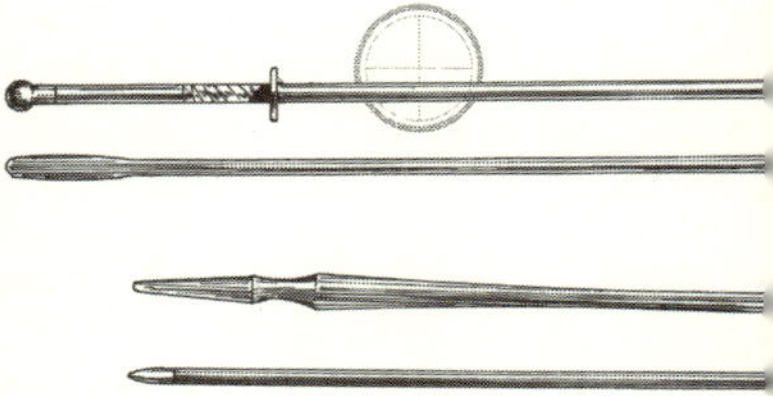

◘ランスは自由に振り回せる範囲内で、できる限り長いものが有利である。とくに馬上で使う場合は、相手より長い槍を持っていれば、当然相手の攻撃は届かない。だいたい2～3.5mくらいが普通の長さで、重さは6～8kgもある。柄の材料はとねりこ、もみ、いちい、りんごなど堅い木材が使われる。

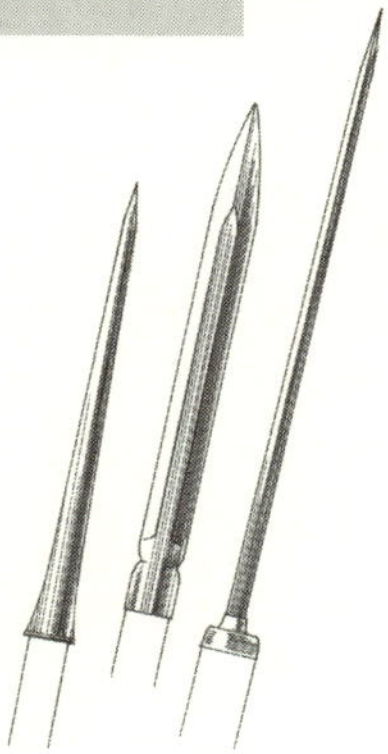

◘チェイン・メイル、プレート・アーマーを突き刺すための穂先。

短剣

短剣は全長三十~五十センチメートルくらいで、落馬した相手にとどめを刺すために使われました。相手は重い鎧を着ているので思うように動けなくなっているか、すでに槍のひと突きで傷ついているはずです。鎧を着た相手に対しては、短剣を鎧の隙間から差し込むようにして使います。

また護身用や装飾用としても使えます。婦人が身につけている場合もありました。

短剣はこのほか「暗殺者」のフロアにもいろいろとございます。(店員)

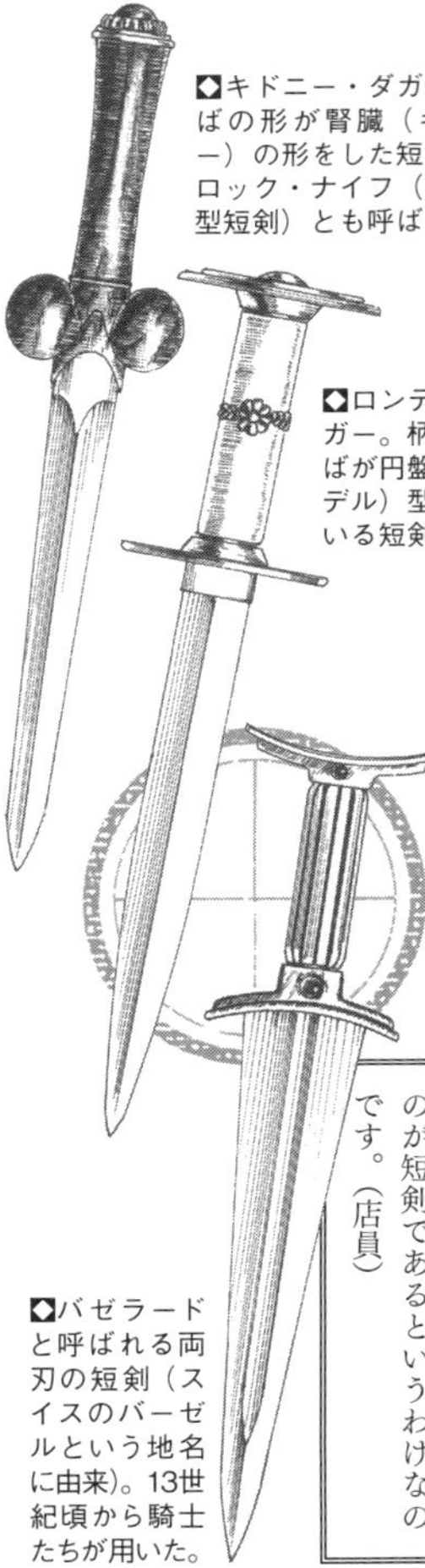

◆キドニー・ダガー。つばの形が腎臓(キドニー)の形をした短剣。ボロック・ナイフ(こう丸型短剣)とも呼ばれる。

◆ロンデル・ダガー。柄頭とつばが円盤(ロンデル)型をしている短剣。

◆バゼラードと呼ばれる両刃の短剣(スイスのバーゼルという地名に由来)。13世紀頃から騎士たちが用いた。

中世において、短剣はミゼリコードなどと呼ばれることがありました。この言葉はもともと「慈悲」(ミザリー)という言葉に由来しています。

戦場では、馬から落ちて苦しんでいるものに対して、とどめの一突きを加えるために短剣が使われていました。それは攻めている側の立場でいうなら、苦しんでいる相手を楽にさせてあげる「慈悲」深い一突きを施すのが短剣であるというわけなのです。(店員)

剣

◇十字軍で使われた、一般的なロング・ソード（12世紀～13世紀）。片手で扱うことのできる両刃の剣で、ほとんど装飾はなく、実戦のために作られた剣であることがわかる。簡素で、バランスがよく扱いやすい。柄頭は、剣全体のバランスをとっている。全長80～90cmで、重さは1.5～2kg程度。
①柄頭が車輪型の剣。
②柄頭がブラジル・ナッツ型の剣。

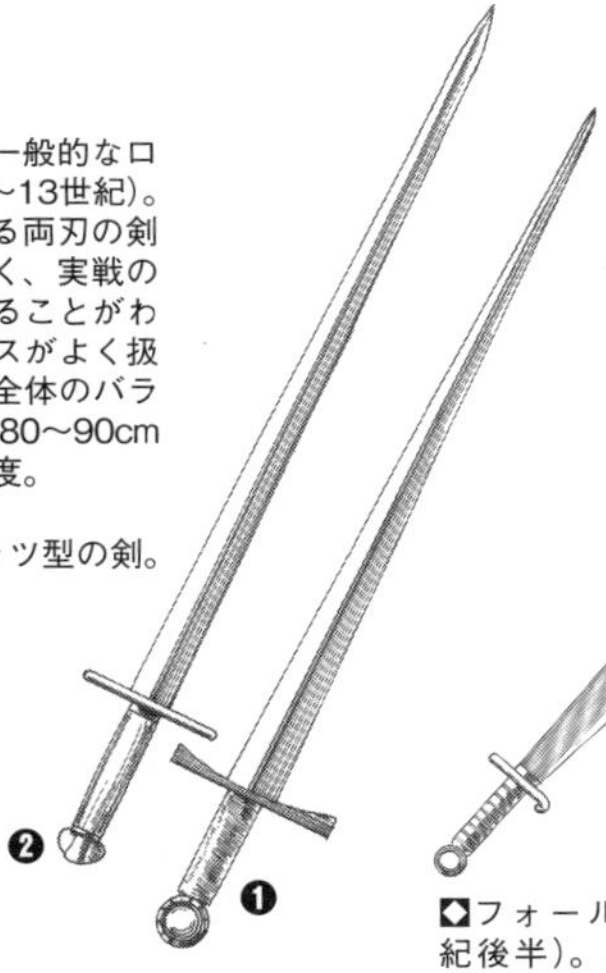

◇フォールション（13世紀後半）。片刃の長剣で、刀身の根元よりも先のほうが広くなっている。断ち切ることが目的で、刀身の長さは70～80cmとロング・ソードより短いが、重量はほとんど変わらない。チェイン・メイルの上からでも、打撃武器としての威力を発揮できる。のちには、主に歩兵が使うようになる。

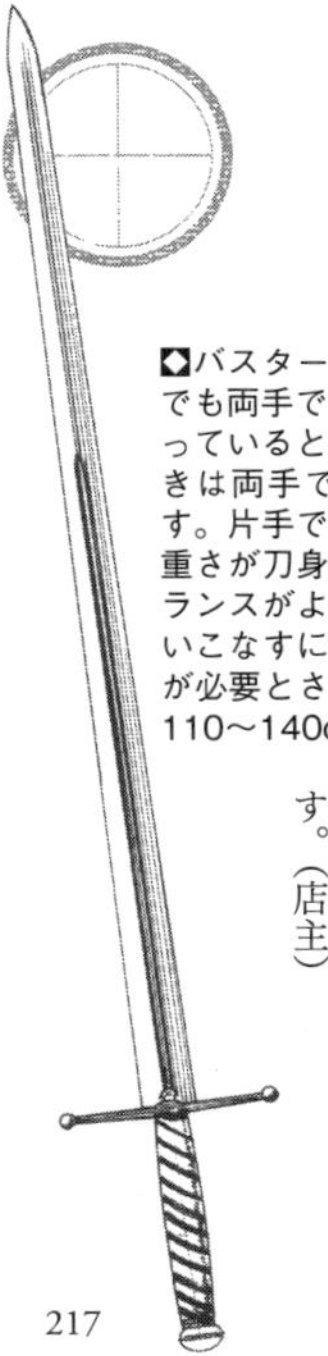

◇バスタード・ソード（13世紀）。片手でも両手でも扱うことができる。盾を持っているときは片手で扱い、盾がないときは両手で持って必殺の一撃を繰り出す。片手でも扱えるのは、柄頭と握りの重さが刀身と釣り合っており、非常にバランスがよいため。それでもこの剣を使いこなすには、かなりの体力と戦闘技術が必要とされることは間違いない。全長110～140cm、重さは2.5～3kg。

騎士が馬から降りているとき、あるいは落とされたとき、中心的な武器となるのが長剣です。強力な突きが相手の鎧の隙間にうまく入れば、必殺の武器となります。チェイン・メイルの時代には相手を切ることができなくても、剣を打ち込む打撃によって、かなりの打撲傷を負わせることができました。打撲傷くらいとばかにしてはいけません。鎧の防御効果が高くなってくると、戦闘は打撃に頼るしかなくなってしまうのです。（店主）

メイス
MACE

騎士の時代では、鎧が非常に発達しました。これに対する有効な攻撃として、中世では打撃武器が見直されました。その中心となる武器がメイスです。遠心力を利用するため、頭部を重くし、放射状の鉄板やスパイクがつけられています。渾身の一撃が命中すれば、プレート・アーマーもろとも、着ている人間の骨まで砕いてしまう恐ろしい威力を備えています。

ちなみに、メイスは「聖職者」のフロアでもご紹介しておりますので、そちらもご覧ください。

(店員)

◇メイス。頭部に放射状の鉄板や、スパイクをつけた強力な打撃武器。頭部に錐(きり)のような刃先をつけたものもある。柄が長くなればなるほど威力も増すが、片手で持って馬上で使う場合は、50～60cmが限界だったと思われる。プレート・アーマーに対する有効な武器として普及し、プレート・アーマーの衰退とともに姿を消していく。

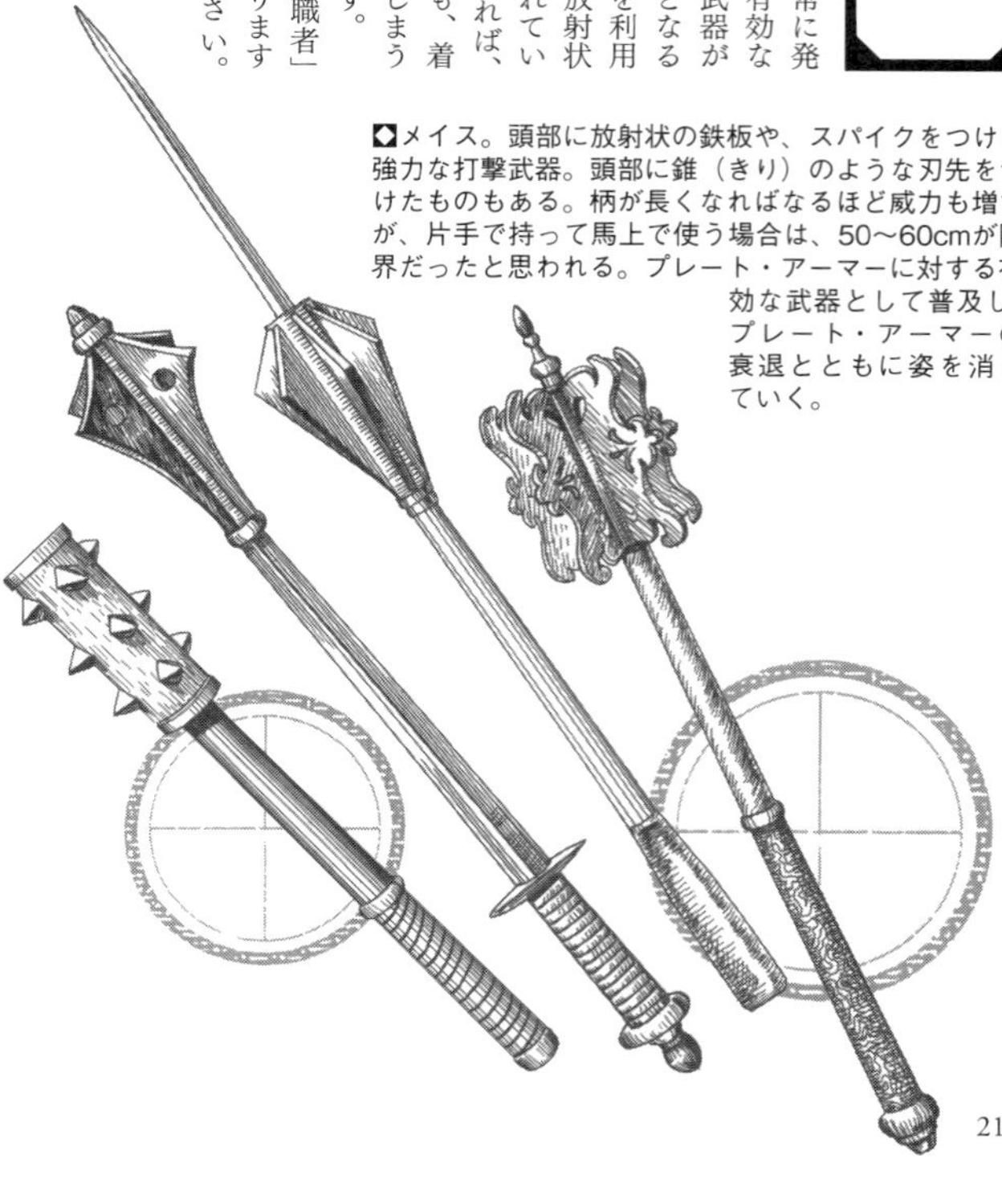

戦鎚
WAR HAMMER

わたしも、そしてみなさまも日常使っている金鎚を、戦闘用に改良したのが戦鎚です。頭部にスパイクや刃をつけて威力を増しており、刃をつけたものはピックともいいます。打ちつけて使うほかに、突き刺したり、引っかけることのできるものもありました。メイスほどの破壊力はありませんが、鎧を着ていても、当たった場所によっては致命傷になることもあったはずです。

歩兵用のものは柄が長く、騎兵用は馬上で扱いやすいように柄の短いものが一般的です。（店員）

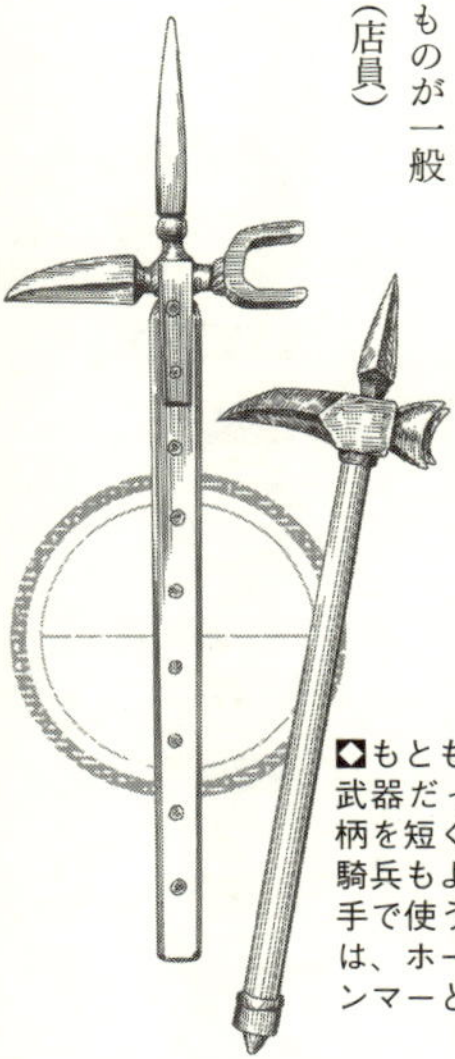

◆もともとは歩兵用の武器だった戦鎚だが、柄を短くして、騎士や騎兵もよく用いた。片手で使う馬上用の戦鎚は、ホースマンズ・ハンマーともいう。

◆木を切るための斧とほとんど変わらないものから、戦闘のために先を尖らせるなどの改良をしているものまで、さまざまな形の戦斧があった。

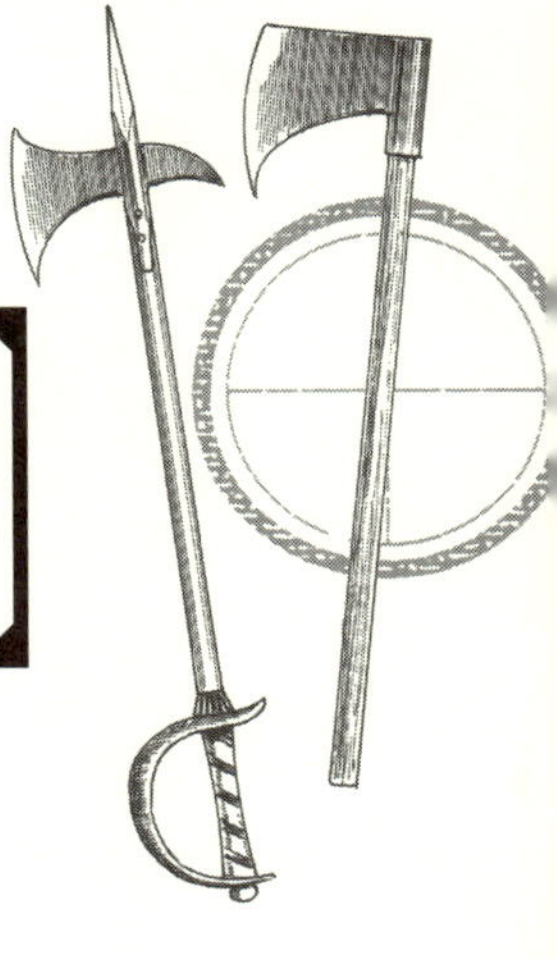

戦斧

打つだけでなく、切ることもできるのが戦斧です。木を切る道具ですから、そのまま戦闘用に使われたものも多いのではないでしょうか。この戦斧は、戦鎚同様馬上用に、柄が短く片手で扱えるようになっています。実はわたしが歩兵用の戦斧の柄を切っているという、ただそれだけなんですけどね。（ふまじめな店員）

Chain-mail
チェイン・メイル

形式的な儀礼や偽善を嫌う騎士のかた、また質実剛健、蛮勇と誇りを旨とする騎士のかたには、鎧にチェイン・メイルをおすすめします。

チェイン・メイルは、ヨーロッパではホーバークと呼ばれ、十世紀からおよそ十四世紀に入る頃まで普及していた鎧です。その特徴についてはすでにほかのフロアやコーナーでご説明いたしましたので、ここでは繰り返しません。

チェイン・メイルはやがてプレート・アーマーにとって替わられるわけでありますが、時を同じくして、騎士は戦士としての役割が減り、単なる部隊指揮官あるいは兵士となっていきます。もはや名誉をかけた一対一の果たしあいは、ばかばかしいものとなり、騎士の地位を上げるためには、宮廷での儀礼と人づきあい、陰謀のうまさのほうが大切になってきます。

騎士の、華麗さではなく戦士としての勇敢さに魅かれるかたは、とくとご覧ください。(店主)

◘12世紀頃の戦士。長袖のチェイン・メイルと足の前面を覆うチェイン・メイルのすねあてをつけている。裕福な身分でなければチェイン・メイルは着られなかった。

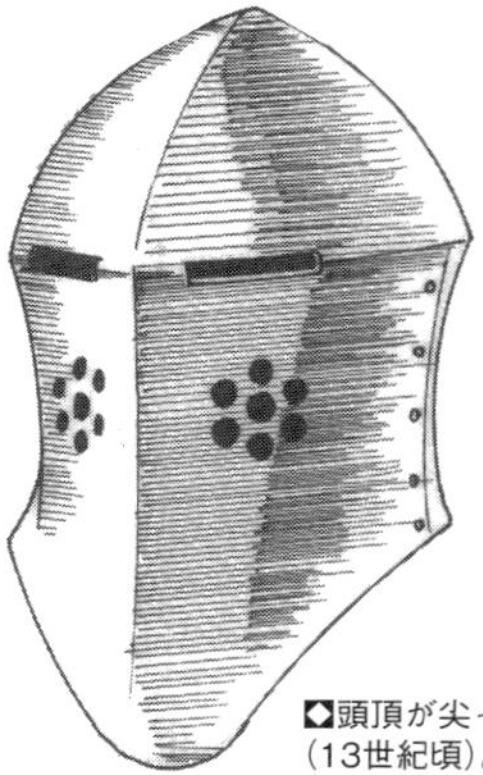

◆頭頂が尖っている兜（13世紀頃）。

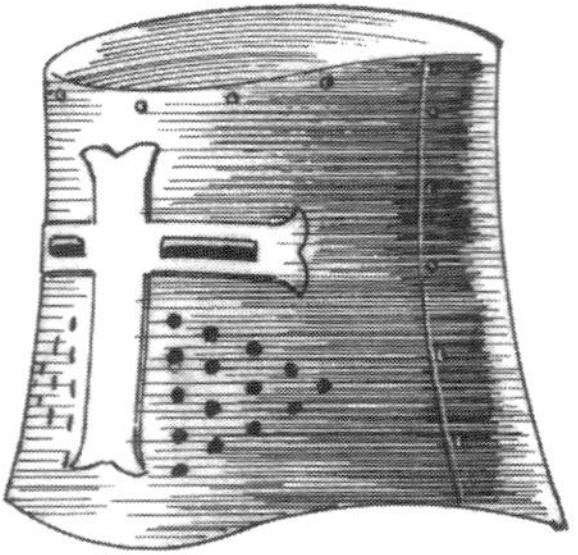

◆頭頂が平らで数枚の鉄板を鋲でつなげた兜（13世紀頃）。

◆騎士が乗る馬のファッションも時とともに変わっていった。初めは鞍とたづなだけだったが、次第に飾りと防御を考えたものになる。
①ひも飾りをつけた馬（13世紀頃）。
②布をかぶせた馬（13世紀頃）。
③顔まで布をかぶせた馬（13世紀～14世紀頃）。

◘13世紀初め頃の騎士。親指だけが分かれたミトン（指なし手袋）型のチェイン・メイルをつけている。兜には顔を守る防護板がついている。

◘十字軍が発明したといわれるサーコート。太陽光がきつい土地では、チェイン・メイルの鉄が焼け、全身が焼かれることになる。それを防ぐために着た。

チェイン・メイルの洗い方

みなさまのなかには、もうご自分のチェイン・メイルをお持ちのかたもいらっしゃることと思います。さて、そういったみなさまは戦闘でお使いのあと、チェイン・メイルをどのようになされていますか。えっ、そのままにしている？　紳士たる騎士がそんな不衛生ではいけませんな。洗い方がわからない？　なるほどなるほど、でもそんなに面倒じゃありませんぞ。また、自分で洗濯するのは面倒だというかたのために当店ではチェイン・メイルのクリーニング・サービスを行っております。どうぞ、ご利用ください。（店主）

①チェイン・メイルと砂を大きなたらいに入れる。
②棒でかき混ぜる。

◘13世紀半ばの騎士。バケツ型の兜をかぶり、ひざに金属のプレートをつけている。チェイン・メイルを着るときには、綿を入れてキルティングした下着を着たほうがよい。これで衝撃を吸収しないと打撲傷だらけになる。

SPECIAL CORNER
十字軍
CRUSADER

「十字軍」、みなさまもこの言葉を一度は聞いたことがおありでしょう。十字軍は十一世紀の末、イスラム教徒の手にあった聖地イェルサレムを奪回しようと、ローマ教皇の提唱によって始められた軍事遠征です。信心深い騎士たちは宗教的熱狂から、蓄財に熱心な騎士たちは財産獲得のため、この提案に賛同し、イェルサレムへと出発しました。彼らが聖地で繰り広げた行為は、殺戮、暴行、略奪と見るにたえないものだったそうです。しかし、お客さまのなかには、自分が行けばそんなことはさせないといった理想家肌のかたもいらっしゃるでしょう。そうした参加を希望されるかたに、十字軍の騎士らしく見せる装備をお見せしましょう。といっても、なんてことはありません。十字のしるしをつければよいだけです。(店主)

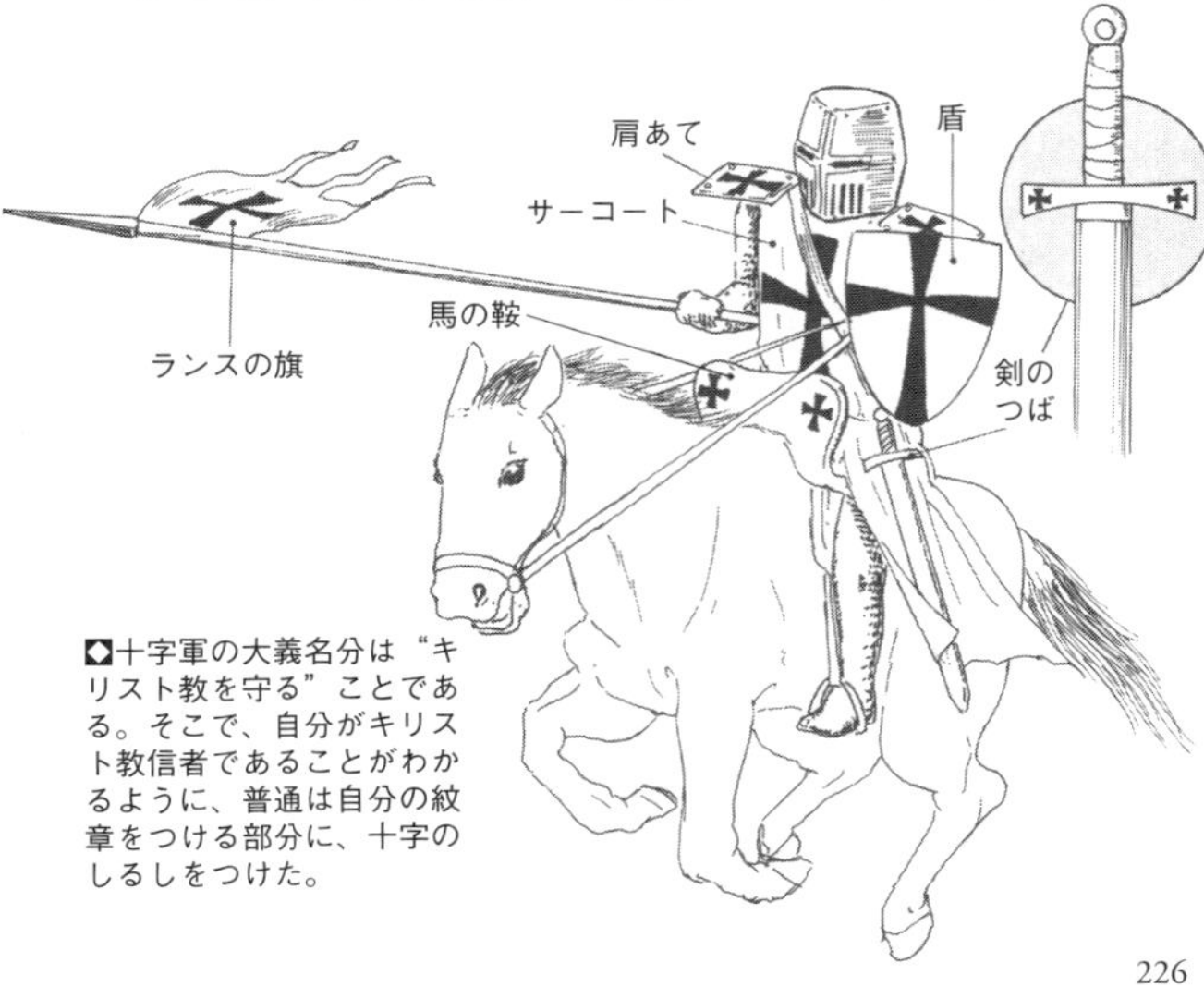

◇十字軍の大義名分は“キリスト教を守る”ことである。そこで、自分がキリスト教信者であることがわかるように、普通は自分の紋章をつける部分に、十字のしるしをつけた。

◘第3回十字軍に参加したイギリスのリチャード獅子心王（12世紀末）。常に戦場にあった彼は勇猛果敢な騎士としてその名を知られた。しかし、一方では内政を顧みなかった戦争好きとも見られている。盾紋の2頭のライオンは十字軍遠征中あるいは以後に3頭になった。

十字軍の派遣年

●十字軍は200年近くの間に8回（諸説あり）派遣されている。

第1回
1096～1099

第2回
1147～1148

第3回
1189～1192

第4回
1202～1204

第5回
1218～1221

第6回
1228～1229

第7回
1248～1249

第8回
1270

Plate-mail armor

プレート・メイル・アーマー

チェイン・メイルからプレート・アーマーに移る際に、鎧の一部にチェイン・メイルを残したままの鎧が登場します。

これはプレート・メイル・アーマーと呼ばれ、本体がチェイン・メイルで、胸や腕などの重要で攻撃を受けやすい部分はプレートが使ってあるというものです。十四世紀頃に登場し、すぐにプレート・アーマーにとって替わられましたが、それだけに希少価値のある鎧です。(店主)

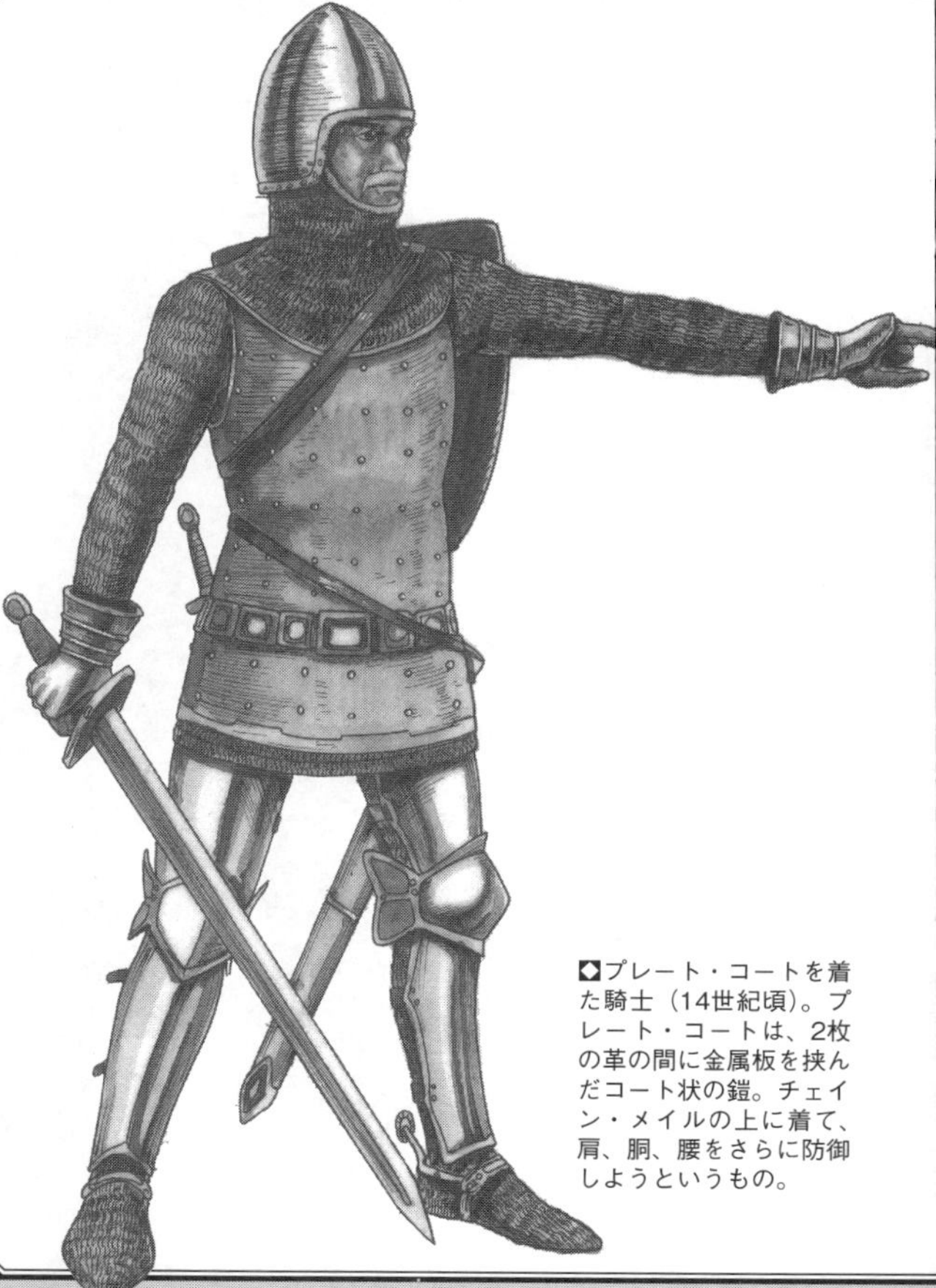

◘プレート・コートを着た騎士（14世紀頃）。プレート・コートは、2枚の革の間に金属板を挟んだコート状の鎧。チェイン・メイルの上に着て、肩、胴、腰をさらに防御しようというもの。

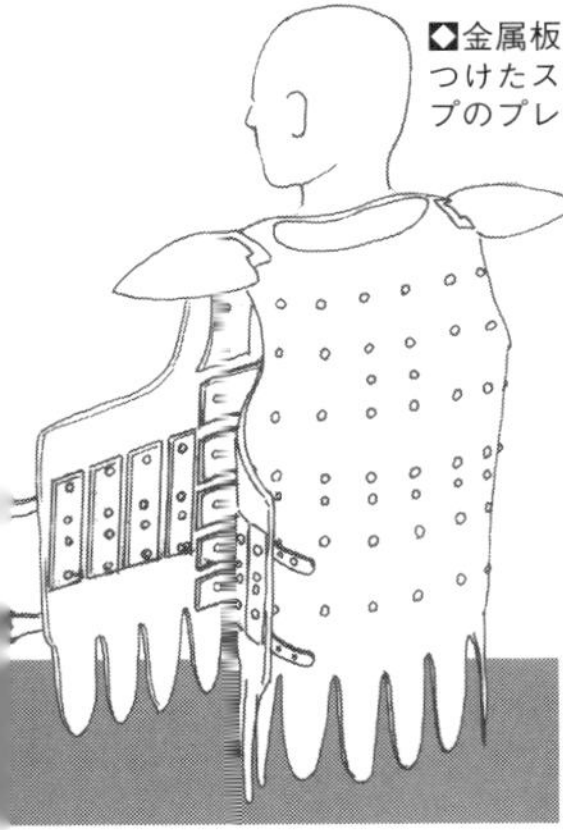

◆金属板を下地に縫いつけたスケール・タイプのプレート・コート。

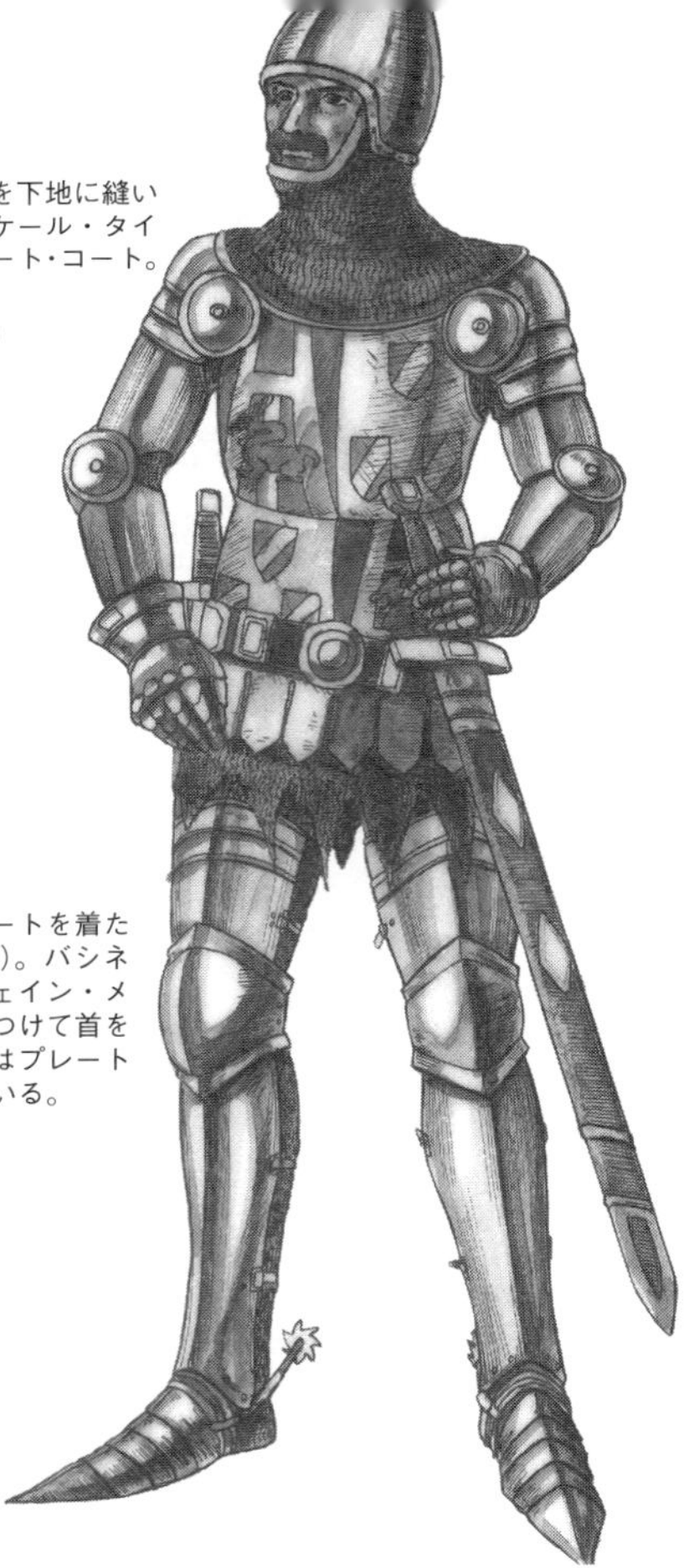

◆プレート・コートを着た騎士（14世紀頃）。バシネット型の兜にチェイン・メイルの首あてをつけて首を守り、腕や足にはプレートの鎧を装着している。

プレート・コートの着方

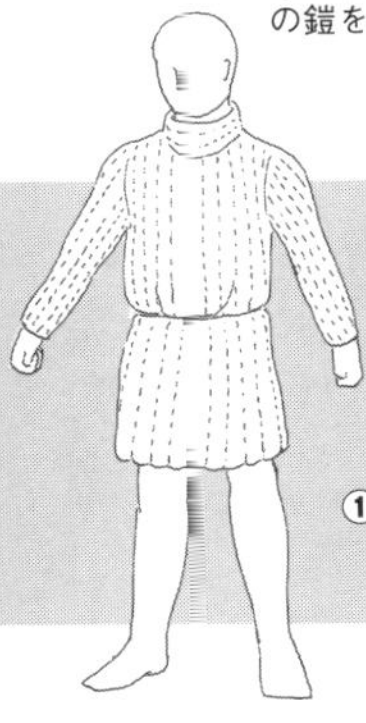

①

◘手の甲を金属で覆うガントレット（14世紀頃）。手首部分までしかない。指の部分は皮の手袋状になっている。

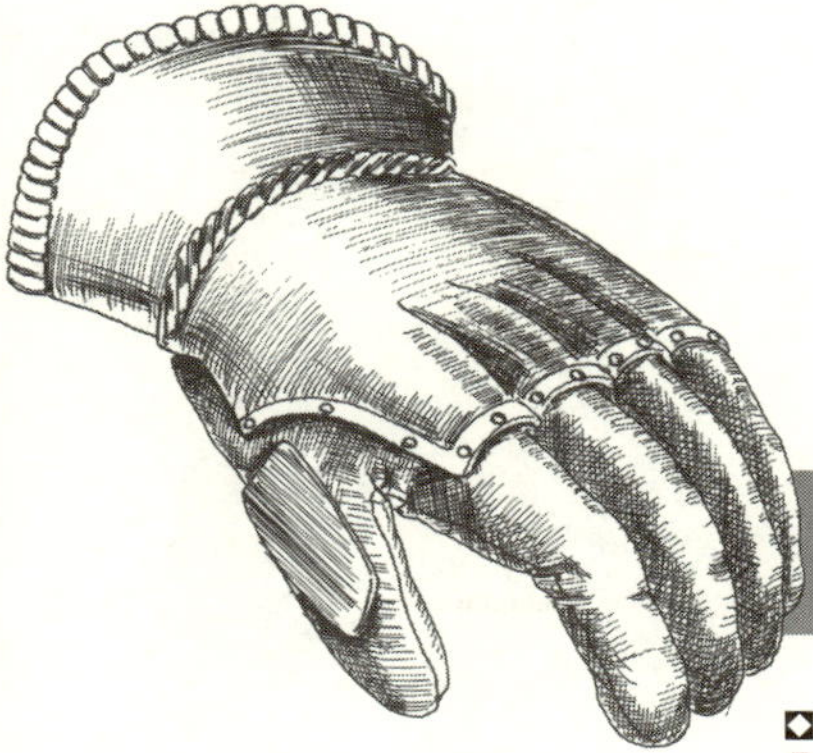

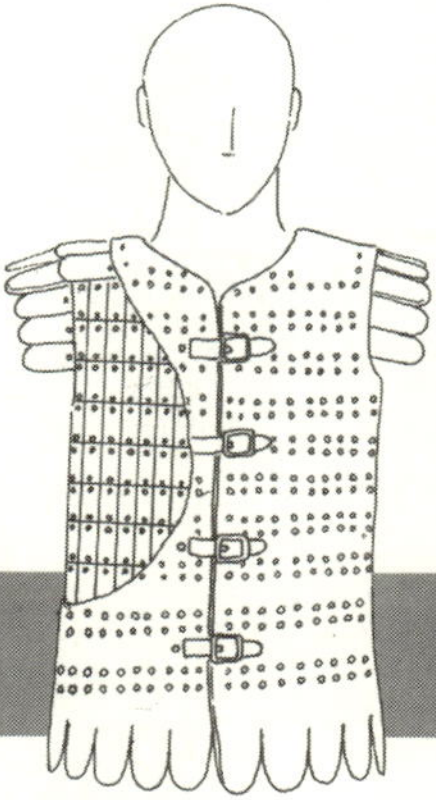

◘金属板をひもでつないだラメラー・タイプのプレート・コート。

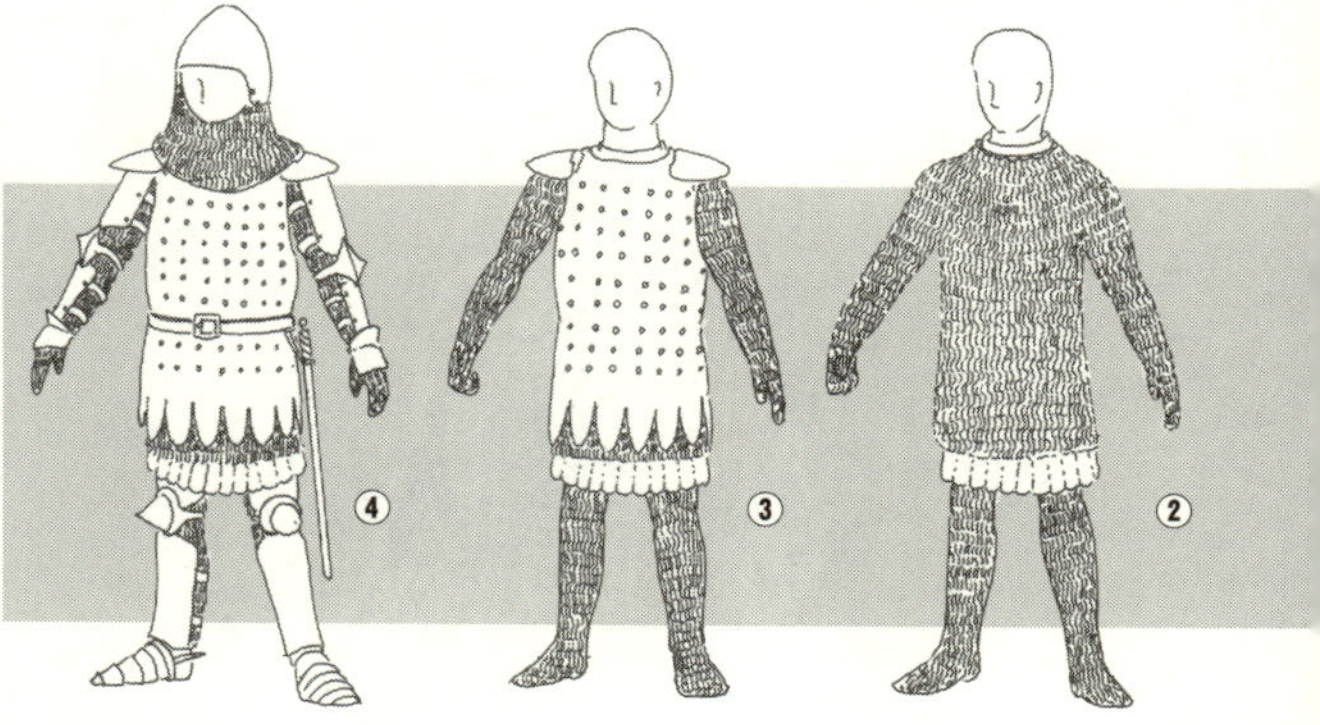

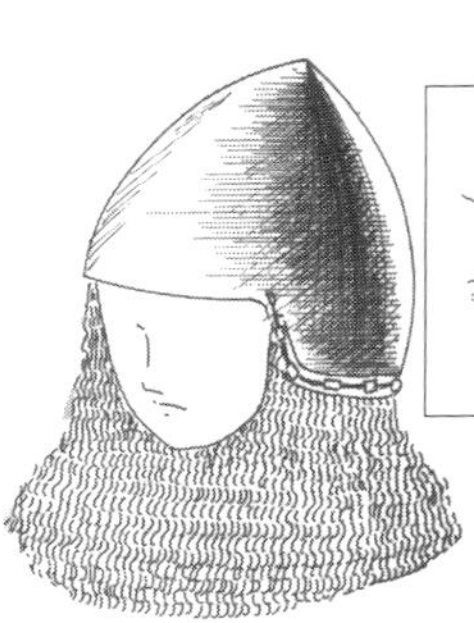

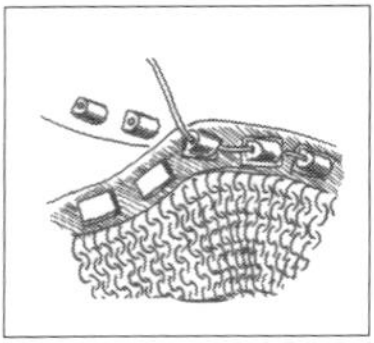

◇バシネットには首を守るためのチェイン・メイルを装着できた。

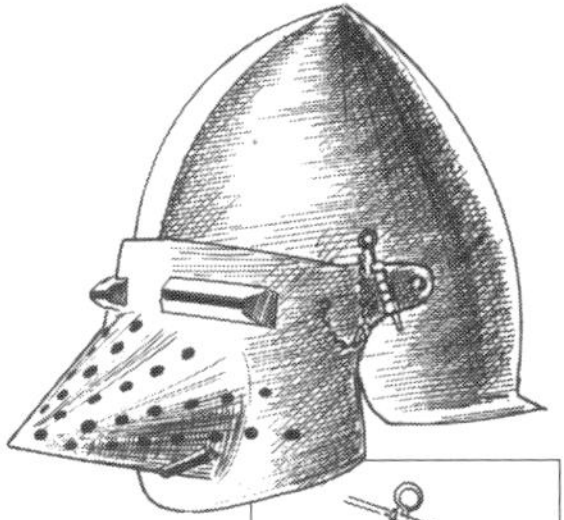

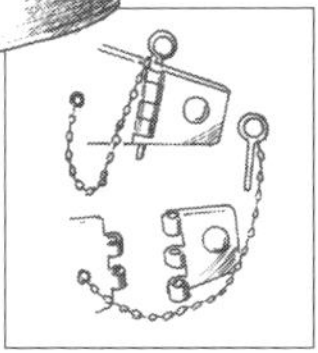

◇フンド・スカル（犬鼻）と呼ばれたバイザーをつけたバシネット（14世紀頃）。バイザーは取り外しが可能で、こめかみのあたりにピンで留められた。

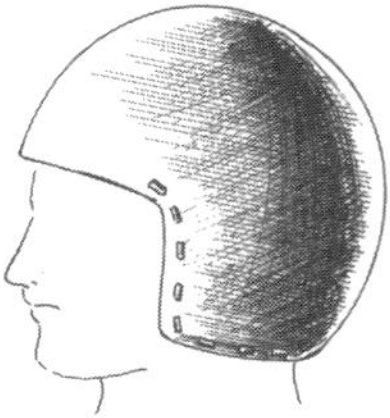

◇バシネットと呼ばれる兜（14世紀頃）。

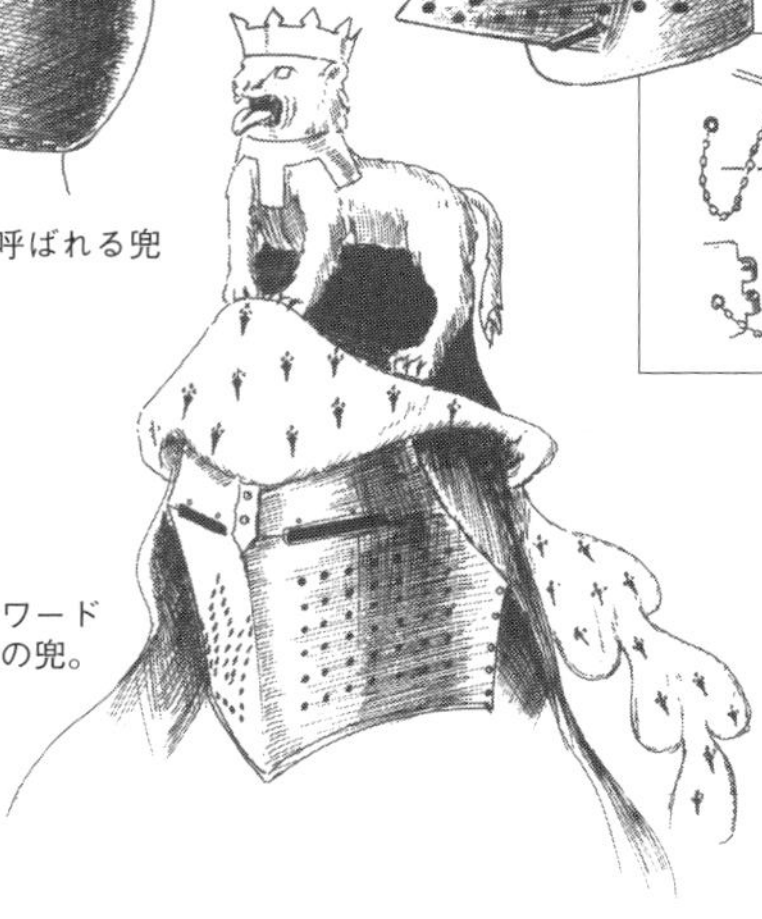

◇エドワード黒太子の兜。

◘14世紀終わり頃の騎士。中に羊毛を入れたキルティングのコートを着ている。

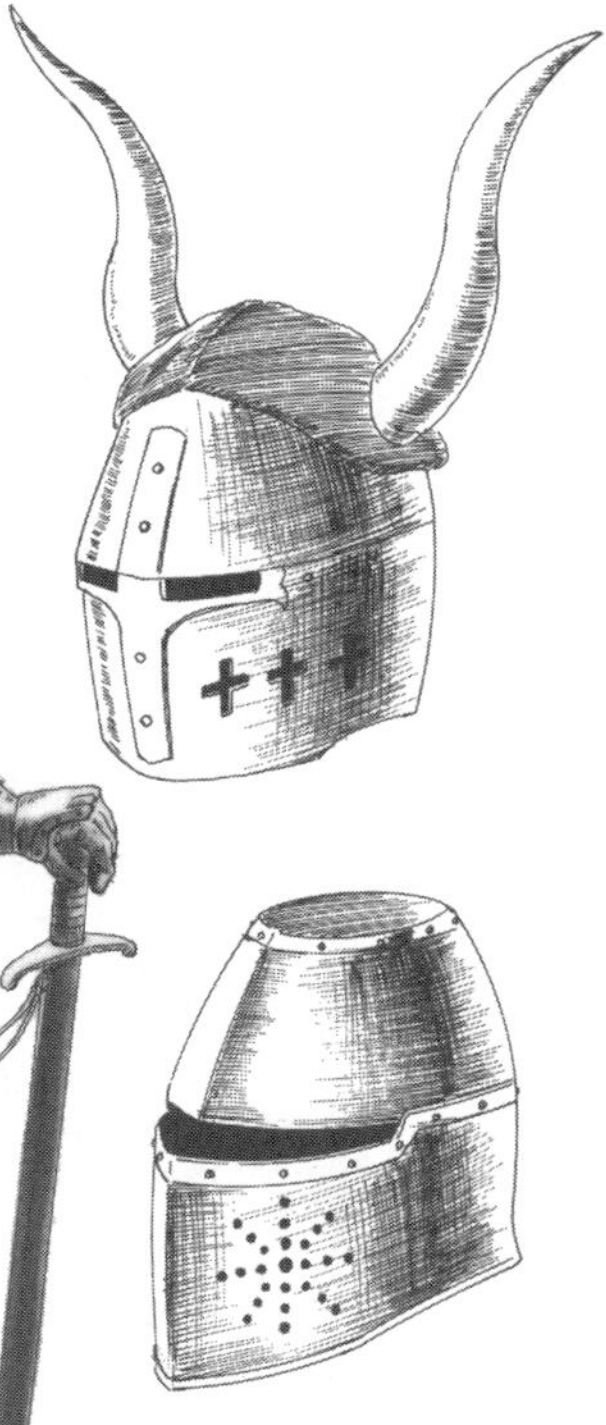

◘騎乗しての戦いに使われた兜2種（14世紀頃）。バシネットの上にかぶった。兜の飾りは木や皮を使って作られた。

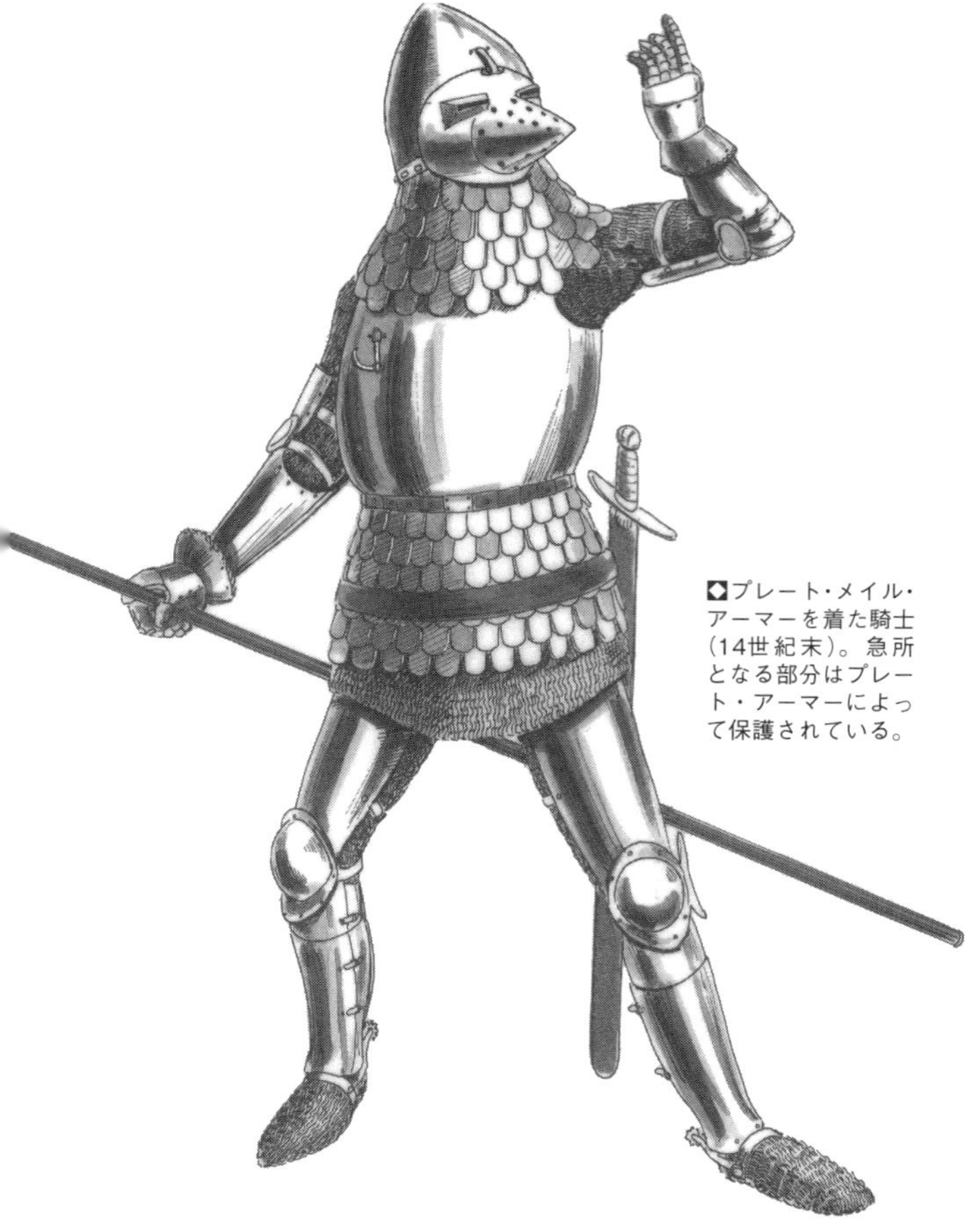

◘プレート・メイル・アーマーを着た騎士(14世紀末)。急所となる部分はプレート・アーマーによって保護されている。

SPECIAL ROOM 騎士叙任の間

この小さな礼拝堂のある一角は、当店公認「騎士叙任の間」でございます。当店ではスペシャル・サービスとして騎士志望のお客さまに、騎士の位を差し上げております。差し上げるのは、当城の城主、つまり当店の主であるわたくしめでございます。騎士には誰もがなれるわけではございませんし、武芸や教養といったものが必要でありますが、当店では代金さえいただければどなたにも騎士叙任の儀式を行います。もちろん、世の中に出れば偽騎士ということになりますが、ばれなければしめたもの、「遍歴の騎士」として歓待されることもありましょう。では、ご希望のお客さまに、騎士叙任の手順ともども、騎士道の精神を即席でお教えいたしましょう。だいたい十二世紀頃の段取りでございます。(店主)

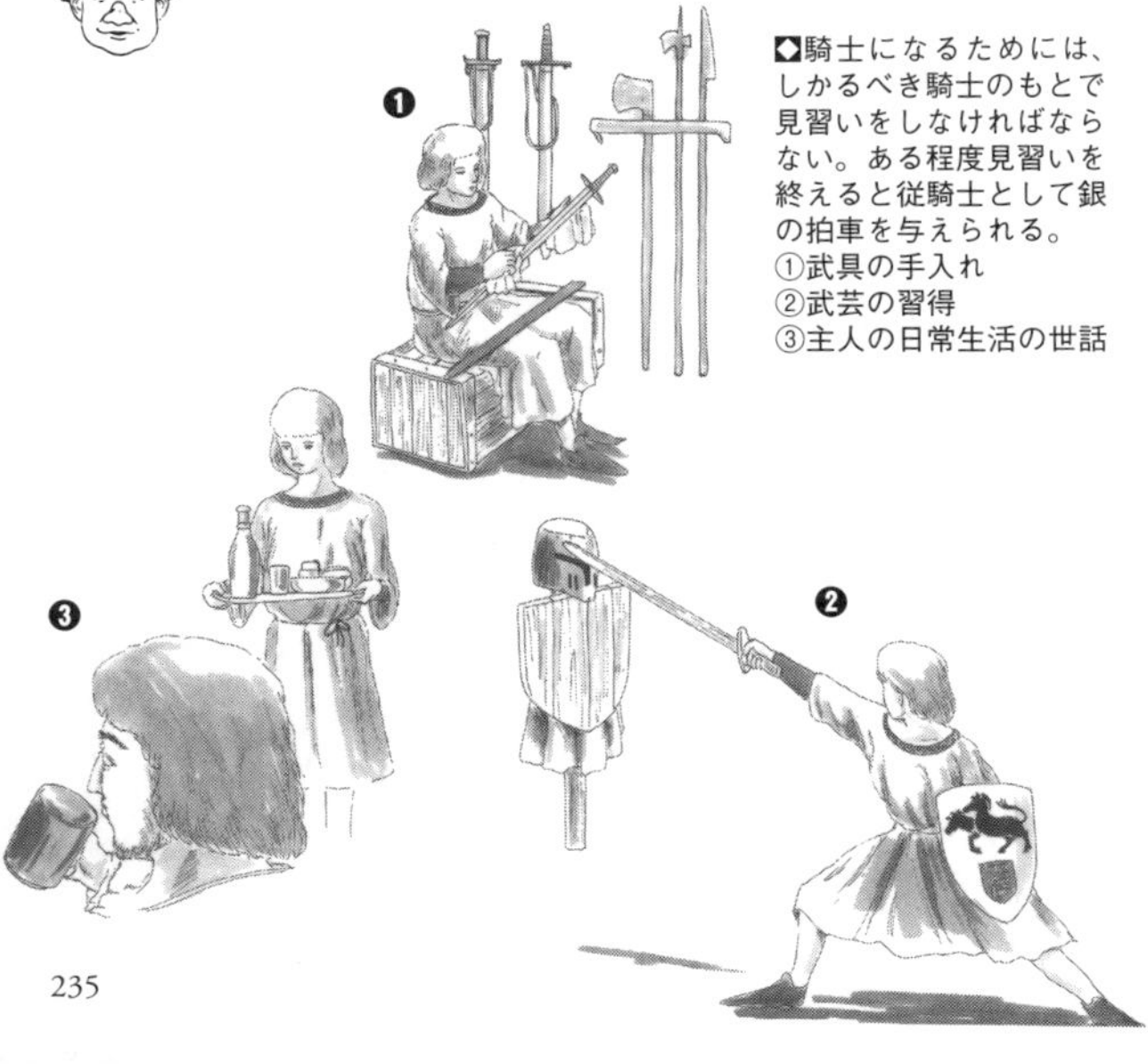

◆騎士になるためには、しかるべき騎士のもとで見習いをしなければならない。ある程度見習いを終えると従騎士として銀の拍車を与えられる。
①武具の手入れ
②武芸の習得
③主人の日常生活の世話

SPECIAL ROOM
騎士叙任の間

◘この見習い期間を終えたあと、騎士叙任式を経て初めて騎士となることができる。騎士見習い（従騎士）は、叙任式の前夜、礼拝堂で一晩中祈り明かしたのち、式にのぞむ。

騎士道精神

馬に乗り、ランスを取って敵と戦うだけでは騎士とはいえません。「名誉、寛容、奉仕」をもととした騎士道精神を持たなければならないのです。ただし、実際にはすべての騎士が騎士道精神の持ち主ではありませんでしたが。（店主）

・主君への忠誠と武勇
・神への奉仕
・正義への忠誠
・謙譲
・弱者の保護
・婦人への献身的奉仕

騎士叙任式の手順

1　従騎士が主君の前に進み出る。
2　主君は司祭から渡された剣に革帯をつけ、従騎士の胴に締めてやる。介添人が銀の拍車を金の拍車に取り替える。
3　介添人が兜、鎧、かけひものついた盾を身につけさせる。
4　騎士道の誓いを唱える。
5　主君が従騎士の首あるいは肩を叩く。これを「首打ち」の儀式という。以上で叙任式は終了、あとは楽しい宴会となる。

Plate armor

プレート・アーマー

騎士の鎧といえば、多くのお客さまはプレート・アーマーを思い起こすのではないでしょうか。とくに、全身を金属の鎧で覆ったフル・プレート姿は、たいそう勇ましく、ランスを構えて馬を疾駆させる姿はたのもしい限りです。磨き上げられた鎧は光を受けて輝き、美しくもありますな。フル・プレートは、華やかな騎士道にぴったりの鎧といえましょう。

フル・プレートは防御を重視し、全身を金属の塊とした鎧です。そのため四十～六十キログラムと身動きが取りにくいほどの重さがあります。しかし、銃火器が登場すると、わざわざ重いものを着るだけの効果は消滅してしまいます。その後は次第に胸甲や手甲（ガントレット）くらいの軽装備となり、軍事面での騎士の存在は、まったくの無意味となってしまいます。

それでもやっぱり騎士だったら一度はつけてみたいのがプレート・アーマーでしょう。こちらでは、騎士が身につけるフル・プレートを揃えておりま

すぞ。(店主)

◆右胸にはランスを支えるための鉤がついている。

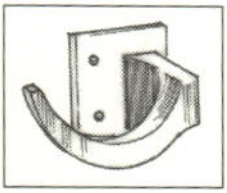

◆15世紀頃には、馬を傷つけないために馬の身体を覆う鎧まで作られるようになった。その頃には、農業技術や飼育技術の急速な進歩により、大きくて強い馬が育てられるようになった。

◆実戦用のプレート・アーマー(15世紀後半)。槍や剣での攻撃は防御できるが、強力なクロス・ボウやロング・ボウはこれを貫くこともあった。顎(あご)まで守る首あてをつけ、サレット型の兜をかぶっている。

◆ビコケット型の兜とイタリアのプレート・アーマー（15世紀後半）。腿を守るための草摺（くさずり）がベルトで留められている。

①金属の顔覆いをかぶせた馬（13世紀〜14世紀頃）。
②チェイン・メイルをかぶせた馬（14世紀〜15世紀頃）。
③装甲板で覆った馬（15世紀〜16世紀頃）。

◘バービュート型の兜をかぶった騎士（15世紀頃）。騎乗用の鎧では、鞍に乗りやすいよう尻の部分にプレートを使っていない。

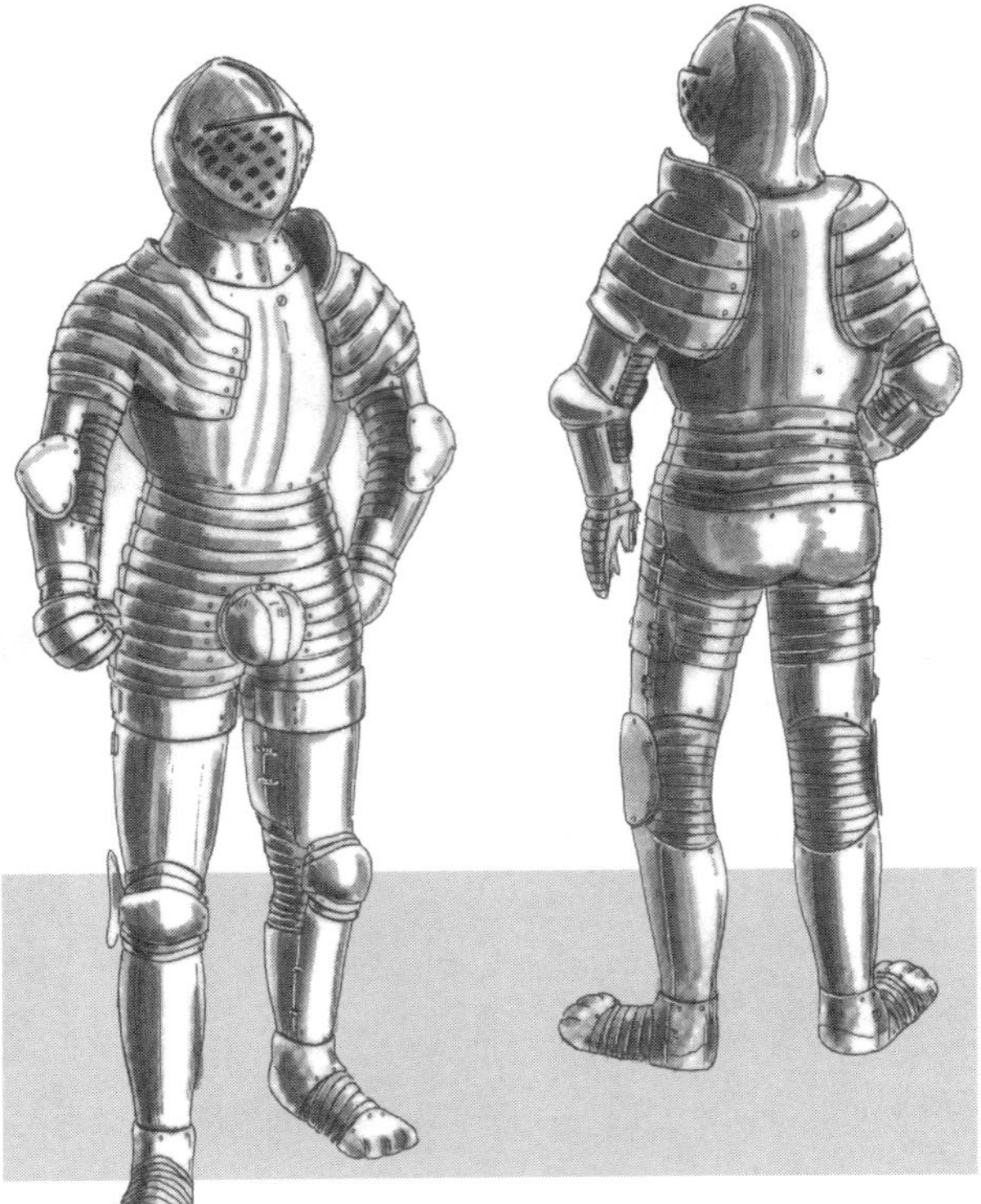

◆イギリスのヘンリー8世の徒歩戦用プレート・アーマー（16世紀前半）。手のひらを除く全身がプレートで包まれている。関節部分は何枚ものプレートとリベットで自由に動くようになっている。急所あてがついていることも特徴のひとつ。

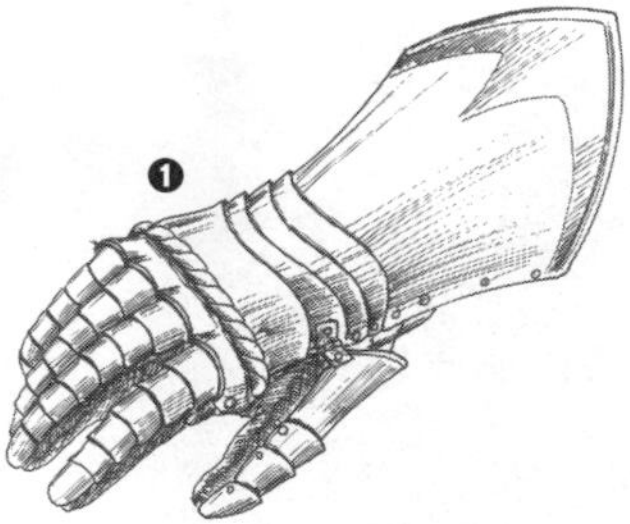

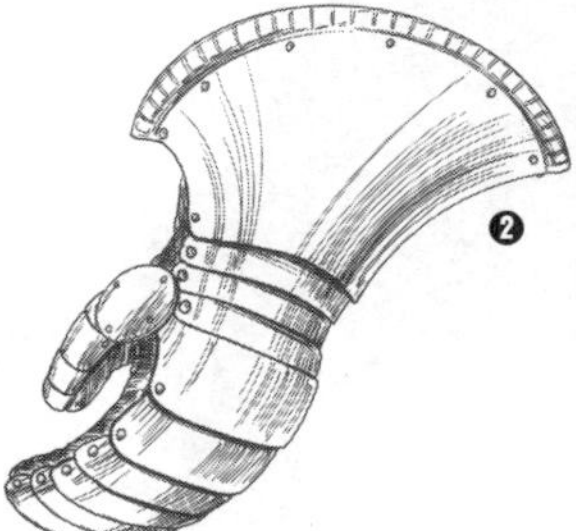

◘手甲（ガントレット）の2つのタイプ。
①5本の指が独立しているタイプ。
②親指だけが独立しているミトン型。

◘マクシミリアン式鎧（16世紀前半）。神聖ローマ帝国皇帝マクシミリアン1世の工房で作られた鎧の形式で、機能と美しさが見事に調和されている。無数の溝をつけ強度を落とすことなく軽量化を図っているのが特徴。溝は装飾だけでなく剣を受け流す効果もある。胸あての膨らみも剣先を横に逃がすための工夫。重量は20kg強。

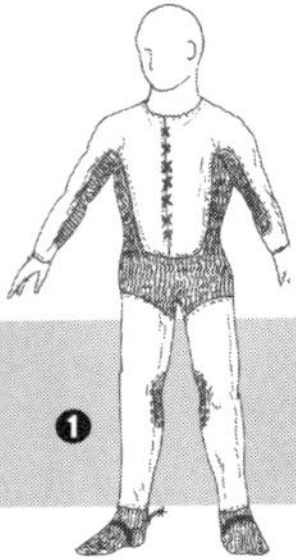

❶

◘スカートのような鎧（16世紀頃）。スカートの形状は何種類もあって、取り替えることができる。

❿

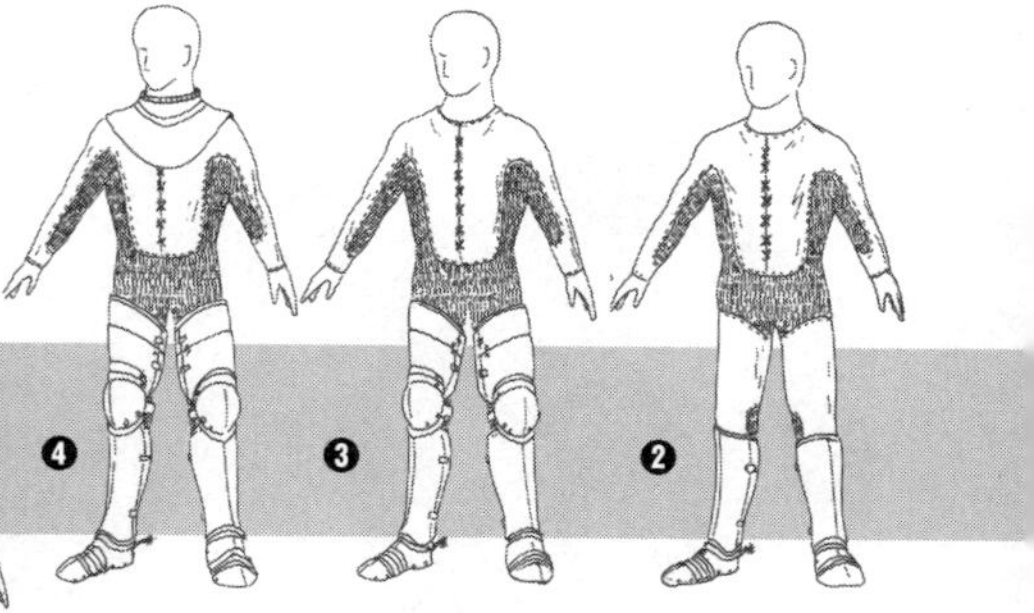

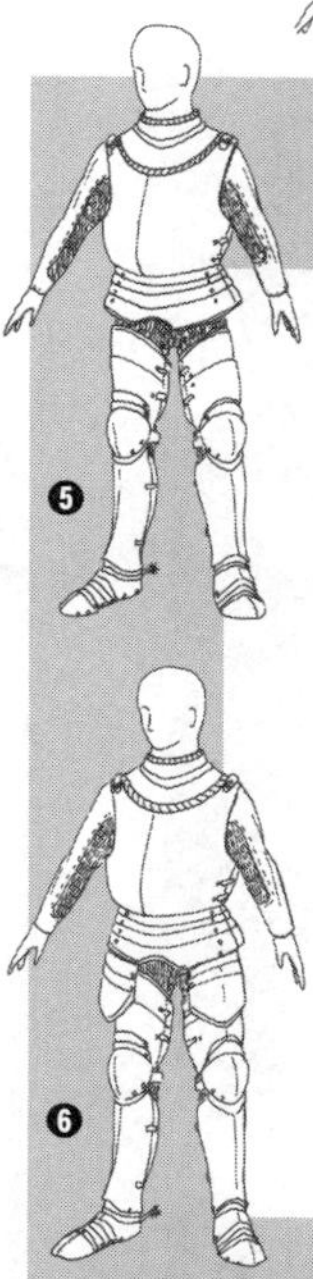

プレート・アーマーの着方

①下着と拍車をつける。プレートで覆われない部分はチェイン・メイルになっている。
②すねあてをつける。
③ひざあてと腿あてをつける。
④首あてをつける。
⑤胸甲をつける。
⑥胸甲に皮のベルトで、腰を守る草摺をつける。
⑦腕あてをつける。
⑧肩あてをつける。
⑨手甲（ガントレット）をつける。
⑩長剣と短剣を下げたベルトをつけ、兜をかぶる。

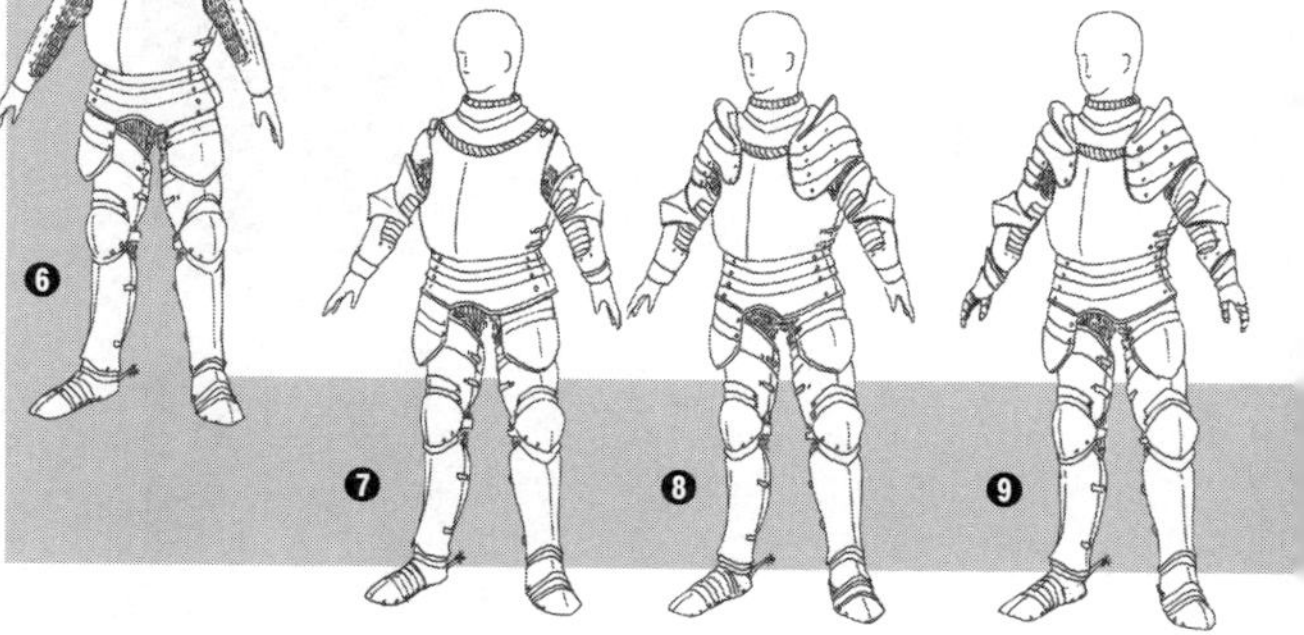

◇パレード・アーマーと呼ばれる、儀式用の鎧（16世紀前半）。鋼板は加工しやすいことから装飾を施した儀式用のプレート・アーマーも登場する。騎乗する際には、スカートの前後の板が外された。

◇ローマ鎧風のパレード・アーマー（16世紀中頃）。

兜

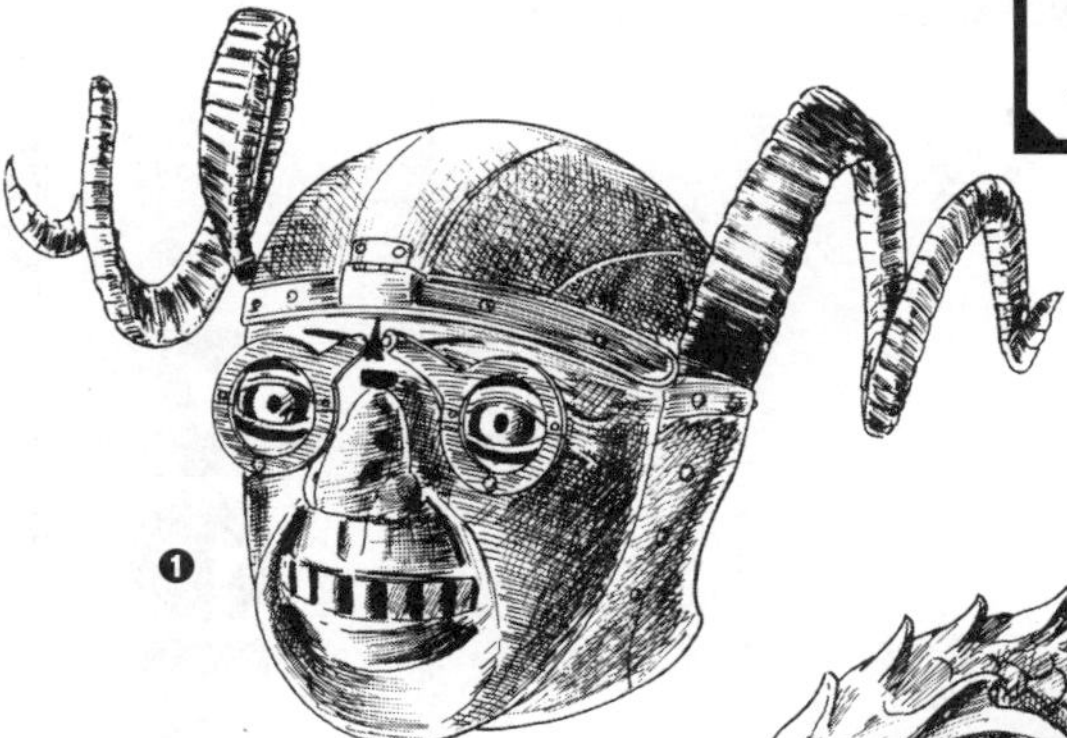

❶

❷

◆パレード・アーマーの兜は人の顔や鳥の顔などを彫った不気味なものも多い。
①山羊の角がついたもの。
②ドラゴンの頭をしたもの。
③鳥の形をしたもの。

❸

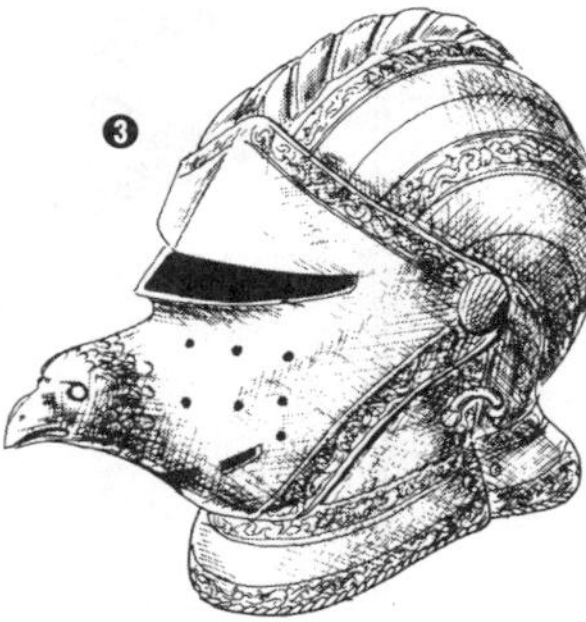

Heraldry

紋章

中世騎士にとって、欠かせないものをひとつあげるとすれば何でしょうか？　ランス、銀色に輝く美しい甲冑《かっちゅう》、貴婦人からいただくスカーフ、馬…。なるほどどれも、欠かすことはできませんな。しかし私がひとつだけあげるとすれば紋章となります。紋章は騎士たる身分の証。そして由緒正しい家柄であることを示す大切なものであります。

ところで、ここだけの話ですが…。当店では、偽騎士のお客さまに、すばらしく見栄えのする紋章を新たにデザインして差し上げております。偽騎士のかた…いや失礼、ご興味のあるかたには当店直属の紋章官がご説明いたします。（店主）

紋章の意味

紋章の起こりは十一世紀初めのドイツであったといわれています。もともとは戦場で誰が誰であるかを見分けるために考えだされたものでした。激しい乱戦のなか、似たような鎧を身につけた騎士を見分けるのは難しいものです。手柄を立てても他人にはわかってもらえませんし、手柄を立てようにも、めざす高名の騎士など人馬の海のなかでわかるはずもありません。

そこで騎士たちは、自分独自の図形を装備に描いて戦場へ向かうようになりました。とくに盾が手頃なキャンバスだったことから選ばれ、きらびやかな図案が描かれるようになります。このように盾に描かれた紋章は盾紋と呼ばれます。紋章にはほかに大紋章というものもありますが、こちらは装備に描かれることはなく細かに装飾されています。主にタペストリーに織られるか、壁面に彫刻されました。

こうして騎士を見分けることから始まった盾紋では、図案がその騎士固有のものであることが条件となります。つまり「一国または一領地に同じ紋章があってはならない」というのが紋章の絶対的な決まりなのです。（当店直属の紋章官）

◘大紋章。盾を中心にして、両わきに2頭の動物を描いたものが多い。盾の上には兜、王冠が描かれている。王冠は家格によって形が決められている。台座には家訓や信条が言葉で書かれている。

◘西欧の紋章と同じような意味をもつものとして、日本には家紋があるが、日本の家紋は家（家系）を表す図案で、個人の認識のためのものではない。しかし盾紋のように、戦場での個人を認識するものがなかったわけではない。武将のいる場所を明らかにするため、側に立てておく馬印（うまじるし）や、武士が背中につけていた指物（さしもの）がそれである。これは、指物に用いられたもっとも奇抜な図案の1つで、はりつけの図案。長篠城で武田軍にはりつけにされた鳥居強右衛門を表したもの。

◘1066年にイングランドを征服したノルマン公ウィリアムは、ヘースティングスの戦いのさなか、自分が戦死したという噂が広まり、味方が浮き足立ちつつあるのを知って、兜を上げて顔を出し、健在であることを叫んだといわれている。もし紋章のついた盾を持っていたり、サーコートを着ていれば、こうした行為は見られなかったかもしれない。

色と形

盾紋は、極めて視界の悪い兜をかぶり、なおかつ馬に乗っている騎士が、ちらりと見ただけで、はっきりと見分けられるものでなければなりません。そのため、色と図形には決まりがあります。（当店直属の紋章官）

盾紋の色

◘盾紋に使える色は3系統に分かれている。金属色（メタル）と原色（カラー）、そして毛皮色（ファー）だが、毛皮色とは、独特の色と形の組み合わせを色の一種と見なすもの。

注意：色は、モノクロで色を表現するために考案された紋章学上の方式、ペトゥラ・サンクタ方式で表現している。

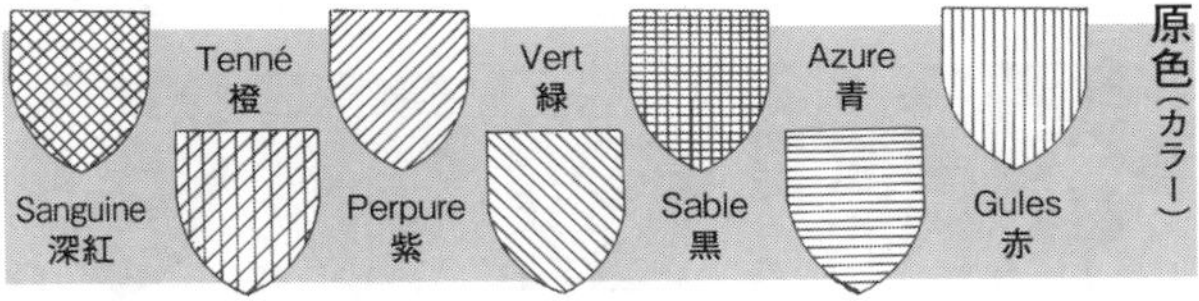

色の使い方

◘色の使い方には決まりがある。まず、原色は色を混ぜ合わせて、別の色にすることはできない。また、地色と図形の色を金属色どうし、あるいは原色どうしにしてはいけない。豪華だからといって地色が金色、図形を銀色にすることはできない。

地色、図形ともに金属色

地色が金属色、図形が原色

地色が原色、図形が金属色

図形のパターン

◘図形ははっきり認識できるようシンプルなものでなければならなかった。図形のパターンと組み合わせで3種類に分けることができる。

◘分割図形。盾の地を2色で色分けするもの。

◘幾何学図形。十字、帯など。

◘具象図形。実在の動物、空想上の動物、植物、星、城、武器、道具など。

①イギリスのリチャード1世（獅子心王）
②フランス王家（ゆり紋）
③④⑤具象図形の組み合わせの例

分割線の種類

◘分割図形や幾何学図形に使われる線は、何種類もあった。

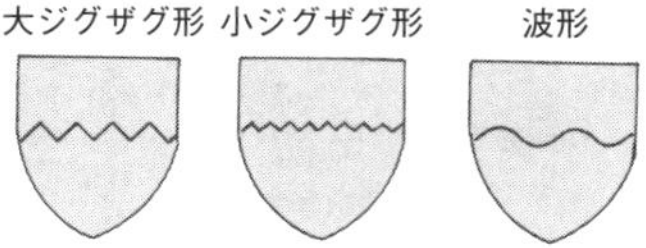

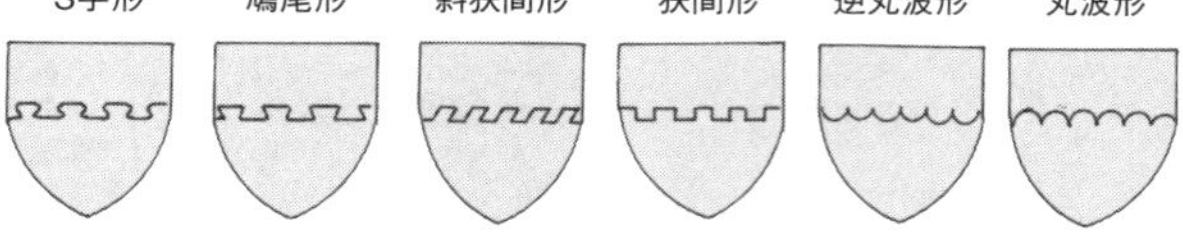

家系を表す盾紋

紋章は個人を表すものですが、一方で家系を表す家系図のような働きももっています。イギリスでは、継承権をもつ男女が結婚した場合や、二家を相続した場合、あるいは褒美《ほうび》として授与された場合などに、二つ以上の紋章を組み合わせて一つの盾紋を作りました。

(当店直属の紋章官)

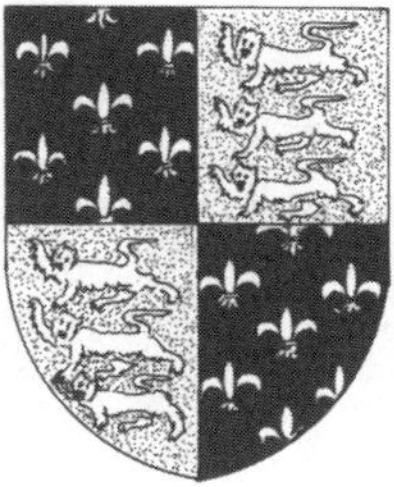

◘2家の相続を表す盾紋として有名なものに、百年戦争の頃にエドワード3世が用いた盾紋がある。彼は母がフランス王の娘だったので、フランスの王位継承権を主張して遠征を行った。その主張から、盾紋もクォータリング方式で結合したものにしている。ちなみに、イングランドで認められていた女子の系統の継承権は、フランスでは認められていなかった。

盾紋の結合方式

◘2分割して左右に配する方式。
①左右に割った盾紋を1つにしている。
②左右にそれぞれの盾紋を変形して押し込めている。

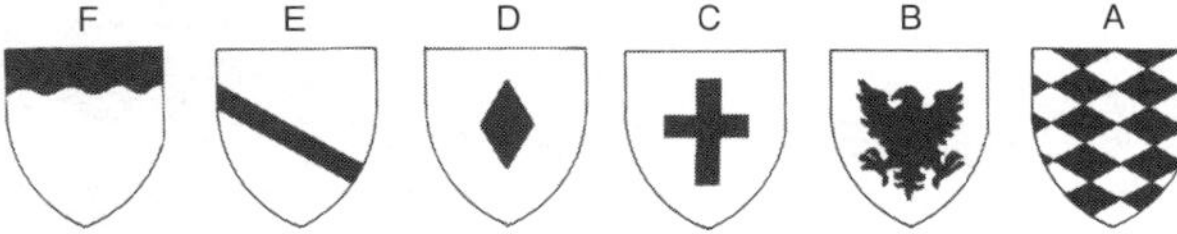

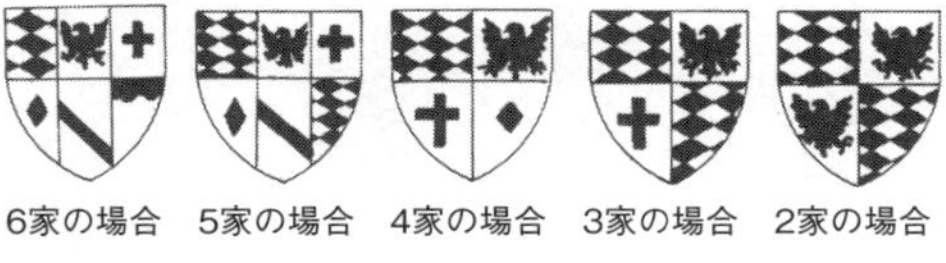

◘多分割方式(クォータリング方式)。Aから順に上位の家柄とする。

●紋章の登録

いかがでしたでしょうか？　ところで、紋章の図案ができただけでは紋章とはいえません。王立紋章院に登録され、紋章認可証を発行してもらう必要があります。そこでは紋章官による厳密な審査が行われます。こうした制度ができたのには次のような経緯があります。（店主）

当初、勝手につけられていた紋章は、国が大きくなり騎士の数も数千という単位になってくると、許認可制になり国で管理するようになりました。同一または類似の紋章によって、混乱が起こらないようにするためでしたが、騎士階級の身分証明にもなりました。イギリスで王立紋章院が作られ、紋章官という役職が登場したのは十四世紀のこと。紋章官は味方だけでなく、敵の紋章にも精通していました。彼らの仕事は、紋章の審査と記録だけでなく、戦場にまで同行しては、紋章の確認にあたり、使者や、勝敗の判定めいたことも行いました。彼らの数は十三人と限られており、人格と能力をともに兼ね備えている必要がありました。したがってここだけの話、当店直属の紋章官というのは実に怪しいのですが。（店員）

コホン。おしまいのほうは余計なご説明でしたが、当店ではあるルートを通じて、身分を問わず登録することができます。ただし、こちらのほうは、かなりの費用がかかるのですが…。（店主）

血統方式

◘父親の盾紋の上に、第何子かで決められた図形をワンポイントで置く方式。

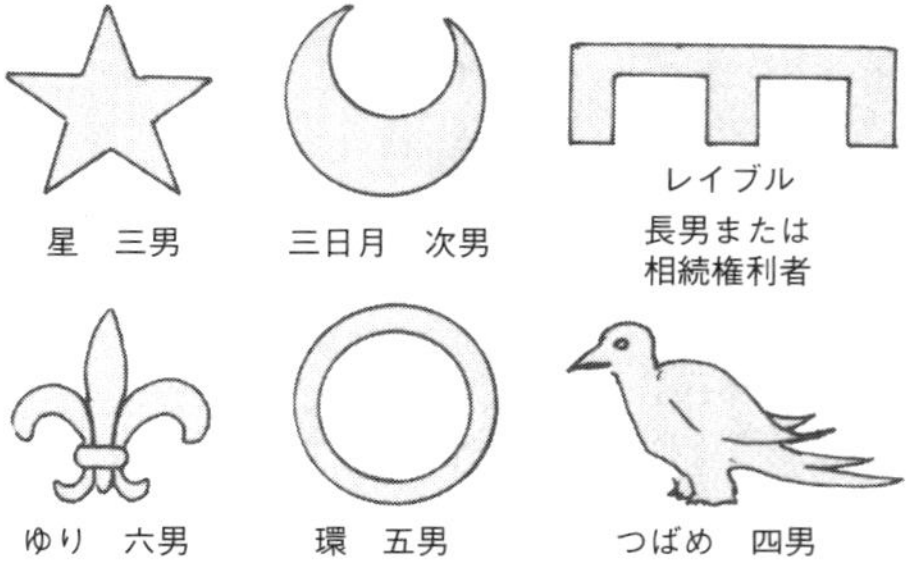

◘エドワード3世とともに従軍したエドワード黒太子（ブラック・プリンス）。着ているジュポン（陣羽織）には、エドワード3世の盾紋の上に長男を表すレイブルがついている。盾紋は、たとえ親兄弟でも同じものを使うことはできなかった。自分独自の紋章を得ることができるまでは、親の紋章を変形して使用していた。変形方法はさまざまだが、何番目の子供であるかをもとにしている。

Floor 3-Corner F

Tournament
トーナメント

世の中が平和なとき、わたくしはもちろん、のんびりと金貨を数えて一日を過ごすのですが、騎士たちはそうはいきません。いざというときの戦闘のため、腕前を磨いておかなければなりません。いわゆる騎士道精神の鍛練というやつですな。そのための模擬戦闘がトーナメントです。いまでも勝ち抜き戦のことをトーナメントといいますが、それはここから取られた言葉なのです。

この騎士たちのトーナメントは、娯楽の少なかった中世における最大の楽しみでした。試合場の周りには見物席が設けられており、王侯や貴族、貴婦人たちが彼らの競技に熱狂しました。ここで勝者になれば、スターというわけです。賞金と名誉のために、各地のトーナメントを渡り歩く猛者《もさ》もいました。

こちらのコーナーではトーナメント道具を品定めしてください。トーナメントについても少しはご説明しておきましょうかな。（店主）

◆馬上槍試合用のプレート・アーマーで完全武装した騎士。安全性が高いぶん、重量もかなり重い。自分の紋章が入った布を馬に着せ、トーナメントの華やぎに色を添えた。

トーナメントの装備

ここではトーナメントで使われた装備をご覧ください。トーナメントで使われる武器、防具は、時代が下るにしたがって、危険のないものへと変化していきます。

初めの頃のトーナメントは、実戦と同じ装備で行われていました。ですから非常に危険で、死傷者も絶えません。教会がこの無用な殺生に異議を唱え、トーナメントで死んだ者は、キリスト教徒として埋葬しないと宣言したほどです。国主たちにとっては、優秀な騎士がトーナメントで死んでしまうことは大変な損失ですし、騎士たちだって死にたくはありません。そこで、次第にルールができ、安全な装備が作られていきました。

たとえば、鎧をご覧になってください。プレート・アーマーが発展した十五、十六世紀には、すでにトーナメントは命がけで行うものではなくなっていましたから、とにかく安全第一に作られています。馬上槍試合など槍を突き出すだけの競技用の防具などは、多少重くなり身動きが不自由になっても、安全性を優先させています。鎧は四十キログラム以上、兜は十キログラムもあるものも作られたりしました。ただし、「安全第一」のこうした鎧は、重さや着ているときの熱さで窒息死してしまうこともありました。

ここでは、トーナメントのルールができた十五世紀半ば頃からの武器と防具をご紹介しましょう。（店主）

◘後輪のついていない鞍。馬から落とすことだけを目的とする馬上槍試合で使われた。後輪がないので、落ちやすい。

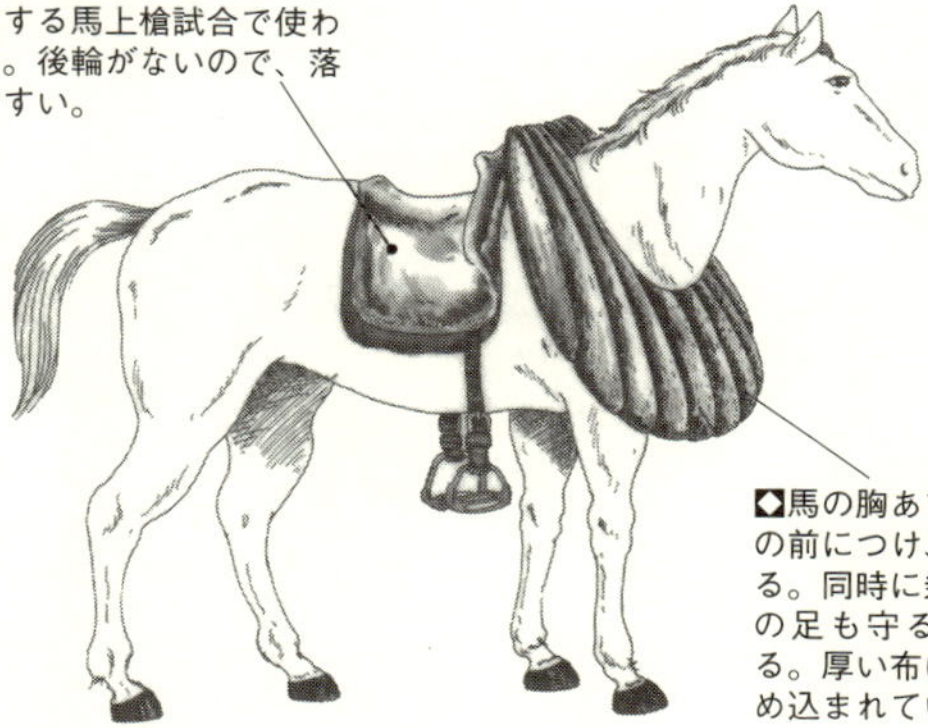

◘馬の胸あて。鞍の前輪の前につけ、馬の胸を守る。同時に乗っている人の足も守ることができる。厚い布に麦の穂が詰め込まれている。

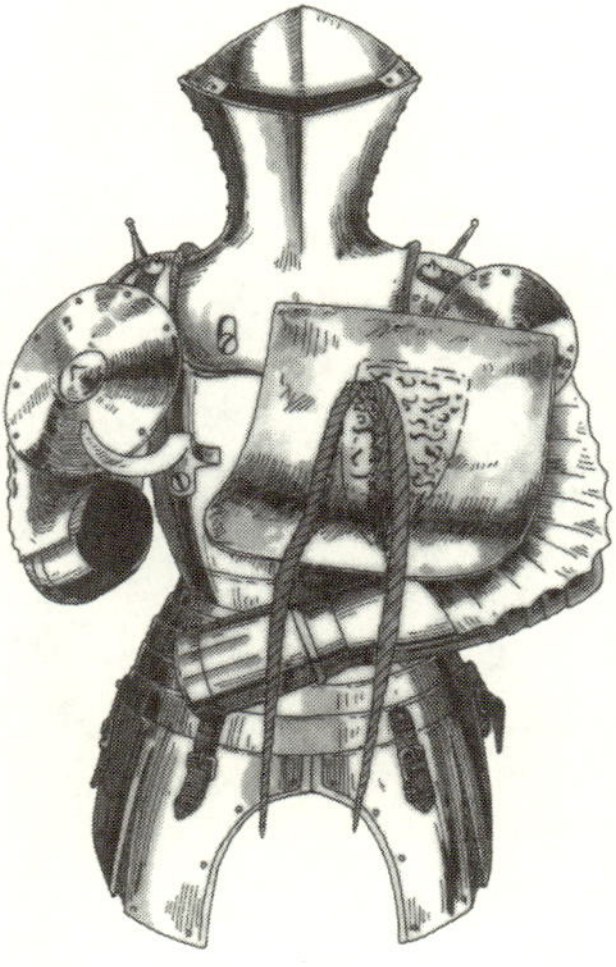

◘馬上槍試合用プレート・アーマー（16世紀）。盾はオーク材の木製で、ひもで胸甲と直接結ばれている。右手は、ランスについているヴァン・プレート（大つば）によって守られるため、手甲（ガントレット）をつけていない。右胸から出ている鈎のようなものは、重いランスを支える役目を果たすランス・レスト。下半身は馬の胸あてによって守られるので、鎧をつける必要がない。

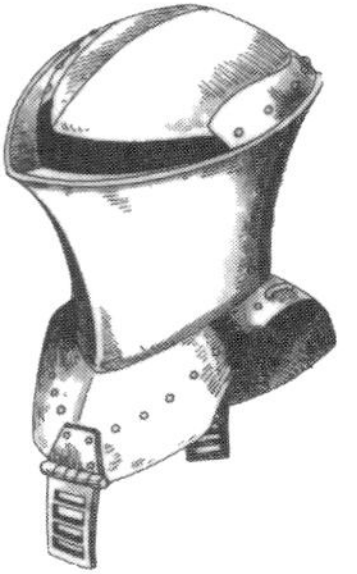

◆カエルのような形をしている兜で、カエル口型兜という。ランスを構えて突撃するときの前かがみになる姿勢（相手の槍を受けても後ろに倒れないようにするため）をとらないと前が見えない。

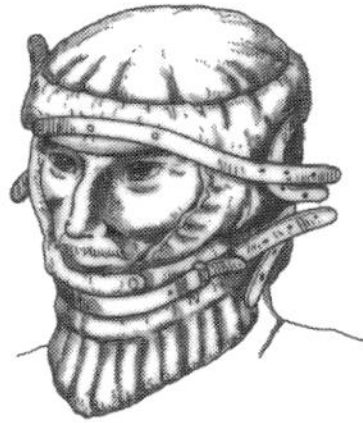

◆兜のなかには、リンネル製のクッションをつける。兜とつなぐための革ひもが両耳のあたりについている。

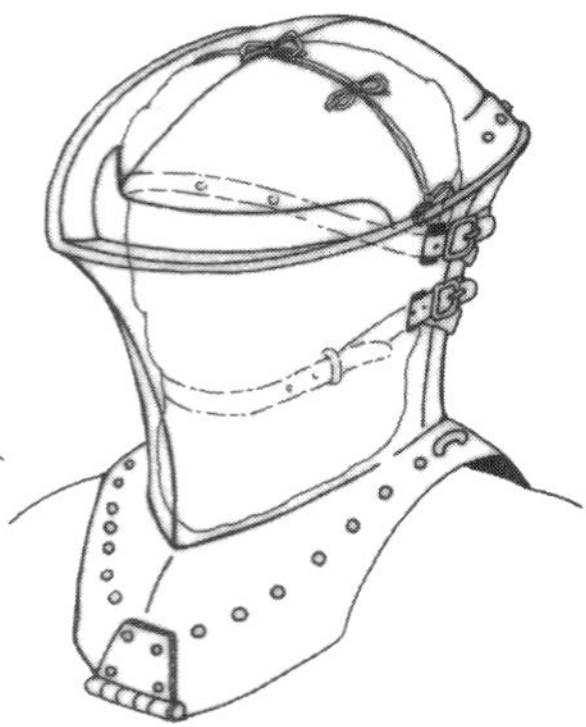

◆クッションは兜の側頭部にあいている穴に革ひもを通して、しっかりと固定する。上部の固定は補助的なものと思われる。これによって頭の動きは制限されるが、安全性は高くなる。

◆トーナメント用兜。兜の上には自分が誰であるかを示すための兜飾り（クレスト）がつけられている。

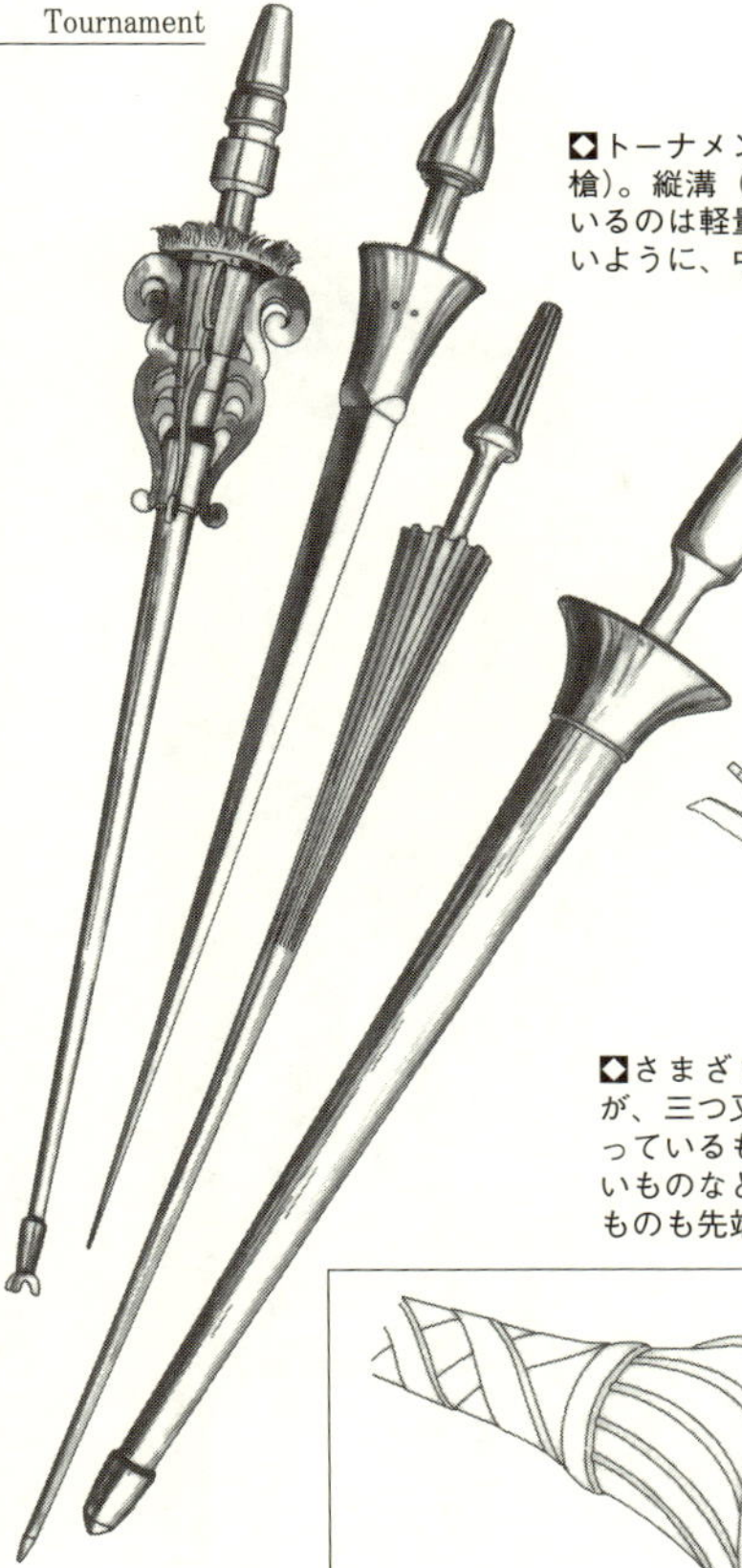

◘トーナメント用に作られたランス（騎槍）。縦溝（フルーティング）が走っているのは軽量化のため。わざと折れやすいように、中空にしたものも多かった。

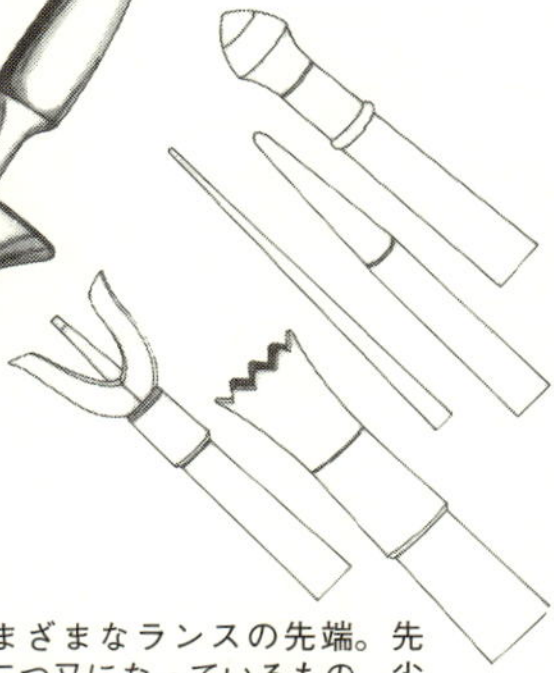

◘さまざまなランスの先端。先が、三つ又になっているもの、尖っているもの、穂先がついていないものなどがあるが、尖っているものも先端は鈍くなっている。

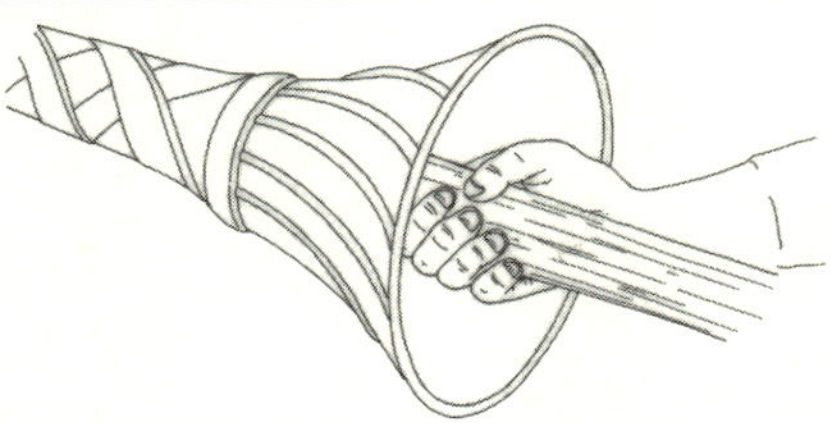

◘ランスにつけるヴァン・プレート（大つば）。大きなつばによって持ち手（右手）を守ってくれる。このため右手の手甲（ガントレット）のない鎧が作られた。

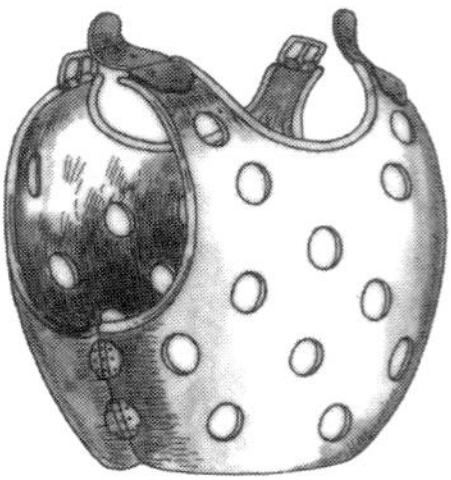

◘トーナメント用胸あて。軽量化と通気性を考えて穴がたくさんあいている。

◘ここでのプレート・アーマーも馬上槍試合用だが、下半身まである。相手の攻撃から防護するため、左の胸に大きなプレートがついている。

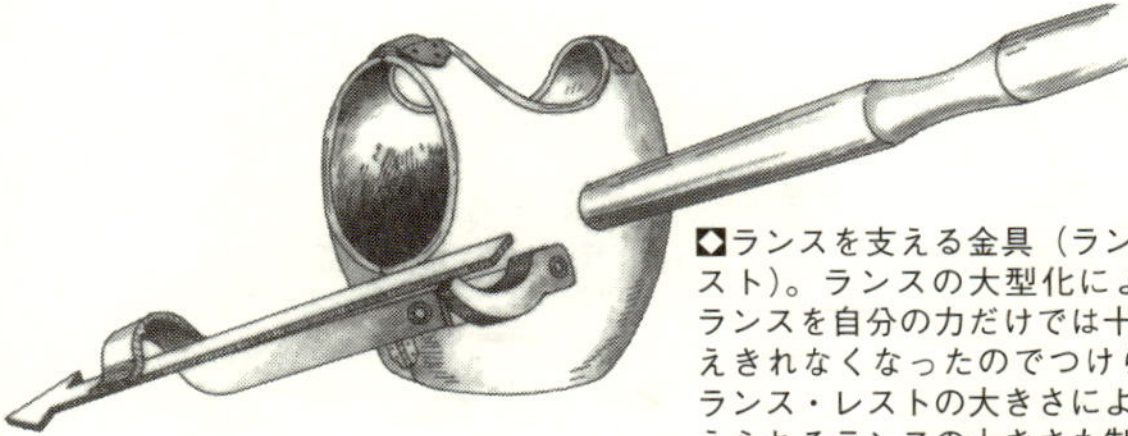

◘ランスを支える金具（ランス・レスト）。ランスの大型化によって、ランスを自分の力だけでは十分に支えきれなくなったのでつけられた。ランス・レストの大きさによって支えられるランスの大きさも制限されるので、鎧とランスが一組で作られるようになった。

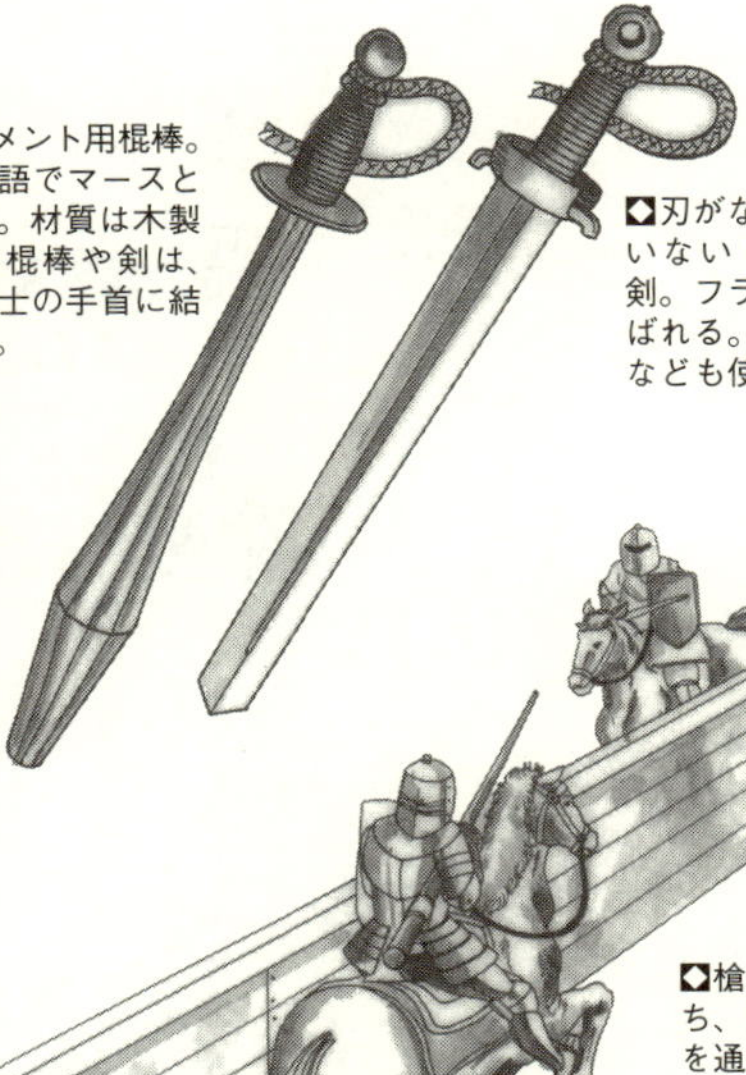

◘トーナメント用棍棒。フランス語でマースと呼ばれる。材質は木製が多い。棍棒や剣は、ひもで騎士の手首に結びつけた。

◘刃がなく切っ先も尖っていないトーナメント用の剣。フランス語でエペと呼ばれる。材料には動物の骨なども使われた。

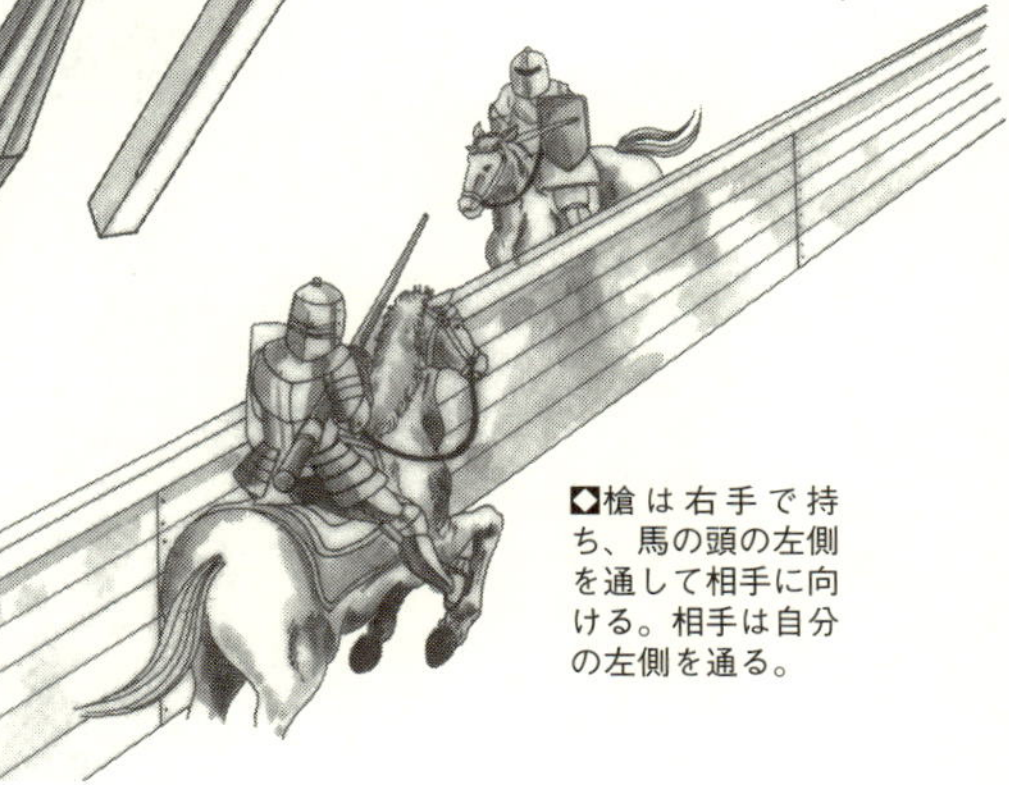

◘槍は右手で持ち、馬の頭の左側を通して相手に向ける。相手は自分の左側を通る。

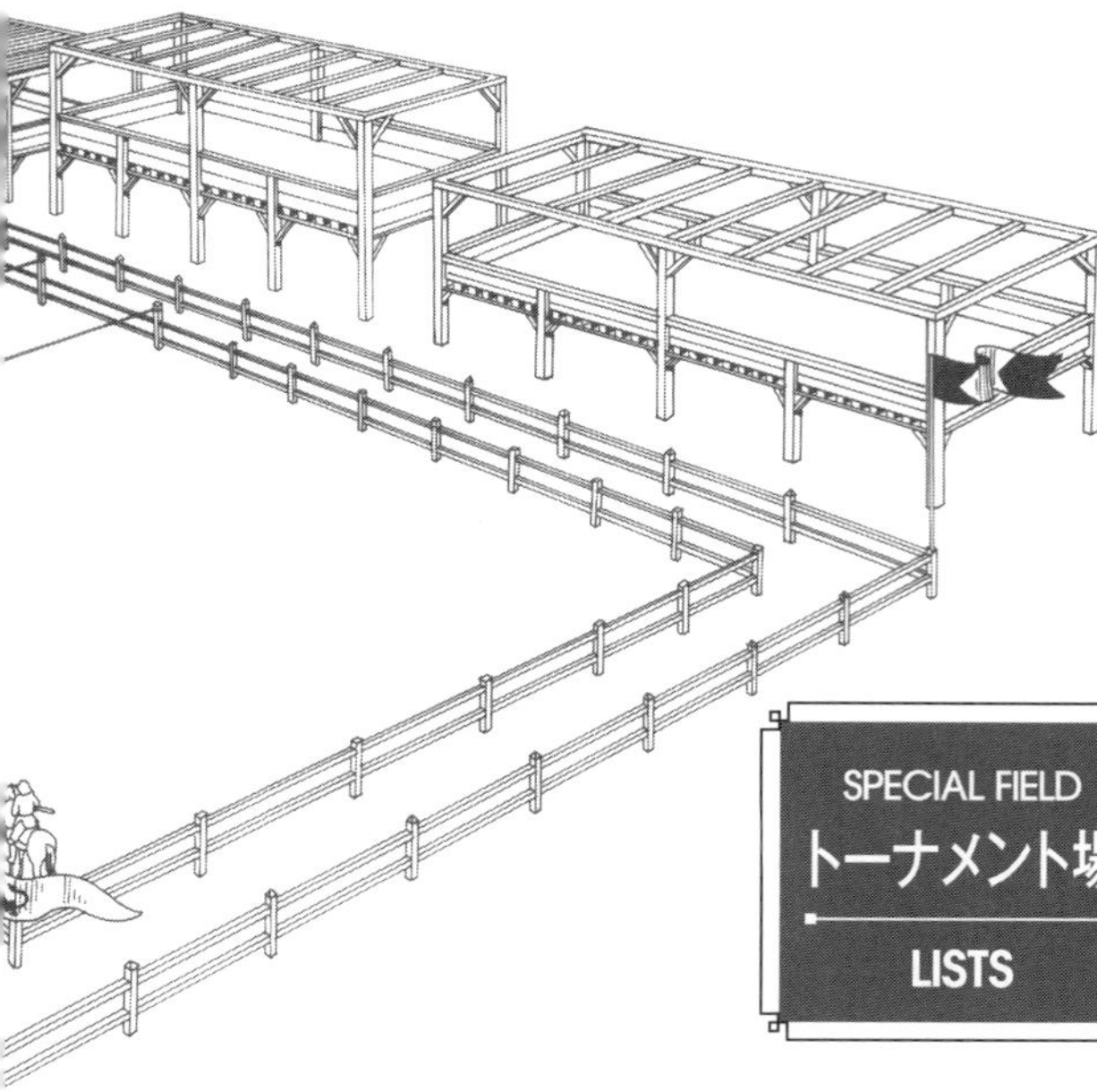

SPECIAL FIELD
トーナメント場
LISTS

　ここが当店自慢のトーナメント場です。騎士の装備をお求めになられたかたには、こちらでお試しいただけます。ご要望があれば、一日単位でお貸ししております。

　トーナメント場の広さは、参加者が多い団体戦トーナメントでも使えるよう二百七十メートル×九十メートルほどあります。馬上槍試合では八十メートル×七十メートルくらいに仕切って使います。

　柵の一番内側が試合場です。内側と外側の柵の間は伝達係が通るために設けています。観客席のうち、中央は審判員、左右は貴婦人たちの席となっています。ときには、見物人が熱狂してなかに入り込んでしまうこともあり、そのような邪魔をされないように、周りに溝を掘ることもあります。中央のロープは団体戦のとき両軍を分

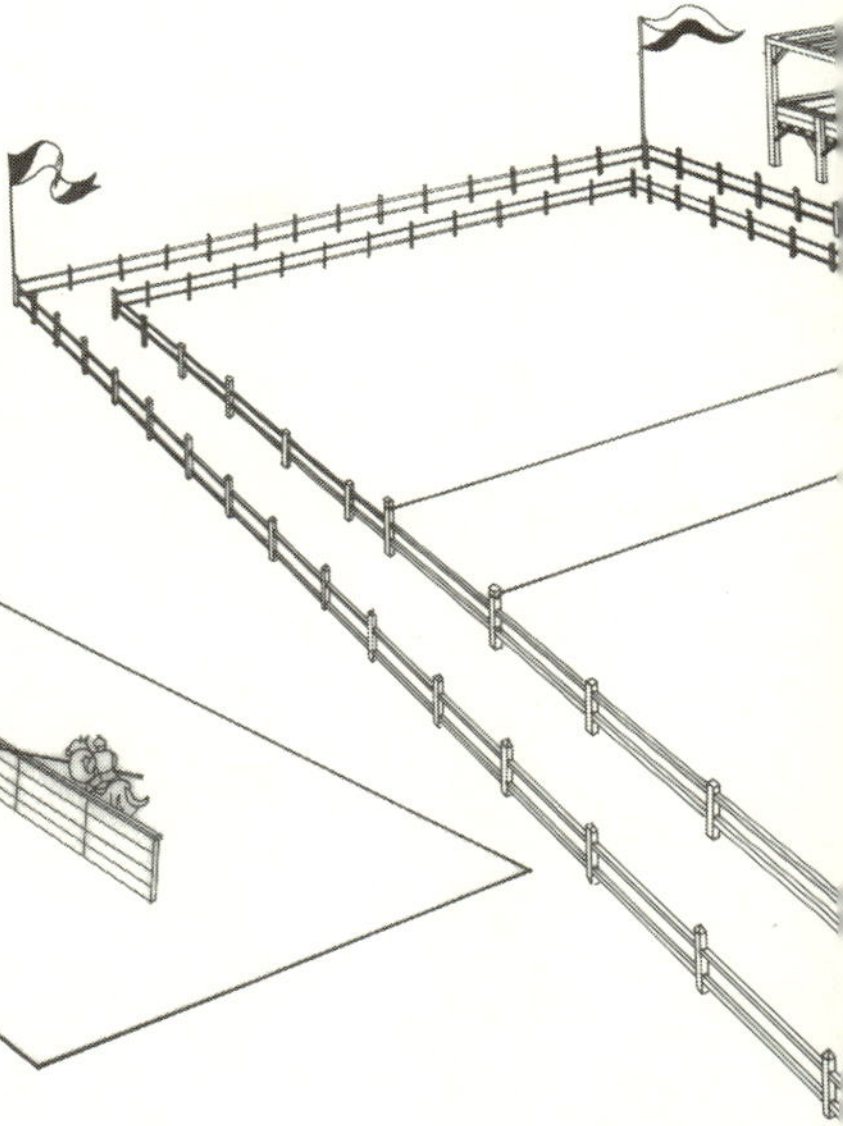

◆1対1の馬上槍試合では、正面衝突を避けるため、中央に塀（チルト・バリア）を立てている場合も多い（16世紀頃）。

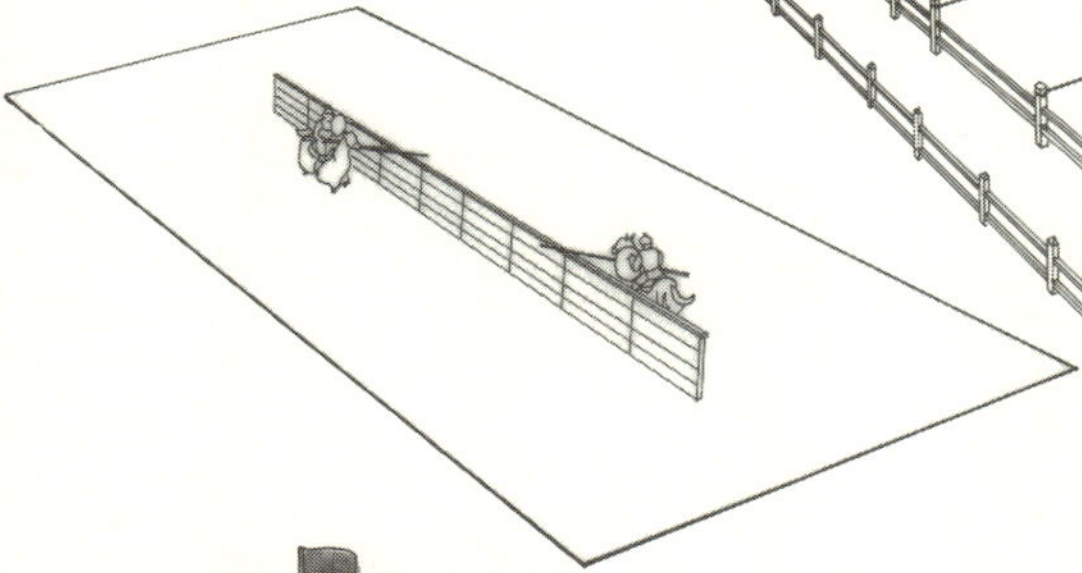

けておくもので、ロープが切られるとトーナメントの始まりとなります。（店主）

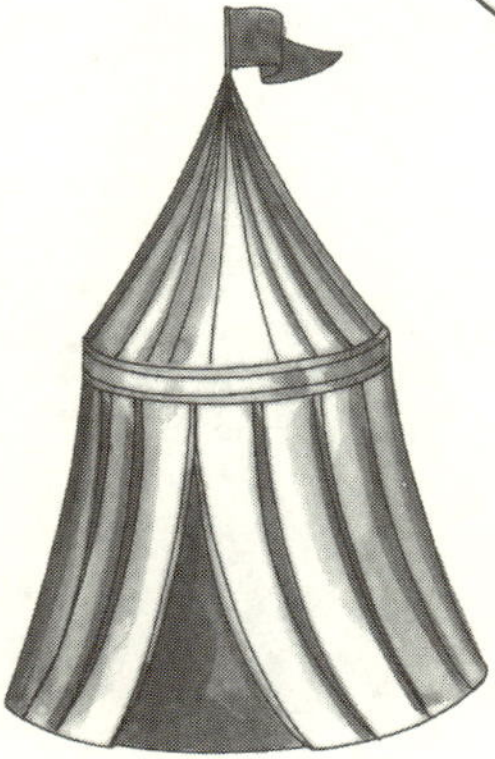

◆騎士たちの控えテント。試合場のわきに設けられ、ここで騎士たちは試合の準備をする。テントには参加者それぞれの紋章が描かれ、トーナメントに華やかな彩りを添えた。

SPECIAL FIELD
トーナメント場
LISTS

【試合形式】

トーナメントの試合は、大きく分けると個人戦と団体戦というふたつの形式があり、団体戦はさらにふたつに分かれます。まだトーナメントに出場されたことのないかたのために、ざっとどんなものかをご説明いたしましょう。（店主）

●チョスト［馬上槍試合］
TJOST

◇1対1で戦う。馬上で鎧に身を固め、盾と槍を持った騎士は、相手めがけて突進する。狙うのは相手の顎（あご）の下、または盾の中央についている突起部分である。どちらかに槍が引っかかれば相手は馬から転落する。強い衝撃で、槍だけが砕けてしまうこともよくあった。その場合は、槍を持ち替え再び突撃する。時代が下ってくると、この槍を砕くことが馬上槍試合での勝利となり、折れやすい槍が開発されて、1日に1人で何十本も槍を砕いてしまう騎士もいた。間にある塀（チルト・バリア）と槍が25〜30度の角度になるよう突くと、槍は砕けやすい。

◇馬上槍試合のための練習用人形。試合で勝つためには、練習も欠かすことはできない。この人形は回転する心棒に取りつけられており、盾を突いたあと、すばやく駆け抜けなければならない。さもないと人形が回転して人形の右手の重りが騎士を襲う。

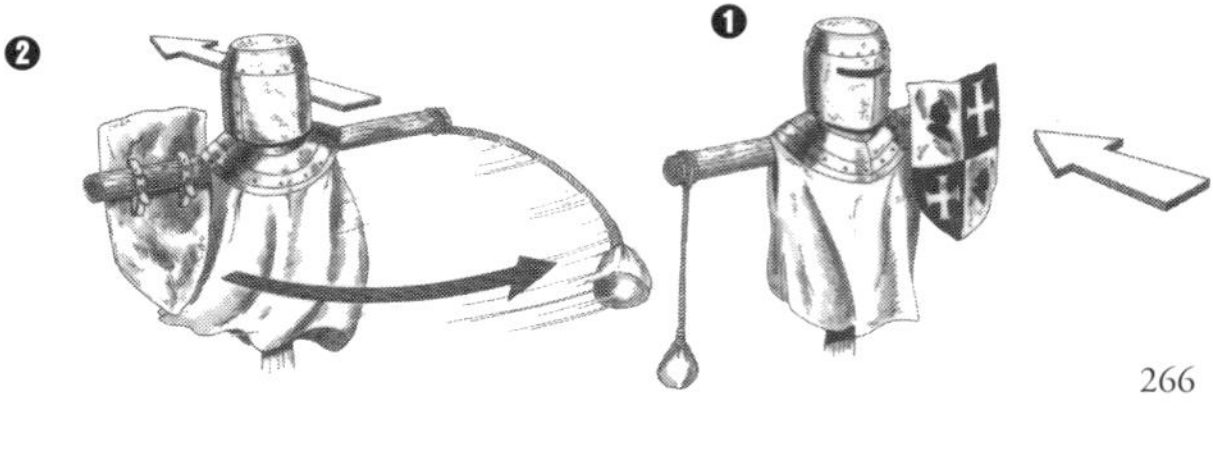

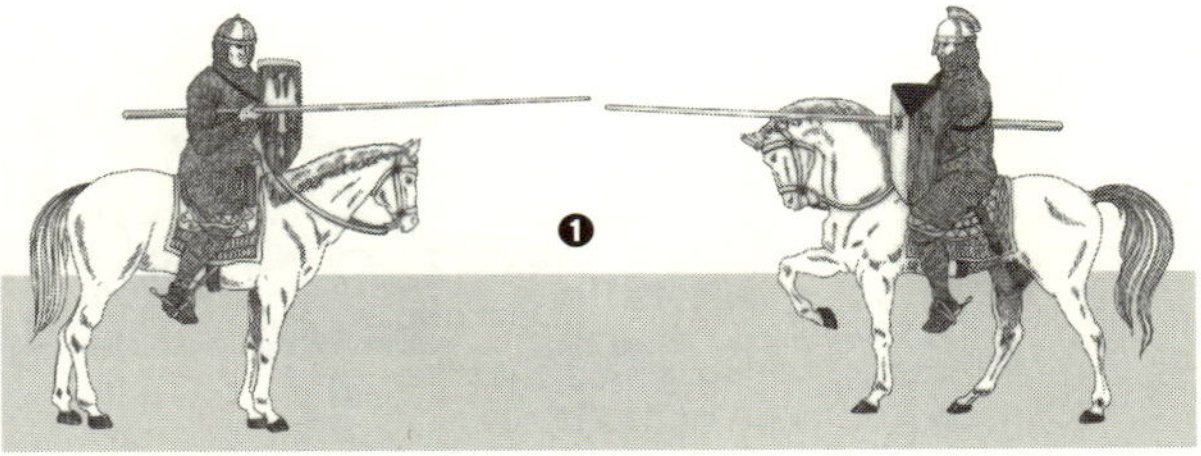

◘12世紀頃の馬上槍試合の方法。
①槍を構えて相手に突進する。
②槍で相手を突き落とす。
③馬から降りて剣で戦う。
④降伏した騎士は相手の前でひざまずき、自分の剣を差し出す。

◘ある者は馬上で一騎打ちを行い、ある者は馬から降りて剣で戦っている。大勢の騎士が一人の騎士を取り囲んでいる。片方の組の隊列が破られると一旦休憩となり、捕虜や負傷者を運び出したり、折れた槍が片づけられる。しばらくすると、隊列を組み直して戦闘が再開される。疲れて外で横になっている騎士もいる。こうして何回かの戦闘が繰り返され、最後に合図のラッパがなって競技は終了する。それから審判員（王侯や貴族、勇退した騎士など）が協議し、もっとも勇敢な騎士を優勝者とする。優勝者は賞金や賞品、そして何より得難い名誉を受け取るのである。

SPECIAL FIELD トーナメント場 LISTS

【身代金】

チョストにしてもトゥルネイにしても敗者は勝者の捕虜となります。敗者は自分の身につけているものを取られ、身代金を払うまで解放してもらえません。そういうわけで、トーナメントで財をなすものもあれば、貧乏になってしまうものもいます。まあ、これはトーナメントだけの話かとお思いかも知れませんが、このようなことは実際の戦闘でも行われていました。

実際の戦闘では、勝者が敗者をどのように扱ってもかまわないとされていました。馬から落ちたところで、とどめを刺してしまうこともありますが、敗者は命だけは助かろうと身代金の交渉を行います。交渉が成立すれば捕虜となって丁重に扱われることになります。もちろん身代金がその人の家族から払われるまで、捕虜でいなければなりません。このようなことが習慣化してくると、戦争での殺しあいはほとんどなくなり、勝者もまず敗者を捕虜にしてから交渉を始めるようになりました。こうなると戦争で金儲けも可能で、何人かで示しあわせ、大金を持っていそうな相手を狙い撃ちする連中も出てきました。なんと戦争の前に日時、場所が協定されたり、人数も等しくすることが望ましいとされたりしたそうです。これでは、トーナメントも戦争もほとんど変わりがありませんな。（店主）

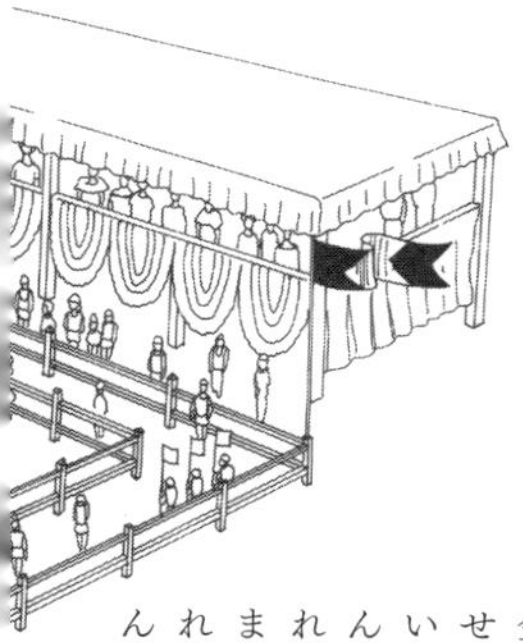

●ブーフルト [激突戦]

BUHURT

これは戦いというより、単なるぶつかりあいである。参加者は鎧をつけず、軽槍と盾のみで次々にぶつかりあって槍を砕いていくのだが、盾だけを持って押しあいを行うときもある。次々に槍が折れていく光景に、参加している騎士たちも観客も興奮していく。

●トゥルネイ [団体戦]

TURNEI

トーナメントのメイン・イベントとなるのが、この団体戦である。騎士たちが2組に分かれて行う実戦の演習で、多いときには何千人という騎士たちが参加したというから、これは大変な見物である。

FLOOR 4

聖職者

PRIEST

聖職者、ああ、なんて神聖な響きでしょう。

神を信じ、神に仕える人、それが聖職者なのです。

彼らは神聖な力をもつと信じられていたので、魔法を使う聖職者の話などもありますが、
ここは武器屋ですから魔法を紹介するわけではありません。

彼らが使っていた武器をお見せいたしましょう。

えっ、聖職者が武器を持っているなんておかしいって？

いえいえ、ちっともおかしくありません。

中世、とくに十字軍時代のヨーロッパでは〝宗教騎士団〟と呼ばれる聖職者集団がいて、
戦闘に参加していたのです。

それも勇猛果敢な戦士として、イスラムの人々にはもっとも恐れられた存在でした。

日本でも平安時代末期から僧侶が武装するようになり、僧兵と呼ばれた彼らは、
安土・桃山時代にいたるまで政治的な抗争にさえ加わっていました。

いかがです、当店に聖職者のコーナーがある理由が、これでおわかりでしょう。

みなさまがいままでもっていた聖職者や僧侶のイメージが、
もしかすると変わってきたのではないでしょうか。

では、聖職者が主要な武器として使っていた打撃武器を中心にご紹介してまいりましょう。（店主）

Macer
職杖捧持者

聖職者が好んで使った打撃武器、それがメイスです。なぜ好んだかという理由のひとつは、杖や棍棒状のものは、古来より権力を表しているためと思われます。なにしろ聖職者は神に仕える人たちですから、プライドも高いというわけです。〝職杖捧持者〟なんてもったいぶった名前がつけられるのも、そういった理由からであると思われます。

もうひとつの理由は、人を傷つけて〝血を流すこと〟が聖書では禁じられていたためです。でも、展示しているメイスの形を見てください。これで殴ったら、どう考えても血が出てしまうと思うのですが。(店主)

◆11世紀、ノルマン公ウィリアムによるイングランド征服の要となったヘースティングスの戦いの際、ウィリアムの弟オドは、司教でありながら戦闘に参加した。彼の手に握られているのは、聖職者が好んで使った打撃武器のメイスである。ちなみに彼は十字軍にも参加している。

メイス
MACE

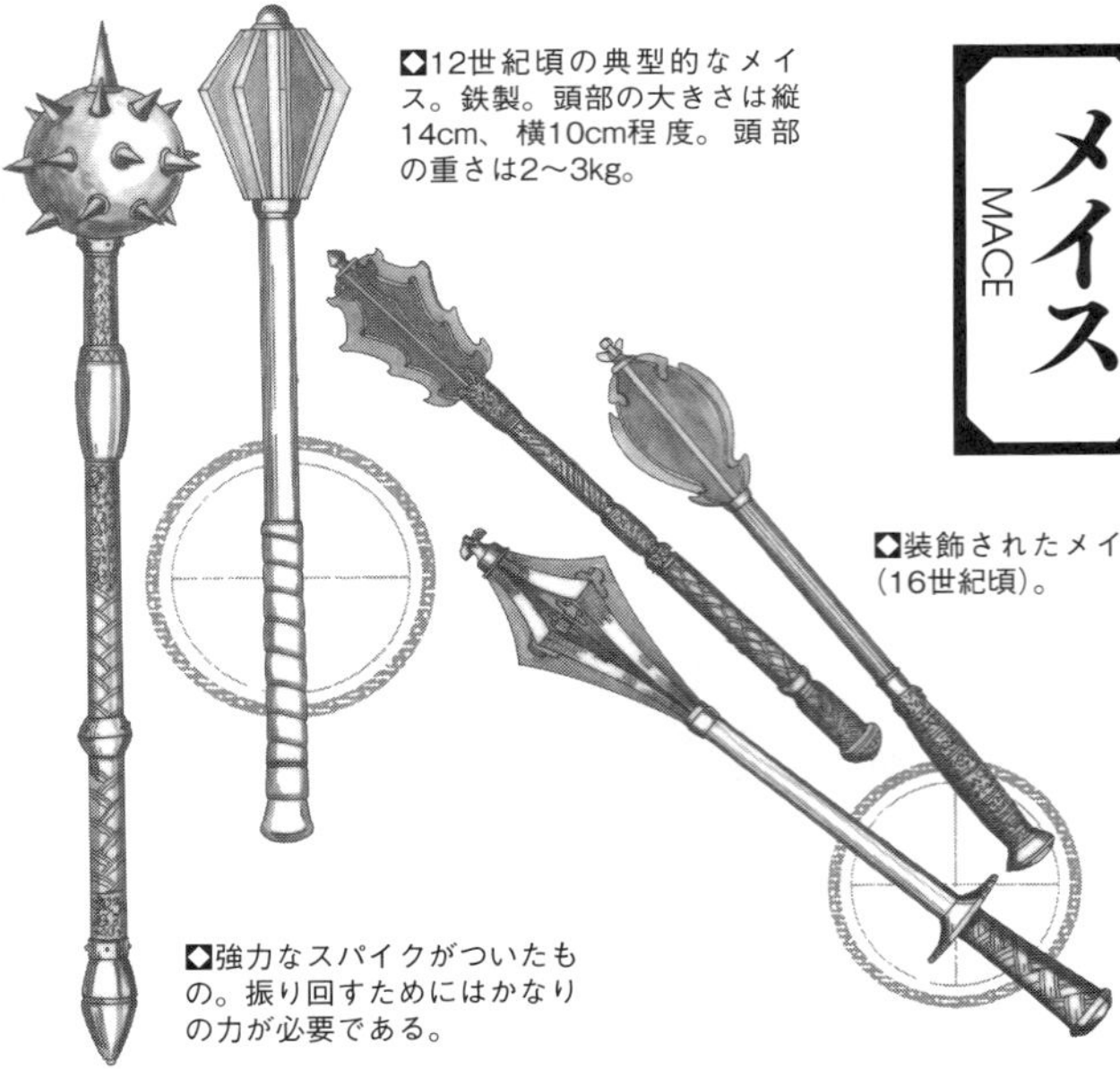

◆12世紀頃の典型的なメイス。鉄製。頭部の大きさは縦14cm、横10cm程度。頭部の重さは2～3kg。

◆装飾されたメイス（16世紀頃）。

◆強力なスパイクがついたもの。振り回すためにはかなりの力が必要である。

メイスは棍棒の先を重くして、破壊力を増すように頭部に鉄の板を歯車のようにつけたり、スパイクをつけたりした打撃武器です。馬上などから満身の力を込めた一撃が頭に当たれば、兜はおろか頭蓋骨まで砕いてしまう破壊力があります。柄にひもがついていることもありますが、それは馬上で握り損ねても落とさないためのものです。中世に流行した武器ではありますが、紀元前のスキタイ人がほとんど中世の型と変わりのないメイスを使っていたり、モンゴルでも重装騎兵が使用していたりと、馬上用の武器として古くから広い範囲で使われました。思いきり振り回して敵に当たりさえすれば、かなりのダメージを与えられるという手軽さが、普及した理由でしょう。メイスは「騎士」のコーナーでもご紹介しております。（店員）

◘頭部にスパイクをつけたもの。丸い頭部に長いスパイクがついている形は、モーニング・スター（明けの明星）と呼ばれる。

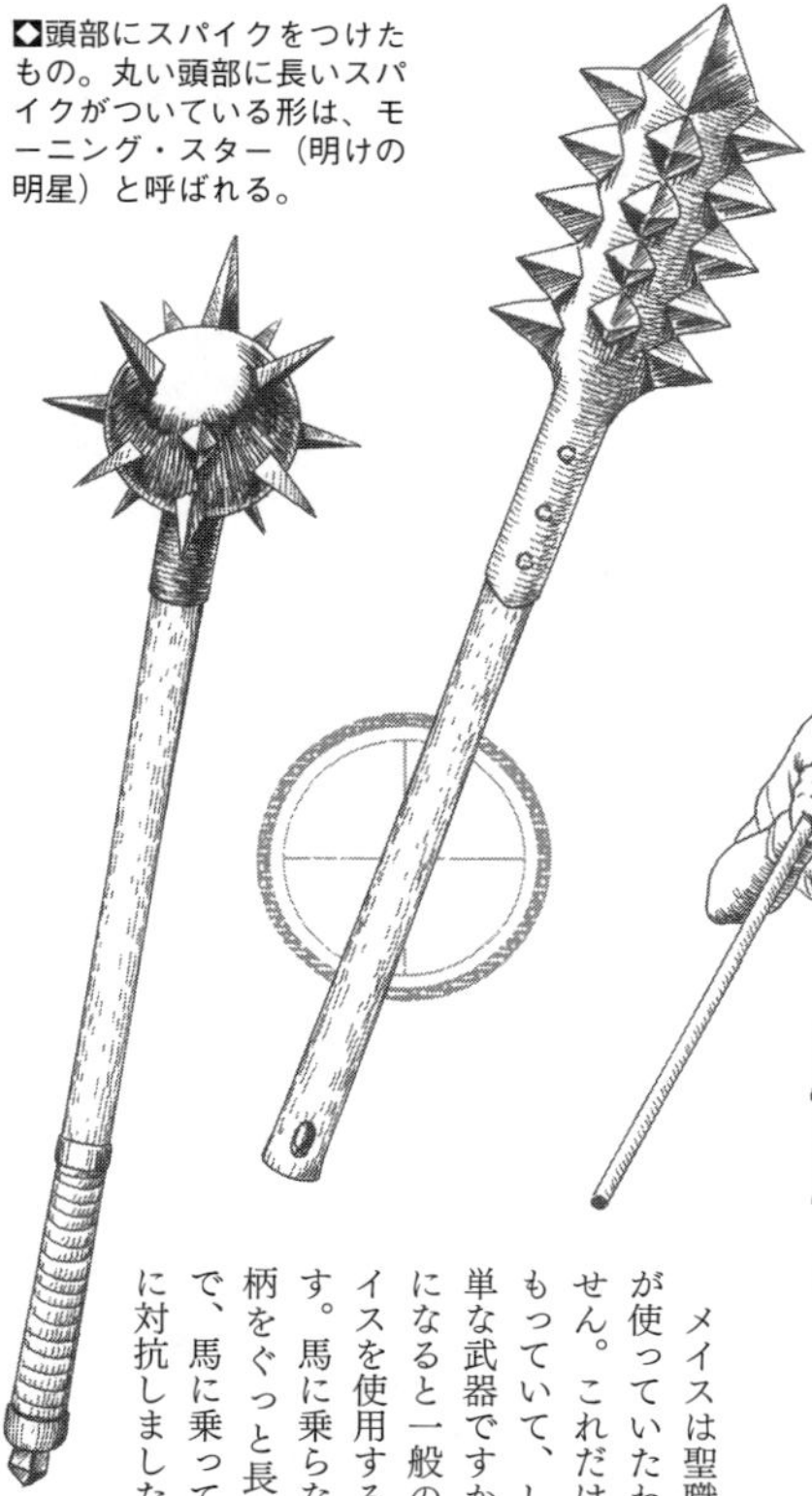

兵士のメイス

メイスは聖職者や騎士のみが使っていたわけではありません。これだけ強力な威力をもっていて、しかも扱いが簡単な武器ですから、中世後期になると一般の兵士たちもメイスを使用するようになります。馬に乗らない兵士たちは柄をぐっと長くしたメイスで、馬に乗っている騎士たちに対抗しました。（店主）

棍棒

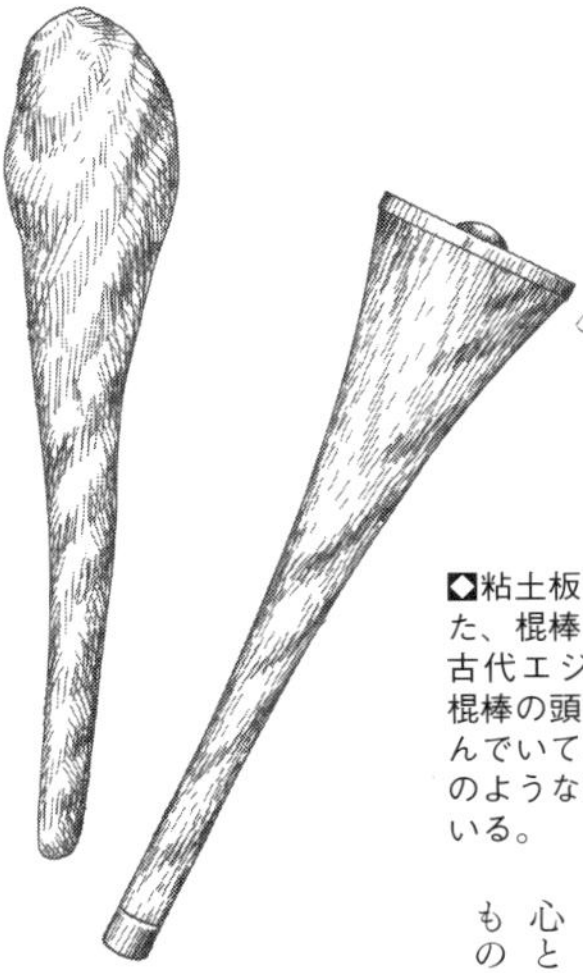

◆木製の棍棒。威力を増すために頭部が膨らんでいる。

◆粘土板に描かれた、棍棒を振るう古代エジプト王。棍棒の頭部が膨らんでいて、メイスのような形をしている。

打撃武器のうちで、もっとも原始的な形をしたものが棍棒です。もしかしたら最初に使われた武器が、この棍棒であるかもしれません。たぶん、その辺に落ちていた木の枝を使うことから、その歴史が始まったと思われます。道具も何もほとんどなかった原始時代においては、木の棒であっても相手と戦う段には、強力な武器であったはずです。そして、木の棒を持った原始人は、あっという間に道具を持たないほかの原始人たちを打ち負かしていき、木の棒は強さの象徴として扱われていったのかもしれません。すでに古代エジプトの時代に、棍棒は権力の象徴として認められていました。宗教的なことを中心として、現在でも棍棒は職杖という形で、権威を表すものとしての意味あいが継承されています。(店員)

◆バイユー・タペストリーに描かれたノルマン騎兵。手には棍棒が見える。

日本の棒術

日本では、六十センチメートルほどの長さの棒を使った棒術という武術があります。これは相手を打つだけでなく、投げたり、関節をきめたりすることにも棒を利用するというものです。わたしなんか〝ばんばんばんばんばんばんばんばんばんばんばんばんばんばんばんばん〟ふーっ、叩けばそれでいいかなと思うんですけどね。

（ふまじめな店員）

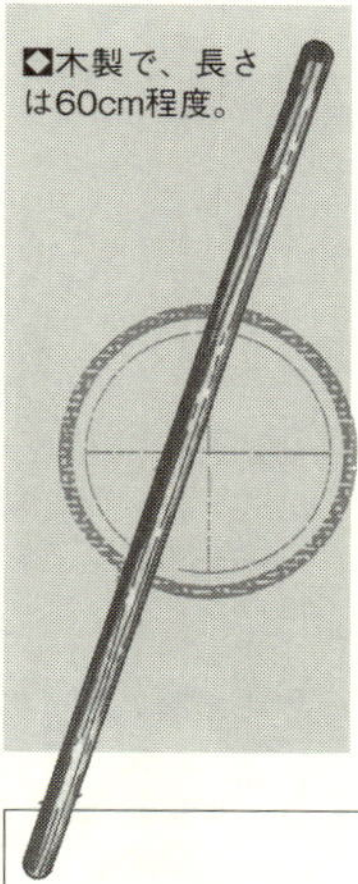

◆木製で、長さは60cm程度。

棒の使い方

①棒を使って相手を投げる。
②足をきめる。
③腕をきめて後ろに倒す。

Floor 4-Corner B

Flail
連接鎚矛

メイスは確かに鎧に対する有効な武器でしたが、中世には鎧の技術もどんどん進み、メイスでもうまく当たらないと相手にダメージを与えられないという状況が出てきました。そこでメイスを改良して、さらに効率よく力が頭部に伝わるように作られたのがフレイルです。初めは騎士などの従者が使っていましたが、その恐ろしい威力がわかると、またたく間に兵士たちに普及していきました。このフレイル、頭部が命中しなくても鎖の部分さえ相手にからめば、ワンクッションおいてから頭部が当たったり、絡まって引っかけることができます。ただし、相手を打ち損なうと頭部が自分の方に向かって飛んでくることになります。もちろん安全のために、ほとんどのフレイルは、頭部と鎖の長さをあわせても柄より短くできていますが、腕の振り方次第では、自分に見事命中してしまうことだって十分にあり得ます。

力自慢のかたがた、このフレイルを思いっきり振り回すのは結構ですが、

◆フレイルは11世紀頃に登場した。最初は騎士の従者などが利用していたらしいが、騎士たちの重装備化に対抗できる武器として次第に普及していく。馬上で用いるものは柄が短く、歩兵が使うものは柄が長い。

よーく狙って使ってください。空振りするとあなた自身の命がないかもしれませんぞ。（店主）

フレイル

◆頭部と柄の間を鎖でつないでいるもの。鎖が長ければ長いほど使いこなすには技術が必要になる。下手に使うと頭部が自分や自分の馬を襲ってきかねない。

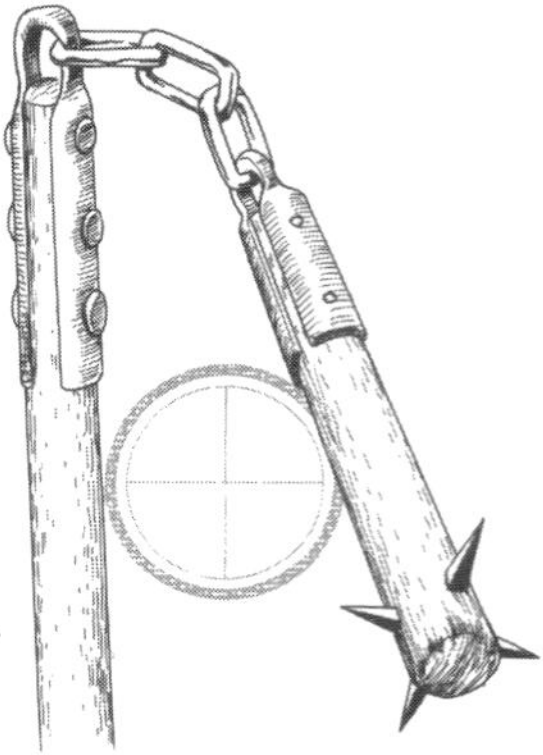

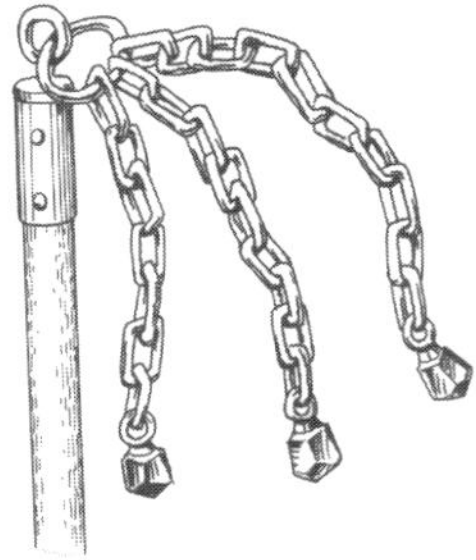

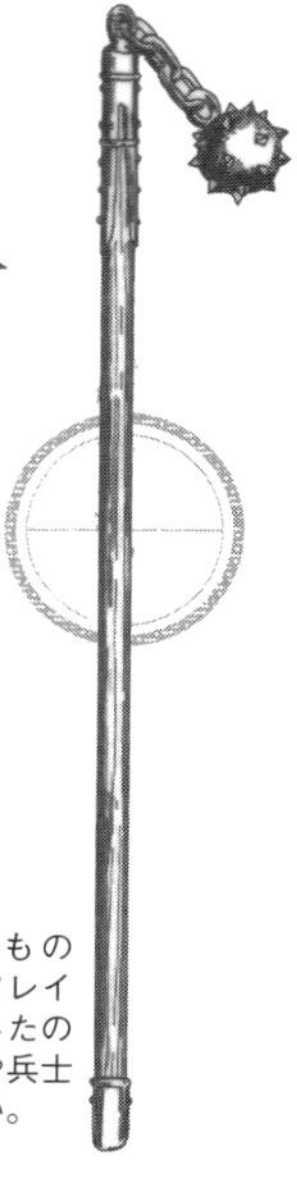

◆歩兵が用いたもので、柄が長い。フレイルの威力を利用したのは、馬上の騎士や兵士たちだけではない。

メイスが発展してさらに攻撃力を増したのがフレイルです。頭部にはスパイクがつき、金具や鎖で柄と結ばれており、可動式になっています。これによって、頭部が振り下ろされるスピードはかなり速くなります。ですから当然、破壊力はメイスと比べてかなりアップします。しかし、そのぶん扱い方は難しくなっています。力まかせではなく、手首のスナップを利かせ、頭部をワンテンポ遅らせて出すことが大切です。なんだかゴルフ教室のようになってしまいました。とにかくフレイルは馬上ではバランスをくずしやすいので、乗馬技術に自信のないかたは、おやめになったほうがよいでしょう。(店員)

◆日本の鎖鎌もフレイルの仲間といえなくもない。鎖の先端についた分銅は、相手に一撃を加えるというより引っかけて倒したり、相手の武器に絡ませたりするのに使う。柄についた鎌は、攻撃にも防御にも使え、その技は多彩である。しかし、使いこなすためには、高度な技術が必要とされる。

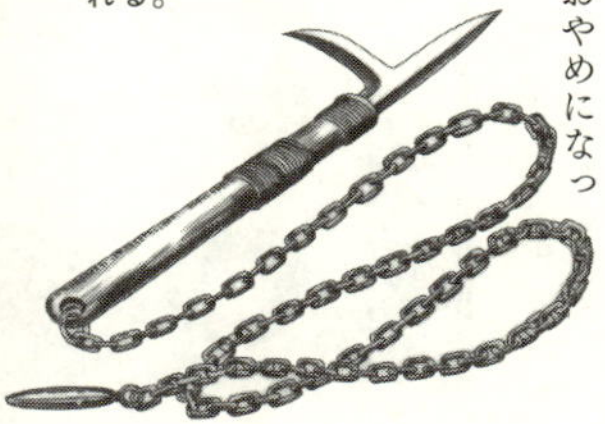

◆メイスを柄から半分に切って金具でつなげた型。頭部側と柄の間が短いので、比較的安全で扱いやすい。

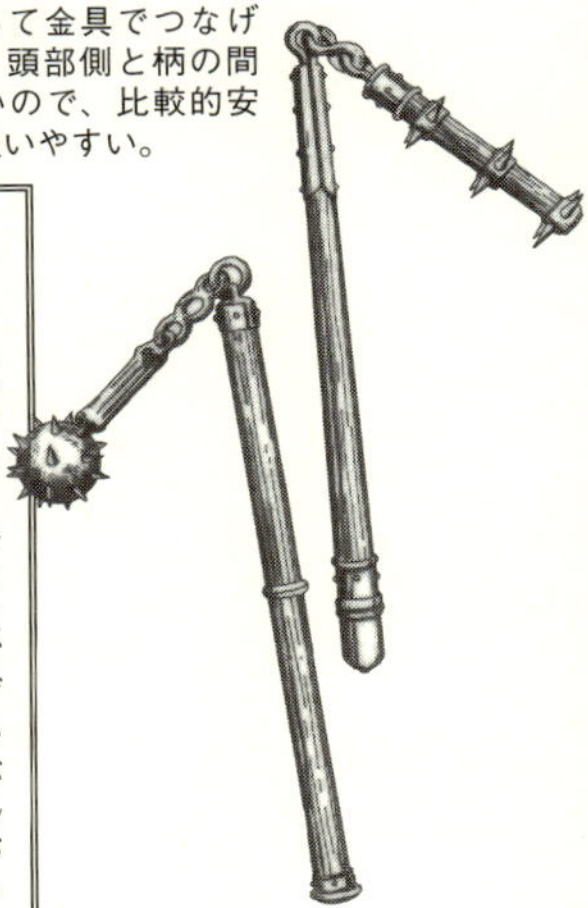

メイスやフレイルには、ずいぶんおもしろい名前がついているものがありました。「こんにちは(グーテンターク)」、「明けの明星(モーニング・スター)」(金星のことですね)といったものから、その残忍さを皮肉った「聖水スプリンクラー(ホーリー・ウォーター・スプリンクラー)」といった名前まであります。日本の名刀はそれを作った人の名前中心であるのに対して、メイスやフレイルはその形状や使い方から由来しているものが多いようです。(店員)

Orders of Knights

宗教騎士団

Floor 4-Corner C

一〇九五年、時のローマ皇帝ウルバン二世の提唱によって始められたのが十字軍です。キリスト教の保護を大義名分としたこの遠征は、当然のように神に仕えている聖職者たちをも戦争に巻き込むことになりました。彼らは十字軍のために戦地となった聖地イェルサレムに向かう聖地巡礼者の保護を目的とした修道会を結成します。これが宗教騎士団です。彼らはいざというときの戦闘にそなえて、騎士の資格ももっていました。彼らの勇敢さはイスラムの人々がもっとも恐れるところで、彼ら自身も次第に十字軍戦士としての役割の方を重視していきます。

キリスト教を守るための騎士団として、彼らにはあらゆる寄付が集まり財源的にはかなり裕福だったようです。うらやましい。(店主)

◆十字軍に参加していた頃の宗教騎士(13世紀頃)。一般の騎士との違いは、大きく十字の入ったマントをつけていることと、武器として主に打撃武器類を使っていたことである。

十字軍以後

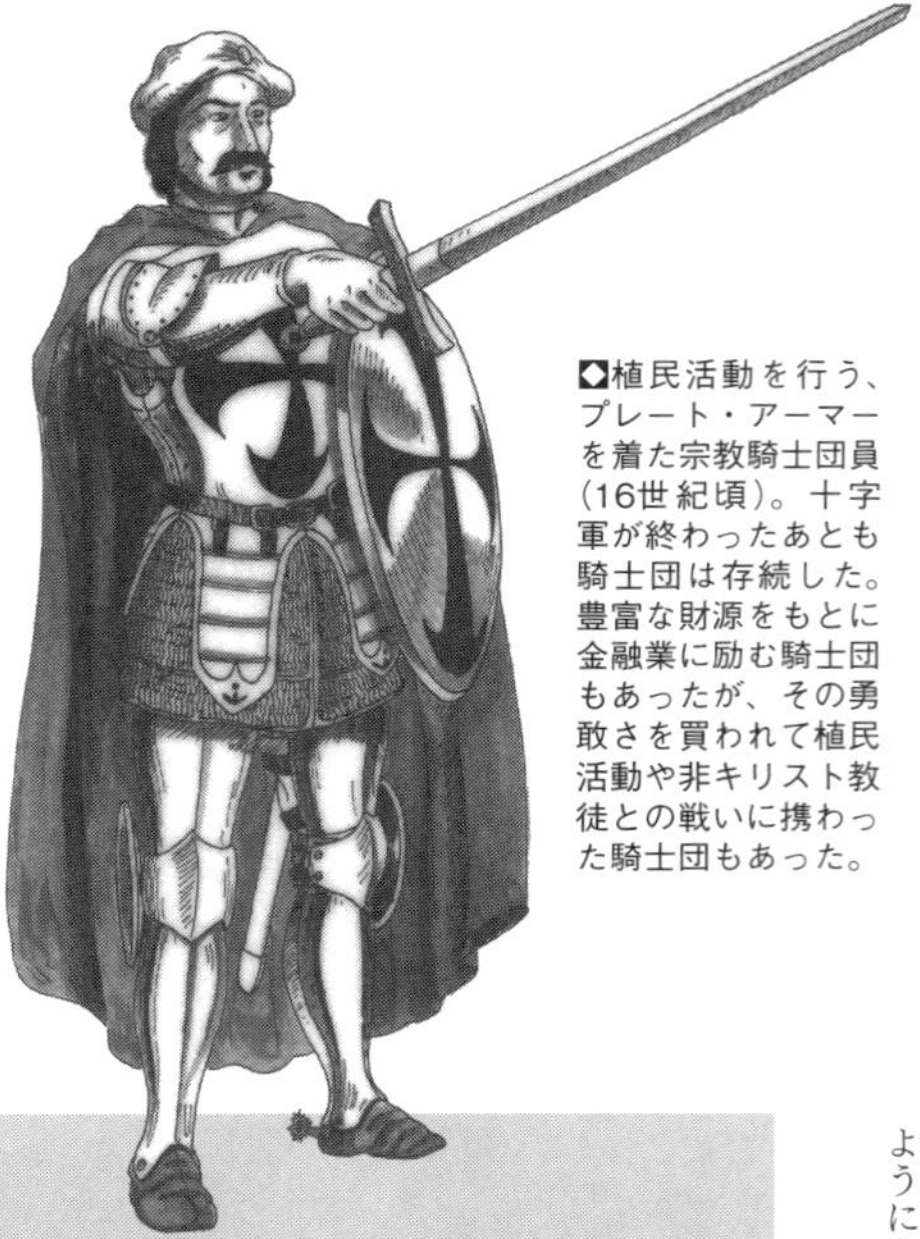

◆植民活動を行う、プレート・アーマーを着た宗教騎士団員（16世紀頃）。十字軍が終わったあとも騎士団は存続した。豊富な財源をもとに金融業に励む騎士団もあったが、その勇敢さを買われて植民活動や非キリスト教徒との戦いに携わった騎士団もあった。

宗教騎士団はもともと十字軍のために作られた修道会ですから、十字軍の遠征が終了すると、その任務は終わることになります。しかし、豊富な財源、強力な軍事力をもった彼らは、利益を守るために、さまざまな活動を行うようになります。（店員）

◆それぞれの騎士団を表すさまざまな十字架マーク。

テンプル騎士団

さて、ここからは宗教騎士団のなかでも〝三大騎士団〟と呼ばれる、もっとも大きな勢力を誇った三つの騎士団をご紹介していきましょう。

最初にご紹介しますのは、テンプル騎士団です。

テンプル騎士団は、数多い騎士団のなかでもっとも勇敢な騎士団で、十字軍の際には命さえ顧みないほどの勇敢な活躍をした騎士団です。しかし、各所から集まった多大な寄付金を使って金融業を営んだり、地中海のキプロス島を買い取るなどの行動で人々の反感を買うようになり、さらにその財源の豊かさに目をつけたフランス王フィリップ四世の策略で、財産のほとんどを没収されてしまいます。十四世紀の初めに、教皇によって解散させられました。（店主）

◇テンプル騎士団のトレードマークの、白地に赤い十字架の入ったマントを着た騎士（12世紀頃）。髪の毛は短く、顎髭（あごひげ）をはやしていた。イスラムの人々はこの赤い十字のマークをつけた戦士をもっとも恐れたという。

十字架マーク

彼らはそれぞれ自分たちだけの十字架マークを作ってほかの騎士団と区別をしていました。当店では、みなさまのために特別に十字架マークもお売りしています。これさえあれば、お客さまが偽宗教騎士だなんて誰も疑わないはずです。値段も安いし、お買い得ですよ。わたしなんて三大宗教騎士団の全部の十字架マークを持っているんですよ。（ふまじめな店員）

ヨハネ騎士団

聖地への巡礼者を保護するだけでなく、病人や怪我人の看病を行っていたのがヨハネ騎士団（病院騎士団）で、ホスピタル騎士団（病院騎士団）ともいわれます。しかしほかの騎士団同様、次第に戦闘行為を行う騎士団へと変化していきます。のちに本拠地をロードス島、マルタ島へと移したので、ロードス騎士団、マルタ騎士団とも呼ばれます。一五七一年のレパントの海戦では、オスマン＝トルコと戦い、スペインを勝利に導きました。なんとこの騎士団は一七九八年にナポレオンがマルタ島を占領するまでの間、騎士団国家として独立を保っていました。（店員）

◇十字軍兵士の怪我を看るヨハネ騎士（13世紀頃）。ヨハネ騎士団のトレードマークは黒いマントに白の十字架だった。彼らの慈善活動は、イスラムの将、サラディンも称賛したという。

チュートン騎士団

別名、聖母マリアの騎士団、あるいはドイツ人から構成されているので、ドイツ騎士団ともいいます。十字軍以後、ポーランドの諸侯に呼ばれ、バルト海沿岸のスラブ民族のキリスト教化に努め、植民活動を行いますが、急激な勢力の拡大に恐れをなしたポーランド国王は、一四一〇年タンネンベルクの戦いで彼らを破り、以後チュートン騎士団の力は衰えていきます。

彼らの植民地は、のちのプロイセンの基礎となりました。(店員)

◘プロイセン植民活動時代のチュートン騎士(14世紀頃)。白地に黒の十字架をつけているのがチュートン騎士団で、彼らが保護する巡礼者は、ドイツ人に限られていた。

現代の騎士団

いまご紹介しました三大騎士団のうち、ヨハネ騎士団は現在も残っていて、災害や事故の際の救急要員として二万人以上が活躍しているそうです。ヴェトナム戦争などの戦地にも赴いて救援活動を行ったりもしていました。(店主)

FLOOR 5

暗殺者

ASSASSIN

さて、みなさま、ここでは照明を落としているのがおわかりでしょうか。

顔を見られてはいろいろと不都合なかたも多いだろうという配慮からこのようにいたしました。

このフロアでは、決して世の中の表舞台に立たれることはない
闇の世界に生きるかたのための武器を扱っております。

そのような職業のかたは、人知れず行動し、気取られないように敵に近づき、
瞬時に目的を果たすことが大切です。

武器を持っていることを相手に知られれば、当然警戒されますから、持てる武器の種類は限られます。

小さな武器がほとんどですので、いままでご紹介してきた武器のような威力はありません。

ですからこれらの武器を使う場合には、相手の急所をよく狙い、一瞬のうちに行動する俊敏さが必要です。

相手に近づくためには、表情を顔に出さないクールさも大切になります。

腕に自信のないかた、世の中をおもしろおかしく生きていきたいかたには、
不向きなフロアかもしれませんな。

お買い上げいただくみなさまのなかには、追手が迫っているかたもおいででしょう。

脱出用の裏口がございます。ぜひそちらをご利用ください。もちろん有料ではありますが…。（店主）

Assassin

暗殺者

このコーナーでご紹介するのは、暗殺者のみなさまにお使いいただくための武器でございますが、暗殺者のかただけでなく、護身用としても使えるものばかりでございます。お客さまの用途に合わせてお選びください。短剣や小さな飛び道具など懐に忍ばせることができる小さな武器や、一見武器とはわからない隠し武器を中心に取り揃えてありますが、暗殺に使う武器にこだわってみたいというかたには、ちょっと変わった形の武器も用意してございます。(店主)

◆短剣による攻撃。相手に気づかれないように近づいて、もみあいの接近戦にもち込んだとき、いちばん効力を発揮する武器が短剣である。鎧を着ていても、そのすき間を狙えば、攻撃ができる。

短剣
DAGGER

暗殺者のみなさまにいちばん好まれる武器、それがここでご紹介する短剣です。相手に接近して初めて有効な武器なので、接近することがむずかしい高貴な人物を狙うには不向きですが、近づくことが可能なら最適といえるでしょう。一対一のもみあいになったときなど、もっとも有効な武器です。力を込めて急所を狙えば、相手を即死させることもできます。

中世ヨーロッパでは戦いのためだけではなく、護身用や装飾品として、短剣を身につけることが流行していました。どんなに装飾したところで刀身さえしっかりしていれば、十分殺傷力のある武器となります。美しい装飾で油断させるということも可能かもしれません。(店主)

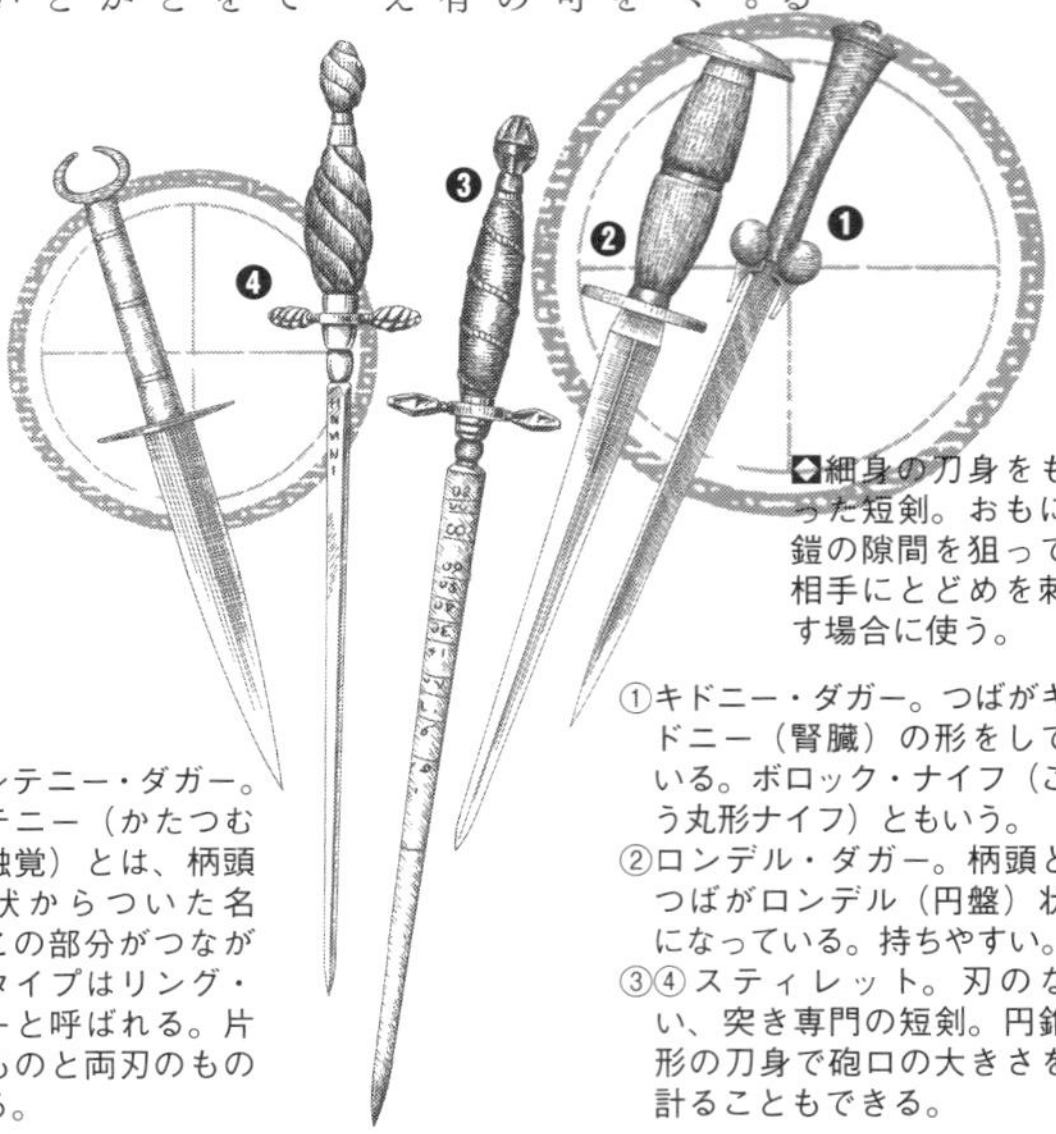

◆細身の刀身をもった短剣。おもに鎧の隙間を狙って相手にとどめを刺す場合に使う。

①キドニー・ダガー。つばがキドニー（腎臓）の形をしている。ボロック・ナイフ（こう丸形ナイフ）ともいう。
②ロンデル・ダガー。柄頭とつばがロンデル（円盤）状になっている。持ちやすい。
③④スティレット。刃のない、突き専門の短剣。円錐形の刀身で砲口の大きさを計ることもできる。

◆アンテニー・ダガー。アンテニー（かたつむりの触覚）とは、柄頭の形状からついた名前。この部分がつながったタイプはリング・ダガーと呼ばれる。片刃のものと両刃のものがある。

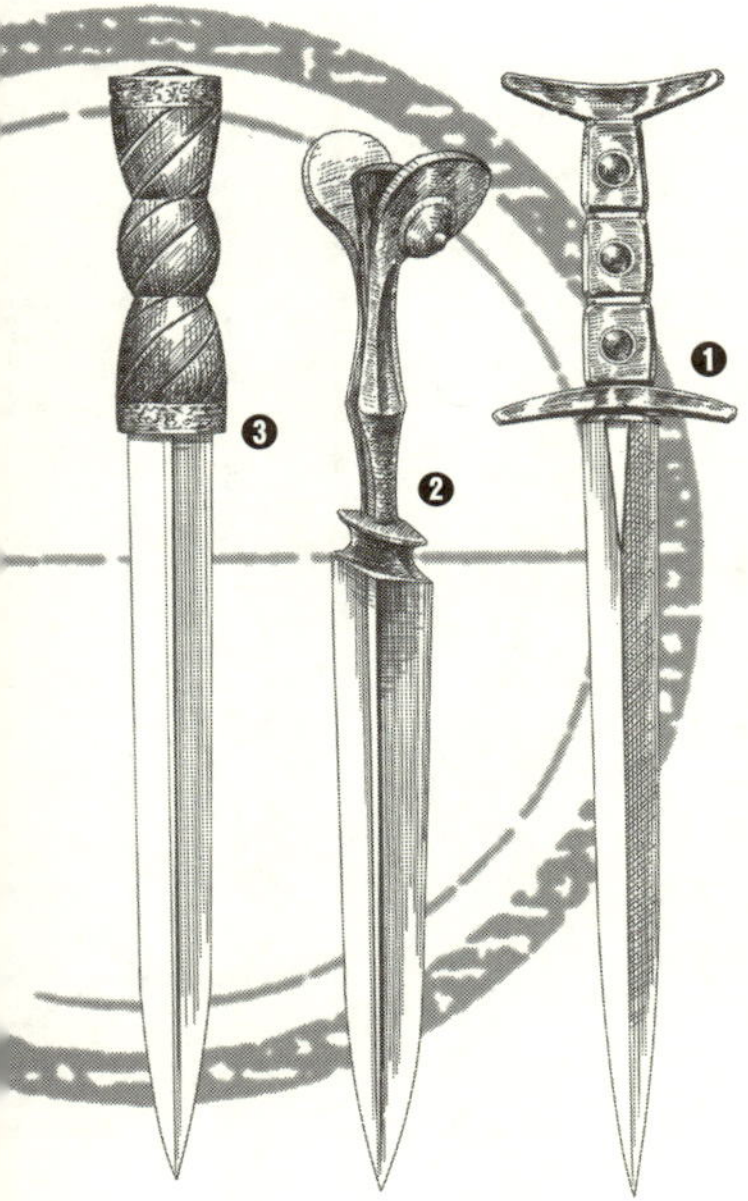

◘幅広い用途で使われる短剣類。切ることも突くこともできる。装飾されたものも多い。
①バゼラード。柄頭とつばが平行になっているのが特徴。
②イアード・ダガー。柄頭が耳の形をしている。親指をその間にかけて振り下ろせば、かなりの威力をもつ。
③ダーク。スコットランドの短剣。日常用のナイフだが、戦闘用にも使える。

●短剣の使用法

親指が柄頭のほうに位置する握り方が、もっとも力の入りやすい一般的な握り方で、とどめを刺すときに用います。相手を傷つけるだけ、あるいは相手の攻撃を避けながら攻撃する場合は、親指がつばのほうに位置する握り方をします。（店員）

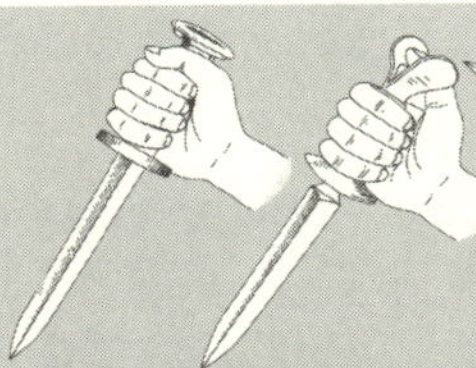

◘上から下に突く。もっとも力が入る。

◘イアード・ダガーは耳の間に親指を入れる。

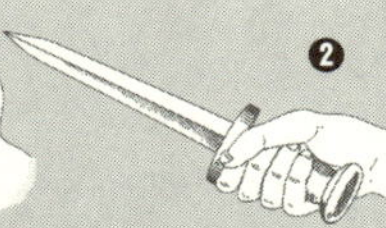

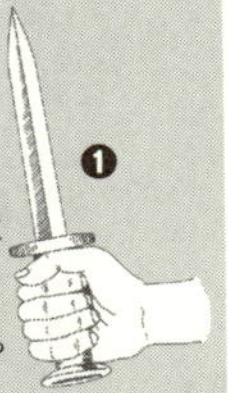

◘親指がつばのほうに位置する握り方。
①下から上に突く。
②前方に突く。すばやい攻撃ができる。

さまざまな短剣

さて、ここからはさまざまな地域の短剣をご紹介しましょう。かなりユニークな形状のものがたくさんあります。（店員）

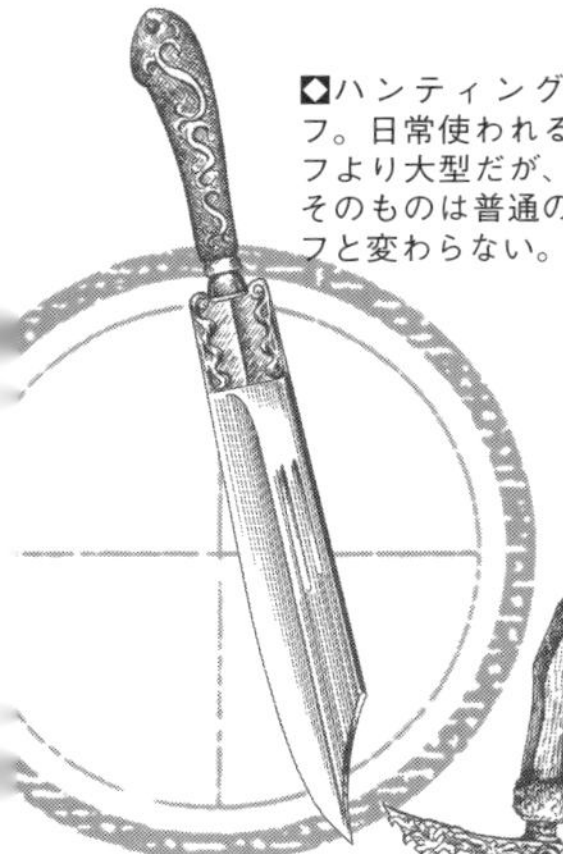

◇ハンティングナイフ。日常使われるナイフより大型だが、形状そのものは普通のナイフと変わらない。

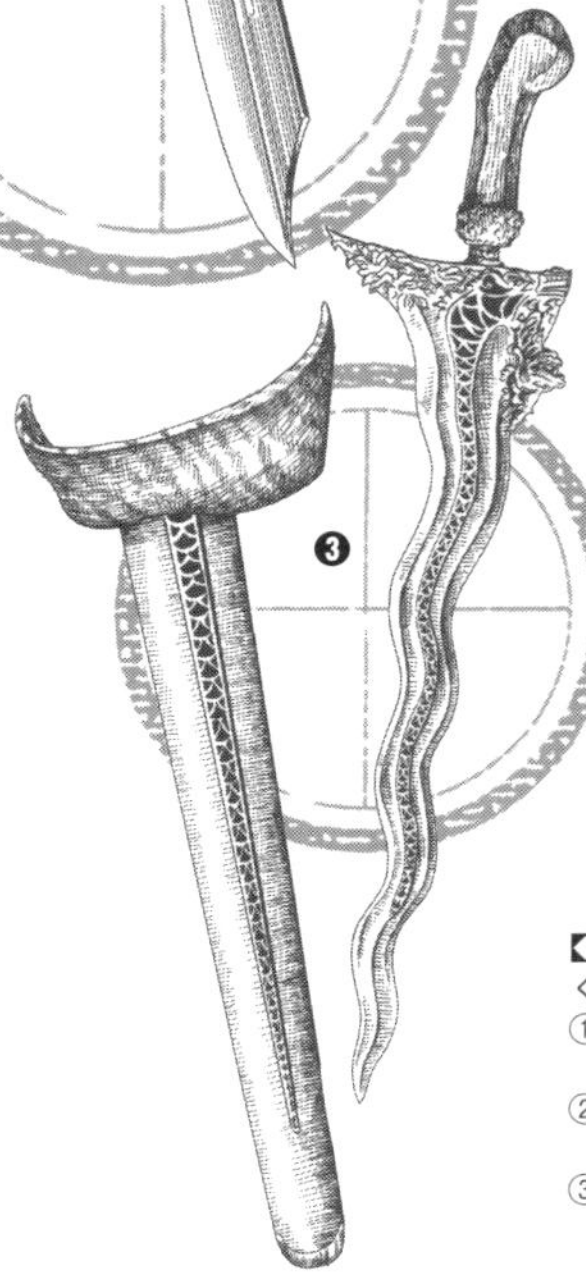

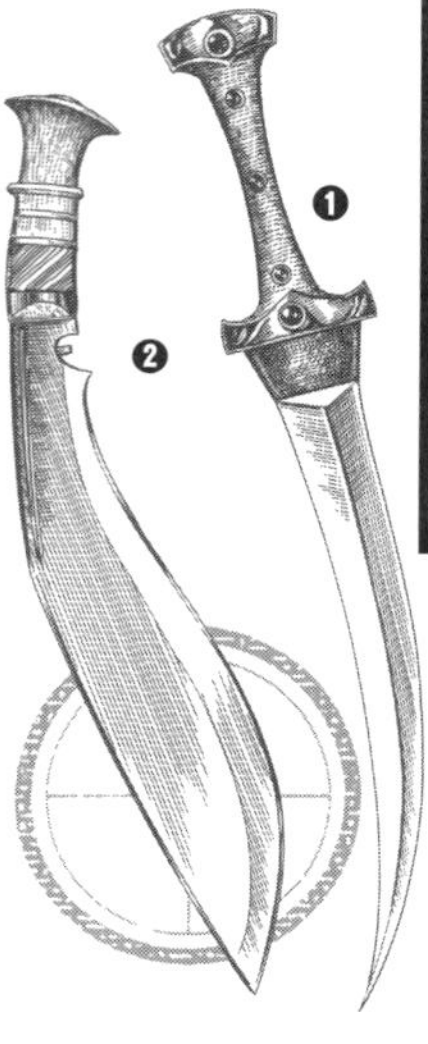

◇湾曲した短剣類。一般的に刃の切れ味がよく、相手を引っかけることもできる。

①ジャンビーヤ。アラビアで多く見られる両刃の短剣。

②ククリ。ネパールのグルカ族固有の剣。つば近くのくぼみは女性器を象徴している。

③クリス。マレー民族の短剣。切れ味が鋭い。刀身はまっすぐなものもある。

短剣の隠し方

暗殺者のかたにとっては、相手を油断させるために短剣を隠しておく必要があります。ここでは隠し方のいくつかを内緒でお教えいたしましょう。

・本を短剣型にくり抜いて、その空洞に入れる。
・巻き物の中央の空洞の部分に入れる。
・手足に縛りつけておく。
・ブーツのなかにすっぽり隠す。
・髪の長い人は髪の毛で隠れる部分につける。

どうです？　みなさまも最適の方法を見つけて決して悪用しちゃだめですよ。（ふまじめな店員）

見つからないように気をつけてください。ほかのことに

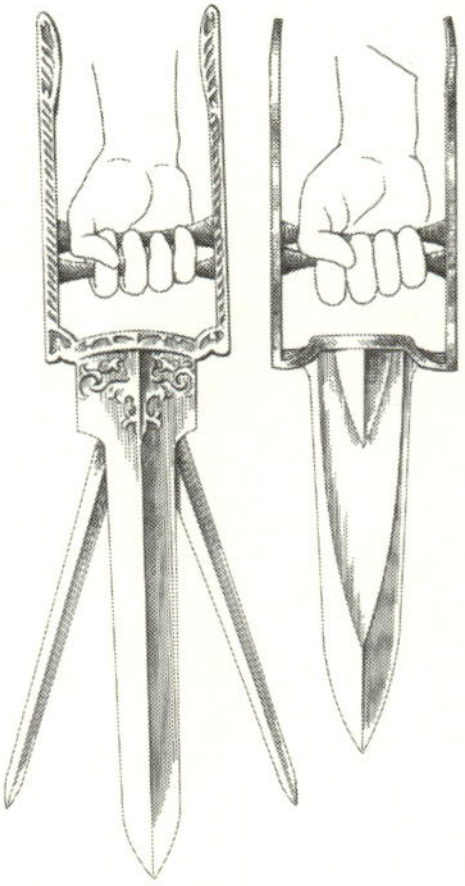

◘カタール。インドのイスラム教徒固有の短剣。まっすぐ突き出して使う。強力な威力をもつ。

短剣をつける位置

短剣は装飾品にもなるおしゃれな武器ですから、短剣をつける位置にも気を配らなくてはなりません。一般的には次のようなつけ方があります。（店員）

①肩ひもでつるす。
②腰のベルトにつける。
③ブーツなどに入れる。

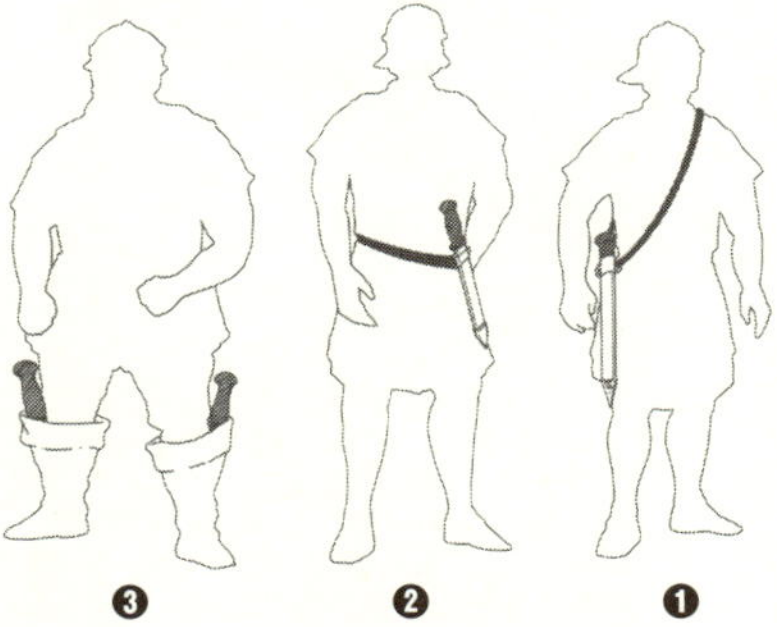

仕込み武器

身体に巻きつけたり、本をくり抜いたりするのが面倒だなと思っている暗殺者のみなさまには、自分の持ちものがいきなり武器に変わる仕込み武器をお見せしましょう。（店員）

◘ソード・ステッキ。杖のなかに剣または短剣が仕込まれている。通常は柄と鞘の継ぎめに留め金をかけて刀身が出ないようにする。

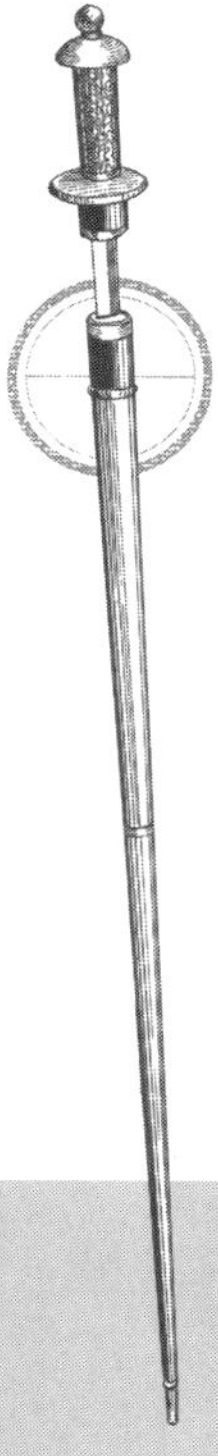

◘ブランディ・ストック。太い中空の杖のなかに長い刃が入っている。勢いよく振り回すと刀身が出てくる。飛び出たあとは、留め金によって刃が固定される。

◘仕込み煙草入れ。日本の忍者が使っていた。煙草入れが鞘になっている。

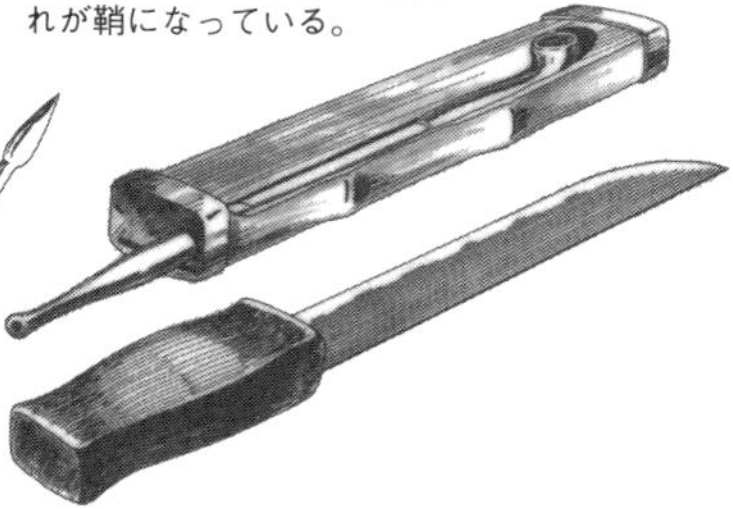

奇妙な形の武器

◘マドゥとファキールズ・ホーン。まんなかに小さな丸い盾がついているものがマドゥである。ファキールズとは托鉢僧のことで、どちらもインドで使われた。2本の角をつなぐ接続棒を握って振り回して使う。山羊の角製。先端だけ鉄のスパイクで補強してある。

携帯用武器

これからご紹介する武器は持ち運びに便利な大きさです。隠すのは容易ですが、そのぶん殺傷力は劣りますので、もし暗殺に使う場合は毒などを刃先に塗るとよいでしょう（店員）。

◘バグナク。“虎の爪”を意味する鉄製の爪。インドや中近東の刺客が用いた。しっかりと握って使わなければ、威力は半減してしまう。

◘ダート。ダーツ・ゲームに使われるもの。東ローマ（ビザンティン）軍で使用されたことがあった。日本にも、打根（うちね）と呼ばれるダートのような武器がある。毒を塗って使えば効果的である。

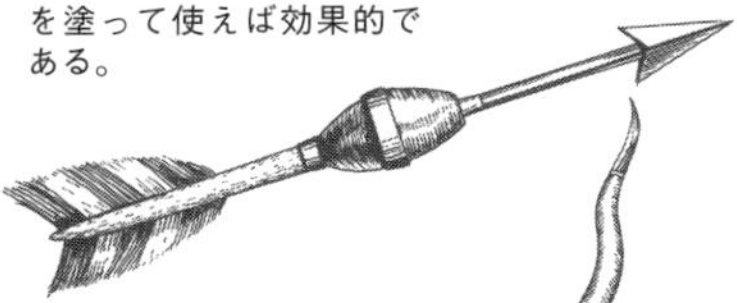

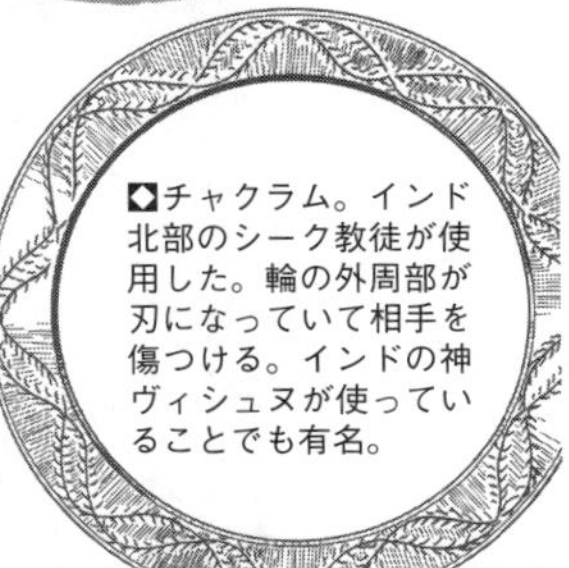

◘チャクラム。インド北部のシーク教徒が使用した。輪の外周部が刃になっていて相手を傷つける。インドの神ヴィシュヌが使っていることでも有名。

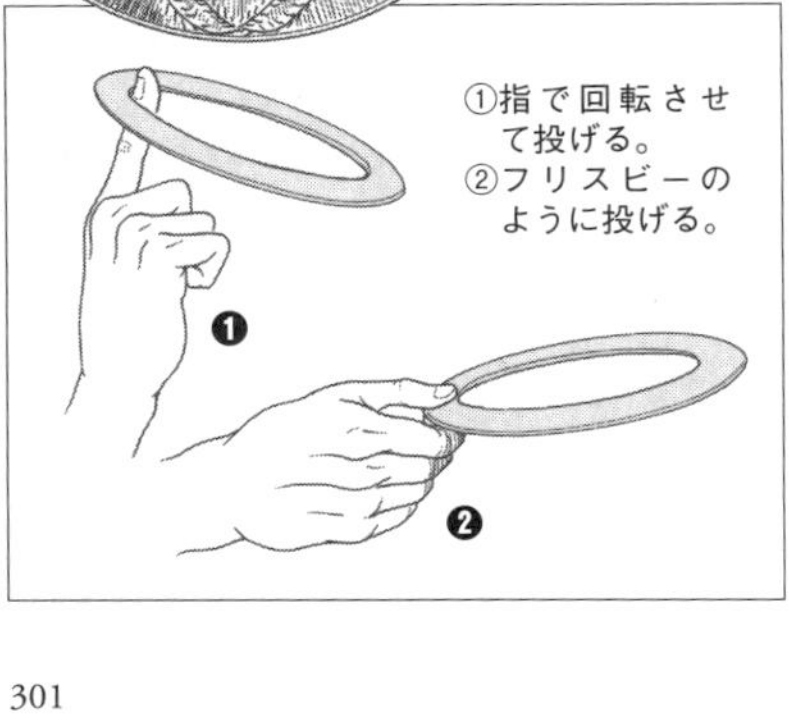
①指で回転させて投げる。
②フリスビーのように投げる。
❶
❷

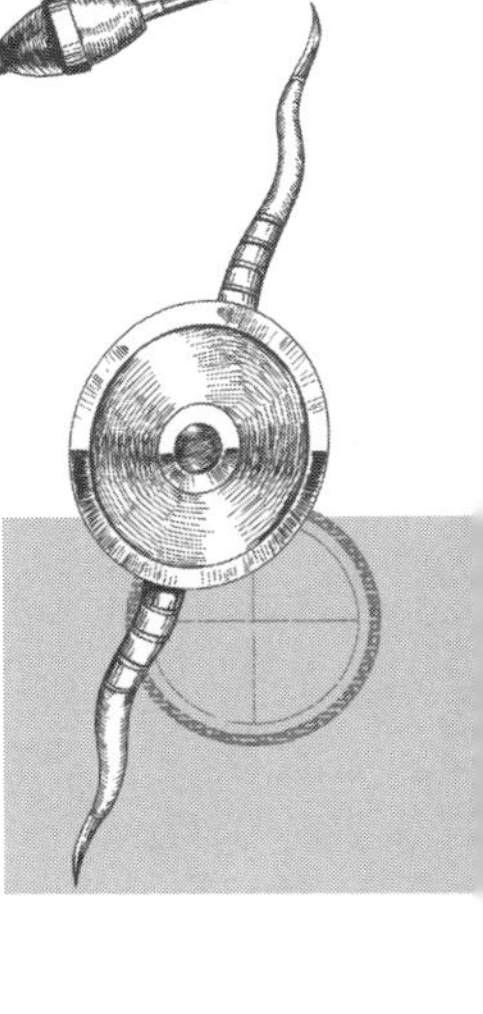

Floor 5-Corner B

Ninja
忍者

みなさまおなじみ闇の世界に生きる忍びの者、忍者のコーナーです。忍者は日本の戦国時代、武将たちが群雄割拠するなかで、敵の情報を探るためのスパイとして活躍しました。彼らは情報を得るために敵の城や邸の屋根裏や床下に忍び込み、息をひそめていたのです。時によっては、忍者も暗殺などを行いますが、あくまで忍者の第一任務は敵の情報収集。俊敏さが第一です。彼らの持つ武器も、そういった活動をしやすいようにいろいろな工夫や仕掛が施されています。工房の者など、作るのが楽しいといっておりました。

それはさておき、この忍びの世界に一度入り込んだら、決して抜け出ることはできません。忍者たちの情報は外にもれてはいけない重要なものばかりだったからです。抜け出ることはすなわち死を意味します。

お求めの際には、もう世の中の表街道は歩けなくなることを覚悟しておいたほうがよいかもしれませんぞ。(店主)

◆忍者は機敏に行動し、人目につかないようにしなければならない。刀は動きを妨げないように背負い、夜に活動するときは黒、雪の日や霧の日には白い服で全身を覆い、姿が目立たないようにしていた。衣服は、ところどころに隠し（ポケット）やひもがついていたので、小物を入れたり、つけたりすることができた。

刀 KATANA

忍者にとってもっとも大切なことは俊敏さです。ですから、刀も動きを制限するほど長くてはいけません。あくまでも護身用としての武器なのです。また、さまざまな道具として使えるように工夫されているのが忍者刀の特徴です。（店員）

◆上から見たつば。物差しと刃物になっている。

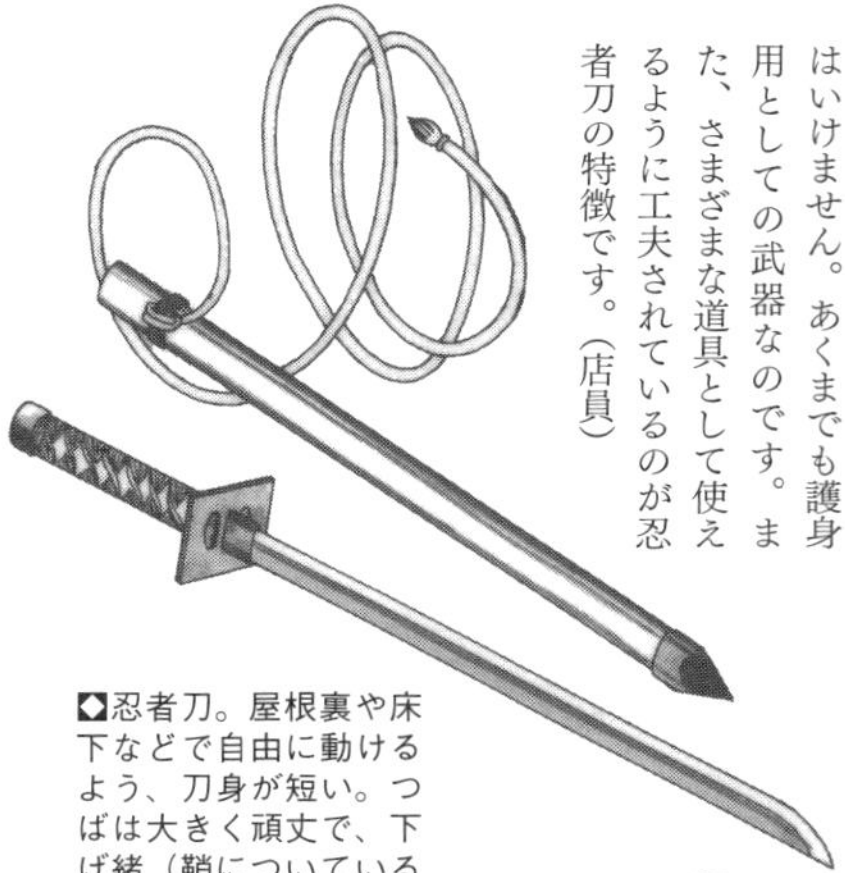

◆忍者刀。屋根裏や床下などで自由に動けるよう、刀身が短い。つばは大きく頑丈で、下げ緒（鞘についているひも）が長い。

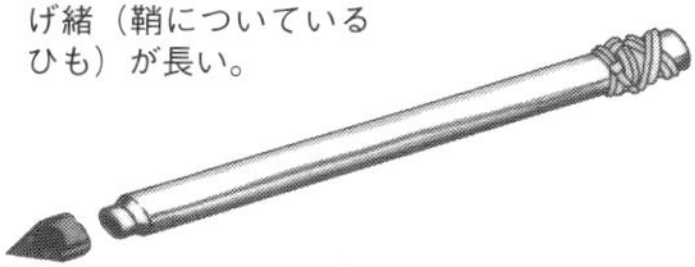

◆鞘の先は尖っていて、ものを刺したり、引っかけたりできる。また、先は取り外し可能で、鞘を筒にしてシュノーケル代わりにし、水中にひそむ“水遁（すいとん）の術”に使うこともできる。鞘のなかに目潰しを入れ、刀を相手に向けて抜くと目潰しが出るようにもできた。

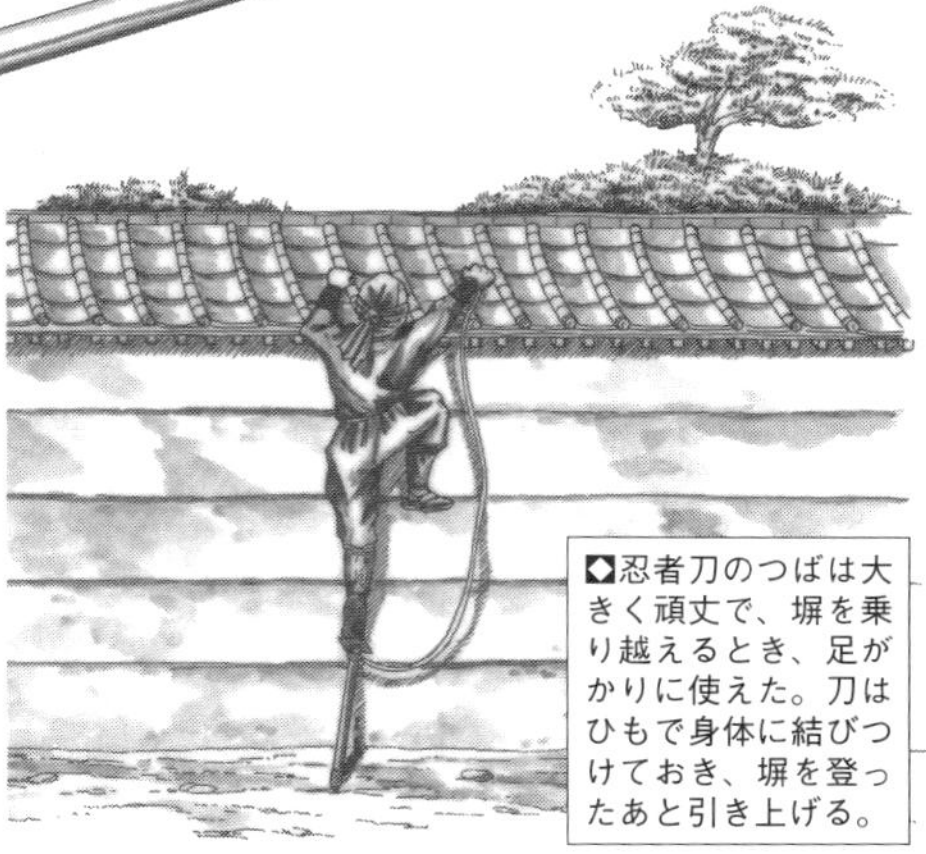

◆忍者刀のつばは大きく頑丈で、塀を乗り越えるとき、足がかりに使えた。刀はひもで身体に結びつけておき、塀を登ったあと引き上げる。

鎧

忍者の動きを制限しないような鎧があります。それはチェイン・メイルの一種で、日本でいうところの鎖帷子です。鎖帷子は布に縫いつけてあり、音を立てずに行動できます。また、西欧のチェイン・メイルより細くて輪の小さい鎖が使われており、そのぶんチェイン・メイルほどの防御効果はありませんが、軽くて動きやすく、忍者にはもってこいの防具といえるでしょう。

忍者といえども鎧をつけて戦に出なければならないときもあります。そんなときでも、装備は、あくまで動きやすさを重視しました。鎧に頼らなくても、自分の技と体力を信じていたためでしょう。（店員）

◆通常、鎖帷子をつけるのは上半身だけだった。この上に上着を着た。

◆折り畳むことができる携帯用の兜と胴鎧。木製で漆が塗ってある。非常に軽い。

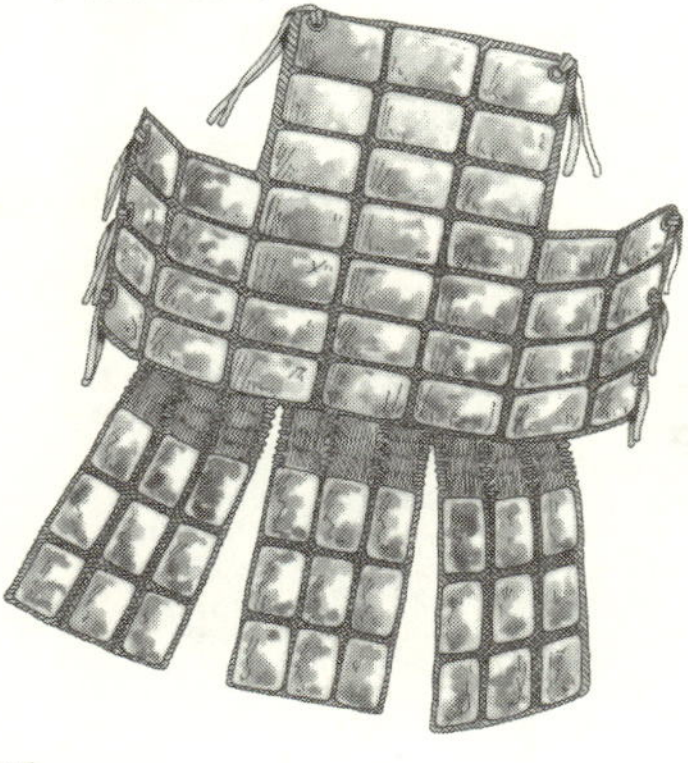

手裏剣
SHURIKEN

忍者といえば、やはり手裏剣がなくてはいけません。わたしも忍者が手裏剣を投げる姿にあこがれて、真似をしてみましたが、全然うまくいきません。どうも、うまく投げるにはかなり修行しなきゃだめみたいです。武器としてさほど威力はありませんが、毒を塗って相手を殺すこともあります。（ふまじめな店員）

◘点対称、あるいは線対称の形をした鉄板の手裏剣。比較的投げやすい。
①十字手裏剣
②四方手裏剣
③八方手裏剣
④卍（まんじ）手裏剣
⑤三方手裏剣

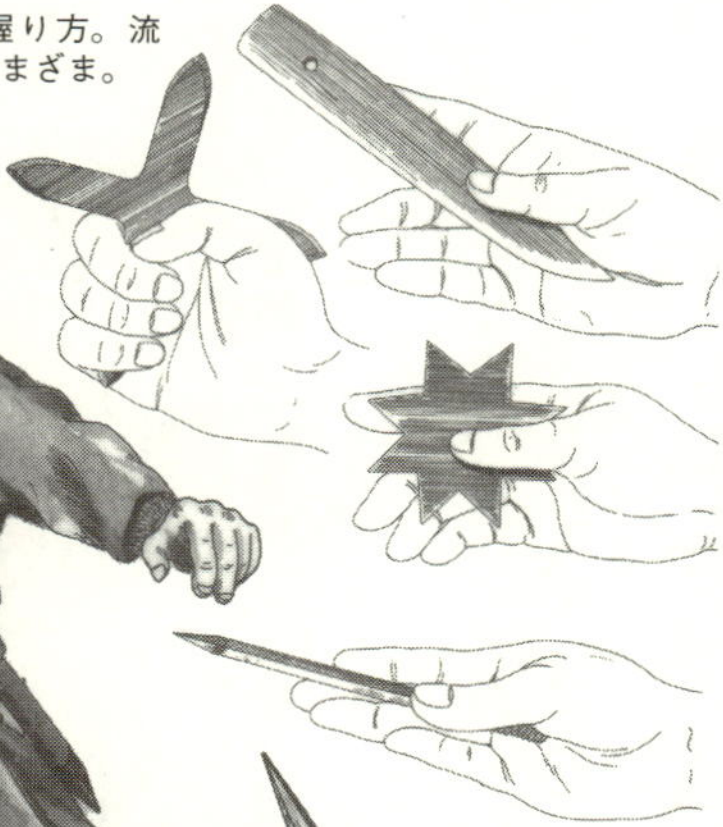

◆手裏剣の握り方。流派によってさまざま。

◆手裏剣は服の隠しなどに入れておき、追手が迫ったときなど奇襲攻撃として使用する。暗殺の場合には刃の先に毒を塗っておく。

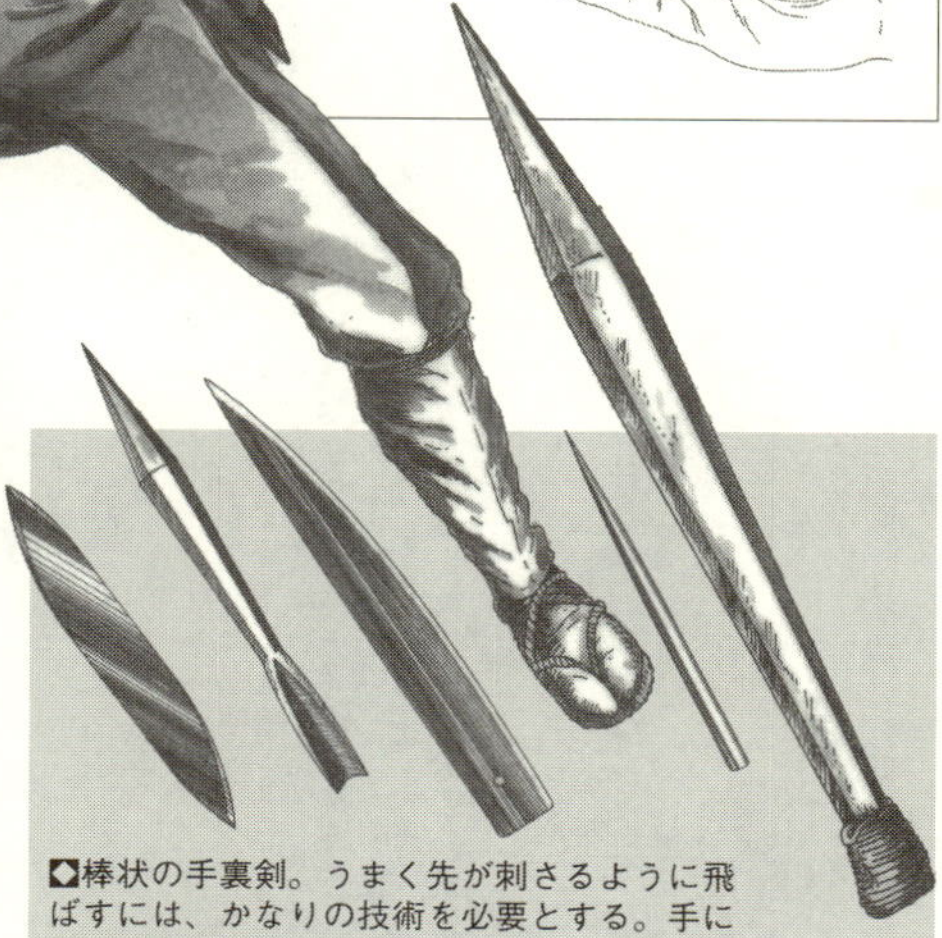

◆棒状の手裏剣。うまく先が刺さるように飛ばすには、かなりの技術を必要とする。手に握って突き刺すこともある。

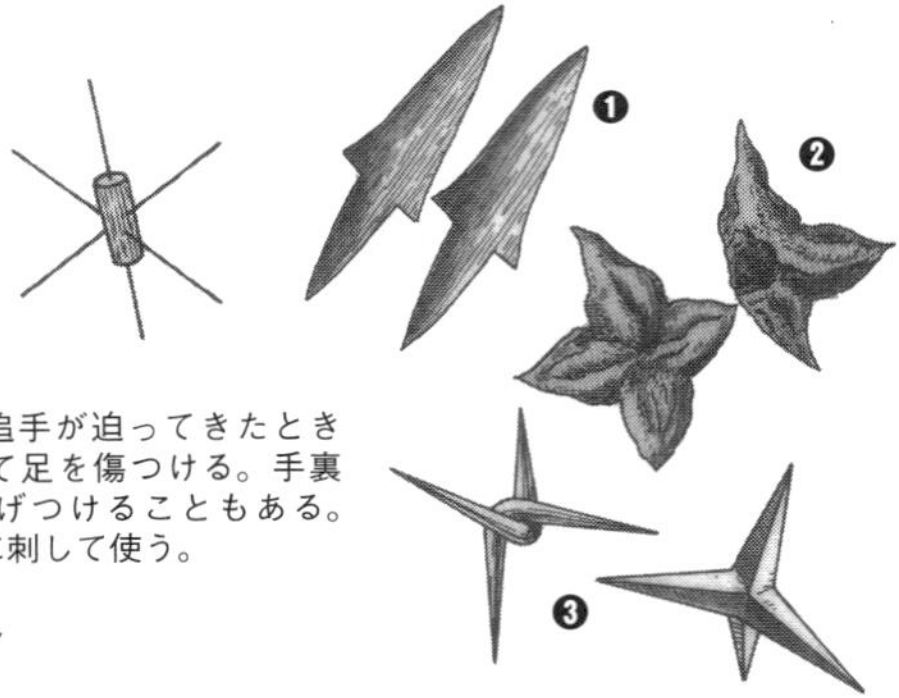

◆まきびし。追手が迫ってきたときに、ばらまいて足を傷つける。手裏剣代わりに投げつけることもある。竹びしは地面に刺して使う。
①竹びし
②ひしの実びし
③鉄びし

隠し扉

日本には今でも忍者屋敷といって、忍者が住んでいた屋敷が保存されています。そこでは敵が攻めてきたときのために、落し穴やら脱出口やらいろいろな仕掛が残っています。隠し扉もそのひとつで、なんの変哲もない壁がいきなり開いて脱出口になっているのです。

実はここで展示してある扉は、本当の出口になっています。追手の迫ってきているかたは、ここを通って早く逃げてください。まさかここから本当に逃げることができるなんて、追手は考えてもみないでしょう。(店主)

さまざまな武器

本当に忍者はいろいろな武器を持っています。おっと、みなさま、見ているだけではなく、気に入ったものはどんどんお買い上げいただきたいものですな。（店主）

◆鉤爪。手につけて石垣や木に登るときに使うが、接近戦では武器になる。

◆掌剣。棒手裏剣が発展して木製の握りがついた形。手に握って相手を倒す。

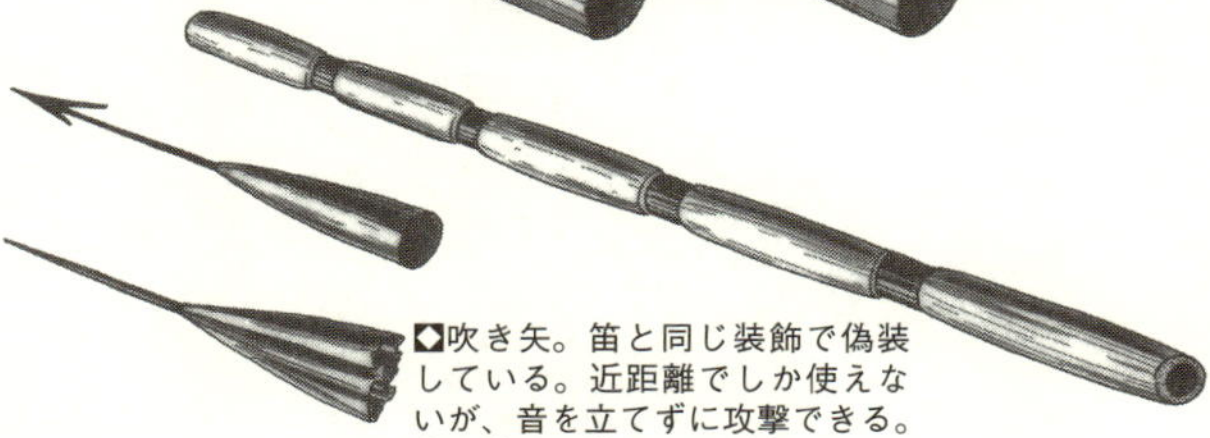

◆吹き矢。笛と同じ装飾で偽装している。近距離でしか使えないが、音を立てずに攻撃できる。毒を塗って使うことが多い。

FLOOR 6

異部族の戦士

WARRIOR

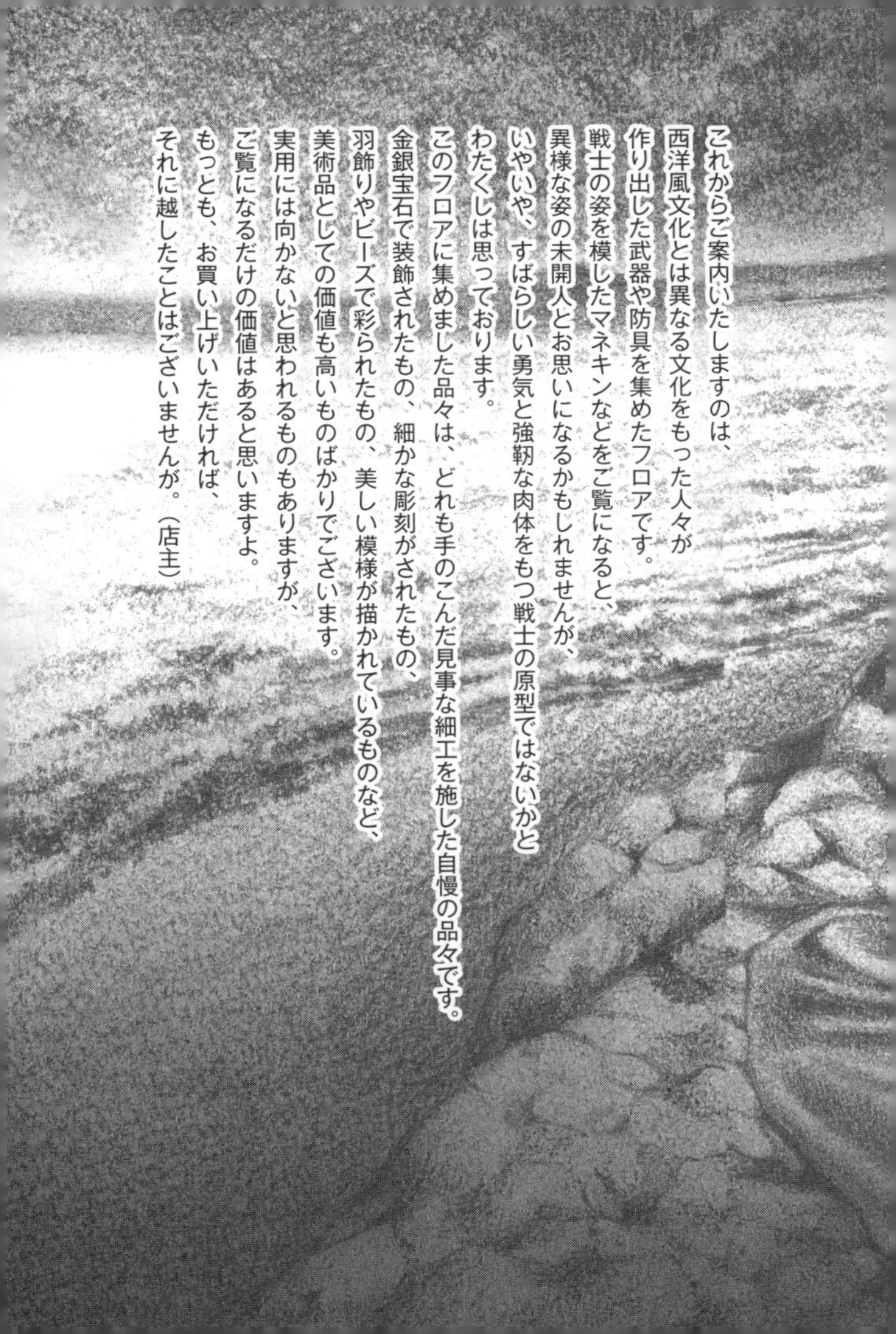

これからご案内いたしますのは、
西洋風文化とは異なる文化をもった人々が
作り出した武器や防具を集めたフロアです。
戦士の姿を模したマネキンなどをご覧になると、
異様な姿の未開人とお思いになるかもしれませんが、
いやいや、すばらしい勇気と強靭な肉体をもつ戦士の原型ではないかと
わたくしは思っております。
このフロアに集めました品々は、どれも手のこんだ見事な細工を施した自慢の品々です。
金銀宝石で装飾されたもの、細かな彫刻がされたもの、
羽飾りやビーズで彩られたもの、美しい模様が描かれているものなど、
美術品としての価値も高いものばかりでございます。
実用には向かないと思われるものもありますが、
ご覧になるだけの価値はあると思いますよ。
もっとも、お買い上げいただければ、
それに越したことはございませんが。（店主）

Arms & Armor

武器／防具

Floor 6-Corner A

金属を発見することのなかった地域や、入手が難しかった地域がありま す。そういったところでは、長い間武器の材料に堅い木や動物の骨が使われ ました。武器としては性能が劣りますが、木や骨は彫刻しやすいので、模様 を彫り込んで独特の雰囲気をもった武器となっています。

もちろん金属をもった地域もあります。しかし最新の加工技術が発見され なかったり持ち込まれなかったところでは、もろい武器しか作られませんで した。

ここでは、どちらかというと性能ではなく、その武器がもつ雰囲気をご覧 ください。


防具はもちろん、敵から少しでも身を守るためのものですが、気候や地形 の極端な地域ではあまり発展しないようです。灼熱の日差しの下で、熱を吸収しやすく重い鉄製の鎧や、体に密着して通気性の悪い防護服を身につけていたら、無駄に体力を消耗したり、動きを制限されることになりかねません。

そこでとくに熱帯地方では、盾のほかは、権威を現したり、威嚇を目的にしたものが多かったようです。実際、防具で身を守るよりも地形を利用したり、訓練と経験によって修得したすばやさをいかす戦法をとっていました。

(店主)

◆インカ帝国の戦士。チュニック（胴着）の上に袖なしのキルティングの胴鎧を着て、毛織りのひもの房をひざ下と足首に吊るしている。先端が6つに分かれたメイスの頭部は青銅か石でできていて、柄は約80cm。

◆木片または枝で編まれた小さな四角い盾。布や皮で覆って強化してある。垂れ下がった布は足を守るためで、表には部族を表す記章や幾何学模様が描かれている。左手の手首に通して持った。

棍棒

棍棒の威力は、長さと打撃部分の先端の重さによって決まりますが、木だけで作った場合、先端を重くしようとすれば大きく太いものにしなければなりません。また長くすればするほど全体が重くなり使いにくくもなります。そこで次第に先端に石や金属をつけて、さほど先端が大きくなく長すぎもなく、それでいて先端が重い棍棒が作られるようになりました。(店員)

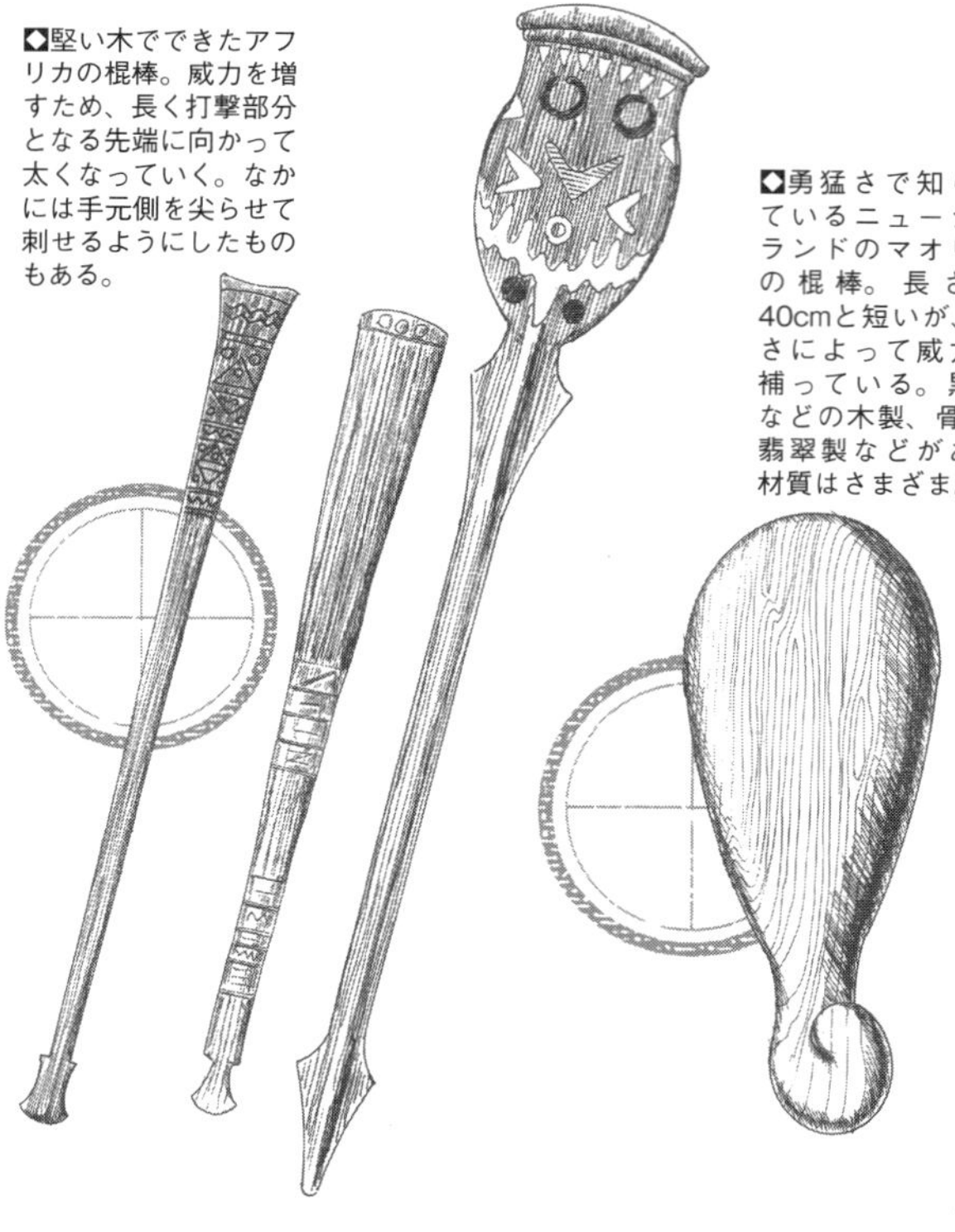

◇堅い木でできたアフリカの棍棒。威力を増すため、長く打撃部分となる先端に向かって太くなっていく。なかには手元側を尖らせて刺せるようにしたものもある。

◇勇猛さで知られているニュージーランドのマオリ族の棍棒。長さは40cmと短いが、太さによって威力を補っている。黒檀などの木製、骨製、翡翠製などがあり材質はさまざま。

◘この棍棒は生皮で全体が覆われており、石の頭部が固定されずに木の柄からぶらんと下がっている。これは打撃力を増すとともに、打撃時の衝撃から棍棒自体を守り、壊れにくくしている。アパッチ族のもの。

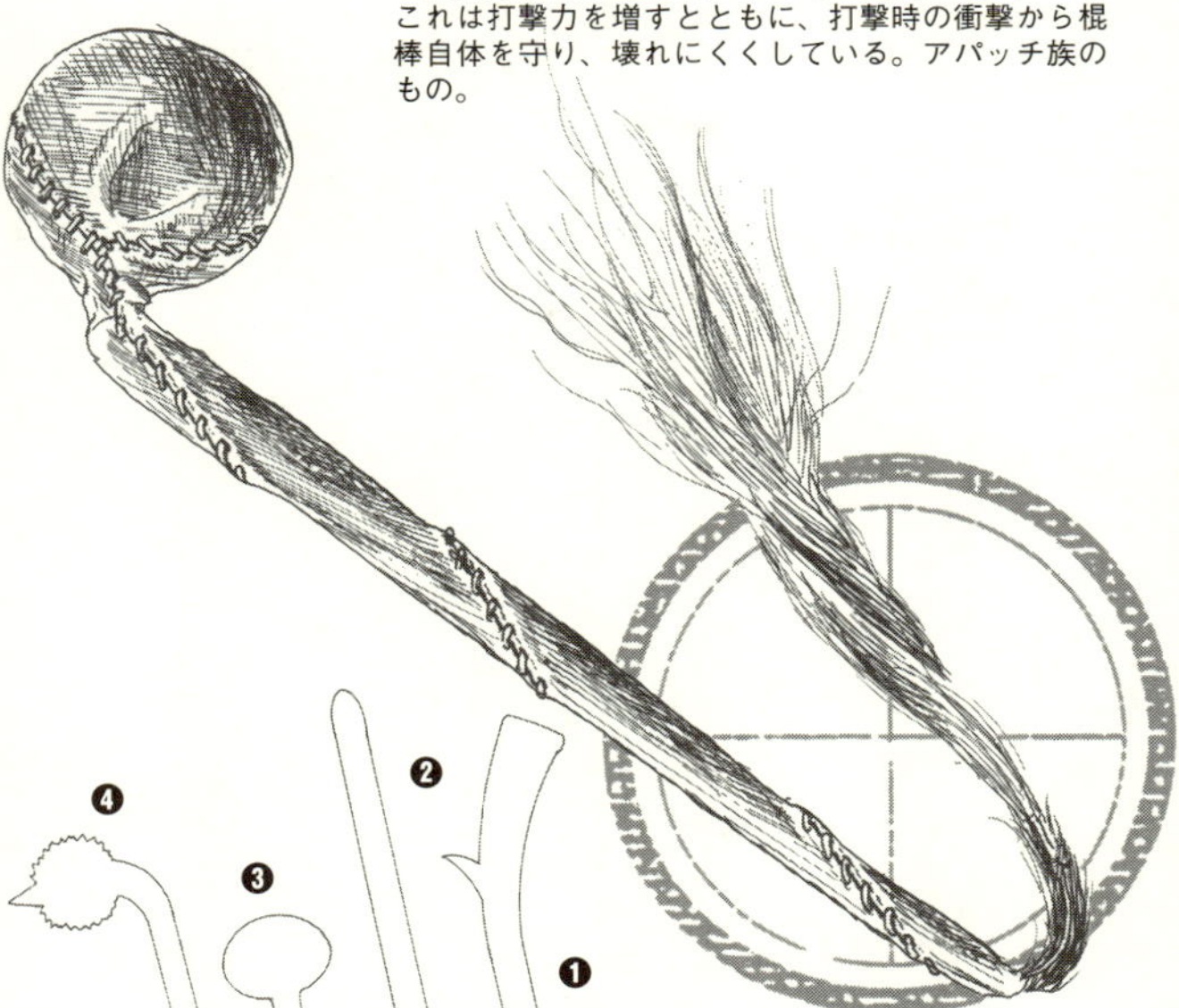

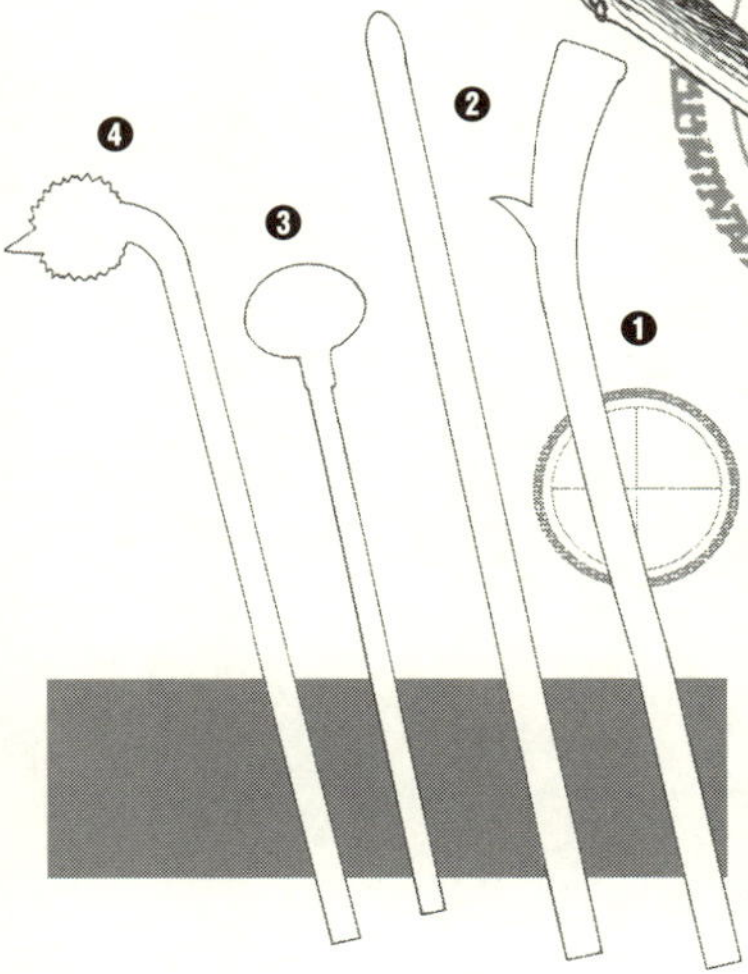

◘フィジーの木製棍棒4種。さまざまなものがあり、棍棒の見本市といった感がある。権力者は装飾したものを持っていた。

①長く、先がやや太くなり、爪状の突起がある。
②ほぼ普通の棒だが硬く扱いやすい。
③短く、先端が大きく丸くなっており、重い。
④先の方で曲がり先端に刺がついている。

◆棍棒は手に持って使うだけではない。投げて使うこともある。ブーメランを生み出したオーストラリア地域では、とくに投げることを前提とした棍棒が多く見られる。
①ニュージーランドのもの。細かな彫刻がなされ、ひもがついている。
②先端側に刻みめをつけて威力を増したもの。
③④⑤木製で、先端が大きく張り出している。約60cm。

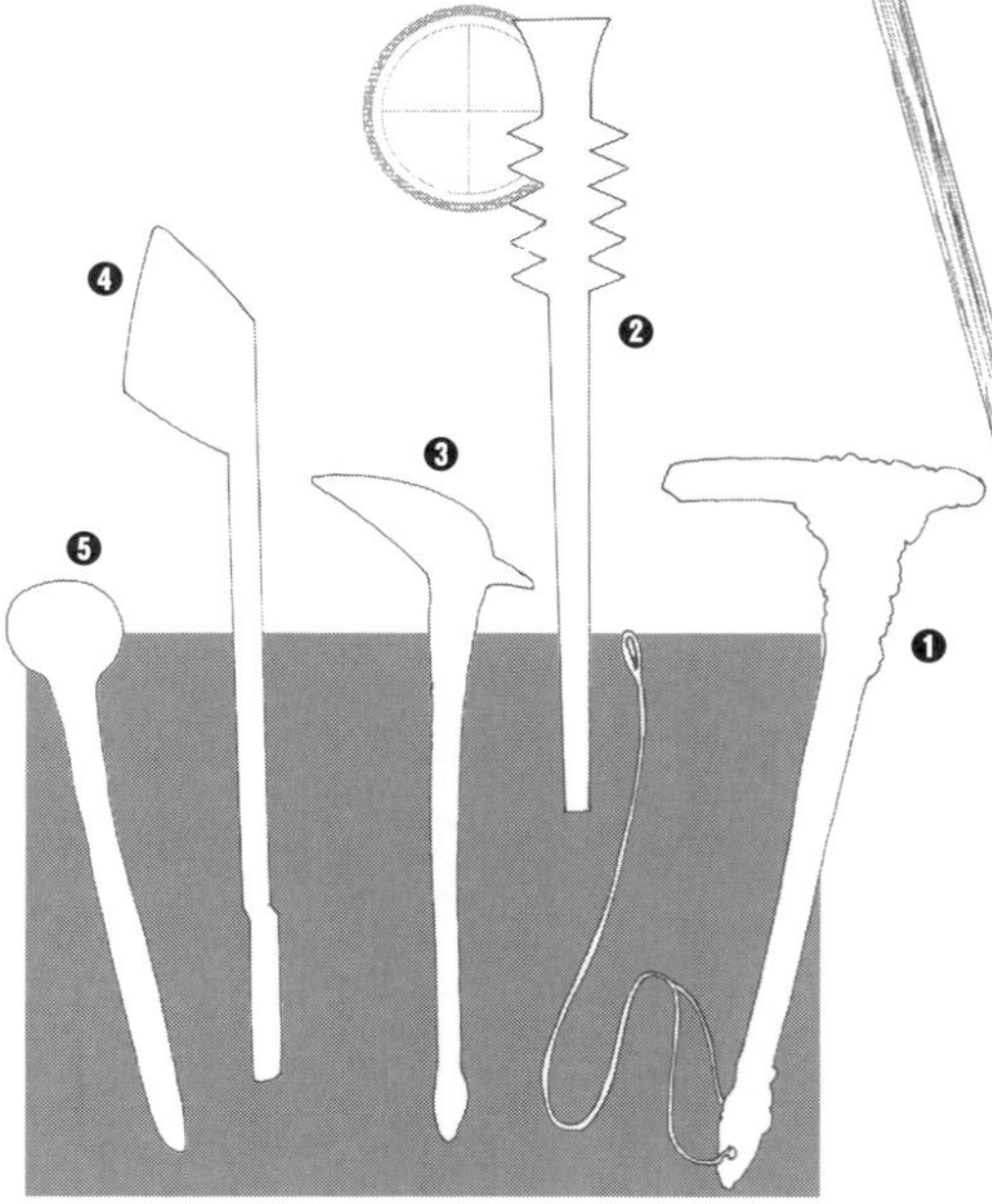

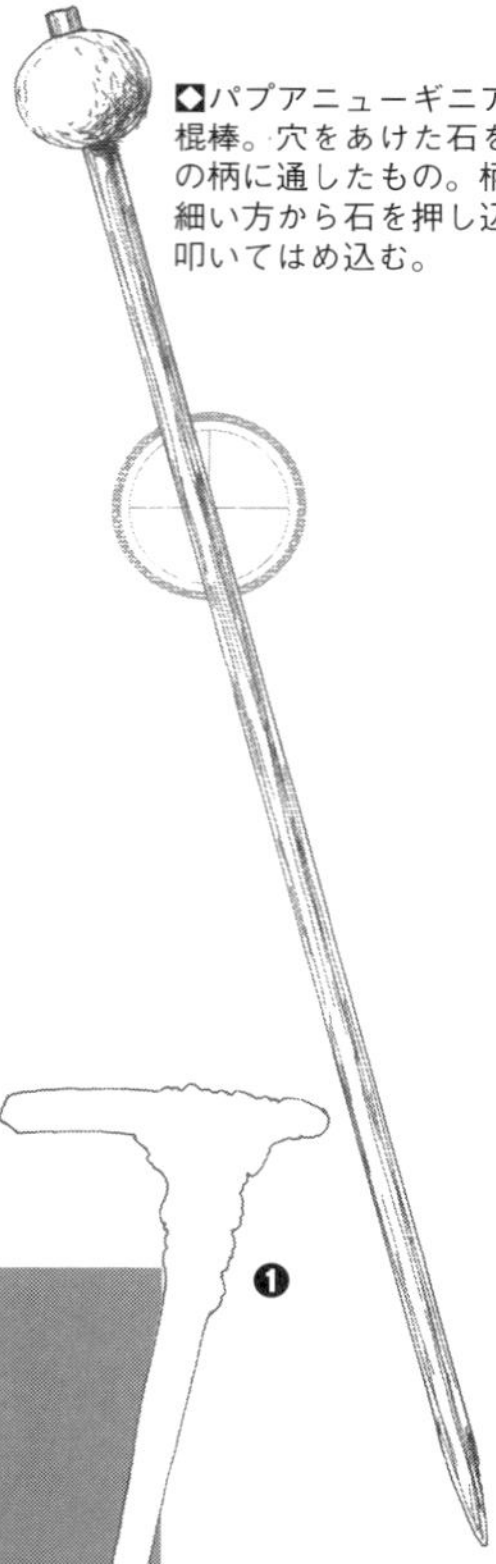

◆パプアニューギニアの棍棒。穴をあけた石を木の柄に通したもの。柄の細い方から石を押し込み叩いてはめ込む。

ブーメラン
BOOMERANG

ブーメランはオーストラリア原住民が生み出した投げる武器で、実によく考えられた形をしています。木製で平たく、全体的に曲がっているか途中でくの字形に曲がっており、投げると回転しながら飛んでいくようになっています。回転することにより、まっすぐに目標に向かい飛距離も伸びます。また当たったときの衝撃力も増します。さらに威力を増すために縁が削られたり、当たる片側が大きく重くなっているものもあります。

目標に当たらないと戻ってくるように作られたものもありますが、実際の戦闘では使えないと思ったほうがよいでしょう。乱戦のなかでは、戻ってくるときに味方に当たるかもしれませんし、受け取るまでそちらに注意をはらっていないと怪我をしてしまいます。つまりその間は無防備に近いということになります。(店員)

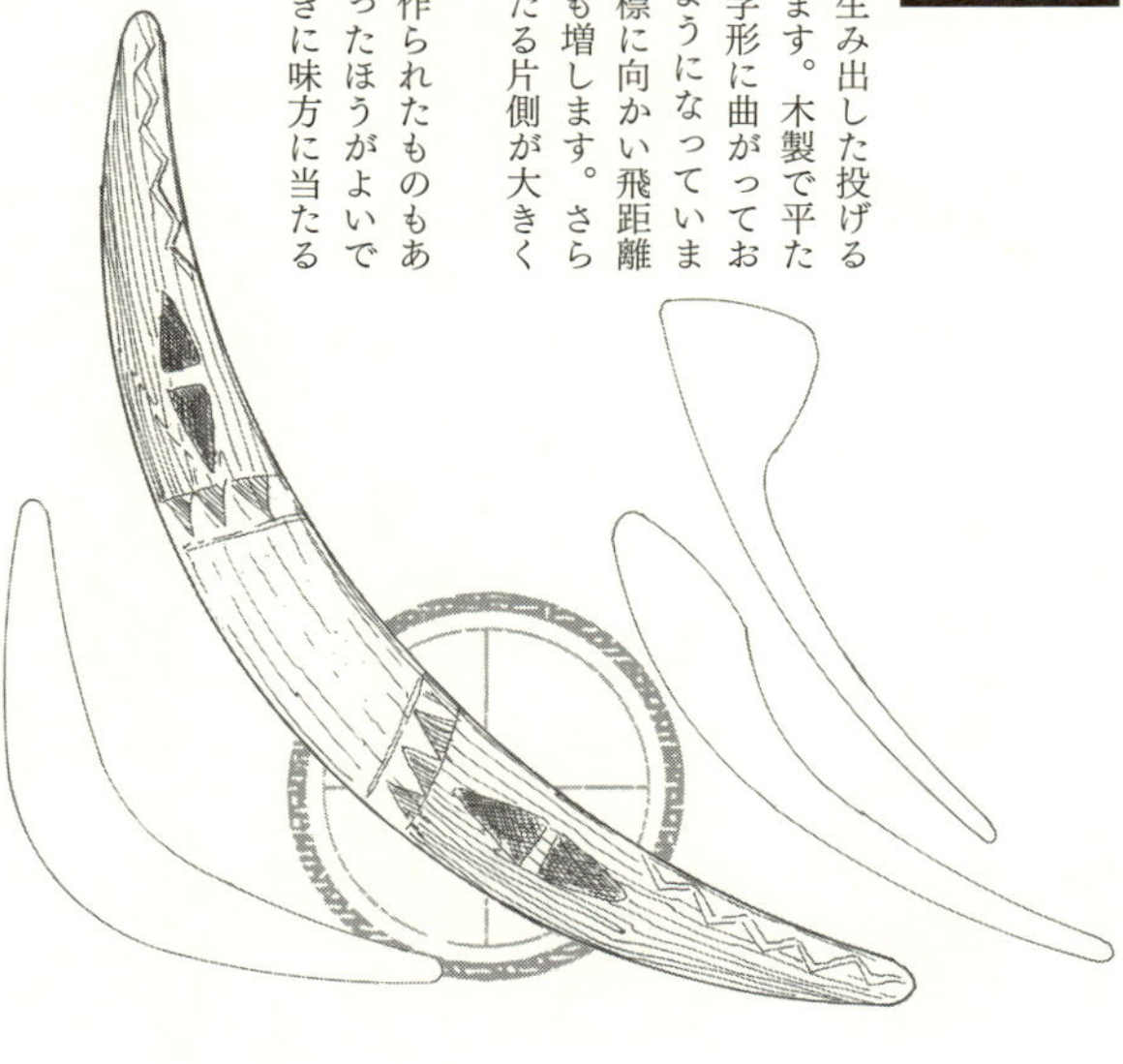

槍

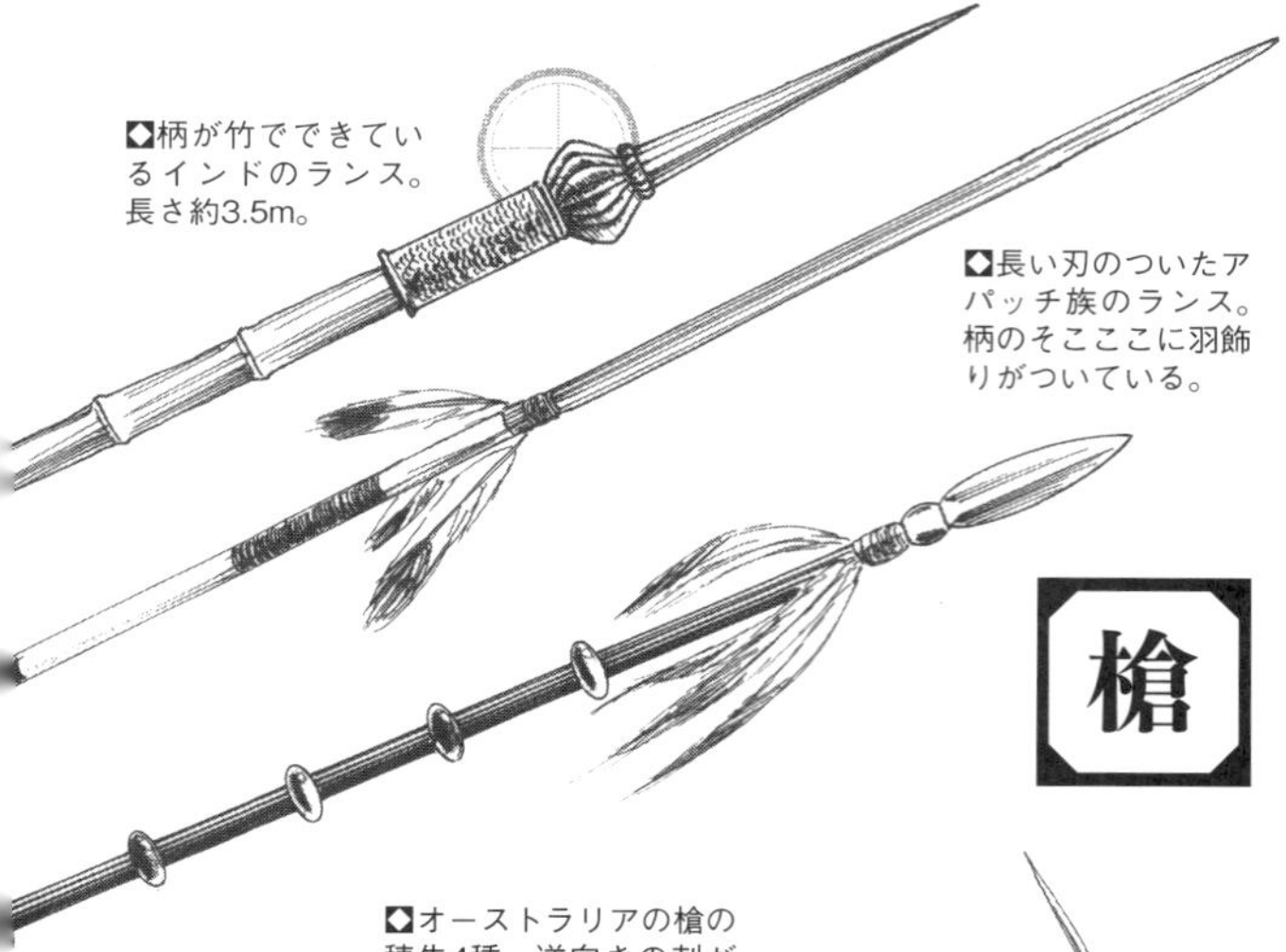

◆柄が竹でできているインドのランス。長さ約3.5m。

◆長い刃のついたアパッチ族のランス。柄のそこここに羽飾りがついている。

◆オーストラリアの槍の穂先4種。逆向きの刺が彫られたり、刺状の木片が組み合わされている。

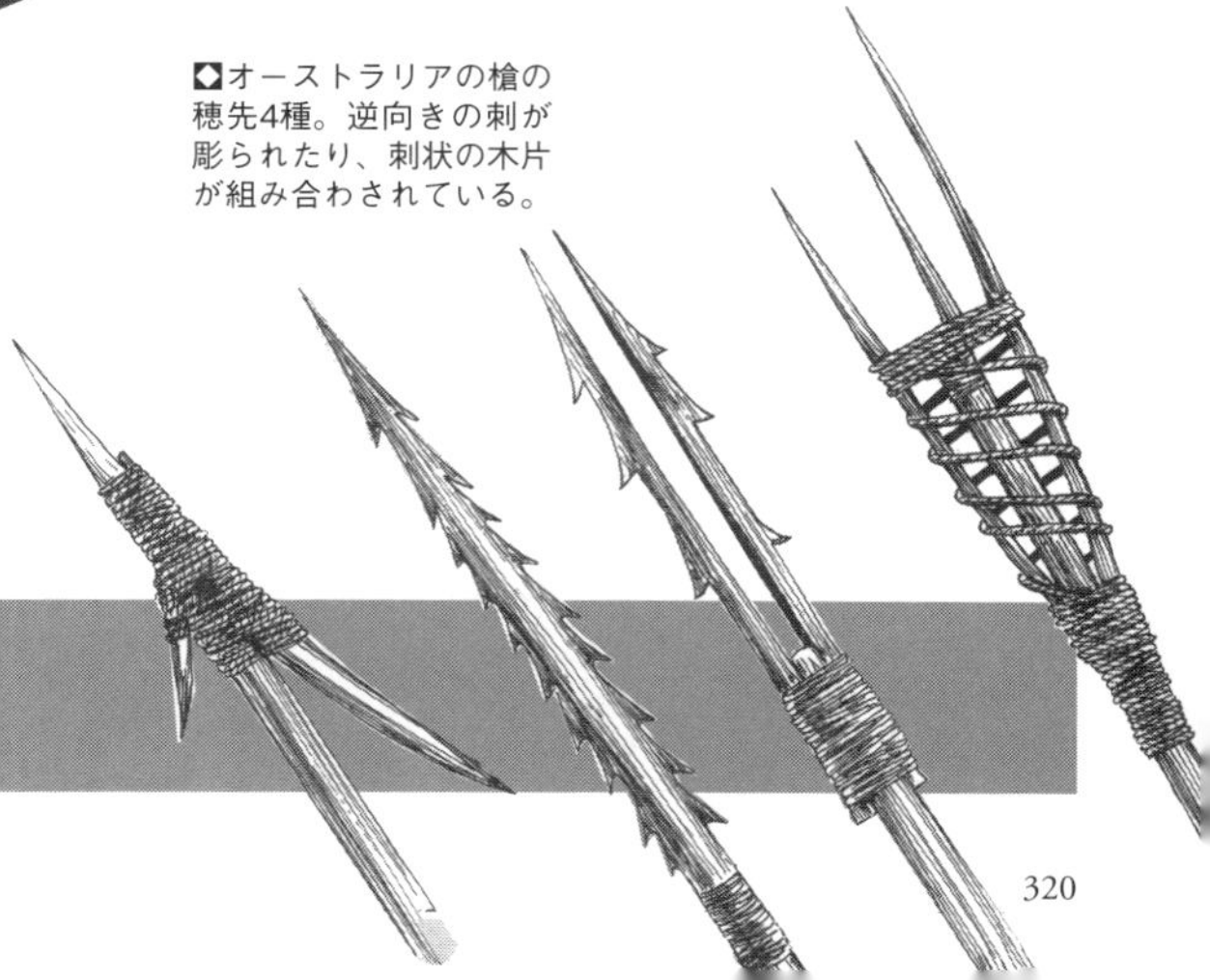

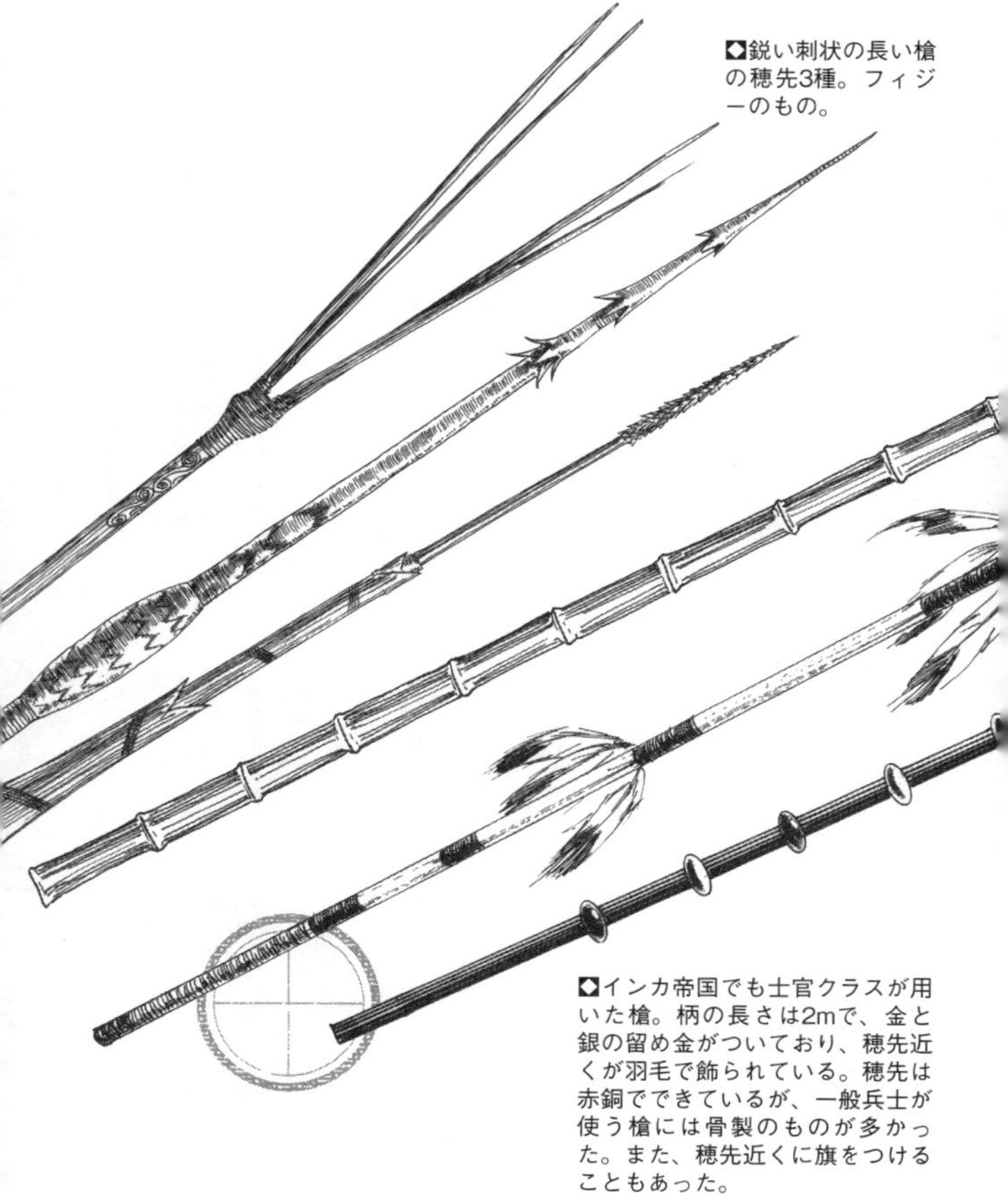

◘鋭い刺状の長い槍の穂先3種。フィジーのもの。

◘インカ帝国でも士官クラスが用いた槍。柄の長さは2mで、金と銀の留め金がついており、穂先近くが羽毛で飾られている。穂先は赤銅でできているが、一般兵士が使う槍には骨製のものが多かった。また、穂先近くに旗をつけることもあった。

戦斧と投げ斧

戦斧は柄と斧頭からできていますが、ここに並べられているのは斧頭に特徴のあるものばかりです。斧頭を重くして断ち切るタイプもありますがナタに近いものから、どちらかというと突き刺したり撫で切るといった使われ方をする形をしています。

投げ斧は、投げることができる小振りな斧で、投げ槍の代わりに使われることもありました。柄が短いので、使わないときは腰のベルトに差して持ち運べるという点では、槍よりも便利かもしれません。北米インディアンのトマホークが有名ですが、トマホークはこの先のコーナーでご紹介しています。(店員)

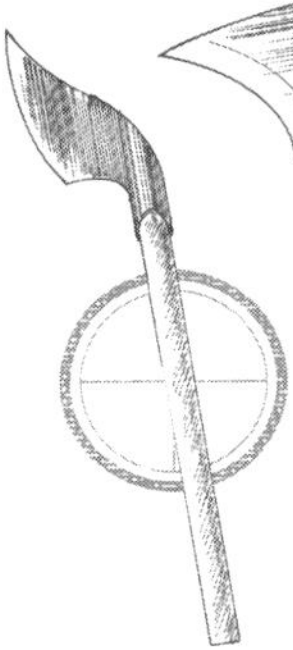

◆フランキスカと呼ばれる投げ斧。鉄製の斧頭はソケット式になっており、凸状の刃先は長く、斧頭全体が柄からなだらかにカーブを描いている。フランク人固有の武器で、投げ槍と同じように使われた。飛距離が短いので、敵を十分に引きつけてから投げる。

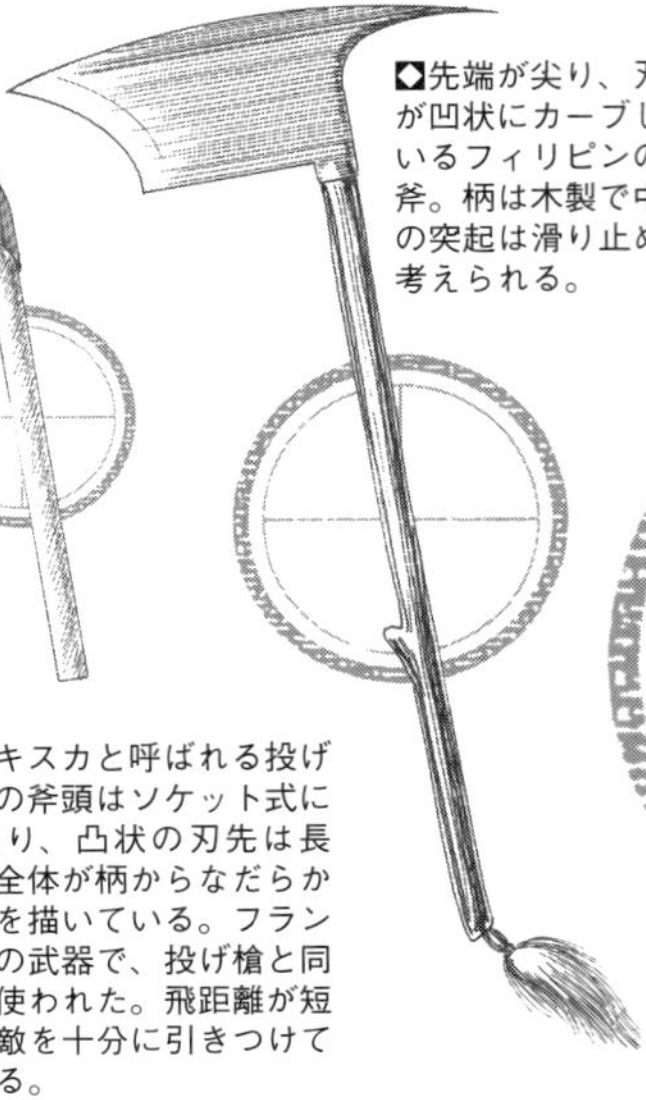

◆先端が尖り、刃先が凹状にカーブしているフィリピンの戦斧。柄は木製で中央の突起は滑り止めと考えられる。

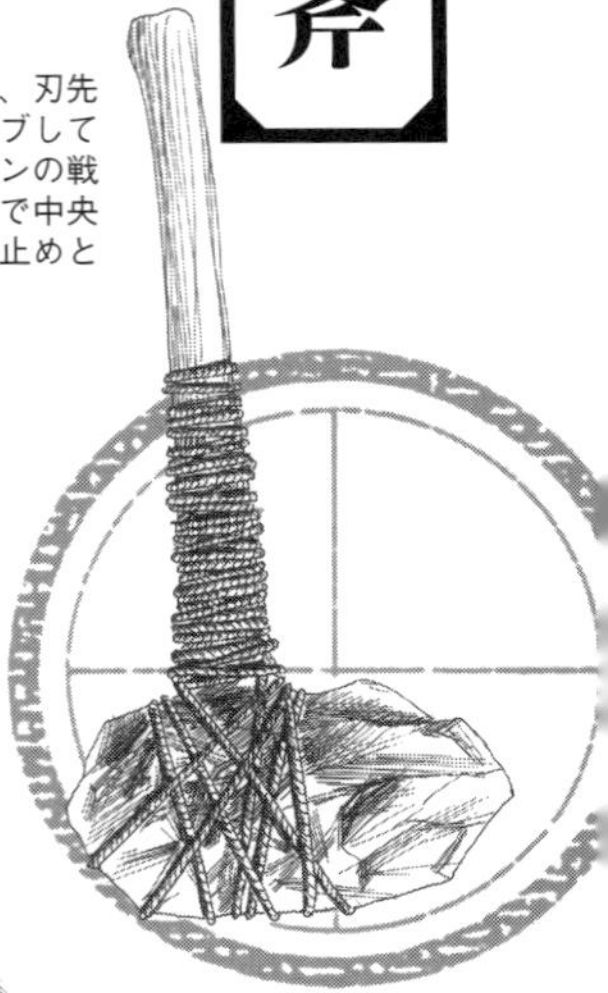

◆木の柄に尖った石をひもで巻いて固定したアフリカの投げ斧。

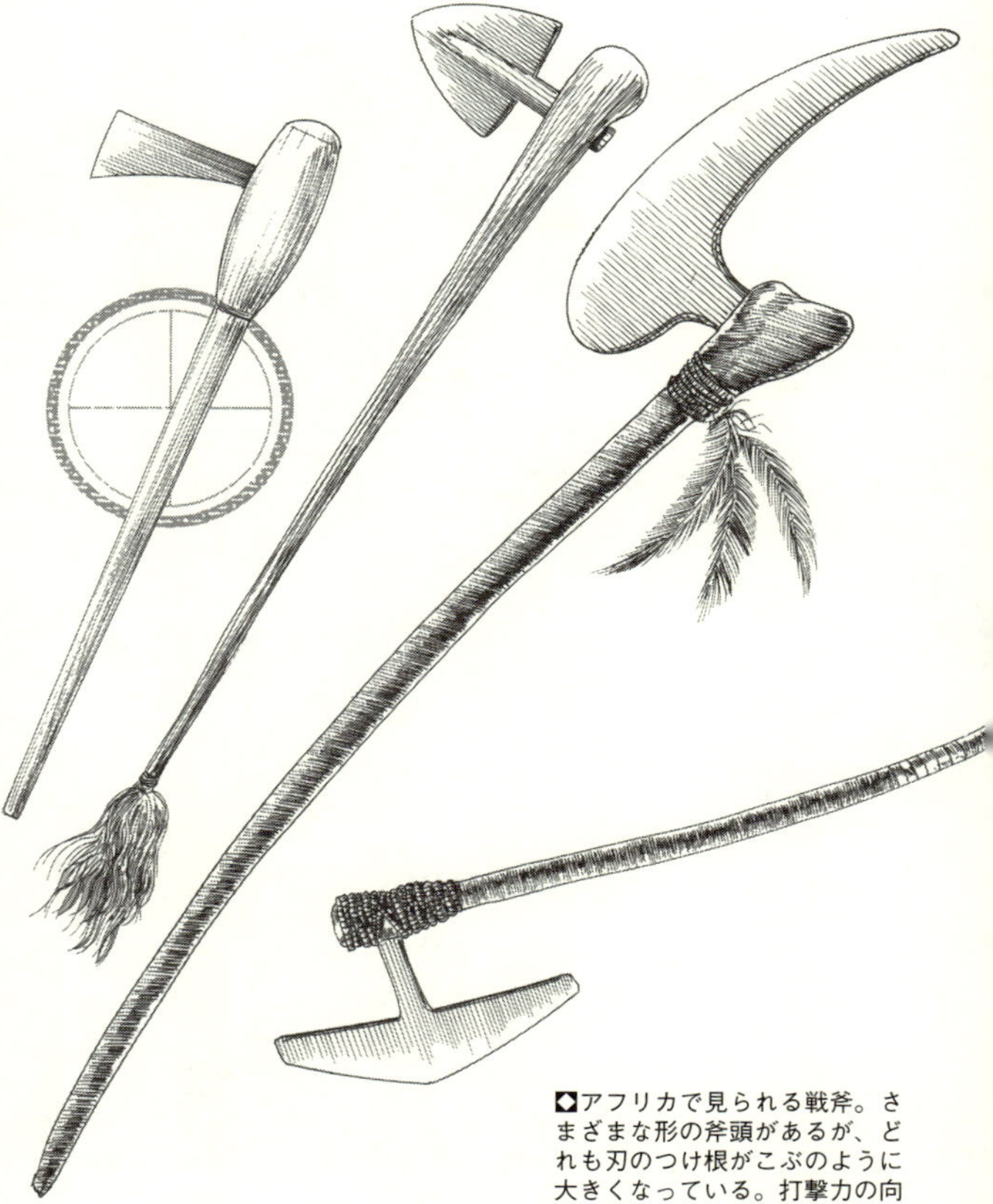

◘アフリカで見られる戦斧。さまざまな形の斧頭があるが、どれも刃のつけ根がこぶのように大きくなっている。打撃力の向上とともに斧頭の安定に役立っている。斧頭が大きく柄の長いものは両手用。

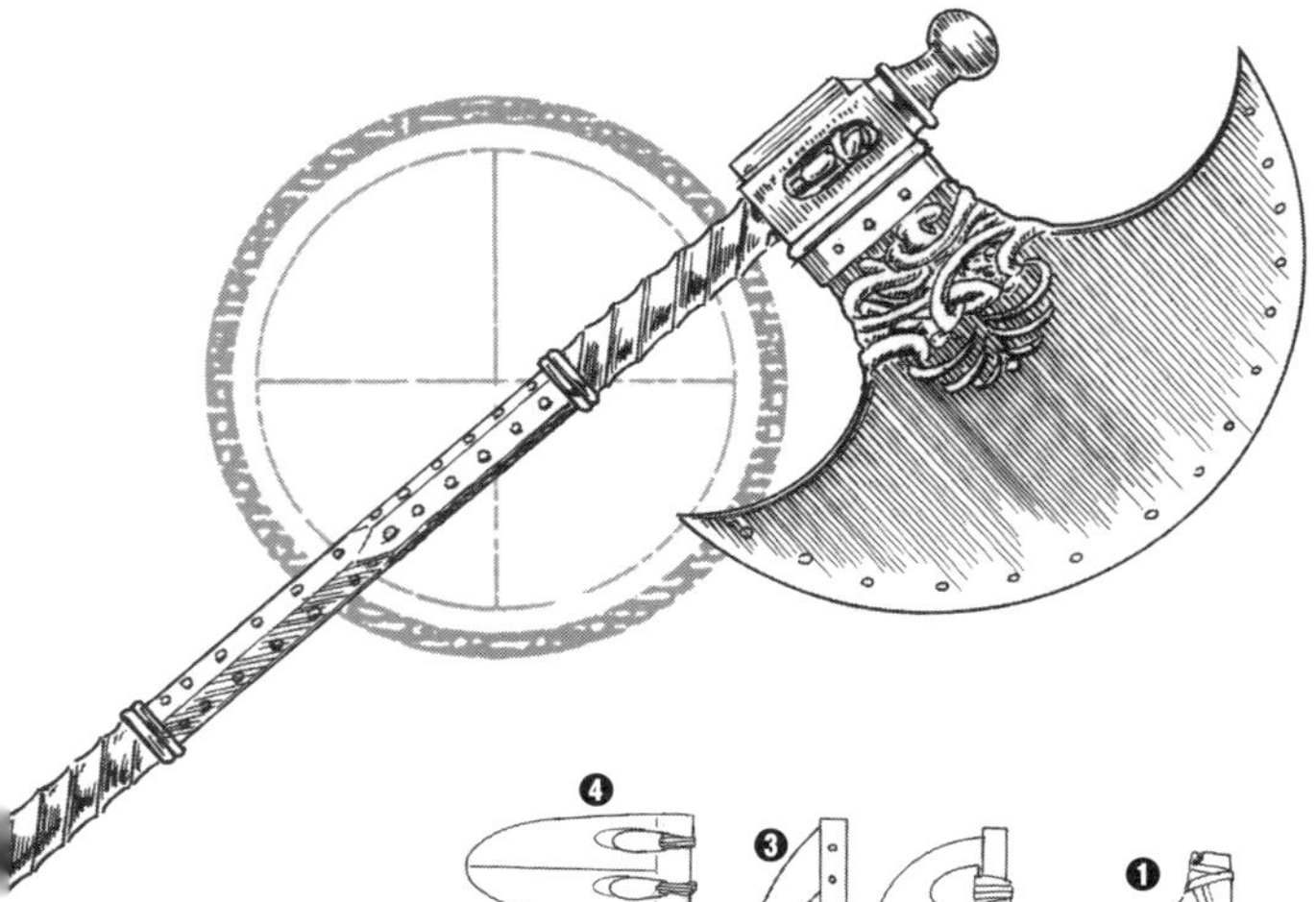

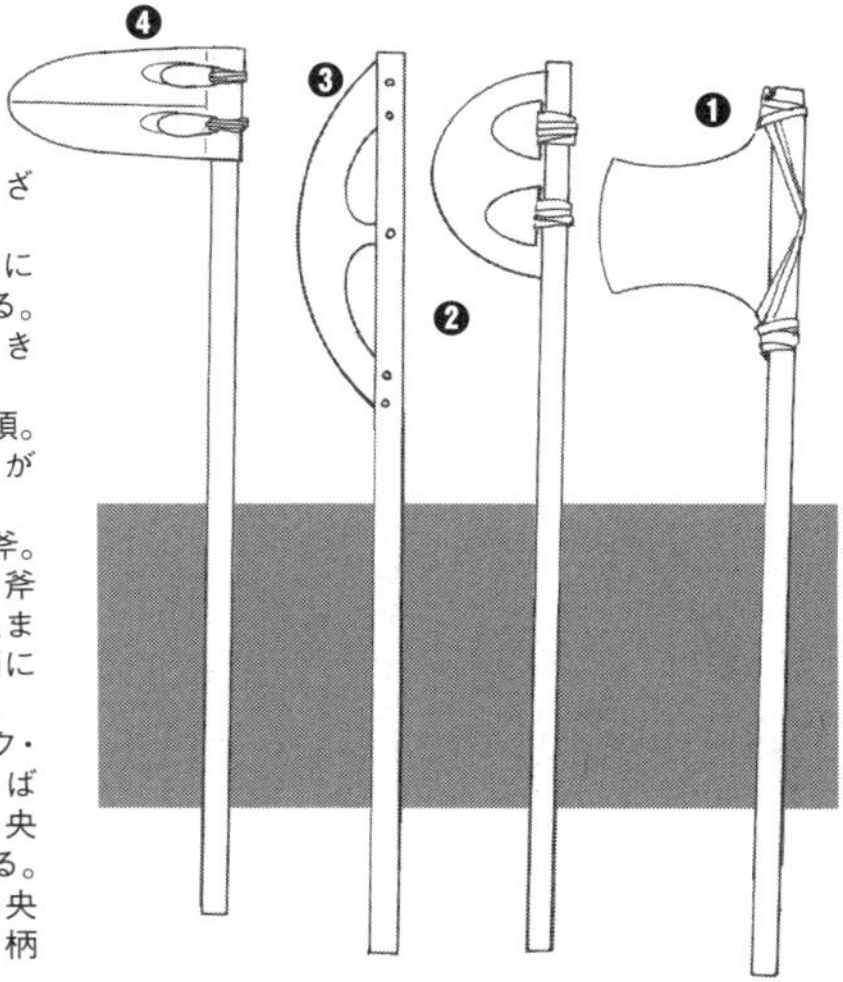

◆斧頭が青銅製のさまざまなエジプトの斧。
①斧頭は青銅製で、柄にくくりつけられている。簡単に作ることができた。
②目型斧。前19世紀頃。製作には、より技術が必要になった。
③イプシロン（ε）型斧。目型の変形で、薄い斧頭は柄の溝に差し込まれたうえ、さらに柄に留めつけられている。
④目型の変形で、ダック・ビル（あひるのくちばし）型斧。斧頭の中央がやや厚くなっている。柄を通したあとに中央の穴にひもを通して柄を固定した。

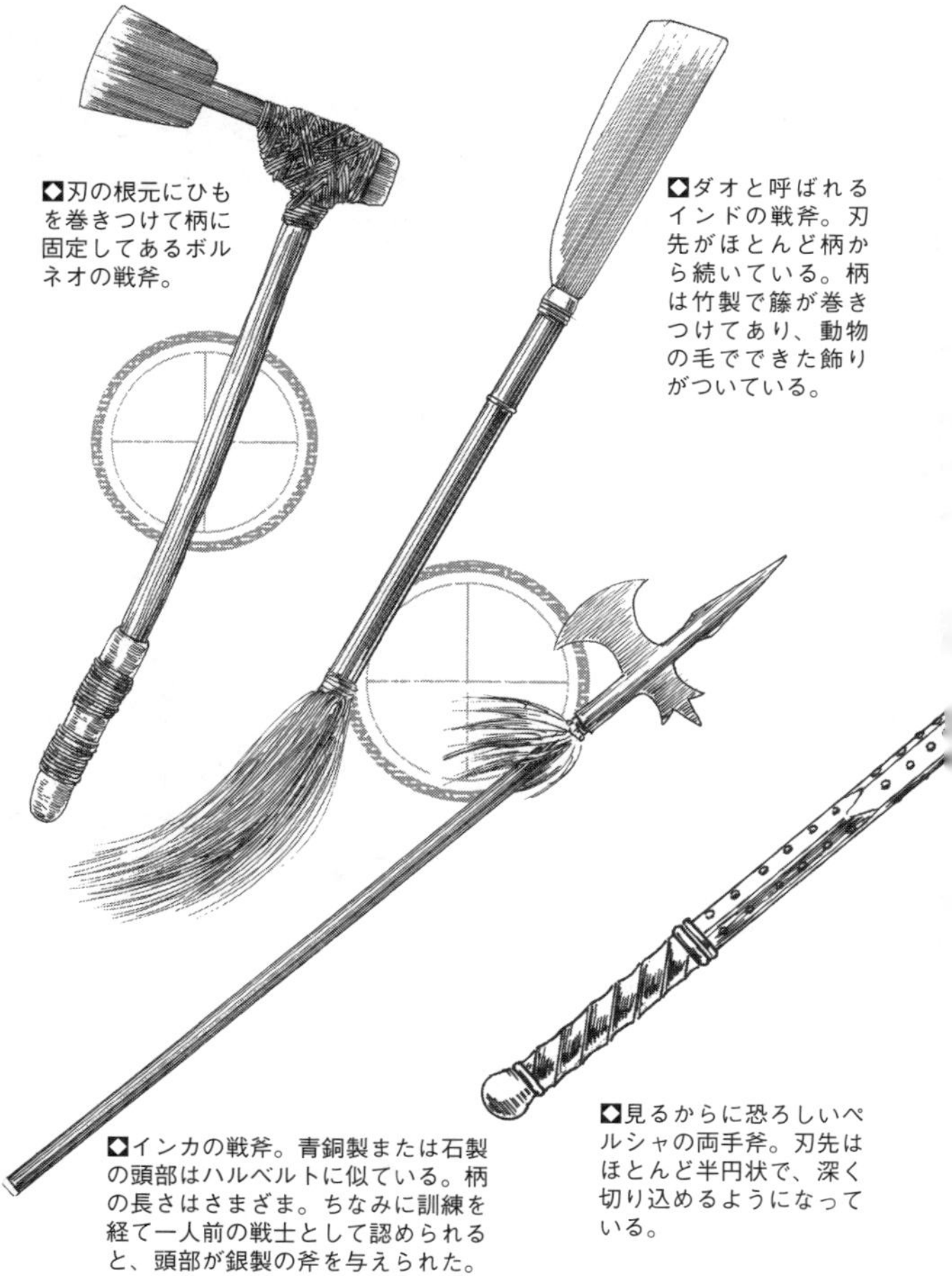

◆刃の根元にひもを巻きつけて柄に固定してあるボルネオの戦斧。

◆ダオと呼ばれるインドの戦斧。刃先がほとんど柄から続いている。柄は竹製で籐が巻きつけてあり、動物の毛でできた飾りがついている。

◆インカの戦斧。青銅製または石製の頭部はハルベルトに似ている。柄の長さはさまざま。ちなみに訓練を経て一人前の戦士として認められると、頭部が銀製の斧を与えられた。

◆見るからに恐ろしいペルシャの両手斧。刃先はほとんど半円状で、深く切り込めるようになっている。

弓

◆動物の毛の飾りをつけたアフリカの弓と矢。

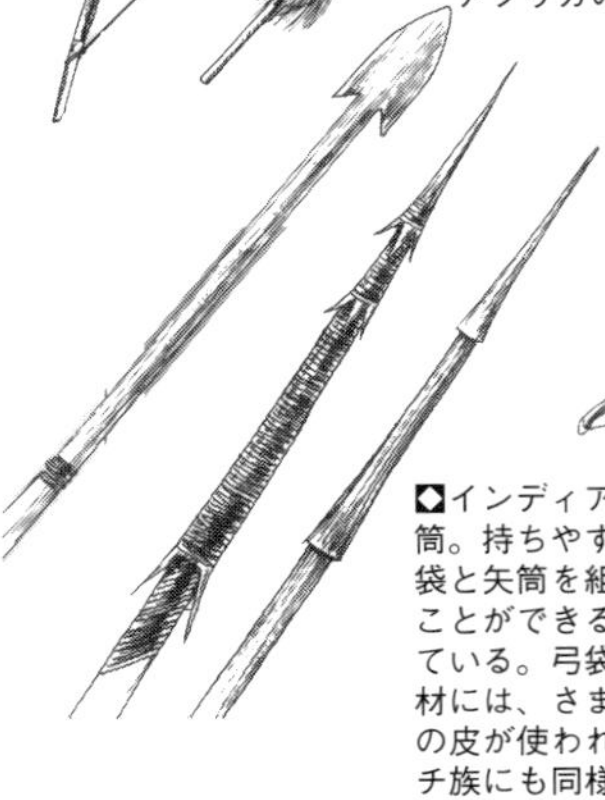

◆さまざまなやじり。アフリカのもの。

◆インディアンの弓と矢筒。持ちやすいように弓袋と矢筒を組み合わせることができるようになっている。弓袋と矢筒の素材には、さまざまな動物の皮が使われた。アパッチ族にも同様のものが見られる。弓は単材でできていて、とねりこ、樫、ヒッコリー材で作られている。

盾

◆生皮で作られているアパッチ族の盾。模様が描かれたり、羽飾りがつけられており、単なる防具ではなくチャーム（お守り）の意味ももっていた。

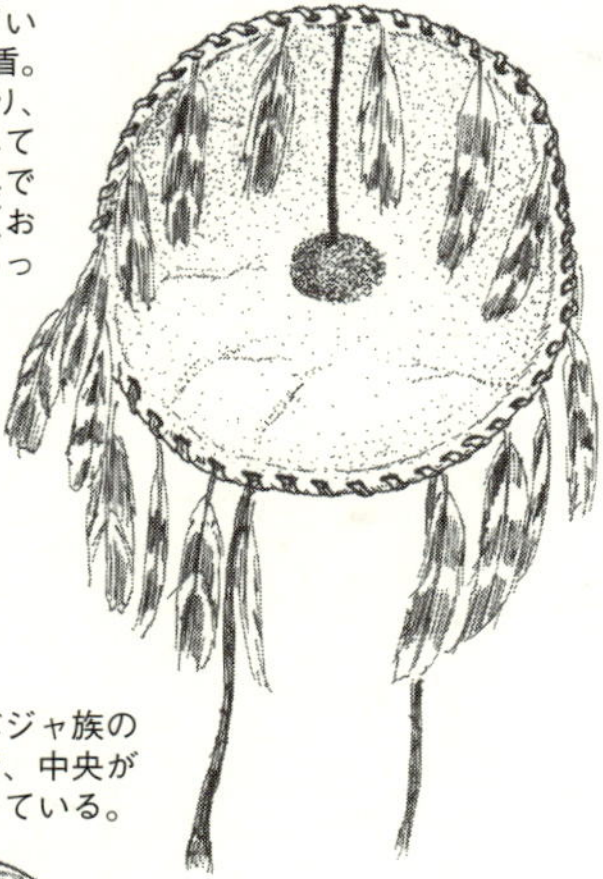

◆東スーダンのベジャ族の盾。皮製。円形で、中央が半球状に張り出している。

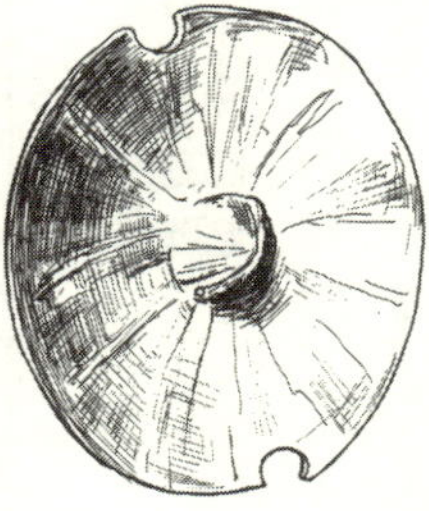

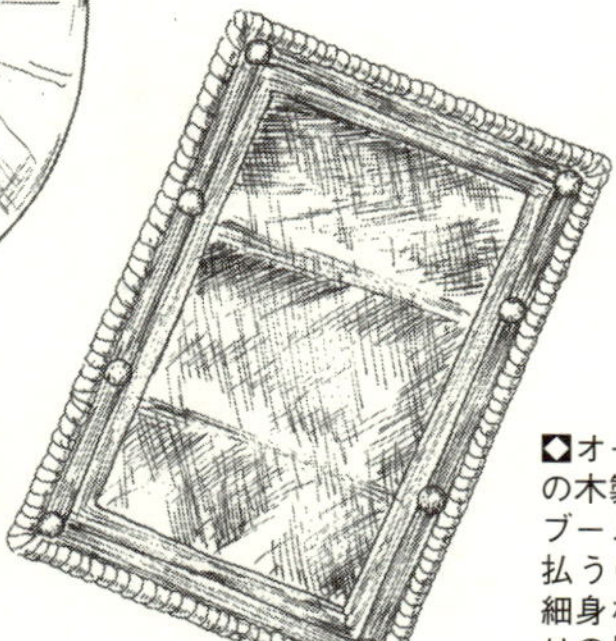

◆マヤの方形の盾。木製または皮製で、羽や毛皮で飾られている。円形のものもあり、敵を威嚇する不気味な顔が描かれていることもあった。

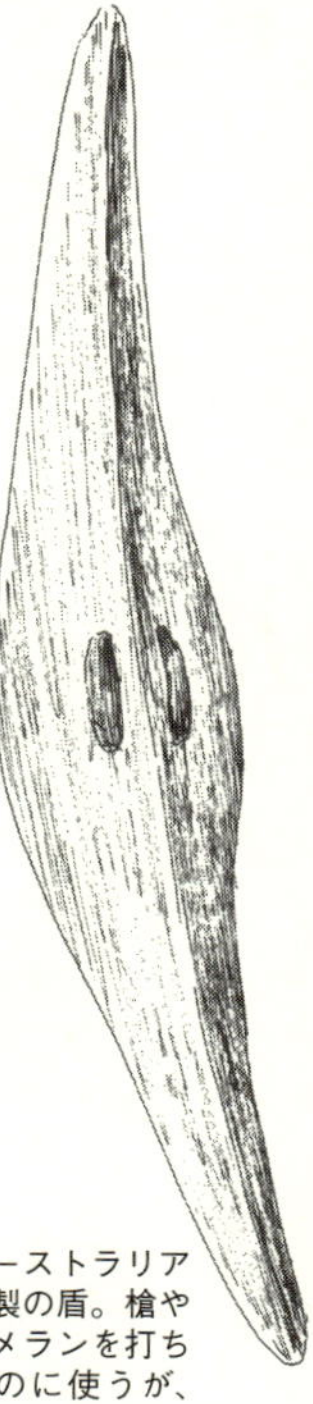

◆オーストラリアの木製の盾。槍やブーメランを打ち払うのに使うが、細身なので、かなりの技術が必要だったと思われる。

Celt
ケルト人

　こちらのコーナーからは、これまでご案内してきました西欧風の武器や防具とは別に、特徴的な文化をもった民族の武器や防具などをご紹介しております。

　まずはケルト人の武器と防具をご紹介しましょう。

　ケルト人は勇猛にしてローマ人たちがたいへん恐れた人々です。ローマ人が残した資料のなかではバーバリアンといった感じで描かれていますが、それは、ローマ人がよほどケルト人を恐れたことにほかなりません。しかし、カエサルによってガリアのケルト人は征服されてしまい、ローマ化されてガロ・ローマ人となりました。そしてほかの征服された民族同様に、独特のケルト模様などの独自の文化や習慣も失われていきました。

　さて、ケルト人の武器や防具は鉄製で、装飾などに青銅が使われていました。前三世紀頃までは胴鎧らしきものはほとんど使われず、戦士たちのなかには勇猛心からまったくの裸で戦うものもいたというから驚きます。主な装備は剣と槍そして盾といったシンプルなものでした。（店主）

◇前1世紀頃のケルト人の戦士と族長。族長の着ているチェイン・メイルには短い袖がついており、肩あてで肩を保護している。ゆったりしたズボンはケルト人独特のもの。

兜

◘青銅製の角つきの兜。戦闘用で、渦巻模様が描かれている。

◘後頭部を守るひさしがついた兜。皮ひもで固定してかぶる。青銅製（前4世紀頃）。

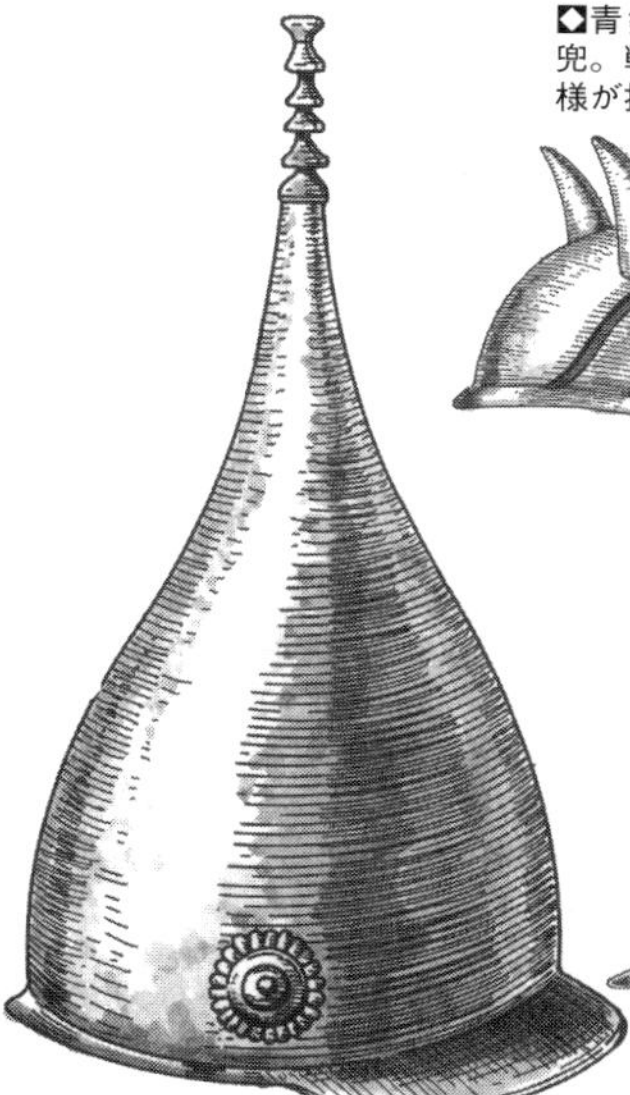

◘フランスのラ・ゴルジュ・メイエ出土の青銅の兜。おそらくは族長のもの。

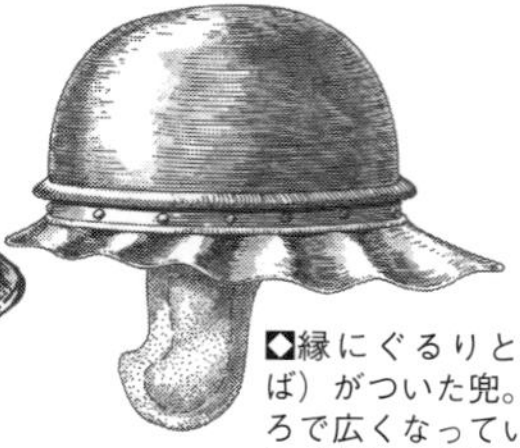

◘縁にぐるりとブリム（つば）がついた兜。ブリムは後ろで広くなっている。クラウン（帽子の山）が深く頬あてがついている（前1世紀）。

◘大きな首あてがついた青銅製の円錐形の兜（前2世紀頃）。

◘青銅製で頬あてがついた兜。頬あては皮製で布で裏打ちしてある（前1世紀頃）。

盾

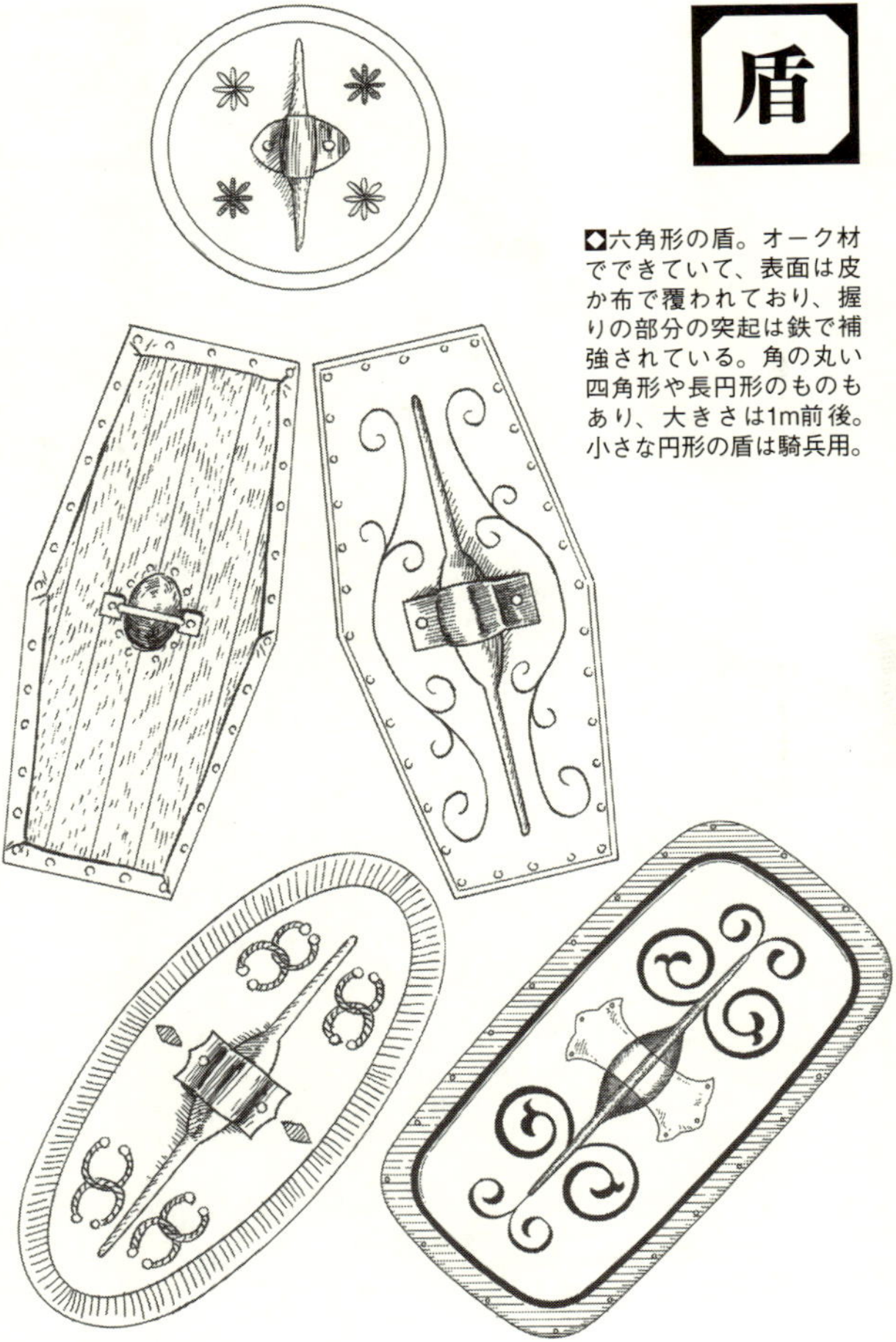

◘六角形の盾。オーク材でできていて、表面は皮か布で覆われており、握りの部分の突起は鉄で補強されている。角の丸い四角形や長円形のものもあり、大きさは1m前後。小さな円形の盾は騎兵用。

剣

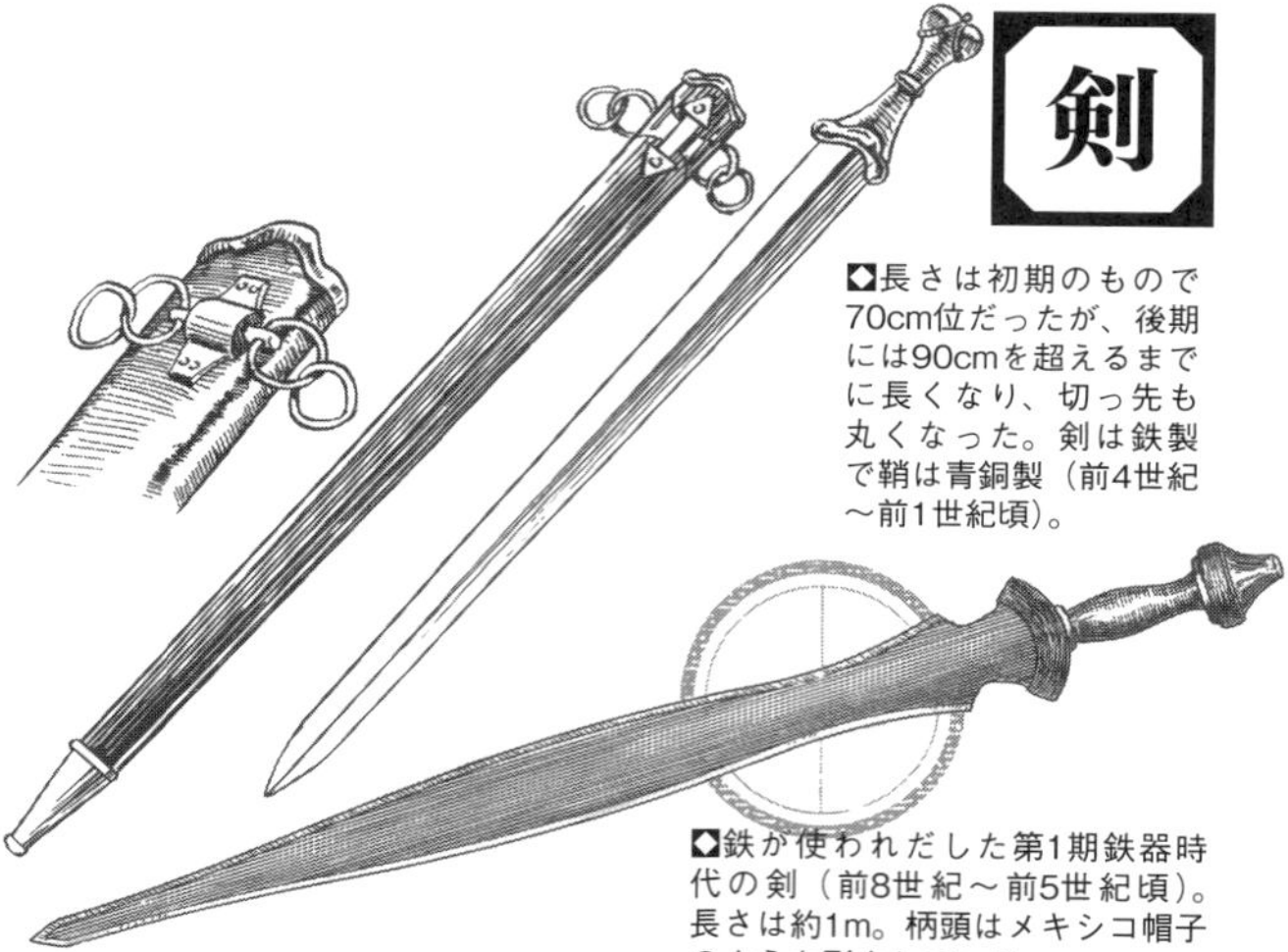

◇長さは初期のもので70cm位だったが、後期には90cmを超えるまでに長くなり、切っ先も丸くなった。剣は鉄製で鞘は青銅製（前4世紀～前1世紀頃）。
◇鉄が使われだした第1期鉄器時代の剣（前8世紀～前5世紀頃）。長さは約1m。柄頭はメキシコ帽子のような形をしている。

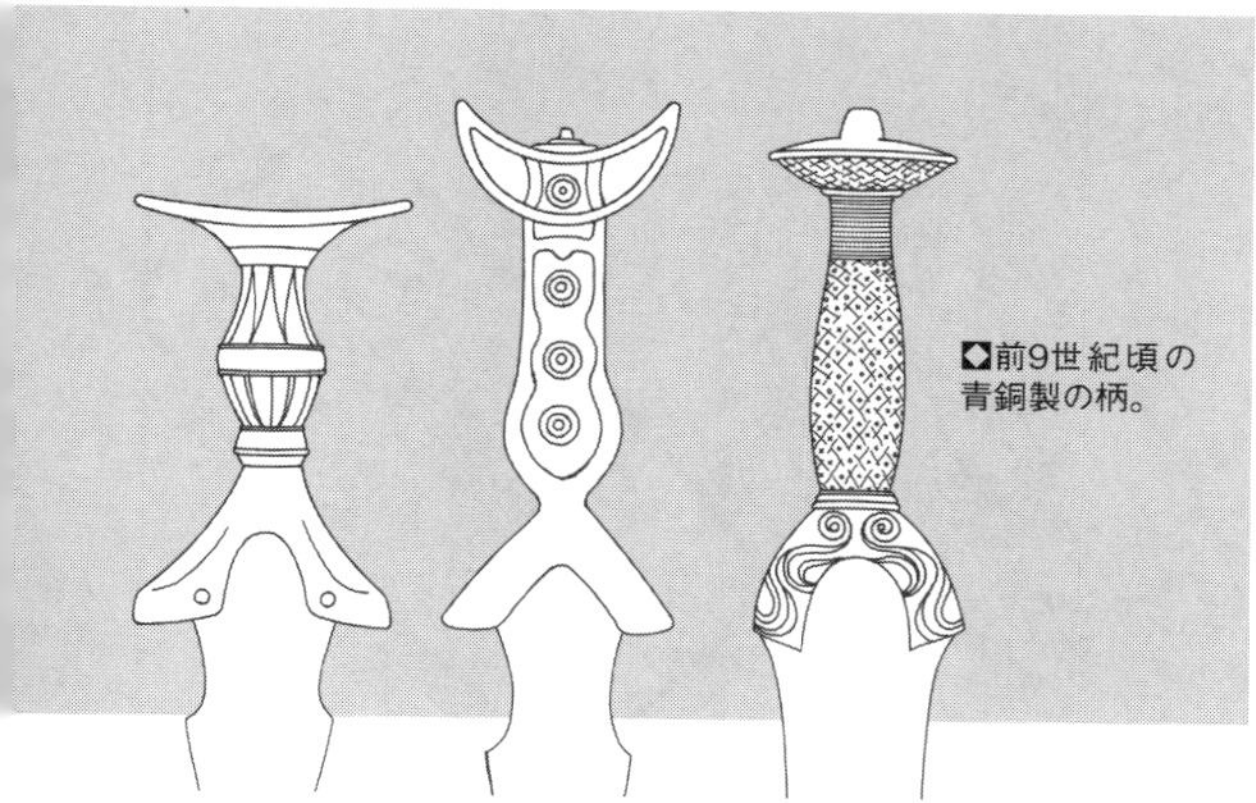

◇前9世紀頃の青銅製の柄。

槍

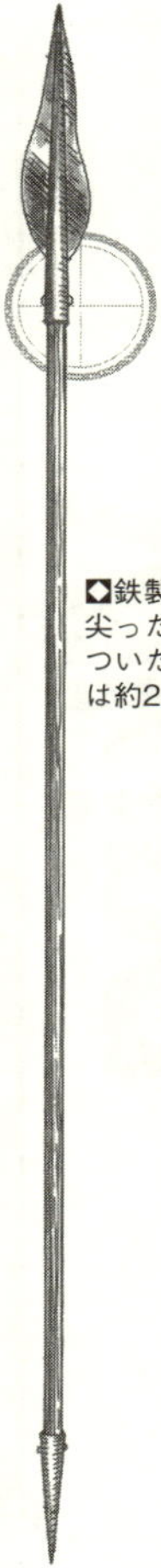

◇鉄製の穂先と尖った石突きのついた槍。長さは約2.2m。

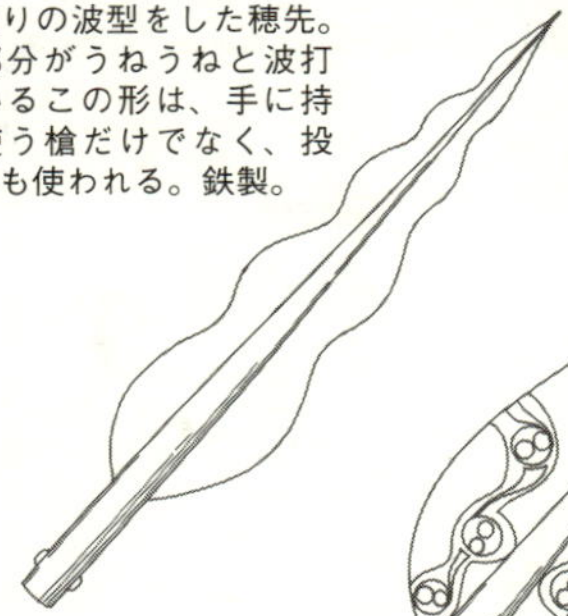

◇先細りの波型をした穂先。刃の部分がうねうねと波打っているこの形は、手に持って使う槍だけでなく、投げ槍にも使われる。鉄製。

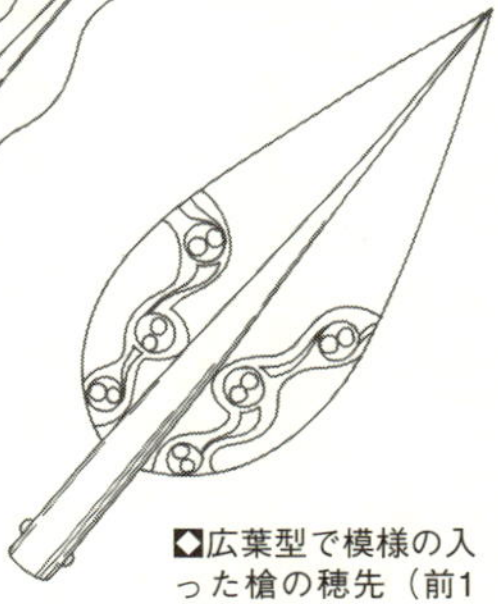

◇広葉型で模様の入った槍の穂先（前1世紀頃）。

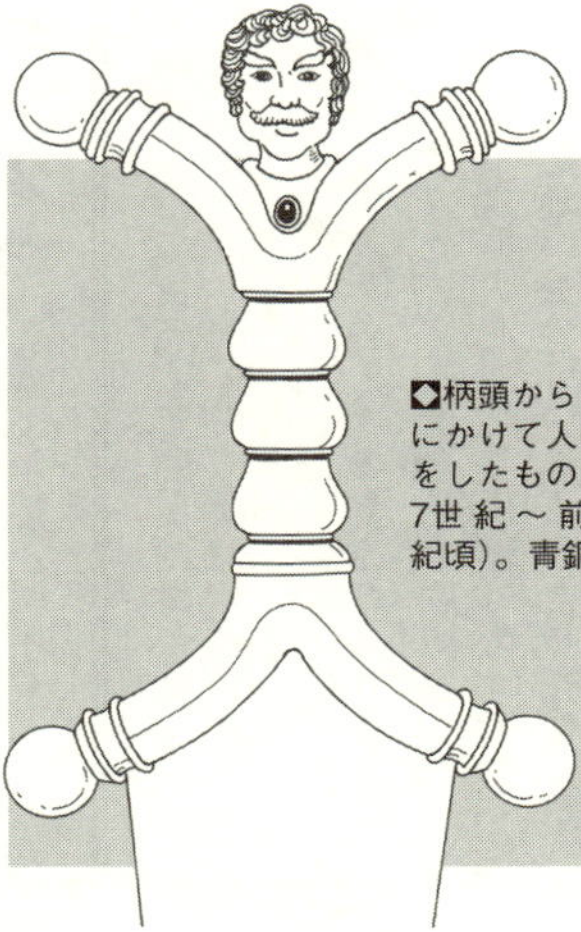

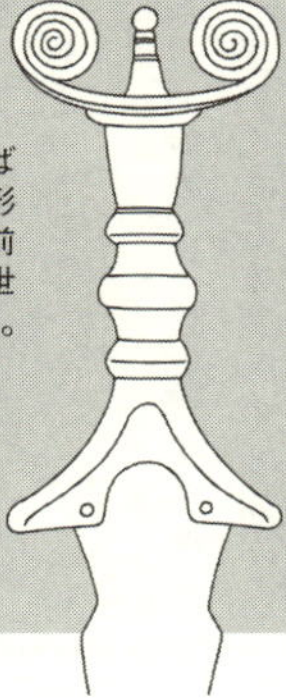

◇柄頭からつばにかけて人の形をしたもの（前7世紀～前5世紀頃）。青銅製。

Viking
ヴァイキング

八世紀末から十一世紀半ばにかけてのおよそ二百五十年間、西ヨーロッパを荒し回った野蛮人たちがおりました。スカンディナヴィアのヴァイキングたちです。

もっとも野蛮というのは、襲われた西ヨーロッパの人々の見方でありまして、実際には彼らも独自の文化をもった人々でした。ただ彼らはキリスト教徒ではなかったので、西ヨーロッパの人々は野蛮人として見たわけです。彼らは無防備な修道院などを襲っては、宝物を奪い去っていきました。死をも恐れず、どこからともなく船で現れては略奪を繰り返す彼らを、西ヨーロッパの人々は恐怖と憎悪の対象として記録することになりました。

ヴァイキングの持つ装備の特徴は、丸い大型の盾、戦斧、そしてヴァイキングソードと呼ばれる重い剣です。槍の穂先には独特の模様が見られ、また

◘6世紀中～9世紀初め頃（プレ＝ヴァイキング時代）の、スカンディナヴィアの人々が雪崩を打ってヴァイキング活動を行う前の戦士。兜には、目と鼻を守るめがねのような防護板がつき、兜の下からは編まれた鎖がぐるりとぶら下がっている。

剣の柄頭は略奪品の銀や金で装飾されていました。
（店主）

兜

フィクションの世界では、ヴァイキングの兜には水牛のような角がついていますが、実際にはそのような兜はなかったようです。端にある品は、いかにもヴァイキングの、といった角のついた兜です。実際にあった儀式用の兜で水道管のような角が二本取りつけられています。しかし、この兜に見られるような大きな角は、偉そうに見せたり、脅す効果しかありません。実際の戦闘ではお使いにならない方がよろしいでしょう。格闘したときに角をつかまれたりします。（店主）

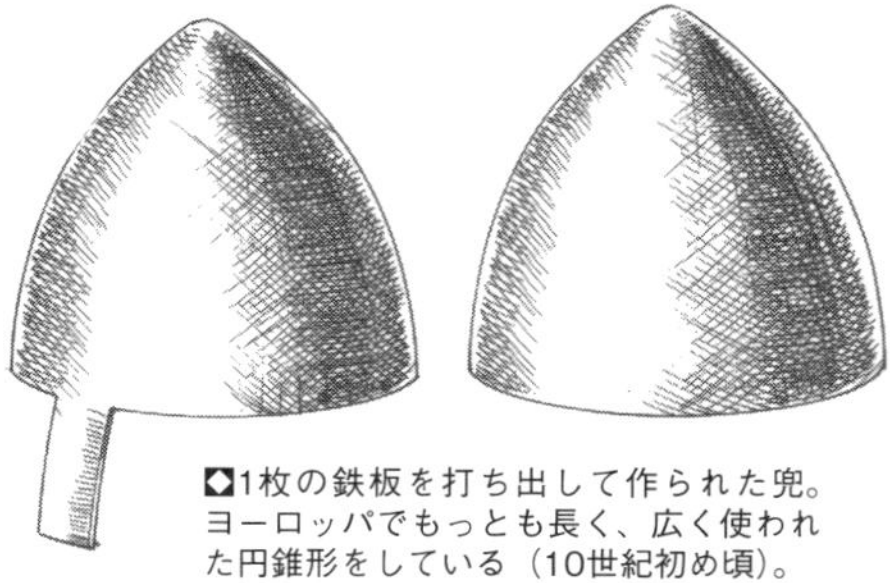

◆1枚の鉄板を打ち出して作られた兜。ヨーロッパでもっとも長く、広く使われた円錐形をしている（10世紀初め頃）。

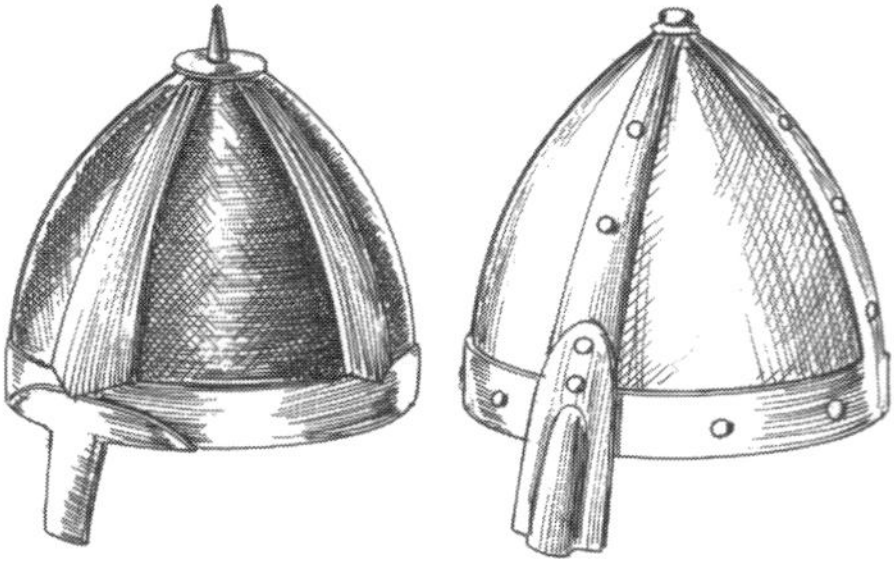

◆アーチ状の4枚の板を合わせて作られている兜。補強のために鉄のベルトが巻かれている（10世紀頃）。

◆円錐形ではなく半球形をした兜。目と鼻を守るために取りつけられた、めがねのような防護板は、裕福な身分のものが用いた（10世紀頃）。

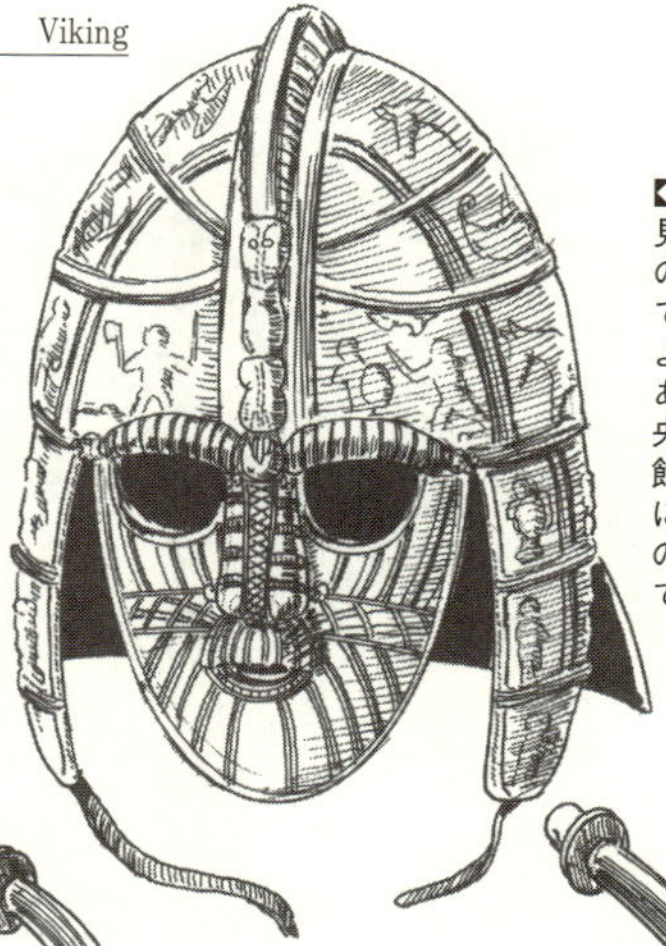

◆サットン・フーの遺跡で見つかった兜。王族クラスの戦士が用いたと考えられている豪華なもの。お面のような顔覆い、耳あて、首あてがついている。頭の中央の突起は蛇または竜の装飾で、鼻と眉と髭（ひげ）に見えるのは鳥の装飾。額の部分で2匹が向かい合っている（6世紀〜7世紀頃）。

◆チェイン・メイルの頭巾（メイル・フード）。頭巾だけでは、武器の直撃には耐えられないことから、上に鉄製兜をかぶったものと考えられる。初め裕福なものが着用していたが、次第に一般化していく（9世紀頃）。

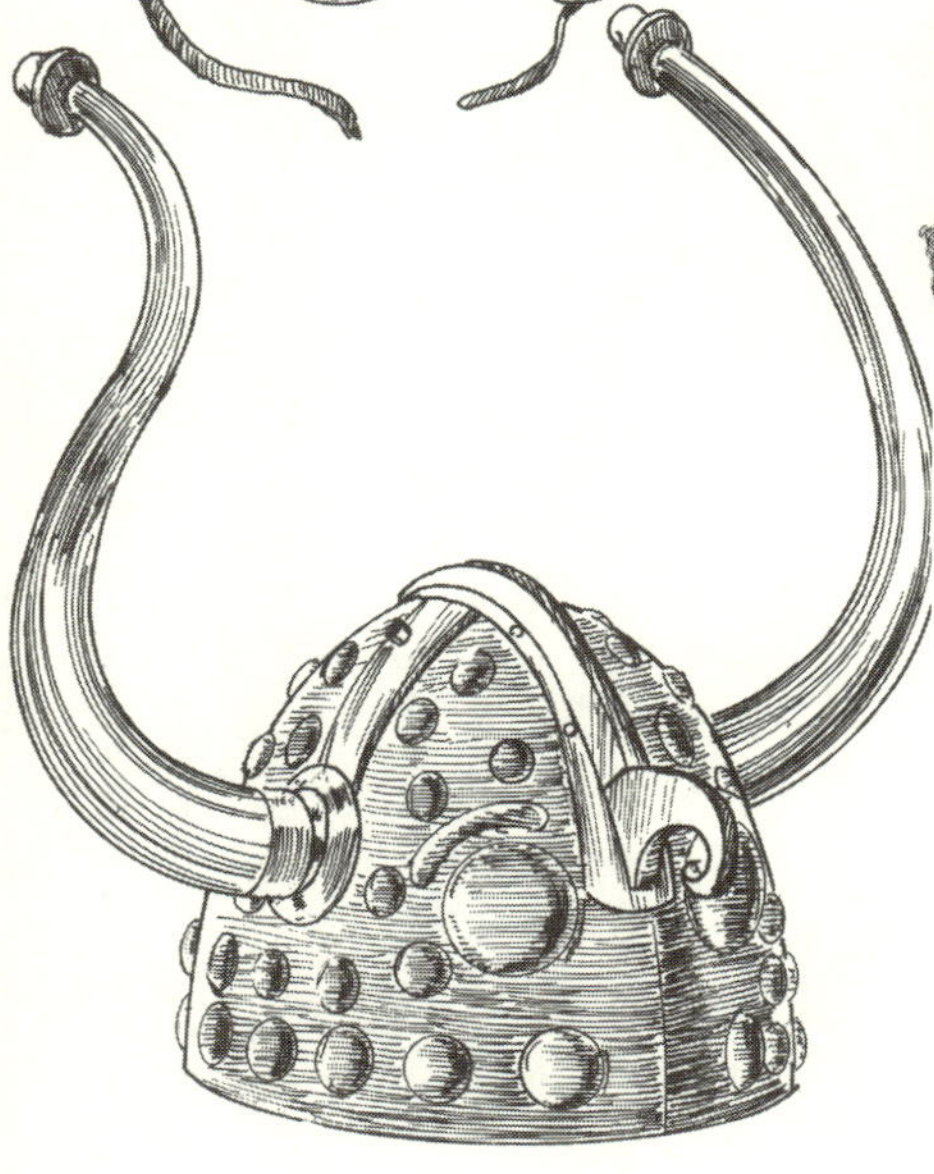

戦斧

ヴァイキングが好んで使った武器に戦斧があります。その斧頭は大型で重く、チェイン・メイルなど役に立ちません。人だろうと馬だろうと致命傷を与える恐ろしい武器です。盾を持つ敵に対しては、盾に打ちつけるよりは、盾のない方向（向かって左側）に振るうようにしてください。（店主）

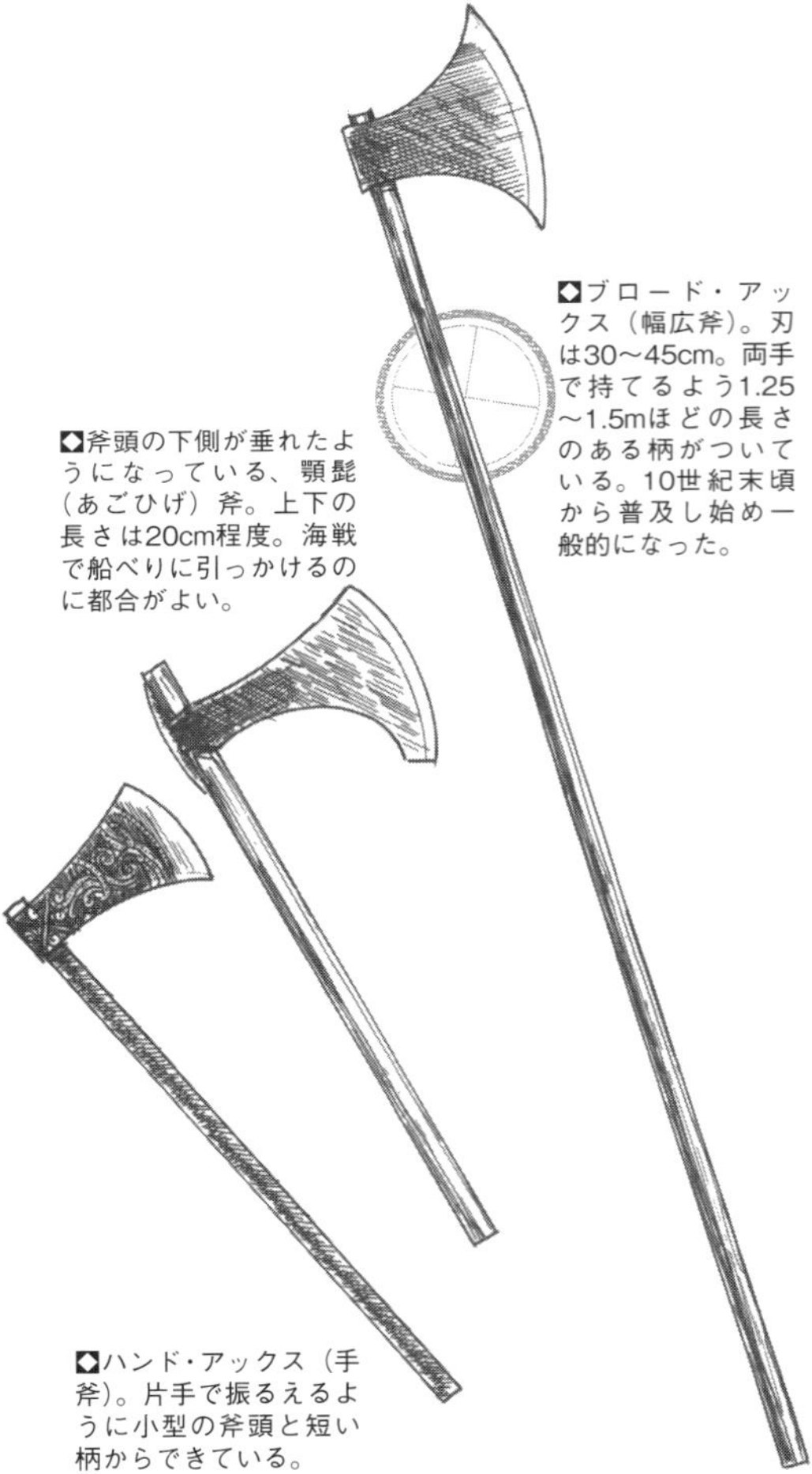

◆ブロード・アックス（幅広斧）。刃は30～45cm。両手で持てるよう1.25～1.5mほどの長さのある柄がついている。10世紀末頃から普及し始め一般的になった。

◆斧頭の下側が垂れたようになっている、顎髭（あごひげ）斧。上下の長さは20cm程度。海戦で船べりに引っかけるのに都合がよい。

◆ハンド・アックス（手斧）。片手で振るえるように小型の斧頭と短い柄からできている。

剣

ヴァイキングの剣は幅広で重量感があり、打ち下ろすといった使い方に向いています。しかし、無骨一点ばりだと誤解なさってはいけません。道具としての工夫や装飾も十分に施されています。

刀身と柄は一体になっていて、柄の握りは、刀身と一体になった細い鉄に木や動物の骨をあて、皮ひもなどでぐるぐる巻きにしていました。

剣自体を作る技術はさほど優れていたわけではないようです。裕福な戦士はライン川付近に住んでいたフランク族からの輸入品を使い、柄頭の装飾に贅を凝らしました。(店主)

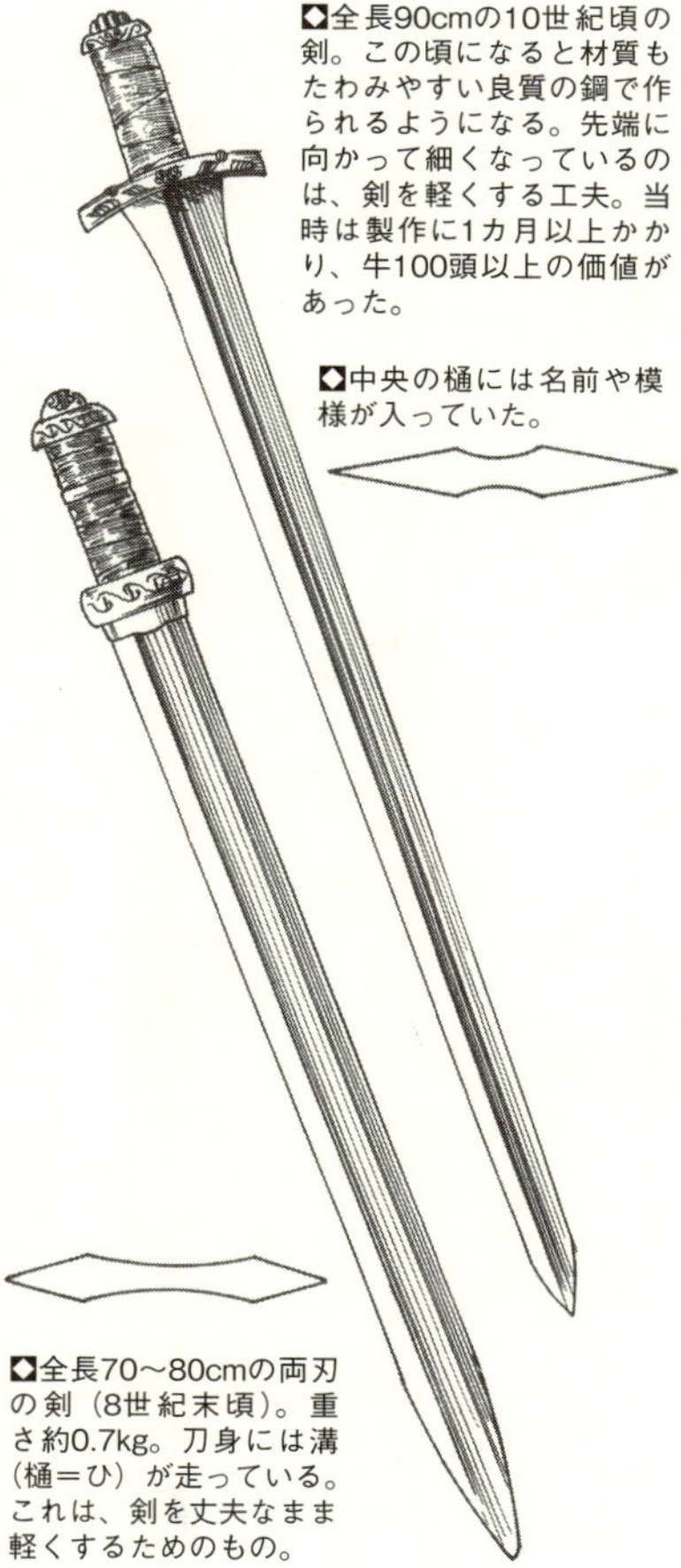

◆全長90cmの10世紀頃の剣。この頃になると材質もたわみやすい良質の鋼で作られるようになる。先端に向かって細くなっているのは、剣を軽くする工夫。当時は製作に1カ月以上かかり、牛100頭以上の価値があった。

◆中央の樋には名前や模様が入っていた。

◆全長70～80cmの両刃の剣（8世紀末頃）。重さ約0.7kg。刀身には溝（樋＝ひ）が走っている。これは、剣を丈夫なまま軽くするためのもの。

◆鞘は薄い2枚の板を合わせて作られていた。内側には羊毛や油・ろうを塗った布が張られ、錆止めの効果と抜きやすい工夫がされていた。

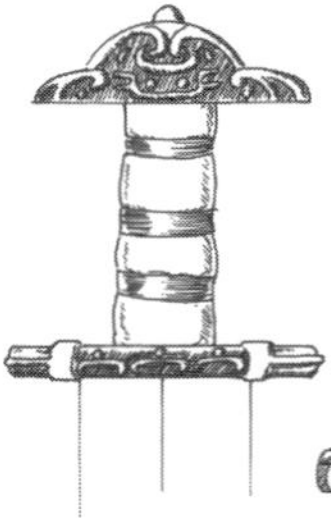

◆馬形帽型。7世紀～8世紀頃に多く見られる。

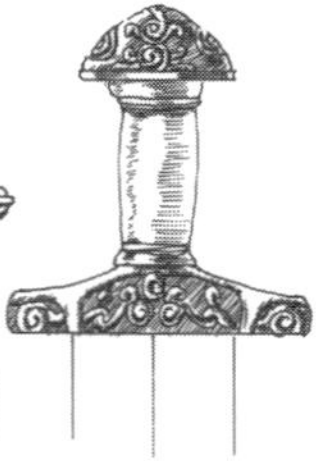

◆ポットカバー型。9世紀～10世紀頃。

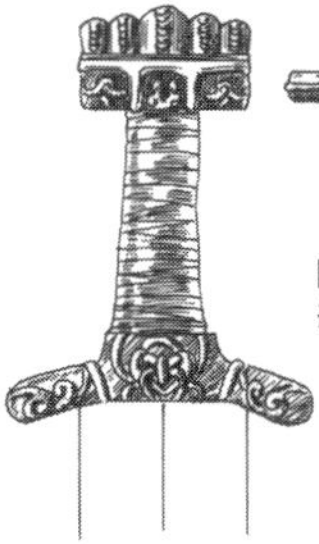

◆王冠のように5つのコブにわかれた型。10世紀頃。

◆胡桃型。10世紀頃。

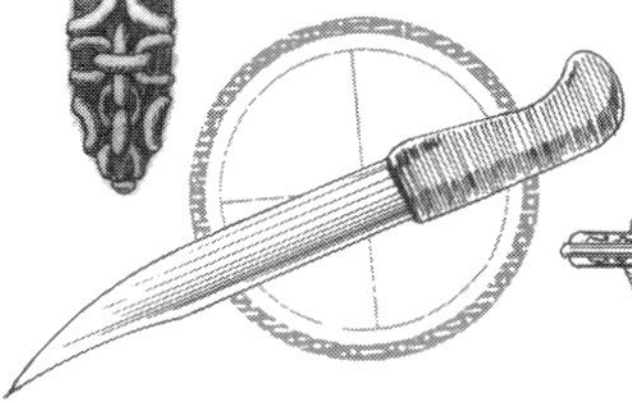

◆ヴァイキングたちは剣と同時に、片刃のスクラマサクスと呼ばれたナイフを持ち、木を削るといった日常作業に用いた。しかしなかには75cmほどの、戦闘用に用いられたと考えられる大きなものもある。

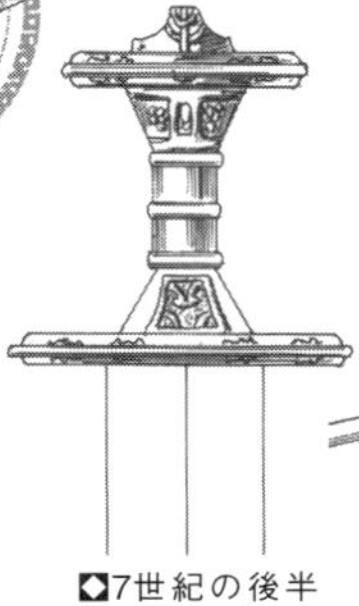

◆7世紀の後半頃のもの。

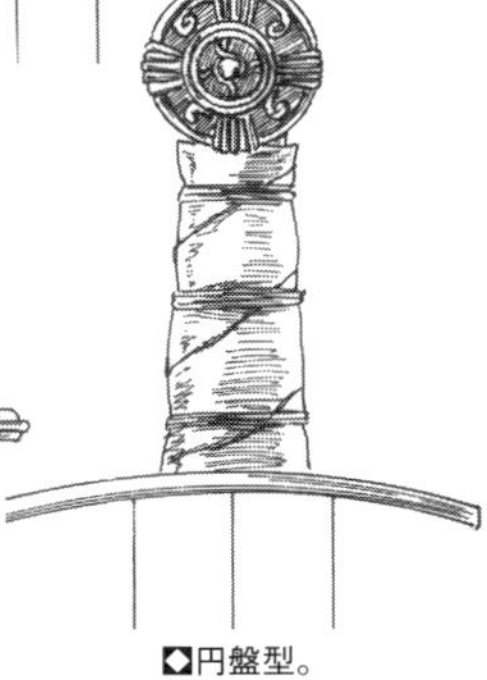

◆円盤型。11世紀頃。

ヴァイキングの剣や槍は模様鍛接という手法で美しい細工がされていました。その方法は、何本かの金属線をより合わせてから叩いて伸ばすというもので、ダマスコ細工とも呼ばれています。その模様が蛇のように見えたことから、ヴァイキングの古詩の中には剣を蛇にたとえたものがたくさんあります。（店員）

槍

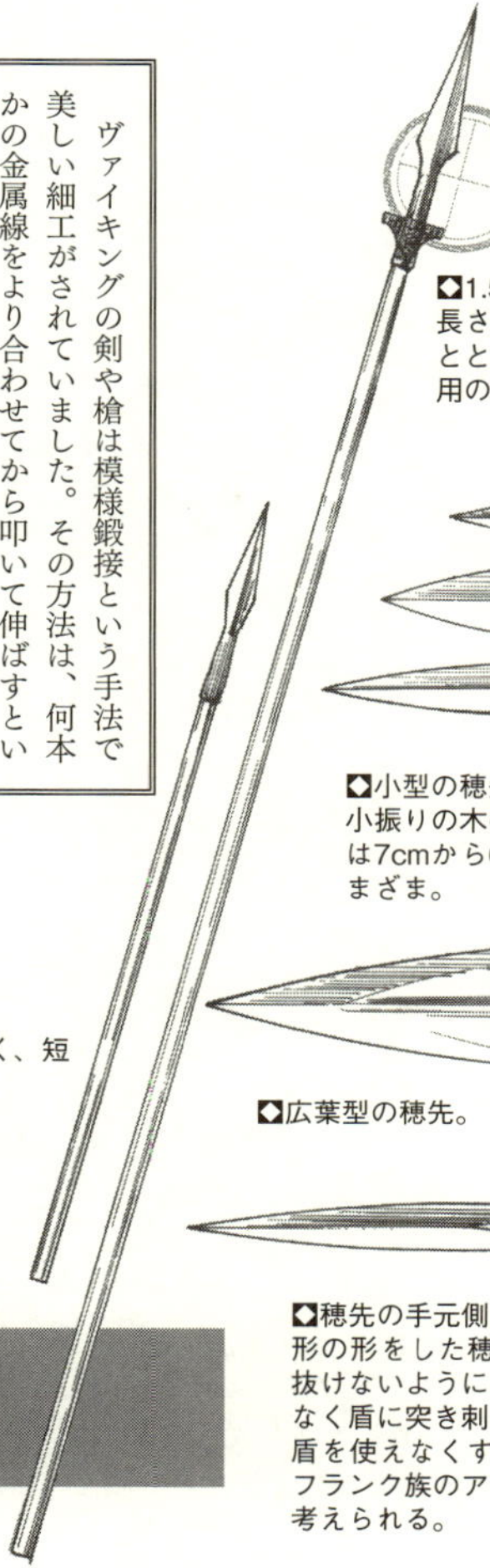

◆1.5～2.5mほどの長さをもつ槍。戦斧とともに一般の兵士用の武器だった。

◆投擲用の軽く、短い槍。

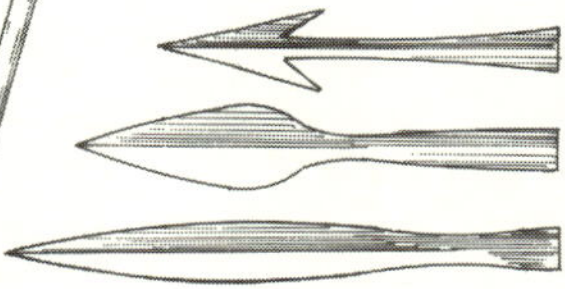

◆小型の穂先。鋭く長いものから小振りの木の葉型まで、その長さは7cmから60cmくらいまでとさまざま。

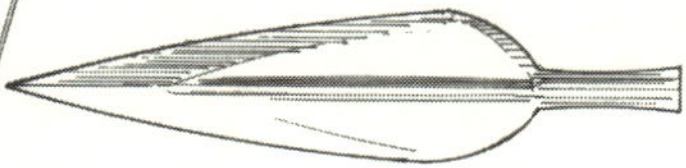

◆広葉型の穂先。

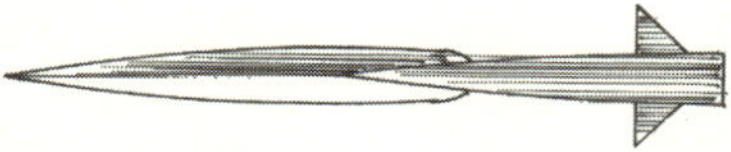

◆穂先の手元側にかかりのある、三角形の形をした穂先。突き刺さった後、抜けないようになっており、人にではなく盾に突き刺さったとき、重くして盾を使えなくする効果を考えている。フランク族のアンゴンが輸入されたと考えられる。

盾

大きな丸盾が特徴。直径三十センチメートルから百センチメートルまでと大きさはいろいろありますが、もっとも多く使われたのは、六十センチメートル程度のものです。厚みは大型のもので三センチメートルほどあります。中央には柄を握れるように穴があいており、表側に鉄でできた半球型のカバーがつけられていました。

盾の表面にはさまざまな模様がつけられ、敵味方を見分けるのに使われました。(店主)

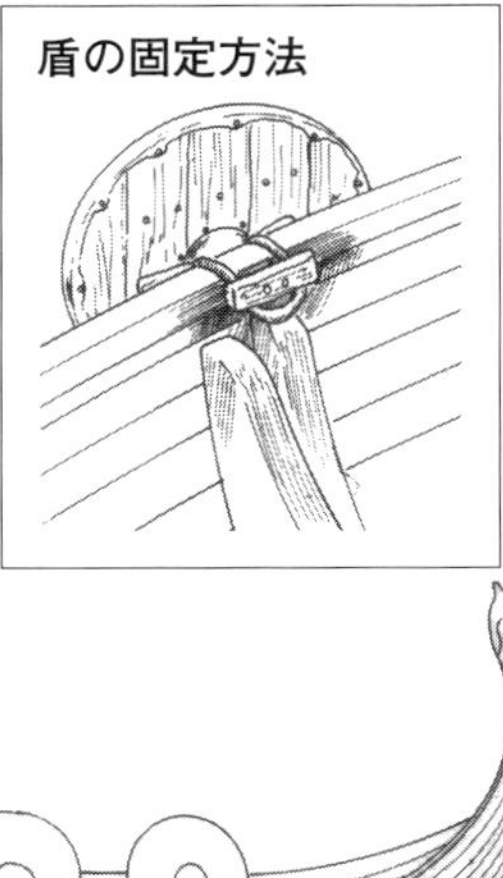

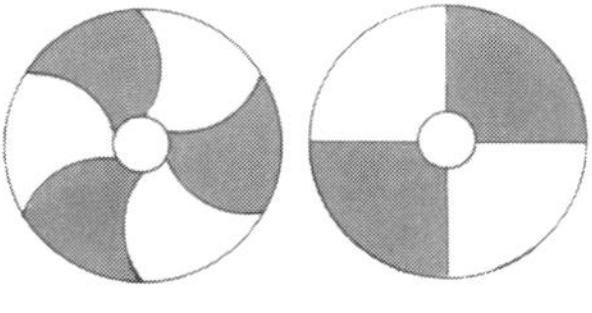

◆ヴァイキングたちが猛威を振るえたのは、彼らの死をも恐れぬ勇敢さだけでなく、ヴァイキングシップによるところが大きかった。彼らは、この吃水の浅い独特の船によって河をさかのぼり、岸に陸づけしては嵐のように襲撃を繰り返した。船べりには盾が固定され、船内の省スペース化、盾の模様による部族の明示、飛沫よけに役立ったと思われる。

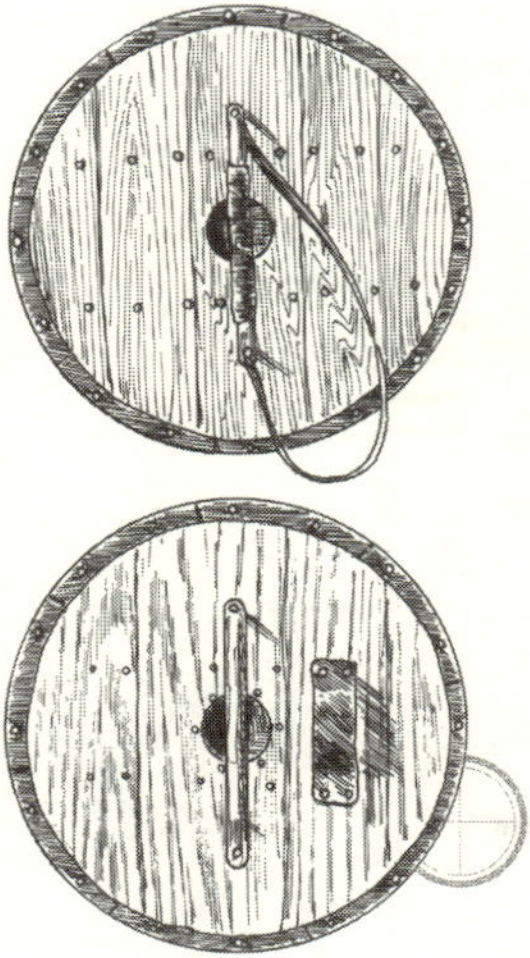

◇9世紀～10世紀頃（ヴァイキング時代）の戦士。チェイン・メイルは半袖で、腰までの長さだった。チェイン・メイルはまだ高価で、身につけられるのは裕福な人々であった。長い柄のついた戦斧と丸い盾を持っている。

Floor 6-Corner D

Zulu
ズールー族

ズールー族は南アフリカの勇猛な種族です。十五世紀末にアフリカ南端の喜望峰経由の航路が発見されてから、徐々にその実態が明らかにされていきました。しかし十九世紀の初め頃にヨーロッパ人と実質的な接触をするまで、独自の文化を築いていました。

ズールー族の戦闘体制はかなり組織だっており、年齢と能力によって細かくグループに分かれていたようです。ズールー族の男たちはすべて基本的に狩人で戦士でした。

彼らの武器や防具の主な材料は木や皮で、防具といえるものは、盾のほかはあまり使われなかったようです。温暖な気候のためと、狩猟生活で鍛えられた持ち前のすばやさを損なわないためでしょう。まあ、バネのある発達した筋肉がすでに立派な鎧となっていたのでしょうな。うらやましいかぎりで

…、いや、ゴホン（咳ばらい）。（店主）

◆ズールー族の戦士。盾の内側に投げ槍を2本と突き刺して使う短い槍を持ち、右手にはさらに棍棒を持っている。牛の尾の毛を胸、背中、二の腕、ふくらはぎにつけている。毛皮と羽でできた頭飾りは、武勲や身分などを示している。

槍

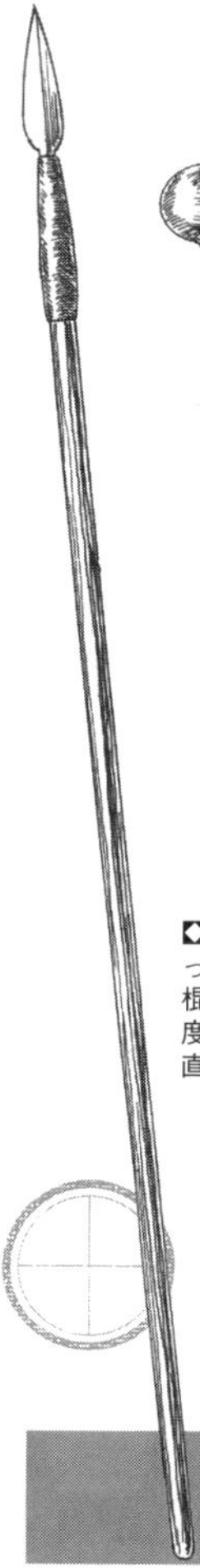

◆穂先は金属製で、刃先から刃の根元までが25cm以上、幅は4cm以上ある。柄は約90cm。穂先は柄に差し込み、銅線で巻いたあと湿らせた皮のチューブで覆う（皮は乾くと縮む）。腰のあたりで、下てに構えて使う。

◆先端がこぶ状になった堅い木製の単体棍棒。長さは90cm程度。こぶの大きさは、直径で約10cm。

◆小さな穂先の投げ槍。全体の長さは約180cm。突き刺して使う槍よりも、やや柄が細い。穂先の形はさまざま。

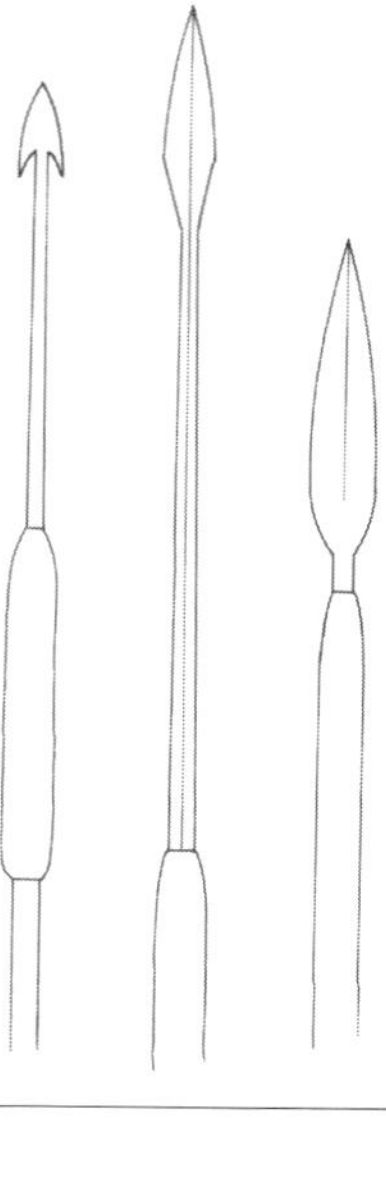

投げ槍の穂先

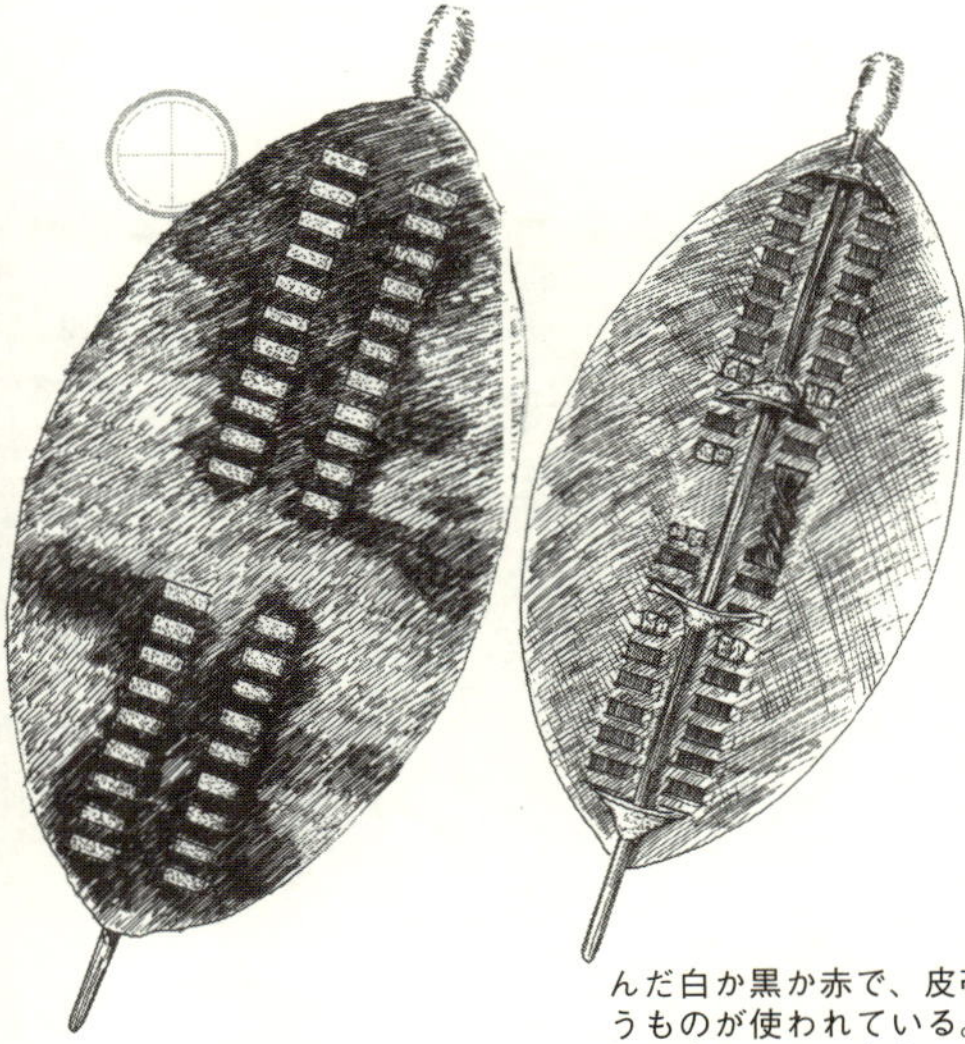

盾

◆牛の皮で作られた盾。支柱を含めて大きいもので約170cm。厚さは5mm程度。皮の中央に切込みを入れ、皮帯を通して強化し、支柱の押えと持ち手にしてある。支柱の上端には動物の毛が飾られることもあった。支柱は取り外すことができ、使わないときは盾は丸められる。皮の色は無地か斑のとんだ白か黒か赤で、皮帯は盾の地の色と違うものが使われている。盾の色で戦士の階級を表わした。小さいものはダンスや儀式用のもの。

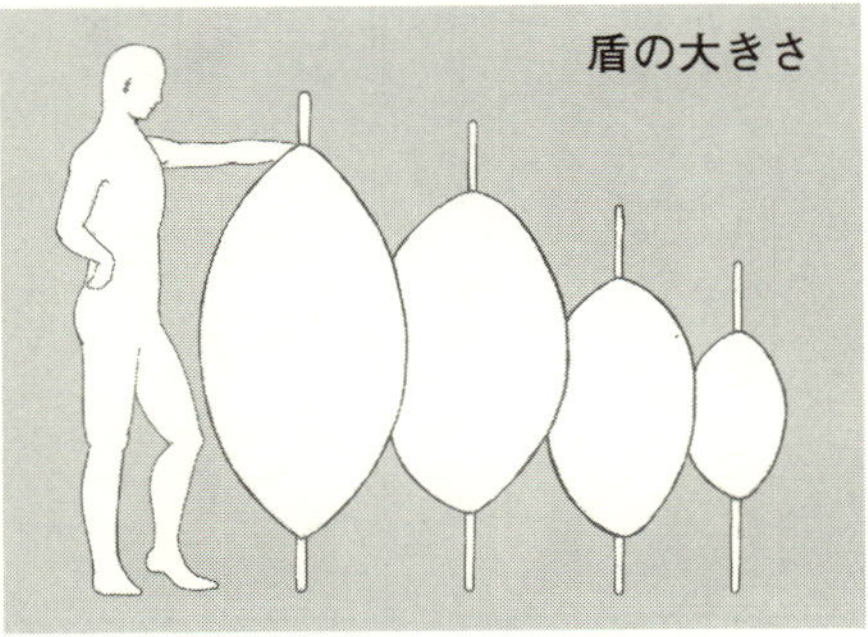

盾の持ち方

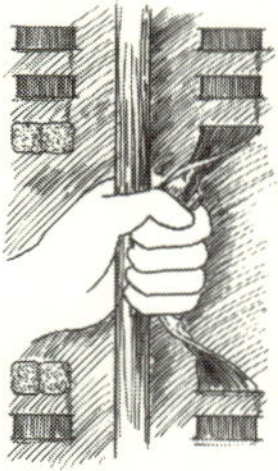

Floor 6-Corner E

Indian
アメリカインディアン

一四九二年に新大陸として発見されて以来、西ヨーロッパの国々による植民地化が進んだアメリカには、当然のことながら先住民がいました。発見者のコロンブスがアメリカをインドと勘違いしていたことから、彼らはインディアンと呼ばれるようになったのです。北米の各地には多くのインディアンの部族がさまざまな風習のもとで暮らし、言語も五十種類以上使われていました。

ところでインディアンの戦いの装備は、超自然の力によるところが大きかったようです。顔や体に模様を描き、戦闘の前に儀式を行って、ムードを盛り上げ、気合いを入れました。また、チャーム（お守り）をよく身につけたり、武器に帯びていました。

実質の装備は少なく、弓と棍棒、またはトマホークと呼ばれる投げ斧とい

◆北米地方に見られたインディアン（18世紀頃）。球状の頭部のついた棍棒を持ち、胸にはナイフの鞘を下げている。木製の鎧を除けば身につけているものはすべて裏皮製で、細かなビーズ細工がされている。

った具合でした。およそ十七世紀に銃が交易によってもたらされるまでは、武器のほとんどは木製で、弓がもっとも広く使われていました。
ちなみに、このトマホークにはパイプがついているものもあり、ヘビースモーカーのお客さまには、まさにぴったりかと思われますが、いかがでしょうか。（店主）

棍棒

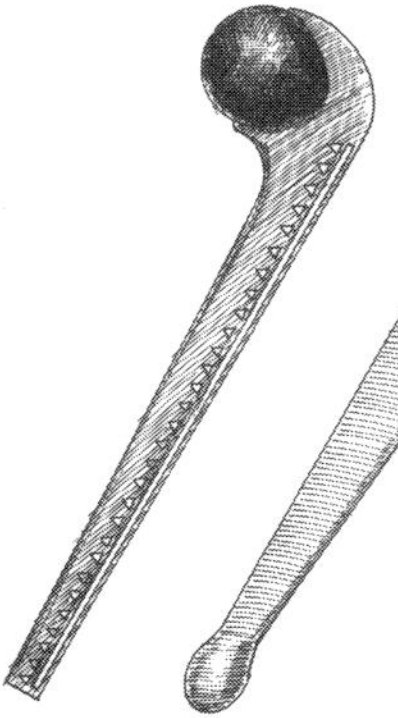

◇頭部がボールのようになっている重い棍棒。楓材で長さは約50cm。ボールのてっぺんに戦士の顔や動物が彫刻されていたり、貝殻玉がはめ込まれていることもあった。

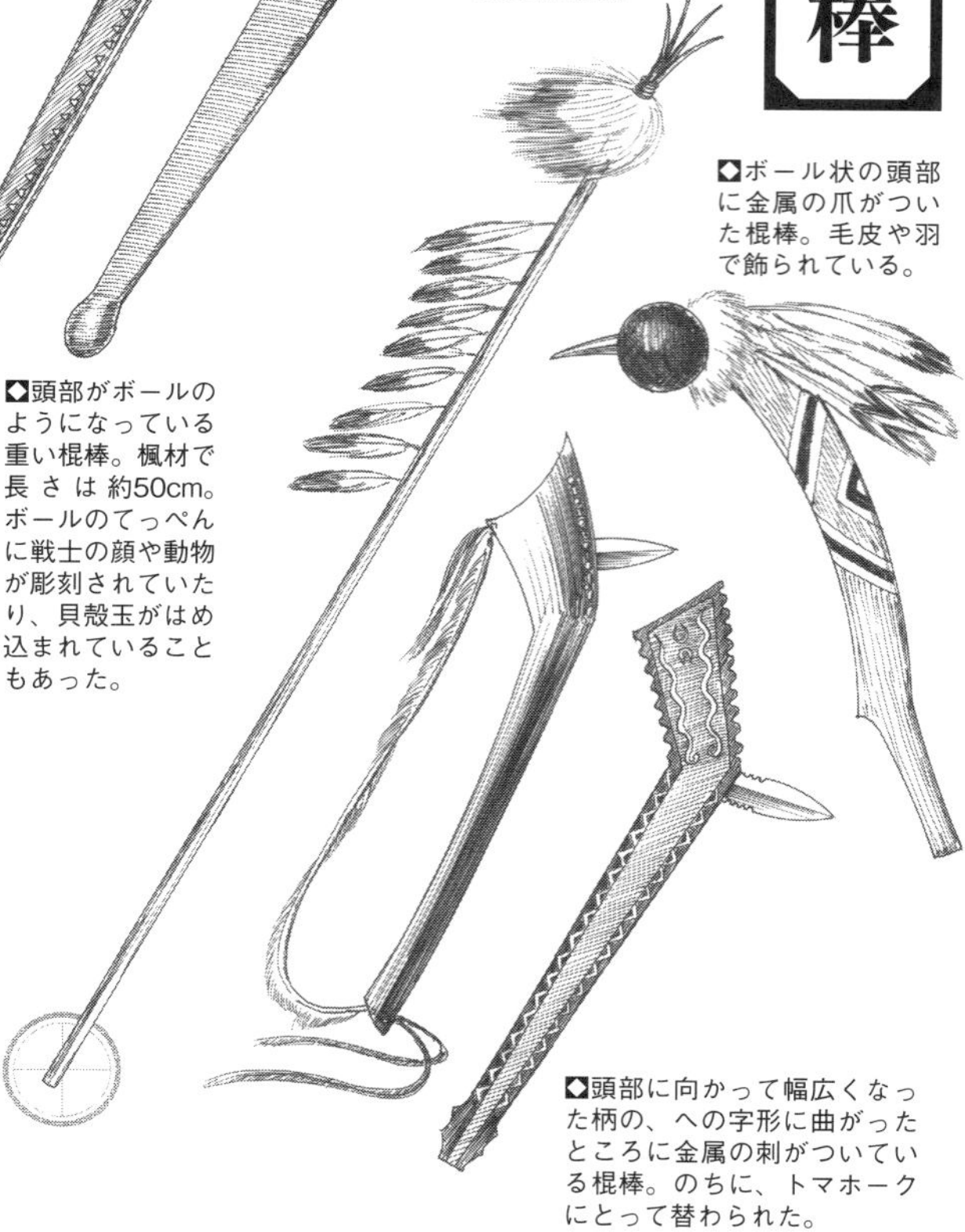

◇先端がたくさんある棒状の武器。木製で長さは2m程度。

◇ボール状の頭部に金属の爪がついた棍棒。毛皮や羽で飾られている。

◇頭部に向かって幅広くなった柄の、への字形に曲がったところに金属の刺がついている棍棒。のちに、トマホークにとって替わられた。

トマホーク【投げ斧】

TOMAHAWK

◆ヨーロッパの影響が見られる19世紀頃のインディアン。パイプつきのトマホークと木製の単弓を持っている。金属は交易によって手に入れた。

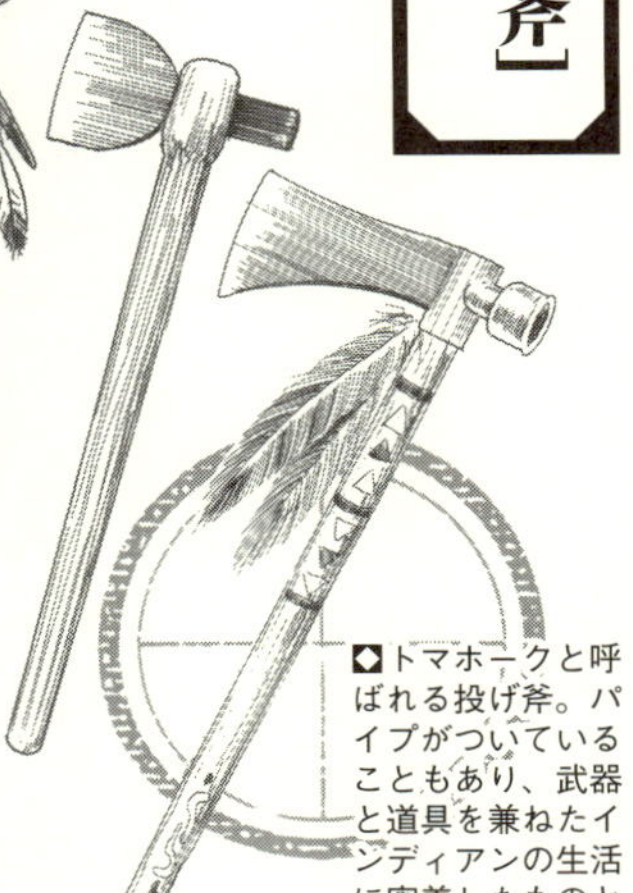

◆トマホークと呼ばれる投げ斧。パイプがついていることもあり、武器と道具を兼ねたインディアンの生活に密着したものとなった。

Aztec
アステカ

鉄の武器をもたなかった地域の代表として、中米の高原地帯に住んでいたアステカ人の装備をおいてあるのがこちらのコーナーです。

アステカ人は十二世紀頃から勢力を伸ばし、十四世紀には王国を建設して大いに繁栄していました。しかし十五世紀末、ヨーロッパで新航路の開拓が盛んになると、スペイン人のコンキスタドーレ（征服者）が押しよせてきました。侵略者たちは栄光と貴金属を求めて、馬に乗り金属の武器とキリスト教を振りかざし、急激に植民地化を進めていきました。先住民族を野蛮人と見なし、一五二〇年にはアステカ王国を、一五三二年にはペルーのインカ帝国を征服し、ついには中米から南米までのほとんどを自分たちの領土としたのです。

スペイン人たちに比べてアステカ人の装備は性能が劣っていました。アステカ人の武器は刃先に黒曜石を使ったものが多く、その鋭さは鉄より優るのですが、すぐに刃こぼれするため、しょっちゅう刃先を鋭くする必要がありました。また、鎧は詰めものをした布でできたものにすぎません。しかしその扮装は実に独特です。鎧のなかには、皮や羽をつけてジャガーや鷲を模したものがあり、恐ろしく不気味でした。（店主）

◆このスーツの上に毛皮や羽を留めつけてある。上下がつながっていて胴の部分のみキルティングがされている。

◆ジャガーの毛皮をまとった高い位にある戦士。部族ごとに盾に描かれている模様が違う。また、キルティングのすねあても、高位の戦士のみが着用した。ちなみに、戦士は神官や貴族と並んで特権階級だった。

頭飾り

◆いろいろな動物の頭部を模した頭飾りは、兜としての役割のほかに、階級や部族を表した。

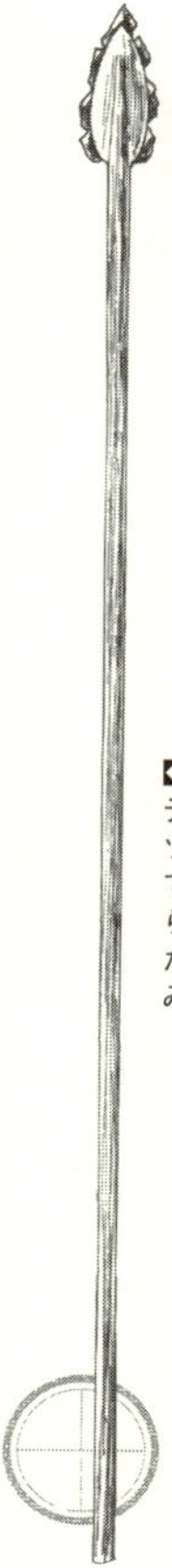

◘穂先に黒曜石のついた槍。

◘階級の低い戦士。キルティングされた布のスーツには綿が厚く詰められている。黒曜石の刃先なら十分に防ぐことができた。背中に着脱用の切込みが入っている。

◘すねの半分を覆う皮製のすねあて。戦士階級の者のみが着用した。

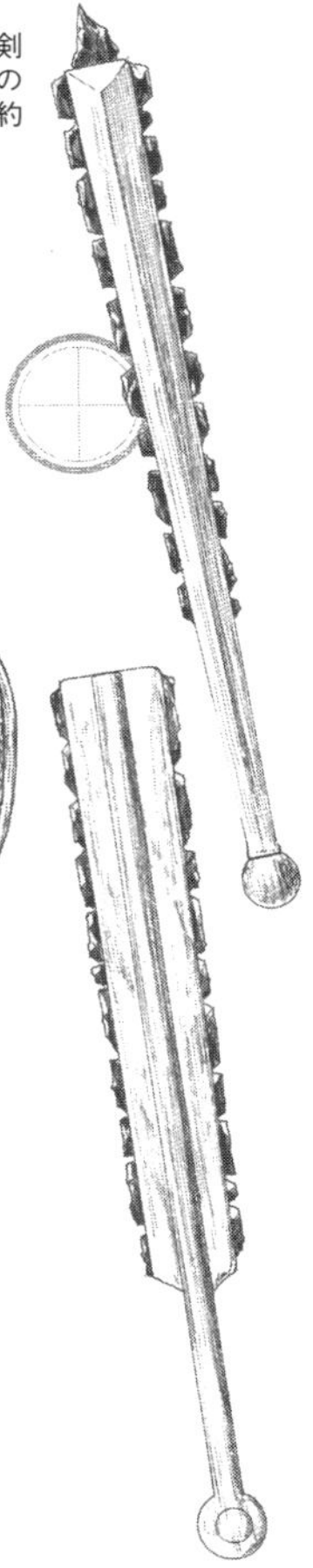

◘黒曜石の刃のついた、剣にも棍棒にもなる櫂の形の武器。長さは1m、幅は約10cm。厚さは5cm程度。

◘武装したアステカ人の平民。盾は皮張りされておらず、武器も黒曜石のついた簡素な棍棒で、武器が何もないときは石を役げた。

盾

◘盾の持ち方。中央近くを握るか、腕を固定して握る。

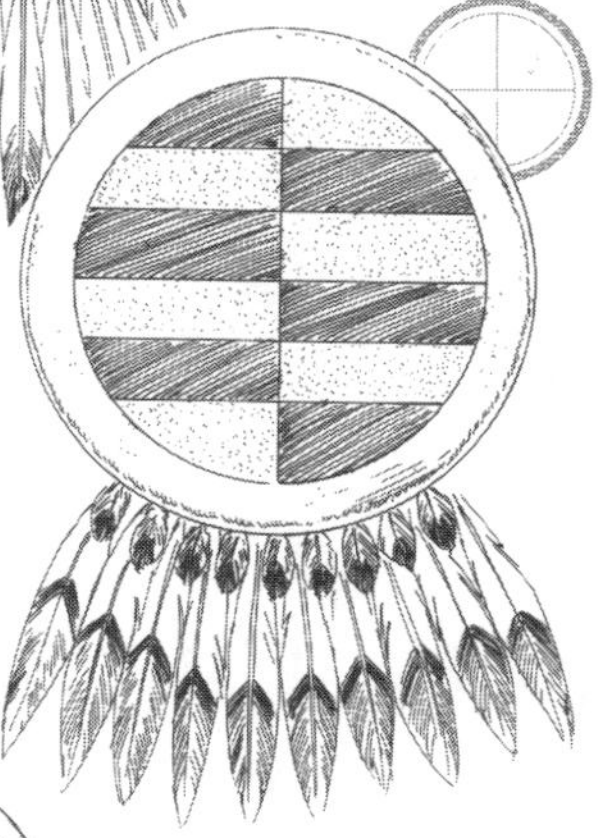

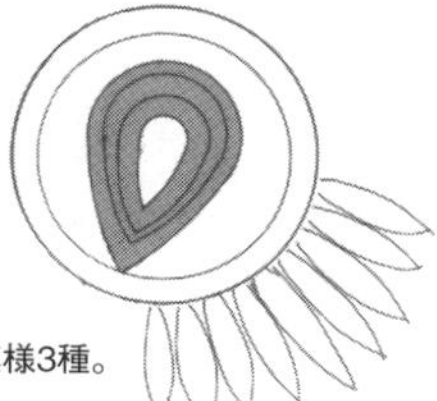

◘盾の模様3種。

◘籐か枝を編んだものに皮張りした円形の盾。直径は約60cm。下側には羽飾りがついている。羽飾りのないものや、皮を張っていないものもあった。

資料室
LIBRARY

参考文献 —Library—

みなさま、わたくしどもの工房で作り上げた全六フロアの製品、いかがでしたでしょうか。お気に召すものはございましたでしょうか。肩が抜けるほどお買い上げいただきましたみなさま、ありがとうございます。おや、そちらのかたはどうなさったんですか。何もお求めにならなかったんですか？　えっ、もっといろいろな武器や防具について知ってから買いたい？　研究熱心ですな、いやはや、結構なことです。当店ではそういったお客さまのためにも、もちろん便宜をはかっております。

この資料室では、製品を製作する際に資料としている文献をおいています。わたくしどもが作っております武器や防具について、もっといろいろなことをお知りになりたい方はぜひご利用ください。（店主）

●古代メソポタミア

Armies of the Ancient Nera East 3,000 B.C. to 539 B.C./Nigel Stillman, Nigel Tallis　WRG.

The Art of Warfare in Biblical Lands/Yigael Yadin　Weidenfeld and Nicolson.

●古代ヨーロッパ

イーリアス／ホメーロス　岩波書店

オデュセイアー／ホメーロス　岩波書店

ガリア戦記／カエサル　岩波書店

ギリシア神話／アポロドートス　岩波書店

ギリシア神話／串田孫一　筑摩書房

ケルト人／ゲルハルト・ヘルム　河出書房新社

ケルト人の世界／T．G．E．パウエル　東京書籍

古代ギリシアの市民戦士／安藤弘　三省堂

古代ローマ／大英博物館　同朋舎出版

秦始皇帝の兵馬俑／秦始皇帝兵馬俑博物館　香港大道文化有限公司

戦史／トゥキュディデス　岩波書店

〈図説〉都市の世界史1－古代／レオナルド・ベネーヴォロ　相模書房

歴史／ヘロドトス　岩波書店

ローマ人〈歴史・文化・社会〉／ボールドストン　筑摩書房

ローマ人の世界〈社会と生活〉／長谷川博隆　岩波書店

〈ライフ人間世界史2〉ローマ帝国／モーゼス・ハダス　タイム

Arms and Armour of the Greeks/A.M. Snodgrass　T & H

Farly Greek Armour and Weapons/A.M. Snodgrass　Edinburgh University

The Elephant in the Greek and Roman World/H.H. Scullard　T & H

E.M.I.-Serie, De Bello-02, Gli Eserciti Etrushci/Ivo Fossati　E.M.I.

Roman Britain/T.W. Potter　British Museum

The Roman Soldier/G.R. Watson　Cornell University Press

●中世暗黒時代

アーサー王／リチャード・バーバー　東京書籍

アーサーの死（完訳）／清水阿や　ドルフィンプレス

〈八行連詩〉アーサーの死（完訳）／清水阿や　ドルフィンプレス
ヴァイキングの世界／ジャクリーヌ・シンプソン　東京書籍
ヴァイキングの歴史／グウィン・ジョーンズ　恒文社
〈図説〉ヴァイキングの歴史／B．アルムグレン　原書房
ガウェインとアーサー王伝説／池上忠弘　秀文インターナショナル
トリスタン伝説／佐藤輝夫　中央公論社
バイキングの世界／足沢良子　ぎょうせい
『ベーオウルフ』研究／長谷川寛　成美堂
ベーオウルフ　附フィンスブルク争乱断章／長埜盛訳　吾妻書房
ベオウルフ（改訳版）／大場啓蔵　訳　篠崎書林
ローランの歌と平家物語（前後）／佐藤輝夫　中央公論社
ローランの歌・狐物語／筑摩書房
Ancient Greek, Roman and Byzantine Costume and Decoration/Mary G. Houston　Morrison & Gibb
The British/M.I. Ebbutt　Avenel books
Fionn mac Cumhaill Images of the Gaelic Hero/Daithi Oh Ogain　G & M
Irish Myth, Legend, Folklore/W.B. Yeats, Lady Gregory　Avenel Books
The Legend of Roland in the Middle Ages 1,2/Rita Lejeune Jacques Stiennon　Phaidon

●ヨーロッパ中世

〈新版〉イギリス・ヨーマンの研究／戸谷敏之　御茶の水書房
騎士〈その理想と現実〉／J．M．ファン・ウィンター　東京書籍
騎士と甲冑／三浦権利　大陸書房
十字軍の歴史／スティーブン・ランシマン　河出書房新社

十字軍の男たち／レジーヌ・ペロヌー　白水社

〈ビジュアル版世界の歴史〉大航海時代／増田義郎　講談社

中世イタリア商人の世界／清水広一郎　平凡社

中世騎士道事典／グラント・オーデン　原書房

中世の街角で／木村尚三郎　グラフィック社

中世への旅―騎士と城／ハインリヒ・プレティヒャ　白水社

中世への旅―都市と庶民／ハインリヒ・プレティヒャ　白水社

中世への旅―農民戦争と傭兵／ハインリヒ・プレティヒャ　白水社

中世ヨーロッパ生活誌1・2／オットー・ボルスト　白水社

〈図説〉都市の世界史2―中世／レオナルド・ベネーヴォロ　相模書房

西欧中世軍制史論／森義信　原書房

Arms & Armor of the Medieval Knight/David Edge & John Miles paddock　Crescent Books

The Coppergate Helmet/Dominic Tweddle　Cultural Resource Management

Duelling Stories of the Sixteenth Century/George H. Powell　A.H. Bullen

A History of the Crusades/Steven Runciman　Peregrine Book

The History of Chivalry vol. 1-2/Charles Mills　A. & R.

Knight of the Middle Ages/Dorothy Welker　Encyclopaedia Britannica press

Medieval Military Dress 1066-1500/Christopher Rothero　Blandford Press

Waffen und Rustungen/Vesey Norman　Mundus Verlag

War, Justice and Public Order/Richard W. Kaeuper　C.P. Oxford

●通史

生活の世界歴史／河出書房新社

〈新編〉西洋史辞典／京大西洋史辞典編纂会　東京創元社

〈精講〉世界史／木村尚三郎　学生社

世界史小辞典／村川堅太郎ほか　山川出版社

世界戦争史（1〜10）／伊東政之助　原書房

世界の歴史／河出書房新社

世界の歴史／中央公論社

世界兵法史（西洋篇）／佐藤堅司　大東出版社

日本史小辞典／坂本太郎　山川出版社

日本の戦士（1〜11）／徳間書店

●日本関係

〈図説〉剣道事典／中野八十二、坪井三郎　講談社

古事類苑（普及版）〈武技・兵事部〉／吉川弘文館

趣味の甲冑／笹間良彦　雄山閣

しゅりけん術／染谷親俊　愛隆堂

正忍記／木村山治郎 訳　紀尾井書房

戸隠の忍者／清水遁三　銀河書房

日本上代の武器／末永雅雄　弘文堂書房

日本刀剣全史／川口のぼる　歴史図書社

日本刀講座（1〜19）／雄山閣

日本刀講座別巻（1、2）／雄山閣

〈図録〉日本の武具甲冑事典／笹間良彦　柏書房

日本武道辞典／笹間良彦　柏書房

日本甲冑大鑑／笹間良彦　五月書房

忍者・忍法大百科／勁文社

●関連書物

英文学風物誌／中川芳太郎　研究社

回教史／アミール・アリ　善隣社

〈図説〉科学・技術の歴史／平田寛　朝倉書店

騎行・車行の歴史／加茂儀一　法政大学出版局

技術の歴史（5、6）—ルネサンスから産業革命へ／筑摩書房

騎馬民族国家／江上波夫　平凡社

剣の神・剣の英雄／大林太良、吉田敦彦　法政大学出版局

西洋事物起源（I—III）／ヨハン・ベックマン　ダ

イヤモンド社
世界発明物語／リーダーズダイジェスト　日本リーダーズダイジェスト
石器時代の世界／藤本強　教育社
戦場の歴史／ジョン・マクドナルド　河出書房新社
戦争の起源／アーサー・フェリル　河出書房新社
三才図會（上・中・下）／上海古籍出版社
中国軍事史（1巻）／解放軍出版局
中国古代火砲史／上海人民出版社
中国古代兵器図集（改訂新版）／解放軍出版社
武器／ダイヤグラムグループ　マール社
武器と甲冑／大英自然史博物館　同朋社出版
プリニウスの博物誌（I―III）／プリニウス　雄山閣
歴史読本ワールド　特集　戦争の世界史／新人物往来社　昭和六十二年四月増刊
歴史読本ワールド　特集　チンギス・ハーンとモンゴル帝国／新人物往来社　一九九一年三月
Alldorfer and Fantastic Realism/Jacqueline & Maurice Guillaud　JMG
The Ancient Engineers/L.Sprague de Camp　Ballantine Books
Arms and Uniforms/Fred Funcken
Art, Arms and Armour Vol. 1/Robert Held　Acquafresga editrice
The Barbarians/Tim Newark　Blandford Press
Buch der Waffen/William Reid　ECON
The Compendium of Weapons, Armour & Castles/Matthew Balent　Palladium Books
Celtic Warriors/Tim Newark　Blandford Press
The Exercise of Armes/Jacob de Gheyn
The Guinness Encyclopedia of Warfare/Robin Cross　Guinness Publishing
The Gun and its Development/W.W. Greener　A & AP
Medieval Warlords/Tim Newark　Blandford Press
Military Architecture/E.E. Viollet-le-Duc
The Rapier and Small-Sword, 1460-1820/

A.V.B.Norman
Russian Military Swords 1801-1917/Eugene Mollo
Smith's Bible Dictionary/William Smith　Jove Book
Stick Fighting/Masaaki Hatsumi　Kodansya
The Sword and the Centuries/Alfred Hutton　Tuttle
The Sword in the Age of Chivalry/R. Ewart Oakeshott
Treasures of the Tower:Crossbows/Her Majesty's Stationery Office
Tudor and Jacobean Tournaments/Alan Young
Wepons & Armor/Robert Sietsema　Hart Publishing
Weapons & Equipment of the Napoleonic Wars/Philip Haythornthwaite/Blandford Press
Wepons through the Ages/William Reid　Crescent Books
Women Warlords/Tim Newark　Blandford Press

●カラーイラスト　世界の生活史
福井芳男、木村尚三郎 監訳／東京書籍
1．人間の遠い祖先たち
2．ナイルの恵み
3．古代ギリシアの市民たち
4．ローマ帝国をきずいた人々
5．ガリアの民族
6．ヴァイキング
8．城と騎士
20．古代文明の知恵
22．古代と中世のヨーロッパ社会
23．民族大移動から中世へ
25．ギリシア軍の歴史
26．ローマ軍の歴史

●週刊朝日百科
世界の歴史
41．11世紀の世界
46．12世紀の世界

47. 土地と身分
48. 朱子 サラディン エレアノール
51. 13世紀の世界

●Heroes and Warriors
Firebird Book
Barbarossa:Scourge of Europe/Bob Stewart
Boadicea:Warrior Queen of the Celts/John Matthews
Charlemagne:Founder of the Holy Roman Empire/Bob Stewart
Cuchulainn:Hound of Ulst'er/Bob Stewart
El Cid:Champion of Spain/John Matthews
Fionn Mac Cumhail:Champion of Ireland/John Matthews
Joshua:Conqueror of Canaan/Mark Healy
Judas Maccabeus:Rebel of Israel/Mark Healy
King David:Warlord of Israel/Mark Healy
Macbeth:Scotland's Warrior King/Bob Stewart
Richard Lionherat:The Crusader King/John Matthews

●Loep Classical Library
Aeneas Tacticus, Asclepiodotus, Onasander
The Histories(1-6)/Polybius
The Iliad(1,2)/Homer
Livy(1-14)/Livy
Natural History(1-10)/Pliny
The Obyssey(1,2)/Homer

●OSPREY・ELITE SERIES
Osprey Publishing
3.The Vikings
7.The Ancient Greeks
9.The Normans
15.The Armada Campaign 1588
17.Knights at Tournament
19.The Crusades

25.Soldiers of the English Civil War(1):Infantry
27.Soldiers of the English Civil War(2):Cavalry
28.Medieval Siege Warfare

●OSPREY·MEN-AT-ARMS SERIES
Osprey Publishing
〈古代・中世〉
218.Ancient Chinese Armies 1500-200BC
109.Ancient Armies of the Middle East
137.The Scythians 700-300BC
69.The Greek and Persian wars 500-323B.C.
148.The Army of Alexander the Great
121.Armies of the Carthaginian Wars 265-146BC
46.The Roman Army from Caesar to Trajan
93.The Roman Army from Hadrian to Constantine
129.Rome's Enemies(1):Germanics and Dacians
158.Rome's Enemies(2):Gallic and British Celts
175.Rome's Enemies(3):Parthians and Sassanid Persians
180.Rome's Enemies(4):Spanish Armies 218BC-19BC
154.Arthur and the Anglo-Saxon Wars
125.The Armies of Islam 7th-11th Centuries
150.The Age of Charlemagne
89.Byzantine Armies 886-1118
85.Saxon, Viking and Norman
231.French Medieval Armies 1000-1300
75.Armies of the Crusades
171.Saladin and the Saracens
155.The Knight of Christ
200.El Cid and the reconquista 1050-1492
105.The mongols
222.The Age of Tamerlane
50.Medieval European Armies
151.The Scottish and Welsh Wars 1250-1400
94.The Swiss at War 1300-1500
136.Italian Medieval Armies 1300-1500
166.German Medieval Armies 1300-1500

195.Hungary and the fall of Eastern Europe 1000-1568
140.Armies of the Ottoman Turks 1300-1774
210.The Venetian Empire 1200-1670
111.The Armies of Crecy and Poitiers
144.Armies of Medieval Burgundy 1364-1477
113.The Armies of Agincourt
145.The Wars of the Roses
99.Medieval Heraldry
〈十六、十七世紀〉
191.Henry Ⅷ's Army
58.The Landsknechts
101.The Conquistadores
14.The English Civil War Armies
110.New Model Army 1645-60
97.Marlborough's Army 1702-11
184.Polish Armies 1569-1696(1)
188.Polish Armies 1569-1696(2)
〈十八世紀〉
228.American Woodland Indians
〈十九世紀〉
186.The Apaches
212.Queen Victoria's Enemies(1):Southern Africa
215.Queen Victoria's Enemies(2):Northern Africa
57.The Zulu War

●Pengin Classics
The Death of King Arthur
King Arthur's Death
The Mabinogion
The Quest of the Holy Grail
Sir Gawain Green Knight
The Song of Roland

製品カタログ Index

当店直属の紋章官です。紋章官の役目のひとつに、戦場に赴いて敵や味方の紋章にどんなものがあるかを見分け、記録するという作業があります。これは記憶力がよくなければできない知的な仕事であります。しかし、ここでは、戦争もなく仕事もひまですので、代わりに当店の製品を見分けて記録しております。品物の置いてあります場所をお忘れになったとき、ご希望の品をお探しになるときはぜひご利用ください。（紋章官）

★＝武器（Arms） ●防具＝（Armor）

あ行

- ★アーメット……43
- ★アキナケス型剣……180
- 明けの明星（モーニング・スター）……188
- ★アダガ……283
- ★アメントゥム……89
- ★アンテニー・ダガー……167
- ★イアード・ダガー……296
- ★イプシロン（ε）型斧……297
- ★ヴァイキングシップ……324
- ★ヴァン・プレート……342
- ★ウォー・ハンマー……261
- ★馬形帽型……219
- ★エグゼキューショナーズ・ソード……84
- ★エペ……263
- ★円盤型……98
- ……340
- ……340

か行

- ●カイト（凧）……197
- ●カイロネイアの戦い……31
- ●カエル口型兜……145
- ★鈎爪……260
- 隠し扉……309
- ★カタール……308
- ★カタパルト……299
- ★カッツバルゲル……200
- ★カットラス……91
- ★金棒……75
- ★カバセット……124
- ★カラベラ……46
- ●ガリア型兜……101
- ●カルキディケ式兜……139
- ●ガレア……130
- ★カンダ……139
- 環頭太刀……86
- ★騎士叙任式……79
- 騎士道精神……237
- ……236

さ行

た行

な行

は行

ま行

出口 -EXIT-

毎度ありがとうございました
お気をつけてお帰りください

いかがでしたか？　ご満足いただけたでしょうか？　正面玄関では大見得を切ったものの、実際にはご満足いただけたか少々不安ではございます。お望みの品がなかったかたがいらっしゃるかもしれません。ディスプレイの方法にご不満のかたもいらっしゃるでしょう。そこはそれ、当店の方針とでも申しましょうか、ご容赦くださるようお願いいたします。

さて、当店からお帰りになるお客さまには、だいたい二通りのかたがいらっしゃることと思います。まずは、たんまりと武器や防具をお求めになり、馬車がなければお持ち帰りになれないようなお客さま。誠にありがとうございました。今後ともよろしくお引き立てのほどお願い申し上げます。お買い上げいただいた武器で敵をばったばったと倒す快感は何ものにも替えがたいことでしょう。確かに武器を持つ者は武器を持つ者に襲われることがあります。また人の血を見るものは自分の血を見せることになるでしょう。しかし恐れることはありません。きっと、あなたには神の御加護があるはずです。腕を上げ、名を上げたのち、再びご来店いただきたいと思います。その際はまた、たんまりと武器や防具をお求めください。その可能性がどれほどあるかは疑問ですが、なーに大丈夫です。あなただけは大丈夫でしょう。

では、どうぞ、あちらの正面出口へ。店員どもが総出でお見送りいたします。

さて、もうひとつのタイプは、何もお買い上げにならず、手ぶらでお帰りのお客さま。武器や防具が恐ろしいものであることを当店で知ったかたですな。武器は人の肉を裂くもの、防具は身を守るためのものとはいえ、人を傷つけるために着るものにすぎません。わたくしなど何をいまさらと思いますが、恐ろしさにはじめて気づくかたはけっこう多いんですな。まあ、そういうかたはどうぞ、あちらへ、裏口へ向かってください。

店員一同「ありがとうございました。」

店員A「いやあ、お客さまは見るからにお強そうですな。」

B「あっ、お肩にほこりが…。失礼しました。」

A「またのご来店をお待ちしております。道中のご無事をお祈りいたします。お気をつけて。」

店員一同「ありがとうございました。」

守衛「お客さんは手ぶらでお帰りなさるんですな。いいことです。自分の命も他人の命も大事。武器なんて持たないほうがいいんです。内緒ですけどね、正面出口からお帰りになったかたは、よく山賊に襲われるんですよ。で、翌日、襲われた人が持っていったはずの品物がまた店内に並べられているんです。これ以上のことはいえませんがね。気をつけて…。お客さんはまちがっちゃいませんよ。まちがっちゃいません…。」

この作品は、一九九一年十二月に単行本として新紀元社より刊行されました。

Truth In Fantasy
武器屋

2014年6月4日　初版発行

著者　Truth In Fantasy 編集部
編集　新紀元社編集部／堀良江

発行者　藤原健二
発行所　株式会社新紀元社
〒160-0022
東京都新宿区新宿1-9-2-3F
TEL：03-5312-4481　FAX：03-5312-4482
http://www.shinkigensha.co.jp/
郵便振替　00110-4-27618

カバーイラスト　丹野忍
本文イラスト　シブヤユウジ／深田雅人
多田敬一／梶原昭充／熊倉宏
協力　市川定春
デザイン・DTP　株式会社明昌堂
印刷・製本　大日本印刷株式会社

ISBN978-4-7753-1248-3

●本書は構成の都合上、架空の武器屋を設定しております。
本書内の武器や防具などは実際に販売してはおりません。